普通高等院校计算机课程规划教材

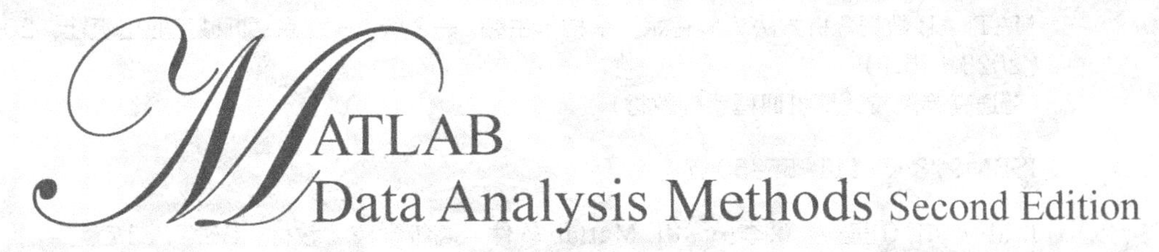

MATLAB 数据分析方法

第2版

吴礼斌 李柏年 主编
张孔生 丁华 参编

机械工业出版社
China Machine Press

图书在版编目（CIP）数据

MATLAB 数据分析方法 / 吴礼斌，李柏年主编．—2 版．—北京：机械工业出版社，2017.2（2023.1 重印）
（普通高等院校计算机课程系列教材）

ISBN 978-7-111-55850-7

I. M…　II. ①吴…　②李…　III. Matlab 软件 – 高等学校 – 教材　IV. TP317

中国版本图书馆 CIP 数据核字（2017）第 008842 号

数据分析是用适当的统计方法对各种数据加以详细研究和概括总结的过程，它已成为当代自然科学和社会科学领域各个学科研究者必备的知识。MATLAB 是一套高性能的数值计算和可视化软件，是实现数据分析与处理的有效工具。本书介绍数据分析的基本内容与方法，应用 MATLAB 软件既面向对象又面向过程地编写实际数据分析程序。全书共分 7 章，主要内容包括：MATLAB 基础、数据描述性分析、回归分析、判别分析、主成分分析与典型相关分析、聚类分析、数值模拟分析。

本书适用于计算机科学与技术、信息与计算科学、统计学等专业本科生，还可作为相关专业本科生选修课程教材，也可供硕士研究生以及科技工作者参考。

出版发行：机械工业出版社（北京市西城区百万庄大街 22 号　邮政编码：100037）

责任编辑：佘　洁	责任校对：董纪丽
印　　刷：北京建宏印刷有限公司	版　　次：2023 年 1 月第 2 版第 6 次印刷
开　　本：185mm × 260mm　1/16	印　　张：15.75
书　　号：ISBN 978-7-111-55850-7	定　　价：39.00 元

客服电话：（010）88361066　68326294

前　言

自本书第1版出版以来，我们的社会已进入大数据时代，数据分析方法越来越受到人们的重视，许多学校选用了本书作为教材，并取得了良好的教学效果。同时分析数据的MATLAB软件也在不断地升级与更新，功能越来越强大、越来越智能化。2018年5月，安徽省教育厅公布本教材为省级质量工程项目规划教材立项建设（皖教秘高（2018）43号）。为了建设好规划教材，更好地让读者学习与掌握数据分析方法，我们对第1版进行了修订。这次修订仍然保持原教材的基本框架与内容体系，但对部分章节的例题数据进行了更新，涉及软件更新的部分也对原书的程序进行改编与优化，补充了部分更具有现实意义的数据分析例题与习题，力求体现三方面的特点：

第一，通过例题或案例进一步加强数据分析理论与方法的应用，着重培养学生解决实际数据分析问题的能力，提高综合分析问题的素质。

第二，通过对原教材的例题、实验问题与习题进行调整，更新数据和增加不同领域的数据分析问题，使得涉及的问题更贴近实际，从而进一步提高学生的学习兴趣和学习效率。

第三，通过补充、完善原教材的理论与方法内容，以适应软件工具的升级与更新，使得教学更简便、过程更有效，进一步培养学生的创新能力。

这次修订工作仍由吴礼斌、李柏年担任主编，所有例题程序均在MATLAB（2014a）中验证通过，并打包放在http://www.hzbook.com供下载使用。

编者

2019年6月

教学建议

在教学过程中，一要重视数据分析原理的介绍，二要重视MATLAB程序编写的算法分析，三要重视每章的综合性实验教学。学生应具有计算机高级语言编程基础，学习过高等数学、线性代数、概率论与数理统计等课程。建议总教学时数为54学时，其中综合实验为24学时。建议课堂教学在计算机多媒体机房内完成，实现"讲与练"结合，实验课要求学生提交实验报告。具体各章的教学时数、内容和要求可作如下安排：

第1章　MATLAB基础（6学时，其中2学时实验）

教学内容：MATLAB与数据分析；MATLAB的基本界面操作；矩阵的基本运算；MATLAB编程与M文件；MATLAB与Excel数据的读写交换。

教学要求：熟练掌握MATLAB的基本界面操作；理解运算符、操作符、基本数学函数命令等的功能与调用格式；掌握矩阵的运算；熟练掌握选择、循环语句的编程；掌握建立M文件的方法；了解MATLAB与Excel数据的读写交换。

第2章　数据描述性分析（8学时，其中2学时实验）

教学内容：基本统计量（如均值、方差、分位数等）与数据可视化；数据分布与检验（一元与多元数据）；数据变换（无量纲化、Box-Cox变换等）。

教学要求：熟练掌握利用MATLAB计算基本统计量与数据可视化；掌握jbtest与lillietest关于数据的正态性检验；掌握协方差矩阵相等的检验方法；理解数据变换的意义与方法。

第3章　回归分析（8学时，其中4学时实验）

教学内容：一元回归模型（线性与非线性回归模型）；多元线性回归模型；逐步回归分析；残差分析。

教学要求：理解回归分析的原理；熟练掌握MATLAB回归分析的命令；会应用MATLAB回归模型类建立回归模型；掌握非线性回归的基本方法以及MATLAB实现；掌握逐步回归的MATLAB方法；掌握残差分析。

第4章　判别分析（8学时，其中4学时实验）

教学内容：距离判别分析；贝叶斯判别分析；判别准则的评价。

教学要求：理解判别分析的原理；熟练掌握MATLAB软件进行距离判别与贝叶斯判别的方法和步骤；掌握判别分析的回代误判率与交叉误判率的计算；掌握解决实际判别问题的建模方法。

第 5 章　主成分分析与典型相关分析（8 学时，其中 4 学时实验）

教学内容：主成分分析的原理（总体主成分的定义、计算、性质，样本主成分计算方法）；主成分分析的应用（基于主成分分析的综合评价、分类、信号分离等）；典型相关分析（原理，典型相关系数计算、检验，样本数据典型相关变量）；典型相关分析应用实例；时间序列的趋势性与列联表分析。

教学要求：理解主成分与典型相关分析的原理；熟练掌握利用 MATLAB 进行主成分分析的计算步骤；掌握 MATLAB 进行典型相关分析的计算步骤；掌握具体实际问题典型相关分析结果的合理解释；了解趋势性与列联表分析。

第 6 章　聚类分析（8 学时，其中 4 学时实验）

教学内容：距离聚类分析（向量距离、类间距离）；谱系聚类与 K 均值聚类；模糊均值聚类（模糊 C 均值聚类，模糊减法聚类）；聚类的有效性。

教学要求：理解聚类的思想与原理；熟练掌握 MATLAB 关于各种样品距离与类间距离的计算方法；会作谱系聚类图；掌握应用 MATLAB 计算各种聚类的命令；掌握聚类效果分析方法及程序的实现。

第 7 章　数值模拟分析（8 学时，其中 4 学时实验）

教学内容：蒙特卡罗方法与应用（思想及应用、MATLAB 的伪随机数）；BP 神经网络与应用（神经网络的概念、BP 神经网络、MATLAB 神经网络工具箱、BP 神经网络的预测与判别）。

教学要求：理解蒙特卡罗方法；掌握用 MATLAB 生成伪随机数的方法；掌握伪随机数的应用；理解神经网络的基本思想；掌握 MATLAB 实现神经网络的预测与判别。

目　　录

前言

教学建议

第1章　MATLAB基础 ………… 1

1.1　数据分析与MATLAB ………… 1

1.1.1　数据分析概述 ………… 1

1.1.2　MATLAB在数据分析中的作用 ………… 2

1.2　MATLAB基础概述 ………… 3

1.2.1　MATLAB的影响 ………… 3

1.2.2　MATLAB的特点与主要功能 ………… 3

1.2.3　MATLAB主界面与常用窗口 ………… 4

1.2.4　MATLAB的联机帮助 ………… 7

1.2.5　工具箱及其在线帮助 ………… 8

1.3　MATLAB基本语法 ………… 10

1.3.1　数据类型 ………… 10

1.3.2　操作符与运算符 ………… 12

1.3.3　MATLAB命令函数 ………… 14

1.4　数组和矩阵运算 ………… 14

1.4.1　数组的创建与运算 ………… 14

1.4.2　矩阵的输入与运算 ………… 15

1.5　M文件与编程 ………… 20

1.5.1　M文件编辑/调试器窗口 ………… 20

1.5.2　M文件 ………… 21

1.5.3　控制语句的编程 ………… 22

1.6　MATLAB通用操作实例 ………… 25

习题1 ………… 28

第2章　数据描述性分析 ………… 29

2.1　基本统计量与数据可视化 ………… 29

2.1.1　一维样本数据的基本统计量 ………… 29

2.1.2　多维样本数据的统计量 ………… 36

2.1.3　样本数据可视化 ………… 39

2.2　数据分布及其检验 ………… 45

2.2.1　一维数据的分布与检验 ………… 45

2.2.2　多维数据的正态分布检验 ………… 48

2.3　数据变换 ………… 52

2.3.1　数据属性变换 ………… 52

2.3.2　Box-Cox变换 ………… 55

2.3.3　基于数据变换的综合评价模型 ………… 57

习题2 ………… 59

实验1　数据统计量及其分布检验 ………… 61

第3章　回归分析 ………… 63

3.1　一元回归模型 ………… 63

3.1.1　一元线性回归模型 ………… 63

3.1.2　一元多项式回归模型 ………… 67

3.1.3　一元非线性回归模型 ………… 69

3.1.4　一元回归建模实例 ………… 76

3.2　多元线性回归模型 ………… 79

3.2.1　多元线性回归模型及其表示 ………… 79

3.2.2　MATLAB的回归分析命令 ………… 82

3.2.3　多元线性回归实例 ………… 89

3.3　逐步回归 ………… 92

3.3.1　最优回归方程的选择 ………… 92

3.3.2 引入变量和剔除变量的依据 …… 93
3.3.3 逐步回归的 MATLAB 实现 …… 94
3.4 回归诊断 …… 96
3.4.1 异常点与强影响点诊断 … 96
3.4.2 残差分析 …… 100
3.4.3 多重共线性诊断 …… 102
习题 3 …… 106
实验 2 多元线性回归与逐步回归 …… 110

第 4 章 判别分析 …… 111

4.1 距离判别分析 …… 111
4.1.1 判别分析的概念 …… 111
4.1.2 距离的定义 …… 111
4.1.3 两个总体的距离判别分析 …… 114
4.1.4 多个总体的距离判别分析 …… 119
4.2 判别准则的评价 …… 121
4.3 贝叶斯判别分析 …… 124
4.3.1 两个总体的贝叶斯判别 … 124
4.3.2 多个总体的贝叶斯判别 …… 128
4.3.3 平均误判率 …… 130
4.4 K 近邻判别与支持向量机 …… 135
习题 4 …… 141
实验 3 距离判别与贝叶斯判别分析 …… 145

第 5 章 主成分分析与典型相关分析 …… 147

5.1 主成分分析 …… 147
5.1.1 主成分分析的基本原理 … 147
5.1.2 样本主成分分析 …… 154
5.2 主成分分析的应用 …… 158
5.2.1 主成分分析用于综合评价 …… 158
5.2.2 主成分分析用于分类 …… 161
5.2.3 主成分分析用于信号分离 …… 163
5.3 典型相关分析 …… 166
5.3.1 典型相关分析的基本原理 …… 166
5.3.2 样本的典型变量与典型相关系数 …… 169
5.3.3 典型相关系数的显著性检验 …… 170
5.3.4 典型相关分析实例 …… 172
5.4 趋势性与属性相关分析应用实例 …… 177
5.4.1 Cox-Stuart 趋势检验 …… 177
5.4.2 属性数据分析 …… 178
习题 5 …… 180
实验 4 主成分分析与典型相关分析 …… 184

第 6 章 聚类分析 …… 187

6.1 距离聚类 …… 187
6.1.1 聚类的思想 …… 187
6.1.2 样品间的距离 …… 188
6.1.3 变量间的相似系数 …… 190
6.1.4 类间距离与递推公式 …… 192
6.2 谱系聚类 …… 193
6.2.1 谱系聚类的思想 …… 193
6.2.2 谱系聚类的步骤 …… 194
6.2.3 谱系聚类的 MATLAB 实现 …… 196
6.3 K 均值聚类 …… 200
6.3.1 K 均值聚类的思想 …… 200
6.3.2 K 均值聚类的步骤 …… 200
6.3.3 K 均值聚类的 MATLAB 实现 …… 201
6.4 模糊均值聚类 …… 203
6.4.1 模糊 C 均值聚类 …… 203
6.4.2 模糊减法聚类 …… 205

6.5 聚类的有效性 ………………… 207
6.5.1 谱系聚类的有效性……… 207
6.5.2 K 均值聚类的有效性…… 209
6.5.3 模糊聚类的有效性……… 211
习题 6 ……………………………… 212
实验 5 聚类方法与聚类有效性 … 215

第 7 章 数值模拟分析 …………… 217

7.1 蒙特卡罗方法与应用………… 217
7.1.1 蒙特卡罗方法的基本思想 ………………… 217
7.1.2 随机数的产生与 MATLAB 的伪随机数 ……………… 218
7.1.3 蒙特卡罗方法应用实例 ………………… 219
7.2 BP 神经网络及应用 ………… 227
7.2.1 人工神经元及人工神经元网络 ……………………… 227
7.2.2 BP 神经网络 ……………… 228
7.2.3 MATLAB 神经网络工具箱 ……………………… 230
7.2.4 BP 神经网络应用实例 … 232
习题 7 ……………………………… 239
实验 6 数值模拟……………………… 240

参考文献 ……………………………… 241

第 1 章

MATLAB基础

本章主要介绍MATLAB软件的一些入门知识，包括MATLAB界面及其基本操作、变量与函数、运算符与操作符、矩阵数据的输入与输出、符号运算、M文件与编程等，为读者学习以后各章打下基础。

1.1 数据分析与MATLAB

1.1.1 数据分析概述

1. 数据分析的概念

数据分析是指用适当的统计方法对收集来的数据进行详细研究，提取其中有用信息并形成结论，以求最大化地开发数据的功能，发挥数据的作用。在统计学领域，有人将数据分析划分为描述性数据分析、探索性数据分析以及验证性数据分析。描述性数据分析是描述测量样本的各种特征及其所代表的总体特征，探索性数据分析侧重于在数据之中发现新的特征，验证性数据分析侧重于已有假设的证实或证伪。

数据分析的目的是把隐藏在数据背后的信息集中和提炼出来，总结出研究对象的内在规律。在实际工作当中，数据分析能够帮助管理者进行判断和决策，以便采取适当策略与行动。例如企业通过对产品的市场销售数据分析，可把握当前产品的市场动向，从而制定出今后合理的产品研发和销售计划。

2. 数据来源与分类

数据分析的起点是取得数据。数据是通过实验、测量、观察、调查等方式获取的结果，这些结果常以数量的形式展现出来，因此数据也称为观测值。数据按照不同的标准进行分类，可分为观测数据与试验数据、一手数据与二手数据、时间序列数据与横截面数据等。

1）观测数据与试验数据。观测数据是在自然的未被控制的条件下观测到的数据，如社会商品零售额、消费价格指数、汽车销售量、某地区降水量等。利用这类数据进行观测所研究的个体，并度量感兴趣的变量。试验数据是在人工干预和操纵的条件下产生的数据，这种数据通常来自科学与技术实验。例如，在研究不同的药物成分组成对某种疾病的治疗效果有什么不同时，记录实验药物成分在不同的条件下产生相应的治疗效果数据，那么药物成分数据与治疗效果数据就是试验数据。

2）一手数据与二手数据。一手数据是针对特定的研究问题，通过专门收集、调查或试验获得的数据。例如，为制定一家百货商店的营销方案，在这家商店所在城市抽取近300户家庭作为样本进行调查，收集下列数据：对本商店及其竞争对手商店的熟悉程度；家庭成员在各个商店购物的频率；选择百货商店时考虑的因素，如商品质量、种类、退赔政策、服务、价格、店址、商店布局、信用与收款政策；每个商店的偏好评分；被调查者的年龄、性别、受教育程度等。二手数据是由各种媒体、机构等发布的数据，数据分析人员可以根据研究的问题，从这些数据中加以选择，如证券市场行情、物价指数、耐用消费品销售量、利率、国内生产总值、进出口贸易数据等。

3）时间序列数据与横截面数据。时间序列数据是对同一研究对象按时间顺序收集得到的数据，这类数据反映某一事物、现象等随时间的变化状态或程度。例如，2005 年至 2014 年中国人均国内生产总值指数（上年＝100）数据分别为：110.7，112.1，113.6，109.1，108.7，110.1，109.0，107.2，107.2，106.7（数据来源：《中国统计年鉴 2014》）。同样，某商场每日销售额、某股票每日收盘价、沪深股市每日收盘指数等都是时间序列数据。

横截面数据是在同一时间、不同统计单位、相同统计指标组成的数据列，这类数据体现的是个体的个性，突出个体的差异。例如，某日沪市全部交易股票的当日收盘价数据、2014 年中国 31 省市人均国内生产总值增长率数据都是横截面数据。

近年来，出现了将横截面数据和时间序列数据合并起来进行研究的数据类型，称为面板数据（Panel Data）。该数据具有横截面和时间序列两个维度，当这类数据按两个维度进行排列时，数据都排在一个平面上，与排在一条线上的一维数据有着明显的不同，整个表格像是一个面板。该类数据模型可以分析个体之间的差异情况，又可以描述个体的动态变化特征。例如，每年各地区的国内生产总值增长率数据；在一定时期间隔内对同一地区同样的家庭进行调查，以观察其住房和经济状况是否有变化，这样得到的数据都是面板数据。

3. 数据分析过程

数据分析过程包括确定数据分析的目标、研究设计、收集数据、分析数据、解释结果。

1）确定数据分析的目标。数据分析的目标是分析和解决特定的领域问题，而这个问题可以用量化分析的方法来解决。

2）研究设计。研究设计是根据数据分析的目标寻求解决方案。一般而言，数据分析是用量化分析的方法对现象进行描述、解释、预测与控制。一个特定的领域问题要转化为数据分析问题，首先要进行量化研究设计，确定用什么量化研究方法以及怎样研究。常用的量化研究方法有调查法（用调查或观测得到的样本数据推断总体）、相关研究法、实验法、时序分析法等。

3）收集数据。确定了所要解决的问题的研究设计后，根据所要采用的量化研究方法收集数据。例如，若采用调查法，需要确定具体抽样方法以获取数据；若采用实验法，需要进行实验设计，通过实验来获取数据等。这些是为所要解决的问题专门收集的一手数据。除此之外，通常还需要二手数据。

4）整理与分析。数据整理与数据分析即利用数据分析方法进行计算和分析。数据分析方法以统计分析技术为主，借助各种软件（SPSS、SAS、Excel、S-Plus 等）工具，完成数据的计算分析任务。本书以 MATLAB 为工具进行计算。

5）解释和分析计算结果。使用各种方法与软件等工具计算后，会得到一系列结果，包括各种图表、数据等。说明、解释和分析这些结果，或利用计算结果检验各种假设、预测、控制等，从而最终解决所要研究的问题。最后提交数据分析报告，供决策时参考。

1.1.2 MATLAB 在数据分析中的作用

MATLAB 是一套高性能的数值计算和可视化软件，它集矩阵运算、数值分析、信号处理和图形显示于一体，构成了一个界面友好、使用方便的用户环境，是实现数据分析与处理的有效工具，其中MATLAB统计工具箱更为人们提供了一个强有力的统计分析工具。

选择MATLAB软件作为数据分析工具，不仅节约了数据分析过程中的计算时间，而且增加了统计推断的正确性，提高了数据分析的效率。但要注意，尽管软件对数据分析起到非常大的作用，但软件不能处理数据分析中所有阶段所要解决的问题。明确这一点后可以更好地使用软件。确定数据分析的目标、对问题的研究设计、选择统计分析方法、收集数据、解释和分析计算结果，这些都不是软件所能替代解决的。

本书介绍数据分析的基本理论方法，应用MATLAB编写程序进行数据分析，既面向过程又面向对象。为方便读者，以下对MATLAB的基本操作方法作比较系统的介绍。

1.2 MATLAB基础概述

1.2.1 MATLAB的影响

MATLAB源于Matrix Laboratory，即矩阵实验室，是由美国Mathworks公司发布的主要面对科学计算、数据可视化、系统仿真以及交互式程序设计的高科技计算环境。自1984年该软件推向市场以来，历经30多年的发展与竞争，现已成为适合多学科、多种工作平台的功能强大的大型软件。MATLAB应用广泛，其中包括信号处理和通信、图像和视频处理、控制系统、测试和测量、计算金融学及计算生物学等众多应用领域。在国际学术界，MATLAB已经被确认为是准确、可靠的科学计算标准软件，在许多国际一流学术期刊上都可以看到MATLAB的应用文章。在欧美各高等院校，MATLAB已经成为线性代数、数字信号处理、金融数据分析、动态系统仿真等课程的基本教学工具，成为学生必须掌握的基本技能。MATLAB软件的美国官方网站为https://www.mathworks.com，中国网站为https://ww2.mathworks.cn/。

1.2.2 MATLAB的特点与主要功能

自2006年以来，MATLAB在每年的3月与9月推出当年的a版本与b版本。在MATLAB(2014a）以后各版本中，只要在当前版本的命令行窗口中输入：ver，就可以看到当前版本的信息以及各种工具箱的版本号。每次推出的新版本都比前一个版本多一些新功能，可看到MATLAB的功能越来越强大。以下列举MATLAB(2014a）版本的主要功能特点，且本书中的程序都已通过MATLAB(2014a）中文版本的测试计算。

1）MATLAB是一个交互式软件系统，输入一条命令，立即就可以得出该命令的结果。

2）强大的数值计算能力。以矩阵作为基本单位，但无需预先指定维数（动态定维）；按照IEEE的数值计算标准进行计算；提供丰富的数值计算函数，方便了用户与提高了计算效率；命令与数学中的符号、公式非常接近，可读性强，容易掌握。

3）数据图示功能。提供了丰富的绘图命令，能实现点、线、面与立体的一系列可视化操作。

4）编程功能。具有程序结构控制、函数调用、数据结构、输入输出、面向对象等程序语言特征，而且简单易学、编程效率高。

5）Notebook功能。Notebook实现Word和MATLAB无缝连接，从而为专业科技工作者创造了融科学计算、图形可视、文字处理于一体的高水准环境。

6）丰富的工具箱。工具箱是用 MATLAB 的基本语句编成的各种子程序集，用于解决某一方面的专门问题或实现某一类的新算法。工具箱可分为功能型和领域型工具箱。功能型工具箱主要用来扩充 MATLAB 的符号计算功能、图形建模仿真功能、文字处理功能以及与硬件实时交互功能，能用于多种学科。领域型工具箱专业性很强，如统计工具箱（Statistics Toolbox）、优化工具箱（Optimization Toolbox）、曲线拟合工具箱（Curve Fitting Toolbox）、神经网络工具箱（Neural Network Toolbox）、金融工具箱（Financial Toolbox）、控制系统工具箱（Control System Toolbox）、信号处理工具箱（Signal Processing Toolbox）等。

1.2.3　MATLAB 主界面与常用窗口

有以下两种 MATLAB 启动方法：在安装有 MATLAB 的计算机上双击 Windows 桌面上的快捷图标，或从“开始”菜单的“程序”子菜单中选择“MATLAB\ MATLAB 2014a”。

通常情况下，MATLAB 的主界面（如图 1-1 所示）由 6 部分组成，即主页工具栏、命令行窗口、工作区窗口、命令历史记录窗口、当前文件夹窗口以及当前已选择的文件详细信息。

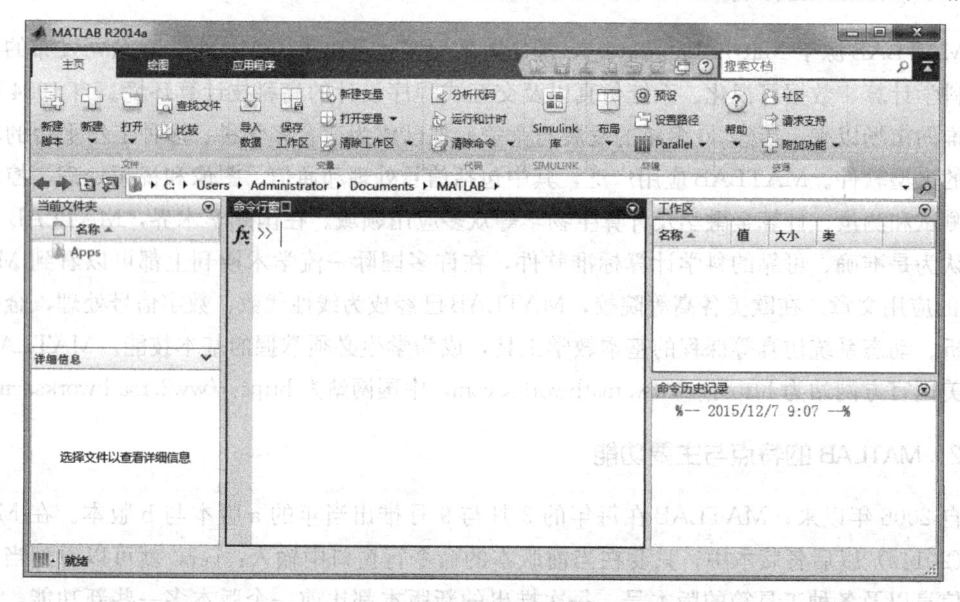

图 1-1　MATLAB R2014a 主界面

1）主页工具栏。主页工具栏分若干个功能模块，包括文件的新建、打开、查找等；数据的导入、保存工作区、新建变量等；代码分析、程序运行、命令清除等；窗口布局；预设 MATLAB 部分工作环境、设置当前工作路径；系统帮助；附加功能等。

例如，选择主页工具栏的“新建脚本”，系统弹出编辑器窗体，该窗体结构和主窗口结构类似，其中在编辑器窗口中实现脚本文件的编写、调试等（如图 1-2 所示），且在编辑过程中支持右键下拉菜单，具有 Windows 一般应用程序所具有的“复制”、“粘贴”、“全选”等功能。

2）命令行窗口（Command Window）。命令行窗口是对 MATLAB 进行操作的主要载体，默认情况下启动 MATLAB 时就会打开命令行窗口，显示形式如图 1-1 所示。其主要功能为数值计算、函数参数设定、函数调用及其结果输出。一般来说，MATLAB 的所有函数和命令都可以在命令行窗口中执行。

例如，在命令行窗口中输入“sin (pi/5)”，然后按“Enter”键，则会得到输出结果“ans=

0.5878”（如图 1-3 所示）。图中符号“>>”所在的行可输入命令，没有符号“>>”的行显示结果。

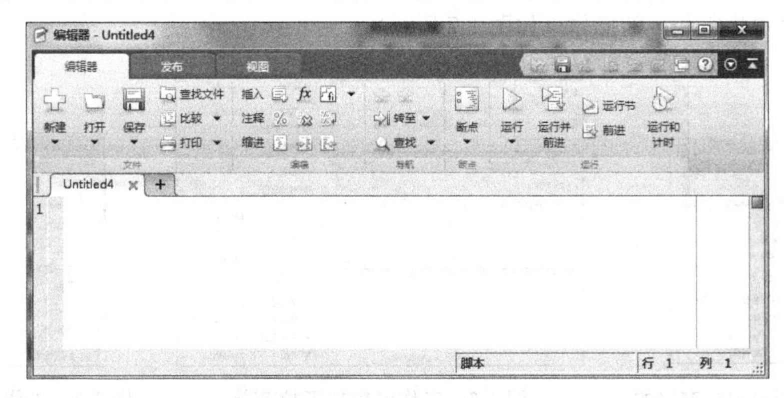

图 1-2 编辑器窗体

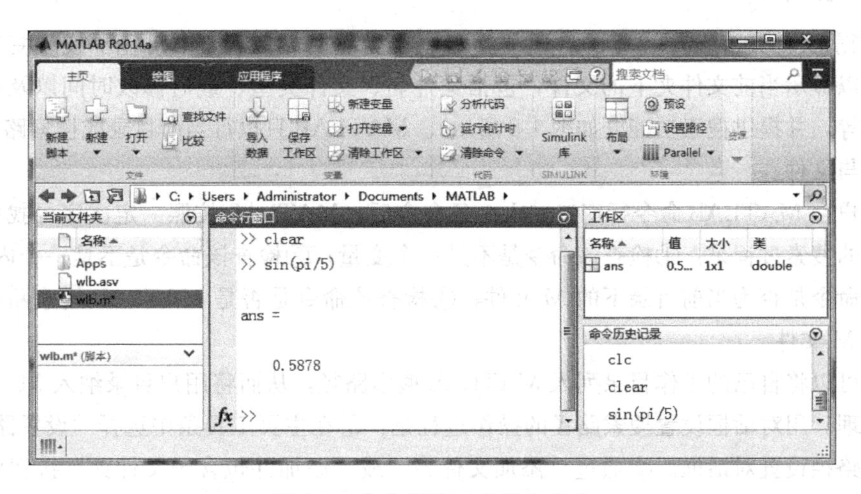

图 1-3 命令行窗口中输入命令

注意：在 MATLAB 命令行操作中，有一些键盘按键可以提供特殊而方便的编辑操作。比如“↑”可用于调出前一个命令行，“↓”可调出后一个命令行，这样避免了重新输入的麻烦。当某命令记忆不清时，输入若干首字母并按下“Tab”键，可用于联想该命令的提示。

3）命令历史记录（Command History）窗口。该窗口记录着用户每一次开启 MATLAB 的时间，以及每一次开启 MATLAB 后，在 MATLAB 指令窗口中运行过的所有指令行，窗口右上角的下拉式菜单提供了不同的快捷操作命令（如图 1-4 所示）。这些指令行记录可以被复制到指令窗口中再运行，从而减少了重新输入的麻烦。选中该窗口中的任一指令记录，然后单击鼠标右键，则可根据菜单进行相应操作。或者双击某一行命令，也可在命令行窗口中执行该命令（如图 1-5 所示）。

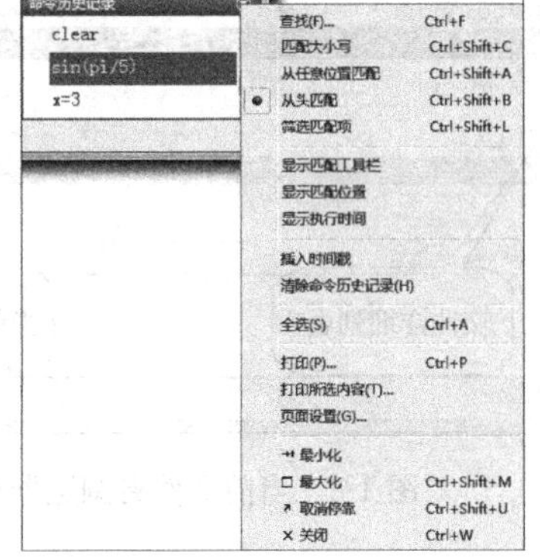

图 1-4 命令历史记录窗口下拉菜单

4）工作区（Workspace）窗口。在工作区窗口中将显示所有目前保存在内存中的 MATLAB 变量的变量名及其对应的数据结构、字节数以及类型，而不同的变量类型分别对应不同的变量名图标，窗口右上角的下拉式菜单提供了不同的快捷操作命令（如图 1-6 所示）。选中一个变量，单击鼠标右键则可根据菜单进行相应的操作（如图 1-7 所示）。

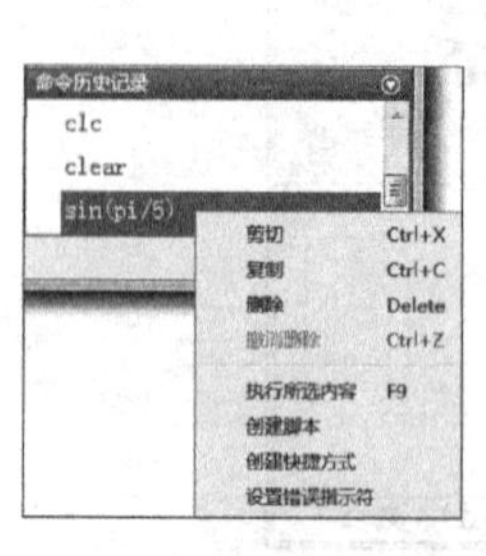

图 1-5　命令历史记录窗口的右键操作

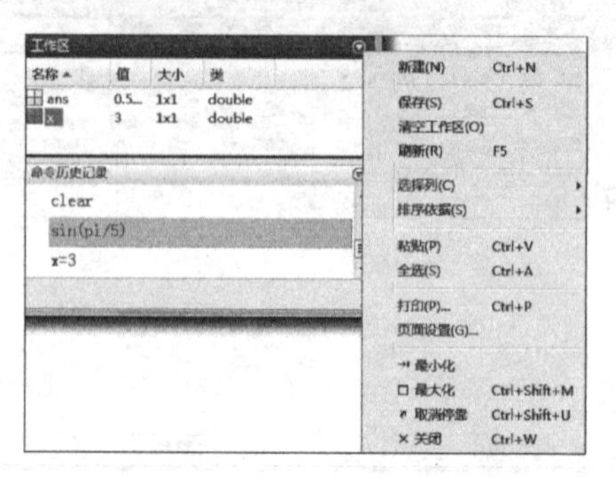

图 1-6　工作区窗口下拉菜单

图 1-7　工作区窗口的操作

5）当前文件夹（Current Directory）窗口。在当前文件夹窗口中可显示或改变当前文件夹，还可以显示当前文件夹下的文件，包括文件名、文件类型、最后修改时间以及该文件的说明信息等，并提供搜索功能（如图 1-8 所示）。MATLAB 只执行当前目录或搜索路径下的命令、函数与文件。

当用户在 MATLAB 命令行窗口输入一条命令后，MATLAB 按照一定次序寻找相关的文件。基本的搜索过程是：①检查该命令是不是一个变量；②检查该命令是不是一个内部函数；③检查该命令是否为当前目录下的 M 文件；④检查该命令是否是 MATLAB 搜索路径中其他目录下的 M 文件。

用户可以将自己的工作目录列入 MATLAB 搜索路径，从而将用户目录纳入 MATLAB 系统统一管理。用对话框设置搜索路径的操作过程是：①在主页工具条中选择“设置路径”，将出现搜索路径设置对话框。②通过“添加文件夹”或“添加并包含子文件夹”按钮将指定路径添加到搜索路径列表中。③在修改完搜索路径后，需要将其保存。

6）图形（Figure）窗口。在运行含有绘图命令的程序时，会产生一个与命令行窗口隔离的图形窗口，并在该窗口中绘制图形（见图 1-9 所示）。图形窗口与其他窗口类似，有菜单栏与工具栏，能实现图形的编辑、修饰、存储等功能。例如：

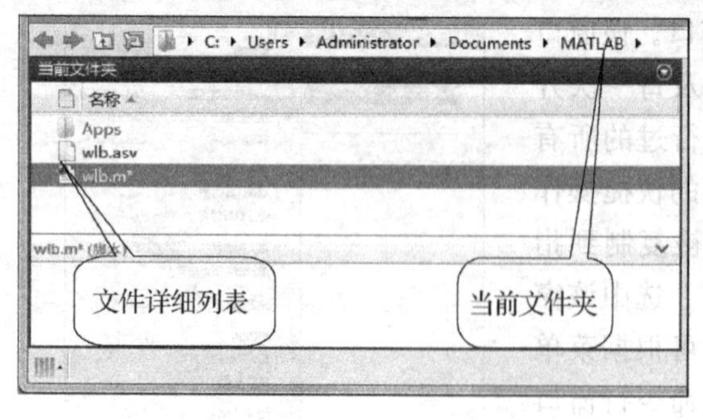

图 1-8　当前文件夹浏览器窗口

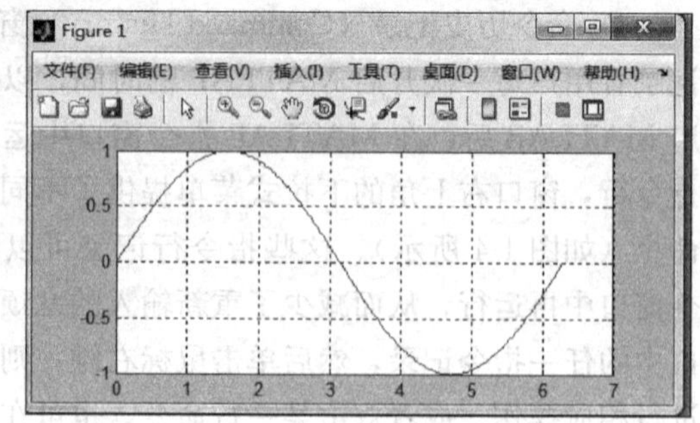

图 1-9　图形窗口及曲线

```
t=0 :pi/100:2* pi;
y=sin(t);
plot(t,y)      % 绘图命令 plot,绘制正弦曲线
grid on
```

1.2.4　MATLAB 的联机帮助

MATLAB 和其他高级语言一样，具有完善的帮助系统。通过主页工具栏上的帮助按钮“?”，按下该按钮将打开帮助浏览器（如图 1-10 所示），在“搜索文档”栏内输入需要查询的命令等，即可获得相关命令的帮助文档。也可将光标放在命令行窗口的提示符“>>”右边，按下键盘上的“F1”键，会弹出悬浮的帮助浏览器窗口。

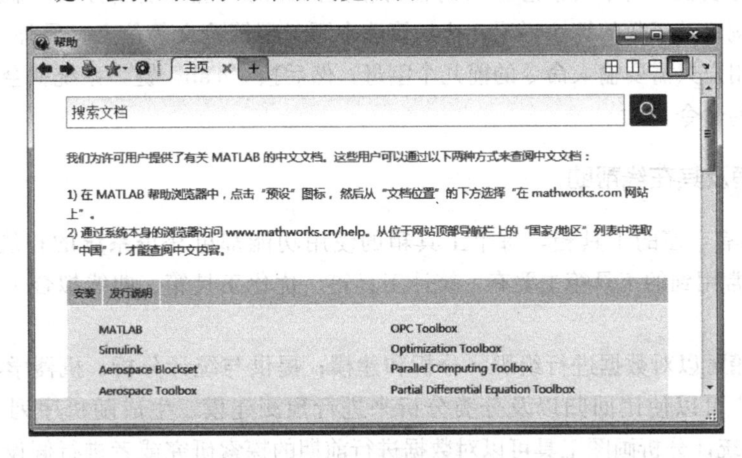

图 1-10　帮助导航/浏览器窗口

如果知道所需函数的名称（例如，rand 功能为生成在 [0，1] 区间上服从均匀分布的随机数、正弦函数 sin)，但不知道具体的函数语法，可以使用以下三种方法获取帮助。

1）在命令行窗口或编辑器窗口中，将光标放置在函数名上，按下“F1”键，即可获得函数的说明文档。例如，获取“rand”的帮助如图 1-11 所示。

2）在命令行窗口中，输入“doc+函数名”的方法查看说明文档。

例如，输入“doc rand”，结果打开帮助浏览器窗口如图 1-12 所示。

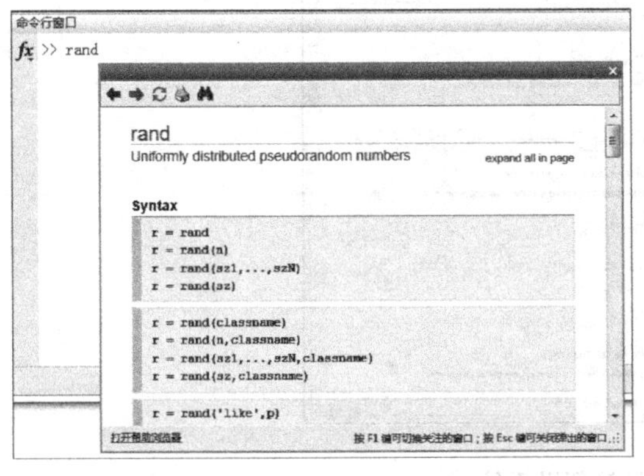

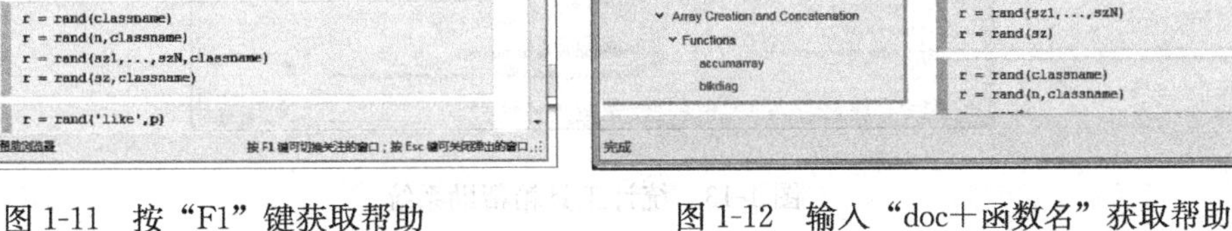

图 1-11　按“F1”键获取帮助　　　　图 1-12　输入“doc+函数名”获取帮助

3）在命令行窗口中，输入“help+函数名”的方法查看简要说明，此时说明信息在命令行窗口中出现，通过超链接可查看详细帮助信息。

例如，输入“help sin”，则输出简要帮助信息如下：

```
sin - Sine of argument in radians
This MATLAB function returns the sine of the elements of X.
```

```
Y = sin(X)
sin 的参考页
另请参阅 asin, asind, sind, sinh
名为 sin 的其他函数
fixedpoint/sin, symbolic/sin
```

（注：带下划线的为超链接提示。）

以上三种方法获得的帮助信息主要内容为相关函数的功能、使用方法、输入参数与输出参数、使用示例以及函数的算法说明，比如算法来源于哪篇论文等信息。另外，MATLAB 支持模糊查询，用户只需要输入命令的前几个字母，然后按“Tab”键，系统就会列出所有以这几个字母开头的命令。

1.2.5 工具箱及其在线帮助

MATLAB 有丰富的工具箱，每个工具箱的使用功能都可获得系统的在线帮助。MATLAB 数据分析常用到的工具箱主要有：统计工具箱、优化工具箱、曲线拟合工具箱、神经网络工具箱等。

统计工具箱可以对数据进行组织、分析和建模；提供与统计分析、机器学习相关的算法以及工具。用户可以使用回归以及分类分析来进行预测建模、生成随机序列（蒙特卡罗模拟），同时使用统计分析画图工具可以对数据进行前期的探索研究或者进行假设性检验。在分析多维数据时，统计工具箱可以通过连续特征选择、主成分分析、正规化和收缩、偏最小二乘回归分析法使用户筛选出对模型影响最主要的变量。该工具箱同时还提供有监督、无监督的机器学习算法，包括支持向量机（SVM）、决策树、K 均值聚类、分层聚类、K 近邻聚类搜索、高斯混合、隐马尔科夫模型等。

在帮助浏览器的主页面上选择统计工具箱（Statistics Toolbox）项，进入如图 1-13 所示的帮助页面。该页面分两栏，左栏中列举了统计功能的条目，右栏中列举了统计功能条目下的详细功能。

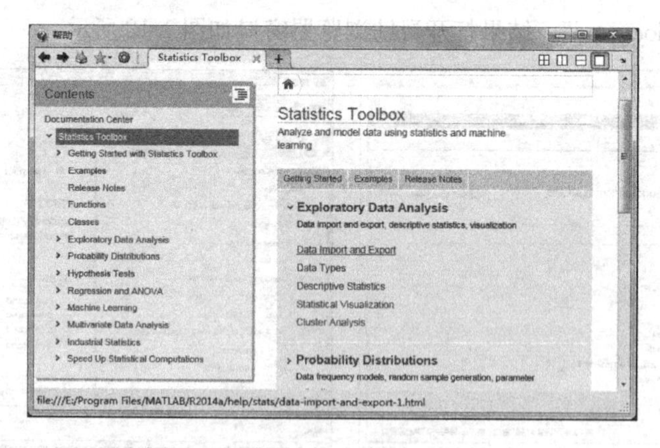

图 1-13　统计工具箱帮助系统

左栏中的统计功能如下：

①探索性数据分析；

②概率分布；

③假设检验；

④回归分析和方差分析；

……

若在右侧栏中选择实验数据分析（Exploratory Data Analysis)，则出现以下功能列举：

①数据导入导出；

②数据类型；

③描述性统计；

④统计可视化；

……

熟练使用 MATLAB 帮助查询，将大大提高使用 MATLAB 的效率与编程速度。

优化工具箱主要提供用于在满足给定的约束条件时寻找最优化的解的相关函数，主要包含线性规划、混合整数线性规划、二次规划、非线性最优化、非线性最小平方问题的求解函数。在该工具箱中，用户可以针对连续型、离散型问题寻求最优解决方法，使用权衡分析法进行分析，或者在算法和应用中融合多种优化方法，从而达到较好的分析效果。进入优化工具箱在线帮助系统的界面如图 1-14 所示。

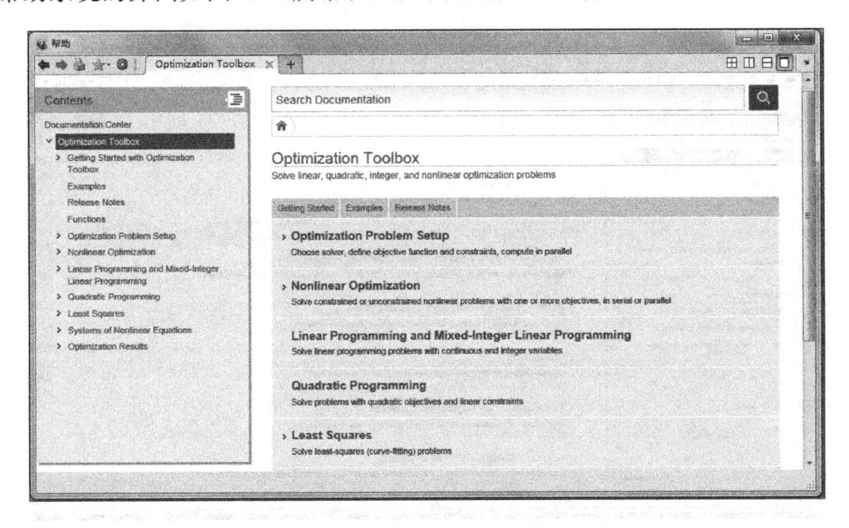

图 1-14　优化工具箱帮助系统

曲线拟合工具箱提供了用于拟合曲线和曲面数据的应用程序和函数。使用该工具箱可以执行探索性数据分析、预处理和后处理数据、比较候选模型、删除偏值。可以使用附带的线性和非线性模型库进行回归分析，也可以指定自行定义的方程式。该库提供了优化的解算参数和起始条件，以提高拟合质量。该工具箱还提供非参数建模方法，比如样条、插值和平滑。在创建一个拟合之后，可以运用多种后处理方法进行绘图、插值和外推，估计置信区间，计算积分和导数。进入曲线拟合工具箱在线帮助系统的界面如图 1-15 所示。

神经网络工具箱提供的函数以及应用可以用于复杂的、非线性系统的建模。它不仅支持前馈监督式学习、径向基和动态网络，同时还支持组织映射和竞争层形式的非监督式学习。利用该工具箱，用户可以创建、训练、可视化和模拟仿真神经网络，可以进行分类、回归、聚类、降维、时间序列预测、动力系统建模与控制。在处理海量数据时，还可以考虑使用数据分布式以及分布式计算功能、图形处理器（GPU）功能、集群计算以及并行计算工具箱。进入神经网络工具箱在线帮助系统的界面如图 1-16 所示。

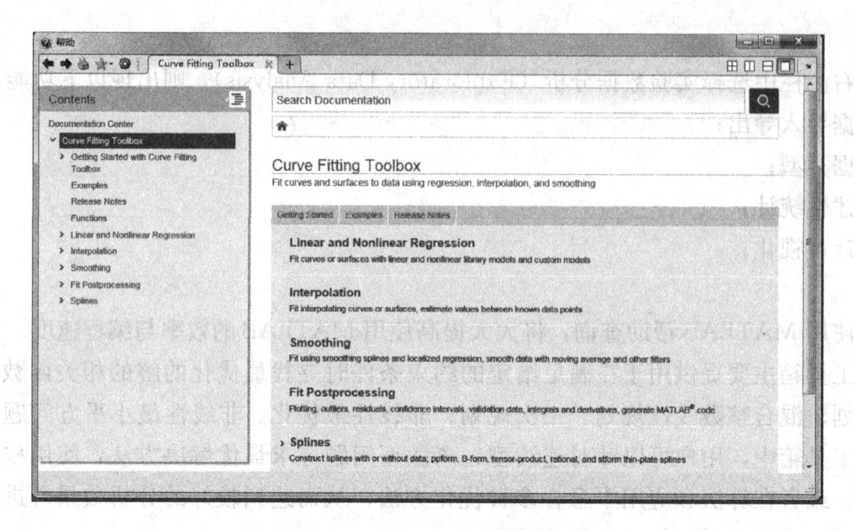

图 1-15 曲线拟合工具箱帮助系统

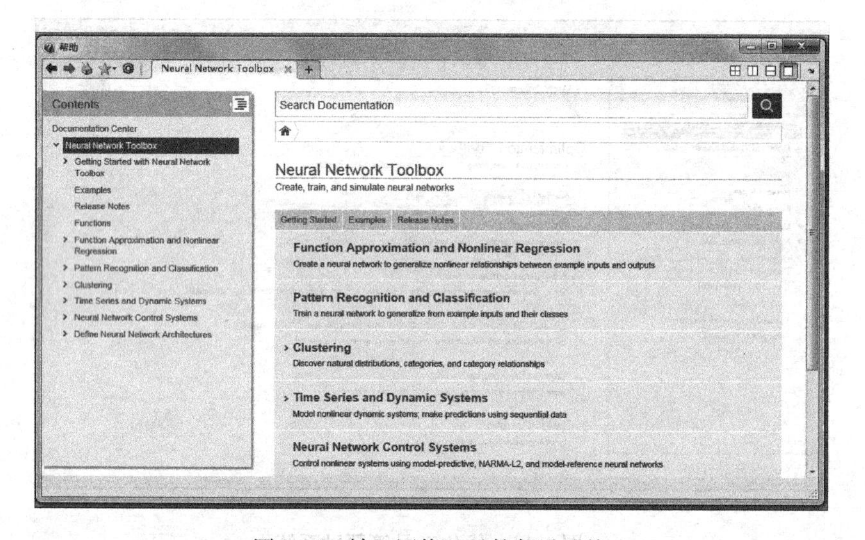

图 1-16 神经网络工具箱帮助系统

1.3 MATLAB 基本语法

1.3.1 数据类型

MATLAB 中的基本数据类型有 15 种，主要是整型、浮点、逻辑、字符、日期和时间、结构数组、单元格数组以及函数句柄等。不论数据是怎样的类型，在计算机程序中总是以常量与变量的形式出现。

1. 常量

在程序执行过程中，其值不能被改变的量为常量。MATLAB 中的常量也称为数值量，简单地可理解为具体的数值。例如：

1）整型常量：如 12、78、109。

2）实数（浮点）型常量：如 5、+5、−5.55、0.005 6、6.5e−5、100e60、−0.060e−0123。

3）字符型常量：‘a’、‘b’、‘MATLAB’、‘My name is Libin.’等。

可以对常量进行运算，如算术运算、关系运算和逻辑运算等。

MATLAB默认的数值计算是双精度型的，且所有数值量在内存中也都是以双精度保存的，但其显示格式可有不同形式，通常用户可在命令行窗口中用格式（format）命令临时改变显示方式。比如用户希望以有理数（rational）形式显示，则可在命令行窗口中输入命令“format rational”。例如：

```
format rational          % 改变当前显示格式为有理数格式
x=0.75                   % 输入实数 0.75
```

输出：

```
x=
   3/4
```

数“0.75”的有理显示形式为“3/4”。其他显示格式还有短格式（short，缺省格式）和长格式（long），更多格式参见表1-1所示。

表1-1 数据的输出格式控制

格式	中文解释	说明
format	短格式（缺省格式）	缺省时为默认短格式方式与 format short 相同
format short	短格式	显示5位定点十进制数
format long	长格式	显示15位定点十进制数
format short e	短格式e方式	显示5位浮点十进制数
format long e	长格式e方式	显示15位浮点十进制数
format short g	短格式g方式	显示5位定点或5位浮点十进制数
format long g	长格式g方式	显示15位定点或15位浮点十进制数
format hex	十六进制格式	以十六进制格式显示
format+	+格式	以+、−和空格分别表示矩阵中的正数、负数和零元素
format bank	银行格式	按元、角、分（小数点后具有两位）的固定格式显示
format rat	有理数格式	用有理数逼近显示数据
format compact	压缩格式	数据之间无空行
format loose	自由格式	数据之间有空行

读者可在命令行窗口中输入：x=pi然后在不同的输出格式下输出x的结果，观察结果显示的不同。

2. 变量

在程序执行过程中，其值可以被改变的量为变量。每一个变量需有一个变量名，它在内存中占有一个内存单元。MATLAB中的变量可用来存放数据，也可用来存放向量或矩阵，并进行各种运算。

变量的命名规则是：①变量名区分字母大小写；②变量名以字母开头，可以由字母、数字、下划线组成，但不能使用标点；③变量名长度不超过63位，最多只能含有63个字符，后面的字符无效。

为了便于阅读程序，对变量或程序可作注释，“%”是注释符，“%”后面的内容为注释，对MATLAB的计算不产生任何影响。

同常量一样，变量可分为整型、实型（浮点）、字符型等。在命令行窗口的状态下，所有的变量均存在于工作区中，且不同类型的变量在工作区中一般用不同图标区别，如字符型变量用图标“abc”表示等。

3. 永久变量

永久变量是变量的一种特殊情况，它在工作区中看不到，但是使用者可直接调用。表1-2列出了永久变量及其含义。

表1-2 永久变量表

名称	取值	名称	取值
ans	计算结果的默认变量名	i，j	虚数单位：i=j=$\sqrt{-1}$
pi	圆周率π的近似值（3. 1416）	realmax	系统所能表示的最大数值
eps	数学中无穷小（epsilon）的近似值（2.2204e-016）	realmin	系统所能表示的最小数值
inf	无穷大，如1/0=inf（infinity）	nargin	函数的输入参数个数
NaN	非数，如0/0=NaN（Not a Number），inf/inf=NaN	nargout	函数的输出参数个数

在MATLAB中定义变量时应避免与永久变量名重复，以免改变这些常量的值，如果已改变了某个常量的值，可以通过“clear+常量名”命令恢复该常量的初始设定值（当然，也可通过重新启动MATLAB系统来恢复这些常量值）。

4. 符号变量

MATLAB提供了符号计算功能。符号计算又称计算机代数，通俗地说就是用计算机推导数学公式，如对表达式进行因式分解、化简、微分、积分、解代数方程、求解常微分方程等。符号计算是绝对精确的计算。在MATLAB中进行符号运算时需要先用syms命令创建符号变量和表达式，如：

```
>> syms x                              % 声明一个符号变量 x
```

syms不仅可以声明一个变量，还可以指定多个变量及其数学特性，比如：

```
>> syms x y real                       % 声明符号变量 x、y 为实数类型
>> syms x y positive                   % 声明符号变量 x、y 为整数类型
```

创建符号表达式：

```
syms x y                               % 声明符号变量 x、y
z=x^2+y^2                              % 创建符号表达式
```

5. 变量的查询与清除

在命令行窗口中，只要输入“who”，就可以看到工作区中所有曾经设定并至今有效的变量。如果输入“whos”，不但会显示所有的变量，而且会将该变量的名称、性质等都显示出来，即显示变量的详细资料。在命令行窗口中输入“clear”，就清除了工作区中的所有变量。如果输入“clear+变量名”，只清除工作区中指定变量名的变量。

1.3.2 操作符与运算符

数据变量间的运算是按一定的运算规则进行的，有些规则是由运算符决定的，有些是由MATLAB命令函数决定的，以下是操作符与运算符的使用规则。

1. 操作符

在编辑程序或命令中，当标点或其他符号表示特定的操作功能时就称其为操作符。表 1-3 列出了操作符。

表 1-3 操作符

操作符	使用说明
:	冒号。①m：n 产生一个数组 [m，$m+1$，…，n]；②m：k：n 产生一个数组 [m，$m+k$，…，n]；③**A**(:，j) 取矩阵 **A** 的第 j 列；④**A**(k,:) 取矩阵 **A** 的第 k 行
;	分号。①在矩阵定义中表示一行的结束；②在命令语句的结尾表示不显示这行语句的执行结果
…	连续点。一个命令语句非常长，一行写不完可以分几行写，此时在行的末尾加上连续点，表示是一个命令语句
%	百分号。在编程时引导注释行，而系统解释执行程序时，%后面的内容不作处理

2. 运算符

运算符可分为三类：算术运算符、关系运算符与逻辑运算符。算术运算符是构成运算的最基本的操作命令，可以在 MATLAB 的命令行窗口中直接运行。不同的运算符及功能说明见表 1-4、表 1-5、表 1-6。

表 1-4 算术运算符

运算符	功能说明
+	加法运算。两个数相加或两个同阶矩阵相加。如果是一个矩阵和一个数字相加，则这个数字自动扩展为与矩阵同维的一个矩阵
−	减法运算。两个数相减或两个同阶矩阵相减
*	乘法运算。两个数相乘或两个可乘矩阵相乘
/	除法运算。两个数或两个可除矩阵相除（**A**/**B** 表示 **A** 乘以 **B** 的逆）
^	乘幂运算。数的方幂或一个方阵的多少次方
\	左除运算。两个数 $a\backslash b$ 表示 $b\div a$，两个可除矩阵相除（**A****B** 表示 **B** 乘以 **A** 的逆）
.*	点乘运算。两个同阶矩阵对应元素相乘
./	点除运算。两个同阶矩阵对应元素相除
.^	点乘幂运算。一个矩阵中各个元素的多少次方
.\	点左除运算。两个同阶矩阵对应元素左除

表 1-5 关系运算符

运算符	功能说明	运算符	功能说明
>	判断大于关系	>=	判断大于等于关系
<	判断小于关系	<=	判断小于等于关系
==	判断等于关系	~=	判断不等于关系

关系运算符主要用于比较数、字符串、矩阵之间的大小或不等关系，其返回值是 0 或 1。

表 1-6 逻辑运算符

运算符	功能说明	运算符	功能说明
&	与运算	~	非运算
|	或运算	Xor(a，b)	异或运算

逻辑运算符主要用于逻辑表达式和进行逻辑运算，参与运算的逻辑量以 0 代表“假”，以任意非 0 数代表“真”。逻辑表达式和逻辑函数的值以 0 表示“假”，以 1 表示“真”。

1.3.3 MATLAB 命令函数

MATLAB 系统提供了近 20 类基本命令函数，它们中一部分是 MATLAB 的内部命令，一部分是以 M 文件形式出现的函数。这些 M 文件形式的函数扩展了 MATLAB 的功能，对于这些命令函数可以通过在命令行里面输入"Help fun"来获得有关这个命令函数使用的详细说明，这里 fun 是要查询的命令函数的名字。表 1-7 列出了基本的数学函数。

表 1-7 基本的数学函数表

函数名	中文解释	函数名	中文解释
sin(x)	正弦函数	asin(x)	反正弦函数
cos(x)	余弦函数	acos(x)	反余弦函数
tan(x)	正切函数	atan(x)	反正切函数
exp(x)	以 e 为底的指数	log10(x)	以 10 为底数的对数
log(x)	自然对数	sqrt(x)	开平方
abs(x)	绝对值或向量的长度	max(x)	最大值
min(x)	最小值	sum(x)	元素求和
sign(x)	符号函数	round(x)	四舍五入到最近的整数
ceil(x)	朝正无穷方向取整	floor(x)	朝负无穷方向取整
fix(x)	朝零方向取整	gcd(x，y)	求两整数最大公约数

数学函数都有一个共同的特点：若自变量 x 为矩阵，则函数值也为 x 的同阶矩阵，即对 x 的每一元素分别求函数值；若自变量 x 为通常情况下的一个数值，则函数值是对应于 x 的一个数值。如计算"sin(x)"的一个函数值与一组函数值时，在命令行窗口中写程序如下：

```
>> x=pi/3;                          % 输入一个数 x
>> y=sin(x)                         % 计算函数值 y=sin(x)
y =
   0.8660                           % 显示函数值
>> t=0:pi/3:2* pi;                  % 输入一组数 t
>> z=sin(t)                         % 输出一组函数值 z=sin(t)
z =
   0    0.8660    0.8660    0.0000  -0.8660  -0.8660  -0.0000
```

1.4 数组和矩阵运算

矩阵是 MATLAB 数据存储的基本单元，矩阵运算是 MATLAB 语言的核心，在 MATLAB 语言系统中几乎一切运算都是以对矩阵的操作为基础的。

1.4.1 数组的创建与运算

1. 数组的创建

在 MATLAB 中，一般使用方括号（[]）、逗号（,）、空格、冒号（:）、函数命令等方法来创建数组，具体方法见表 1-8。

表 1-8 数组的创建方法

命令	用途
x=[a，b，c，d]	创建包含指定元素的数组
x=first：last	创建从 *first* 开始，加 1 计数，到 *last* 结束的数组

（续）

命令	用途
x=first：increment：last	创建从 *first* 开始，加 *increment* 计数，以 *last* 结束的数组
x=linspace(first，last，n)	创建从 *first* 开始，到 *last* 结束，有 *n* 个元素的数组
x=logspace(first，last，n)	创建从 *first* 开始，到 *last* 结束，有 *n* 个元素的对数分隔数组
x=[y，z，1，2，3]	*y* 和 *z* 为数组，拼接 *y*、*z* 数组并扩展为更大的数组

2. 数组元素的访问

访问一个元素：x(i) 表示访问数组 x 的第 i 个元素。

访问一块元素：x(s：h：t) 表示访问数组 x 的从第 s 个元素开始，以步长 h 到第 t 个（但不超过 t）的这些元素，h 可以为负数，h 缺省时为 1。

直接使用元素编址序号：x([a，b，c，d]) 表示提取数组 x 的第 a、b、c、d 个元素构成一个新的数组 [x(a)　x(b)　x(c)　x(d)]。

3. 标量与数组的运算

标量与数组的加、减、乘、除、乘方运算是数组的每个元素与该标量进行相应的加、减、乘、除、乘方运算。表 1-9 给出了标量与数组的运算法则。

表 1-9　标量与数组的运算法则

表达式及其运算结果	运算结果说明
a+c=[a1+c，a2+c，…，an+c]	即数组 a 的每个元素加上 c
a*c 或 a.*c=[a1*c，a2*c，…，an*c]	即数组 a 的每个元素乘以 c
a/c 或 a./c=[a1/c，a2/c，…，an/c]	即数组 a 的每个元素除以 c
a.\c=[c/a1，c/a2，…，c/an]	即 c 除以数组 a 的每个元素
a.^c=[a1^c，a2^c，…，an^c]	即数组 a 的每个元素的 c 次幂
c.^a=[c^a1，c^a2，…，c^an]	即以 c 为底，以 a 的每个元素为指数的幂

其中 a=[a1，a2，…，an] 是数组，c 为标量。

4. 数组与数组的运算

数组与数组的运算要求数组维数是相同的，其加、减、乘、除、幂运算可按元素对元素方式进行，不同维数的数组不能进行运算，其运算法则见表 1-10。

表 1-10　数组与数组的运算法则

表达式及其运算结果	运算结果说明
a+b=[a1+b1，a2+b2，…，an+bn]	即数组 a 与 b 的对应元素相加
a.*b=[a1*b1，a2*b2，…，an*bn]	即数组 a 与 b 的对应元素相乘
a./b=[a1/b1，a2/b2，…，an/bn]	即数组 a 与 b 的对应元素相除
a.\b=[b1/a1，b2/a2，…，bn/an]	即数组 b 与 a 的对应元素相除
a.^b=[a1^b1，a2^b2，…，an^bn]	即数组 a 与 b 的对应元素的幂
dot(a，b) =a1*b1+a2*b2+…+an*bn	即数组 a 与 b 的数量积或称向量内积

其中 a=[a1，a2，…，an]，b=[b1，b2，…，bn]。

注意： 数组的乘除法是指两个同维数组对应元素之间的乘除法，它们的运算符只能为“.*”、“./”或“.\”，而表达式 a*b、a/b、a^b 是没有意义的。

1.4.2　矩阵的输入与运算

1. 矩阵的输入

1）直接输入法。从键盘直接输入矩阵的每一个元素。具体方法如下：将矩阵的所有元素用方括号括起来，在方括号内按矩阵行的顺序输入各元素，同一行的各元素之间用空格或逗号分隔，不同行的元素之间用分号或回车键分隔。例如：

```
>> A=[2,3,5;1,3,5;6,9,4]                    % 同一行元素之间用空格或逗号,行之间用分号或回车
A=
  2  3  5
  1  3  5
  6  9  4
```

2）外部文件读入法。MATLAB语言允许用户调用在MATLAB环境之外定义的矩阵，可以利用任意文本编辑器所编辑的矩阵。矩阵元素之间以特定分断符分开，并按行列布置。load函数用于调用数据文件，其调用方法为：load＋文件名［参数］。

例如：事先在记事本中编辑以下数据，保存为文件 data1. txt，文件放在当前目录下。

```
1    1    1
1    2    3
1    3    6
```

在 MATLAB 命令行窗口中输入：

```
>> load  data1.txt
>> data1                              % 显示数据
data1=
        1    1    1
        1    2    3
        1    3    6
```

load 函数将会从文件名所指定的文件中读取数据，并将输入的数据赋给以文件名命名的变量。如果不给定文件名，则系统将自动认为 MATLAB. mat 文件为操作对象，如果该文件在MATLAB搜索路径中不存在，系统将会报错。

3）Excel 电子表格数据读取。将 Excel 中的数据以矩阵的形式导入 MATLAB 中，可通过数据交换函数 xlsread 读取，xlsread 函数语法：

```
data= xlsread('filename', 'sheet', 'range')
```

其中，filename 是目标文件地址；sheet 是数据表名称，例如 Excel 默认表名为 sheet1；range 是数据在表中的位置，如“＄A1：＄C6”等。输出数值矩阵 data。

例如，2015 年 9 月 1 日到 2016 年 3 月 18 日，股票“中国银行”的交易数据保存在 Excel 文件“sh601988. xls”中，文件内容如表 1-11 所示。

表 1-11　中国银行股票交易行情表　　（单位：元）

日期	收盘价	最高价	最低价	开盘价	涨跌幅
2016/3/18	3.43	3.44	3.4	3.42	0
2016/3/17	3.43	3.43	3.39	3.42	−0.290 7
2016/3/16	3.44	3.44	3.37	3.37	1.775 1
2016/3/15	3.38	3.4	3.34	3.4	−0.588 2
2016/3/14	3.4	3.43	3.37	3.39	0
…	…	…	…	…	…

注：书中凡是涉及数据保存在“＊＊＊文件中”，我们将文件统一放在本书的网站上，供读者下载。

读取其中的数据可输入命令：

```
zgyh= xlsread('sh601988.xls','sheet1')
```

结果输出

```
zgyh =
     3.43     3.44     3.40     3.42           0
     3.43     3.43     3.39     3.42    - 0.2907
     3.44     3.44     3.37     3.37      1.7751
     3.38     3.40     3.34     3.40    - 0.5882
     3.40     3.43     3.37     3.39           0
     3.40     3.41     3.33     3.33     1.4925
     ......
(余下数据省略了!)
```

若读者对 Microsoft Excel 有一定的使用经验，可使用 MATLAB Excel Builder 实现 MATLAB 和 Microsoft Excel 的连接，从而实现两者数据的无缝接口。更详细的操作请参考有关文献。

2. 特殊矩阵与符号矩阵

诸如单位矩阵、零矩阵、元素全为 1 的矩阵、魔方矩阵、范德蒙矩阵、希尔伯特矩阵、托普利兹矩阵、帕斯卡矩阵、服从特定分布的随机矩阵等，MATLAB 提供了专门函数用于生成这些矩阵，参见表 1-12。

表 1-12　生成特殊矩阵的函数

命令函数	功能说明
A=eye(m, n)	生成一个 m 行、n 列的单位矩阵 $\boldsymbol{A}$
B=zeros(m, n)	生成一个 m 行、n 列的零矩阵 $\boldsymbol{B}$
C=ones(m, n)	生成一个 m 行、n 列的元素全为 1 的矩阵 $\boldsymbol{C}$
D=magic(n)	生成 n 阶魔方矩阵 $\boldsymbol{D}$，$\boldsymbol{D}$ 中的每行、每列及两条对角线上元素和相等
E=vander(v)	生成以向量 $\boldsymbol{v}$ 为基础向量的范德蒙矩阵 $\boldsymbol{E}$
F=hilb(n)	生成 n 阶希尔伯特矩阵 $\boldsymbol{F}$。矩阵 $\boldsymbol{F}=(f_{ij})_n$ 中的元素 $f_{ij}=(i+j-1)^{-1}$
G=pascal(n)	生成 n 阶帕斯卡矩阵 $\boldsymbol{G}$。帕斯卡矩阵由杨辉三角形表组成
H=rand(m)	生成 m 阶均匀分布的随机矩阵 $\boldsymbol{H}$
randn(m)	生成 m 阶正态分布的随机矩阵

符号矩阵是由 MATLAB 的符号运算产生的矩阵，可应用于行列式的计算公式推导。如：

```
syms x                              % 定义符号变量
f(x)=[x x^2;1+ x^3 2+ x^4];         % 定义符号矩阵
a=f(3);                             % 将 x 用 3 替换得数值矩阵 a
```

3. 矩阵中元素或块操作

在 MATLAB 中，矩阵是基本的计算单元，有很多关于矩阵操作的函数。常用的有矩阵的扩展、块操作、转置、翻转、矩阵尺寸的改变等。对矩阵中元素或块操作见表 1-13。

表 1-13　矩阵中元素或块的常用操作

表达式或命令函数	功能说明
A(k,:)	提取矩阵 $\boldsymbol{A}$ 的第 k 行
A(:, k)	提取矩阵 $\boldsymbol{A}$ 的第 k 列
A(:)	依次提取矩阵 $\boldsymbol{A}$ 的每一列，将 $\boldsymbol{A}$ 拉伸为一个列向量

（续）

表达式或命令函数	功能说明
A(i1：i2，j1：j2)	提取矩阵 **A** 的第 $i1$～$i2$ 行、第 $j1$～$j2$ 列，构成新矩阵
A([a b c d],:)	提取矩阵 **A** 的指定的第 a、b、c、d 行，构成新矩阵
A(:，[e f g h])	提取矩阵 **A** 的指定的第 e、f、g、h 列，构成新矩阵
A(i2：－1：i1,:)	以逆序提取矩阵 **A** 的第 $i1$～$i2$ 行，构成新矩阵
A(:，j2：－1：j1)	以逆序提取矩阵 **A** 的第 $j1$～$j2$ 列，构成新矩阵
A(i1：i2,:)＝[]	删除 **A** 的第 $i1$～$i2$ 行，构成新矩阵
A(:，j1：j2)＝[]	删除 **A** 的第 $j1$～$j2$ 列，构成新矩阵
[A B] 或 [A; B]	将矩阵 **A** 和 **B** 拼接成新矩阵
diag(A，k)	抽取矩阵 **A** 的第 k 条对角线元素向量
tril(A，k)	抽取矩阵 **A** 的第 k 条对角线下面的部分
triu(A，k)	抽取矩阵 **A** 的第 k 条对角线上面的部分
flipud(A)	矩阵 **A** 进行上下行翻转
fliplr(A)	矩阵 **A** 进行左右翻转
A'	矩阵 **A** 的转置
rot90(A)	矩阵 **A** 逆时针旋转 90°
C＝cat(DIM，A，B)	在 DIM 维度上拼接矩阵 **A** 与 **B**，DIM＝1 或 2 或 3
B＝repmat(A，m，n)	把矩阵 **A** 当作元素，产生 m 行与 n 列的矩阵 **A** 组成的大矩阵 **B**
K＝kron(A，B)	由矩阵 **A** 与 **B** 产生卡诺矩阵 **K**，即 $\boldsymbol{K}=(a_{ij}*\boldsymbol{B})$，其中 $\boldsymbol{A}=(a_{ij})$
B＝reshape(A，m，n)	将矩阵 **A** 转换为 $m\times n$ 的矩阵

4. 矩阵的运算

(1) 矩阵间的运算

两个矩阵之间可按线性代数方法定义加、减、乘、除运算，还可定义同型矩阵间的按元素的点乘、点除、点幂运算，运算规则如表 1-14。

表 1-14 矩阵间的运算

表达式	功能说明
A+B (A-B)	**A** 与 **B** 为同型矩阵，对应元素相加（减）
A*B	**A** 的列数要等于 **B** 的行数，按代数学中定义的矩阵乘法法则计算
A/B	$\boldsymbol{X}=\boldsymbol{A}/\boldsymbol{B}$ 是线性方程组 $\boldsymbol{XA}=\boldsymbol{B}$ 的解。当 **A** 是可逆的矩阵时，$\boldsymbol{A}/\boldsymbol{B}=\boldsymbol{A}*\boldsymbol{B}^{-1}$
A\B	$\boldsymbol{X}=\boldsymbol{A}\backslash\boldsymbol{B}$ 是线性方程组 $\boldsymbol{AX}=\boldsymbol{B}$ 的解。当 **A** 是可逆的矩阵时，$\boldsymbol{A}\backslash\boldsymbol{B}=\boldsymbol{A}^{-1}*\boldsymbol{B}$
A.*B	**A** 与 **B** 为同型矩阵，对应元素相乘
A./B	**A** 与 **B** 为同型矩阵，对应元素相除
A.^B	**A** 与 **B** 为同型矩阵，**A** 中元素对应 **B** 中元素进行乘方运算

(2) 矩阵与标量的运算

一个数与一个矩阵间的运算规则如表 1-15。

表 1-15 矩阵与标量的运算

表达式	功能说明（设 **A** 为矩阵，c 为标量）
A+c(A-c)	**A** 中每个元素加（减）常数 c
A*c(c*A)	**A** 中每个元素乘常数 c
A/c	**A** 中每个元素除常数 c

（续）

表达式	功能说明（设 **A** 为矩阵，*c* 为标量）
c. /A	常数 *c* 分别被 **A** 中对应每个元素相除
c. ^A	常数 *c* 对应于 **A** 中每个元素的乘方运算
A. ^c	对应于 **A** 中每个元素对应常数的 *c* 次乘方运算
A^c	**A** 是方阵，当 *c* 大于 0 时表示矩阵的方幂，当 *c* 小于 0 时表示 **A** 逆的方幂

（3）矩阵的基本函数运算

矩阵的函数运算是矩阵运算中最实用的部分，常用的主要有以下几个，见表 1-16。

表 1-16　矩阵的函数运算命令

命令	功能
det(A)	方阵 **A** 的行列式
inv(A)	方阵 **A** 的逆矩阵
[m, n]=size(A)	给出 **A** 的行列数，输出 **A** 的行数 *m*、列数 *n*
[v, d]=eig(A)	**A** 的特征向量 v 及特征值为对角元的对角矩阵 ***d***
orth(A)	可逆矩阵 **A** 的列向量组正交规范化
rref(A)	矩阵 **A** 的阶梯形的行最简形式
rank(A)	矩阵 **A** 的秩
trace(A)	矩阵 **A** 的迹
[Q, R]=qr(A)	矩阵 **A** 的 ***Q***，***R*** 分解，即正交矩阵 ***Q*** 和上三角阵 ***R*** 满足 **A**=***QR***
[p, H]=hess(A)	海森伯格分解，即正交矩阵 ***p*** 与拟上三角阵 ***H*** 满足 **A**=***pHp'***

（4）矩阵的数据处理

MATLAB 具有强大的数据处理功能，如数据的排序、求最大值、求和、求均值等。常用数据处理的命令见表 1-17。

表 1-17　常用数据处理命令

命令	功能	命令	功能
max(A)	求向量或矩阵每列的最大值	min(A)	求向量或矩阵每列的最小值
mean(A)	求向量或矩阵每列的平均值	median(A)	求向量或矩阵每列的中位数
sum(A)	求向量或矩阵每列的元素和	prod(A)	求向量或矩阵每列的元素乘积
var(A)	求向量或矩阵每列的方差	std(A)	求向量或矩阵每列的标准差
cov(A)	矩阵列向量之间的协方差矩阵	corrcoef(A)	矩阵列向量间的相关系数矩阵
length(A)	求向量所含元素个数	find(A)	求向量中满足条件的元素

5. 多维数组

在 MATLAB 中可以创建高维数组。习惯上二维数组中的第 1 维称为“行”，第 2 维称为“列”，二维数组可视作“矩形面”。三维数组是二维数组的扩展，用三个下标表示，在二维数组的基础上增加了一维称为“页”，三维数组可视作“长方体”。在 MATLAB 中将三维及三维以上的数组统称为高维数组。

创建三维数组的方法有以下几种。

1）按“页”创建。

```
A(:,:,1)=[1,2,3;4,5,6;7,8,9];          % 创建数组 A 的第 1 页
A(:,:,2)=8;                            % 创建数组 A 的第 2 页,每个元素赋值为 8
```

2）由函数 ones、zeros、rand 直接创建。

```
>> A=rand(2,3,2)                              % 创建 A 为 2 行、3 列、2 页的数组
A(:,:,1) =
       0.8147     0.1270     0.6324
       0.9058     0.9134     0.0975
A(:,:,2) =
       0.2785     0.9575     0.1576
       0.5469     0.9649     0.9706
```

3）由函数 cat、repmat、reshape 生成数组。

```
>> a=[1 2;3 4];
>> b=[5 6;7 8];
>> c=cat(3,a,b)                               % 沿着第 3 维创建 c 为 2 行、2 列、2 页的数组
```

三维数组的元素的存取操作可类似于二维数组采用下标法。

6. 元胞数组

元胞数组是 MATLAB 的一种特殊数据类型，每个元素以单元的形式存在。在 MATLAB 中，采用大括号"{}"或函数 cell 建立元胞数组。在获取元胞数组的元素时，采用大括号表示下标，如下列程序中 a {1, 1} 表示元胞数组中第一行、第一列的元胞。

```
clear all;
a={[1 2 3;4 5 6;7 8 9],20;ones(2,3),1:10}    % 创建元胞数组 a
b=a{1,1}                                      % 从元胞数组中读取元素 a{1,1},该元素为矩阵赋给 b
c=a{2,2}(3)                                   % 从元素 a{2,2}读取第三个数据 a{1,1}(3)
a{1,2}=magic(3)                               % 给元素 a{1,2}重新赋值为一个三阶魔方矩阵
```

程序运行结果：

```
a =
     [3x3 double]     [           20]
     [2x3 double]     [1x10 double]
b =
     1       2       3
     4       5       6
     7       8       9
c =
     3
a =
     [3x3 double]     [3x3  double]
     [2x3 double]     [1x10 double]
```

在数据分析中，将不同维数与大小的矩阵作为元胞放在一个元胞数组中，这样有利于数据的调用，提高了工作效率。例如在回归分析、神经网络建模中，都大量地使用了元胞数组。

1.5　M 文件与编程

1.5.1　M 文件编辑/调试器窗口

在默认状态下，M 文件编辑/调试器（Editor/Debugger）窗口不随 MATLAB 界面的出现而启动。当需要编写 M 文件时，在主界面的主页上单击"新建脚本"按钮，即可启动该窗口。如图 1-17 所示。

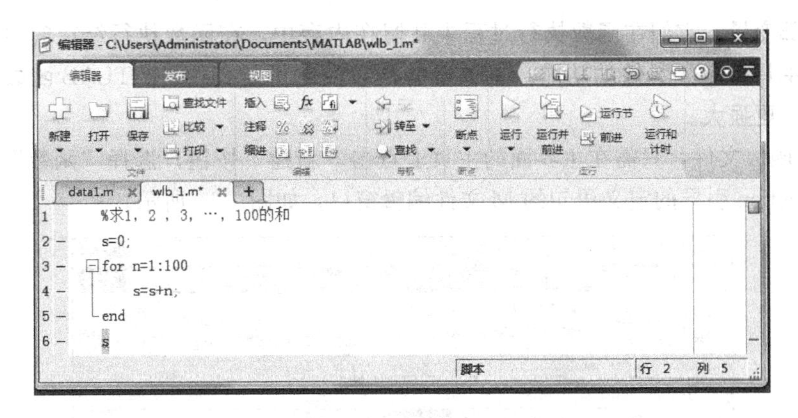

图 1-17 M文件编辑/调试器窗口

M文件编辑/调试器的菜单与工具栏请参考“帮助”系统。

1.5.2 M文件

M文件是由MATLAB语句（命令或函数）构成的ASCII码文本文件，文件名必须以“.m”为扩展名。M文件通过M文件编辑/调试器生成。在命令行窗口调用M文件，可实现一次执行多条MATLAB语句的功能。M文件有以下两种形式。

1. M脚本文件

脚本文件是MATLAB命令或函数的组合，没有输入输出参数，执行脚本文件只需在命令行窗口中键入文件名并按回车键，或在M文件编辑/调试器窗口激活状态下直接按“运行”按钮或按“F5”键。

当用户要运行的指令较多时，可以直接从键盘上逐行输入指令，但这样做显得很麻烦，而命令文件则可以较好地解决这一问题。用户可以将一组相关命令编辑在同一个ASCII码命令中，运行时只需输入文件名，MATLAB就会自动按顺序执行文件中的命令。这类似于批处理文件。命令文件中的语句可以访问MATLAB工作区中的所有数据。在运行的过程中所产生的变量均是全局变量。这些变量一旦生成，就一直保存在内存空间中，除非用户将它们清除（如clear命令）。

如求数1，2，3，4，…，100的和。

在编辑器中写出程序如下：

```
s=0;
for n=1:100
s=s+n;
end
s
```

保存为exm0101（这是文件名），然后在命令行窗口中执行，即输入文件名：

```
>>exm0101
s=5050                                    % 这是程序运行的结果
```

2. M函数文件

M函数文件是另一种形式的M文件，可以有输入参数和返回输出参数，函数在自己的工作区中操作局部变量，它的第一句可执行语句是以function引导的定义语句。在函数文件中的变量都是局部变量，它们在函数执行过程中驻留在内存中，在函数执行结束时自动消失。函数文件不单单具有命令文件的功能，更重要的是它提供了与其他MATLAB函数和程序的接口，因此功能更强大。

新建M函数文件，只需在主界面的主页上点击“新建”按钮，选择“函数”选项，即可打开含有function引导的定义语句的M文件编辑窗口，如图1-18所示。

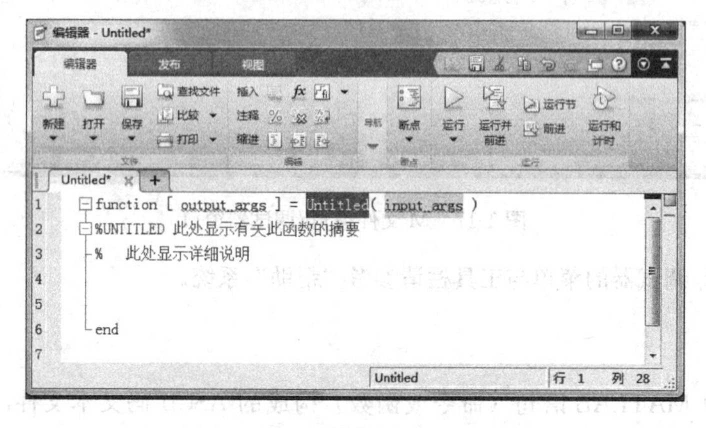

图1-18 M函数编辑/调试器窗口

MATLAB的M函数文件的组成：文件第一行是函数定义行，格式为：

```
function  [返回参数1,参数2,…]=函数名(输入参数1,参数2,…)
                         函数体
end
```

注意：第一行的有无，是区分命令文件与函数文件的重要标志；函数体包含所有函数程序代码，是函数的主体部分；函数文件保存的文件名应与用户定义的函数名一致。在命令行窗口中以固定格式调用函数。

例如，定义函数 $f(x,y)=x^3+y^3-3xy$，并计算 $f(2,3)$。

在编辑器中写出如下程序：

```
function f=exm0102(x,y)          % 函数名为exm0102,返回值为f
f=x.^3+ y.^3- 3* x.* y;          % 这是函数主体
end
```

保存为exm0102（这是文件名，与函数名一致），然后在命令行窗口中输入

```
>> exm0102(2,3)
ans = 17                         % 这是程序运行的结果
```

1.5.3 控制语句的编程

1. 循环语句

MATLAB提供了两种循环方式：for…end循环和while…end循环。

1）for循环语句（计数循环方式），其调用格式如下：

```
for 循环变量=初值:步长:终值
        循环体
end
```

执行过程：将初值赋给循环变量，执行循环体；执行完一次循环之后，循环变量自增一

个步长的值，然后再判断循环变量的值是否介于初值和终值之间，如果满足仍然执行循环体，直至不满足为止。

例如，利用for循环语句构造$K=4$阶希尔伯特矩阵$\boldsymbol{A}$(即$\boldsymbol{A}$矩阵的(m, n)元等于$1/(m+n-1)$)的程序如下：

```
K=4;                                % 定义矩阵的阶数K
for m=1:K                           % 外层循环,循环变量是矩阵的行数m
    for n=1:K                       % 内层循环,循环变量是矩阵的列数n
        A(m,n)=1/(m+n-1);           % 循环体语句
    end
end
format rat                          % 有理格式输出
A
```

输出结果：

```
A =    1        1/2       1/3       1/4
       1/2      1/3       1/4       1/5
       1/3      1/4       1/5       1/6
       1/4      1/5       1/6       1/7
```

当然，MATLAB中已有专门的函数hilb(K)生成希尔伯特矩阵了，因此直接调用：

```
A= hilb(4);                         % 生成4阶希尔伯特矩阵A
```

能达到程序的同样目的。

2）while循环语句（条件循环方式），其一般调用格式为：

```
while 表达式
    循环体
end
```

其执行过程为：若表达式的值为真，则执行循环体语句，执行后再判断表达式的值是否为真，直到表达式的值为假时跳出循环。

while语句一般用于事先不能确定循环次数的情况。例如，求$1+\frac{1}{1+2}+\frac{1}{1+2+3}+\cdots$，程序如下：

```
k= 0;s=0;d=inf;S=0;           % 变量赋初值
while d>0.001                 % 循环开始,判定表达式"d>0.001"的真值
    k=k+1;                    % 循环体
    s=s+k;
    d=1/s;
    S=S+d;
end                           % 循环结束
N= k;
```

2. 条件控制语句

1）if…else…end语句，其调用格式如下：

```
if 表达式
    语句体1;
else
    语句体2;
end
```

其执行过程为：当表达式的值为真时，执行语句体 1，否则执行语句体 2；语句体 1 或语句体 2 执行后，再执行 if 语句的后继语句。

用 if…else…end 语句编写分段函数 $y(x)=\begin{cases}x, & x<-1\\ x^3, & -1\leqslant x<1\\ e^{1-x}, & x\geqslant 1\end{cases}$，根据所写函数计算函数值 $y(-2)$、$y(0.5)$、$y(2)$。程序如下：

```
function y=exm0103 (x)                % 定义函数
n=length(x);
for k=1:n
    if x(k)<-1                        % 选择条件 1
        y(k)=x(k);                    % 根据条件 1 为真选择执行的语句
    elseif  x(k)>=1                   % 选择条件 2
        y(k)=exp(1-x(k));             % 根据条件 2 为真选择执行的语句
    else
        y(k)=x(k)^3;                  % 条件 1 和 2 不真时选择执行的语句
    end
end
```

在命令行窗口中输入：

```
>> exm0103([- 2,0.5,2])
```

输出 x=－2，0.5，2 时的函数值：

```
ans =
   -2.0000    0.1250    0.3679
```

2）switch 分支结构语句，其调用格式如下：

```
switch 表达式
    case 表达式 1
        语句体 1
    case 表达式 2
        语句体 2
        …
    case 表达式 m
        语句体 m
    otherwise
        语句体 m+1
end
```

其执行过程为：控制表达式的值与每一个 case 后面表达式的值比较，若与第 k（k 的取值为 1～m）个 case 后面的表达式 k 的值相等，就执行语句体 k；若都不相同，则执行 otherwise 下的语句体 $m+1$。

以下是将百分制的学生成绩按满分、优秀、良好、及格与不及格五档次进行分类，应用 switch 分支结构语句实现的算法程序。

```
clear all;                                                    % 清除所有变量
for k=1:10                                                    % 成绩分组
    a(k)={89+k};b(k)={79+k};c(k)={69+k};d(k)={59+k};
end;
c=[d,c];                                                      % 成绩分组在 60~ 79 之间
A=cell(3,5);                                                  % 定义元胞数组
```

```
A(1,:)={'Jack','Marry','Peter','Rose','Tom'};                % 学生姓名
A(2,:)={72,83,56,94,100};                                    % 学生成绩
%% 以下是多分支选择结构% %
for k=1:5
    switch A{2,k}                                            % 读取学生成绩并与 case 比较
    case 100                                                 % 成绩 100 分
        r='满分';
    case a                                                   % 成绩 90~ 99 之间
        r='优秀';
    case b                                                   % 成绩 80~ 89 之间
        r='良好';
    case c                                                   % 成绩 60~ 79 之间
        r='及格';
    otherwise                                                % 成绩 0~ 59 之间
        r='不及格';
    end
A(3,k)={r};                                                  % 记录每位学生成绩分档结果
end
A                                                            % 输出学生成绩分档结果
```

程序输出结果：

```
A =
   'Jack'    'Marry'    'Peter'    'Rose'    'Tom'
   [  72]    [   83]    [   56]    [  94]    [100]
   '及格'      '良好'    '不及格'    '优秀'     '满分'
```

3）其他流程控制语句。包括 continue 语句、break 语句和 return 语句。

①continue 语句用于 for 循环和 while 循环，其作用就是终止一次循环的执行，跳过循环体中所有剩余的未被执行的语句，去执行下一次循环。

②break 语句也常用于 for 循环和 while 循环，其作用就是终止当前循环的执行，跳出循环体，去执行循环体外的下一行语句。

③return 语句用于终止当前的命令序列，并返回到调用的函数或键盘，也用于终止 keyboard 方式。

1.6　MATLAB 通用操作实例

下面通过一个操作实例，说明 MATLAB 的通用操作界面的使用方法，使读者对软件环境更加熟悉，并且掌握如何在命令行窗口中使用简单命令。

实验　MATLAB 通用操作界面综合练习实验

按照以下步骤进行。

1）启动 MATLAB。

2）在命令行窗口中输入以下几行命令：

```
a=[1,2,3;4,5,6;7,8,9];
b=[1,3,5;2,4,6;5,7,9];
c='矩阵加法计算';
d=a+b;
wlb='矩阵乘法计算';
w=a*b;
```

3）打开工作区窗口查看变量，共有 6 个变量，如图 1-19 所示为 MATLAB 界面左上侧的工作区窗口。

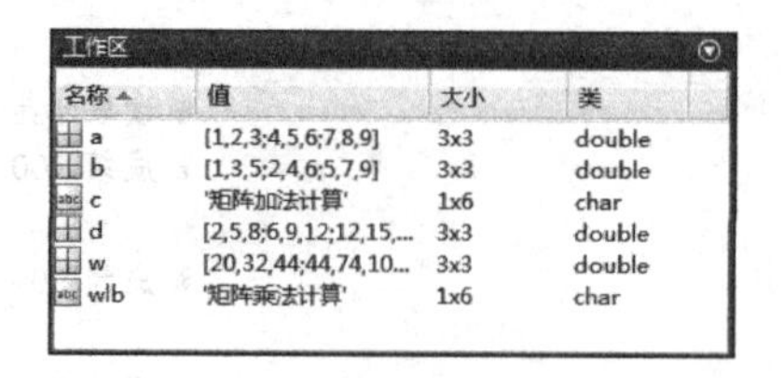
工作区

名称	值	大小	类
a	[1,2,3;4,5,6;7,8,9]	3x3	double
b	[1,3,5;2,4,6;5,7,9]	3x3	double
c	'矩阵加法计算'	1x6	char
d	[2,5,8;6,9,12;12,15,...	3x3	double
w	[20,32,44;44,74,10...	3x3	double
wlb	'矩阵乘法计算'	1x6	char

图 1-19　实例工作区窗口

4）双击其中的变量“a”，出现数组编辑器（Array Editor）窗口，如图 1-20 所示为该变量的详细信息。

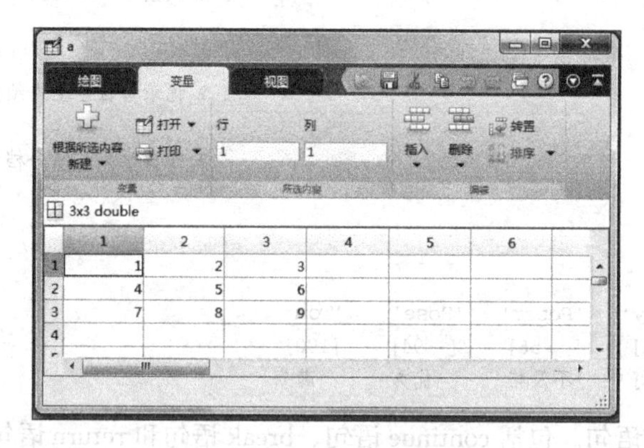

图 1-20　实例数组编辑器窗口

5）在命令历史记录窗口中（如图 1-21 所示），用光标选中上面的 6 行命令，单击鼠标右键，在快捷菜单中选择“创建脚本”命令生成 M 脚本文件。

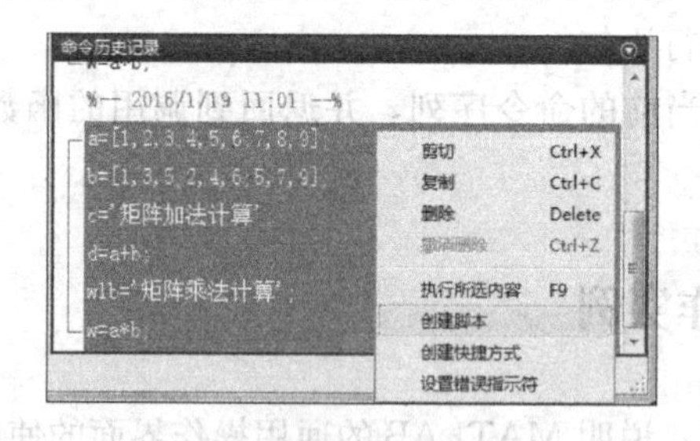

图 1-21　实例命令历史记录

6）出现 M 文件编辑/调试器窗口（如图 1-22 所示）。单击工具栏的“保存”按钮，将文件保存在目录“C:\Users\Administrator\Documents\MATLAB”下。

7）打开计算机资源管理器，在目录“C:\Users\Administrator\Documents\MATLAB”，下可以看到刚才保存的“shiyan1_1.m”文件，在命令行窗口中输入“shiyan1_1”运行文件。

8）在命令行窗口中输入“save shiyan1_1”命令，从当前目录浏览器窗口可以看到在当前目录下生成了一个“shiyan1_1.mat”数据文件。

9）在命令行窗口中输入“exit”命令，退出 MATLAB。

10）如果在计算机资源管理器中改变“shiyan1_1”文件存储位置，放在“C:\Users\Administrator\Documents\MATLAB\Apps”目录下。重新启动 MATLAB，在命令行窗口中输入“shiyan1_1”，系统提示“未定义函数或变量 'shiyan1_1'。”，因为该文件不在 MATLAB 的搜索路径中，单击主界面的菜单“设置路径”，打开设置路径对话框，选择“添加文件夹”按钮，将“C:\ Users \ Administrator \ Documents \ MATLAB \ Apps”目录添加到搜索路径中，如图 1-23 所示，单击“保存”按钮关闭该对话框，重新在命令行窗口中输入“shiyan1_1”，则可以运行该文件。

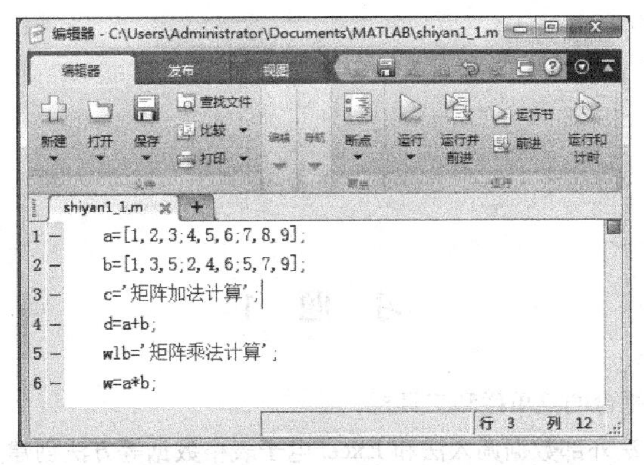

图 1-22　实例 M 文件编辑/调试器窗口

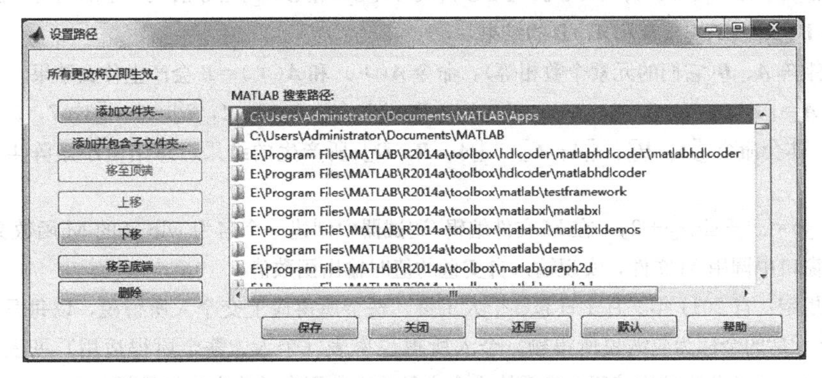

图 1-23　实例添加文件夹

11）退出 MATLAB 后重新启动，打开工作区窗口，此时将看到没有内存变量。如果要将“shiyan1_1. mat”数据文件的变量导入，可选择主界面的“数据导入”按钮，然后选择“shiyan1_1. mat”文件打开，出现如图 1-24 所示的“导入向导”窗口。

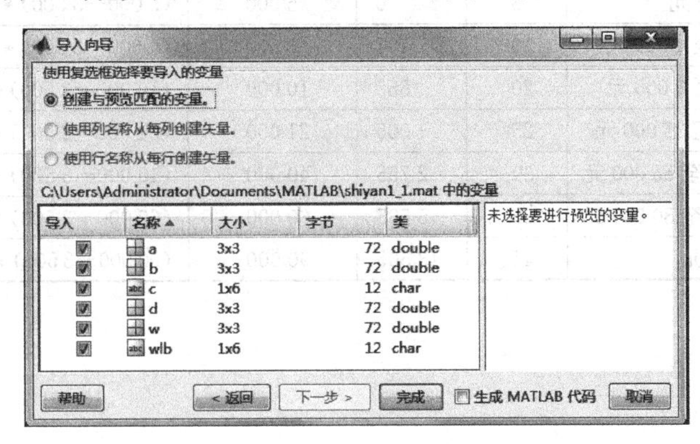

图 1-24　实例导入向导

在该窗口中将要导入的变量前的复选框选中，如选中“a”、“b”、“c”、“d”四个变量，然后单击“完成”按钮，查看工作区中出现的四个变量。

12）如果要查看文件“shiyan1_1.m”的内容，只要在 MATLAB 命令行窗口中输入“type shiyan1_1”命令，则可看到文件的内容如下：

```
>> type shiyan1_1
a=[1,2,3;4,5,6;7,8,9];
b=[1,3,5;2,4,6;5,7,9];
c='矩阵加法计算';
d= a+b;
wlb='矩阵乘法计算';
w= a*b;
```

习 题 1

1. 熟悉 MATLAB 的桌面平台的菜单栏和工具栏。
2. 分别使用直接输入元素法外部数据调入法和 Excel 电子表格数据等方法创建一个矩阵。
3. 创建两个矩阵：**A**=[3 6 9 5; 2 4 8 3; 1 2 3 7; 5 1 4 8] 和 **B**=[1 2 3 2; 2 4 1 5; 1 4 7 2; 7 4 2 9]，求解 **A**. * **B**、**A**. ^**B**、**A**. \ **B** 和 **A**. /**B** 的结果。
4. 输入任意矩阵 **A**、**B**(它们的元素个数相等)，命令 **A**(:) 和 **A**(:)=**B** 会产生什么结果？
5. 输入矩阵 **A**=[1, 3, 5; 5, 8, 3; 6, 1, 6]，**B**=[3, 6; 9, 3; 4, 7]，**C**=[3, 7, 9, 4, 0, 7]，**D**=2: 6，体会命令 [**A**, **B**]、[**A**; **C**]、[**A**, **B**; **D**] 所产生的结果，总结由小矩阵生成大矩阵的方法。
6. 设 $f(x, y)=x^2+\sin xy+2y$，在 M 文件编辑/调试器中创建一个名为 wlb_3 的 M 函数文件并保存，在命令行窗口中调用 M 文件，实现输入自变量的值时输出函数值。
7. 我国税法规定：自 2011 年 9 月 1 日起，个人工资、薪金所得应上交个人所得税，以每月收入额减除费用 3500 元后的余额为应纳税所得额。个人所得税率表（个人、薪金所得适用）见表 1-18。试用 switch…case…end 分支结构编程，实现输入个人月收入数则自动输出应纳税额。

表 1-18 个人所得税率表

序号	全月应纳税所得额（元）	税率（%）	速算扣除数	举例说明	
				月收入额（元）	应纳税额（元）
1	不超过 1 500 元	3	0	5 000	(5 000−3 500) * 3%−0=45
2	超过 1 500 至 4 500 元	10	105	6 600	(6 600−3 500) * 10%−105=205
3	超过 4 500 至 9 000 元	20	555	10 000	(10 000−3 500) * 20%−555=745
4	超过 9 000 至 35 000 元	25	1 005	21 000	(21 000−3 500) * 25%−1 005=3 370
5	超过 35 000 至 55 000 元	30	2 755	40 000	(40 000−3 500) * 30%−2 755=8 195
6	超过 55 000 至 80 000 元	35	5 505	60 000	(60 000−3 500) * 35%−5 505=14 270
7	超过 80 000 元	45	13 505	90 000	(90 000−3 500) * 45%−13 505=25 420

第 2 章

数据描述性分析

数据描述性分析是从样本数据出发，概括分析数据的集中位置、分散程度、相互关联关系以及数据分布的正态或偏态特征等。它是进行数据分析的基础，对不同类型量纲的数据有时还要进行变换，然后再作出合理分析。本章主要介绍样本数据的基本统计量、数据的可视化、数据分布检验及数据变换等内容。

2.1 基本统计量与数据可视化

2.1.1 一维样本数据的基本统计量

描述数据的基本特征主要为集中位置和分散程度。

设从所研究的对象（即总体）X 中观测得到 n 个观测值

$$x_1, x_2, \cdots, x_n \tag{2.1.1}$$

这 n 个值称为**样本数据**，简称样本，n 称为样本容量。

我们的任务就是要对样本数据进行分析，提取数据中所包含的有用信息，从而进一步对总体的特性作出推断。

1. 均值、中位数、分位数与三均值

式（2.1.1）的平均值称为样本均值，记为

$$\bar{x} = \frac{1}{n}\sum_{i=1}^{n} x_i \tag{2.1.2}$$

样本均值描述了数据取值的集中趋势（集中位置）。样本均值计算简易，但易受异常值的影响而不稳健。

将式（2.1.1）按从小到大的次序排列，排序为 k 的数记为 $x_{(k)}$（$1 \leqslant k \leqslant n$），即 $x_{(1)} \leqslant x_{(2)} \leqslant \cdots \leqslant x_{(n)}$，则

$$x_{(1)}, x_{(2)}, \cdots, x_{(n)} \tag{2.1.3}$$

称为样本数据的次序统计量。

由次序统计量定义

$$M = \begin{cases} x_{\left(\frac{n+1}{2}\right)}, & n\text{ 为奇数} \\ \frac{1}{2}\left(x_{\left(\frac{n}{2}\right)} + x_{\left(\frac{n}{2}+1\right)}\right), & n\text{ 为偶数} \end{cases} \tag{2.1.4}$$

称 M 为式（2.1.1）数据的中位数。

中位数用来描述样本数据的中心位置的数字特征，比中位数大或小的数据个数大约为样本容量的一半。若样本数据的分布对称，则均值与中位数比较接近；若样本数据的分布为偏

态，则均值与中位数差异会较大。中位数的一个显著特点是受异常值的影响较小，具有较好的稳健性。

设 $0\leqslant p\leqslant 1$，样本数据的 p 分位数定义为

$$M_p=\begin{cases}x_{([np]+1)}, & np\ \text{不是整数}\\ \dfrac{1}{2}(x_{(np)}+x_{(np+1)}), & np\ \text{为整数}\end{cases} \tag{2.1.5}$$

其中“$[np]$”表示 np 的整数部分。

显然，当 $p=0.5$ 时，$M_{0.5}=M$，即样本数据的 0.5 分位数等于其中位数。

一般来说，从整批数据（总体）中抽取样本数据，则整批数据中约有 $100p\%$ 个不超过样本数据的 p 分位数。在实际应用中，0.75 分位数与 0.25 分位数比较常用，它们分别称为上、下四分位数，分别记为 Q_3、Q_1。

一方面，虽然均值 $\bar{x}$ 与中位数 M 都是用来描述样本数据集中位置的数字特征的，但 $\bar{x}$ 是用了数据的全部信息，M 只用了部分信息，因此通常情况下均值比中位数有效。另一方面，当数据有异常值时，中位数比较稳健。为了兼顾两方面的优势，人们提出三均值的概念，定义三均值如下：

$$\hat{M}=\frac{1}{4}M_{0.25}+\frac{1}{2}M+\frac{1}{4}M_{0.75} \tag{2.1.6}$$

按定义，三均值是上四分位数、中位数与下四分位数的加权平均，即分位数向量（$M_{0.25}$，M，$M_{0.75}$）与权向量（0.25，0.5，0.25）的内积。

在 MATLAB 中，提供了求均值、中位数、分位数等命令函数。

1）均值命令 mean，其调用格式为：

```
m=mean(X);
```

其中，输入 X 为样本数据，输出 m 为样本均值。当 X 为矩阵时，输出为 X 每一列的均值向量。

2）中位数命令 median，其调用格式为：

```
MD=median(X);
```

其中，输入参数 X 是样本数据，输出 MD 为中位数。当 X 为矩阵时，输出为 X 每一列的中位数向量。

3）p 分位数命令 prctile，其调用格式为：

```
Mp=prctile(X,P);
```

其中输入参数 X 是样本数据，P 为介于 0～100 之间的整数，P＝100 * p，输出 Mp 为 P%分位数。

注意：当样本数据 X 是矩阵时，上述三个命令的输出将给出 X 的每列数据的相对应的数值，参见例 2.1.1。

4）根据分位数命令及式（2.1.6），可编写计算三均值的 MATLAB 程序如下：

```
w=[0.25,0.5,0.25];                      % 输入权向量 w
SM=w*prctile(X,[25;50;75]);             % 由式(2.1.6)计算 X 三均值
```

例 2.1.1 表 2-1 是 2014 年安徽省 16 个市森林资源情况统计数据，计算各指标均值、中位数以及三均值。

表 2-1 安徽省各市森林资源情况（2014 年）

地区	林业用地面积（千公顷）	森林面积（千公顷）	森林覆盖率（%）	活立木总蓄积量（万立方米）	森林蓄积量（万立方米）
合肥市	149.05	127.33	11.13	1 329.08	1 002.75
淮北市	57.25	50.19	18.31	337.30	275.95
亳州市	150.93	141.65	16.62	1 188.95	908.30
宿州市	279.70	255.23	25.68	1 534.40	1 266.15
蚌埠市	118.19	101.09	16.99	797.73	697.46
阜阳市	189.00	184.89	18.27	1 225.60	1 078.16
淮南市	31.37	24.27	9.39	278.74	229.39
滁州市	233.84	192.92	14.27	1 608.17	1 091.94
六安市	738.26	704.34	38.28	3 513.36	3 229.06
马鞍山市	75.09	62.32	15.39	332.15	276.64
芜湖市	134.34	102.82	17.06	533.95	438.07
宣城市	760.53	711.55	57.79	3011.54	2 936.15
铜陵市	39.87	33.79	31.93	161.39	142.20
池州市	556.03	500.65	59.61	2 921.23	2 814.50
安庆市	619.00	575.71	37.38	3 057.64	2 842.54
黄山市	825.95	796.76	82.32	4 742.09	4 718.16

资料来源：《安徽统计年鉴 2015》（http://www.ahtjj.gov.cn/tjj/tjnj/2015/2015.html）。

解：按第 1 章介绍的矩阵输入方法，首先将表 2-1 中的数据作为矩阵 **A** 输入 MATLAB，然后对矩阵 **A** 调用有关计算命令，程序如下。

```
clear
A=[149.05,…,4718.16];                      % 输入数据,A 的每一列是表 2-1 对应指标的样本数据
M=mean(A);                                 % 计算各指标(即各列)的均值
MD=median(A);                              % 计算各指标的中位数
SM=[0.25,0.5,0.25]* prctile(A,[25,50,75]); % 计算各指标的三均值
[M;MD;SM]                                  % 输出计算结果(见表 2-2)
```

表 2-2 安徽省森林资源均值、中位数与三均值（2014 年）

统计量	林业用地面积	森林面积	森林覆盖率	活立木总蓄积量	森林蓄积量
均值	309.9	285.3	29.4	1 660.8	1 496.7
中位数	170.0	163.3	18.3	1 277.3	1 040.5
三均值	256.0	236.6	22.6	1 489.2	1 316.7

2. 方差、变异系数与高阶矩

方差是描述样本数据取值分散性的一种度量，它是数据相对于均值的偏差平方的平均。样本数据的方差记为

$$s^2=\frac{1}{n-1}\sum_{i=1}^{n}(x_i-\overline{x})^2=\frac{1}{n-1}\Big(\sum_{i=1}^{n}x_i^2-n\overline{x}^2\Big) \tag{2.1.7}$$

其算术平方根称为标准差或根方差，即

$$s=\sqrt{\frac{1}{n-1}\Big(\sum_{i=1}^{n}x_i^2-n\overline{x}^2\Big)} \tag{2.1.8}$$

变异系数是描述样本数据相对分散性的统计量，其计算公式为

$$v=s/\overline{x} \quad 或者 \quad v=s/|\overline{x}| \tag{2.1.9}$$

变异系数是一个无量纲的量，一般用百分数表示。

样本的 k 阶原点矩定义为

$$a_k=\frac{1}{n}\sum_{i=1}^{n}x_i^k \quad (k=1,2,3,\cdots) \tag{2.1.10}$$

样本的 k 阶中心矩定义为

$$b_k = \frac{1}{n}\sum_{i=1}^{n}(x_i - \overline{x})^k \quad (k = 1,2,3,\cdots) \tag{2.1.11}$$

在 MATLAB 中，计算方差命令为 var，调用格式为：

```
S=var(X,flag);
```

其中，输入 X 为样本数据，可选项 flag 默认取 0，输出 S 为方差。若 flag 取 1，表示未修正的样本方差 $s_0^2 = \frac{1}{n}\sum_{i=1}^{n}(x_i - \overline{x})^2$。

计算标准差命令 std 的调用格式为：

```
d=std(x, flag);
```

其中，输入 x 是样本数据，可选项 flag 默认取 0，输出 d 为标准差。若 flag 取 1，表示未修正的样本标准差 $d_0 = \sqrt{s_0^2}$。当输入 X 是矩阵时，输出 X 每列数据的方差或标准差。

由均值与方差命令，可编写变异系数的计算程序为：

```
v=std(x)./mean(x)
```

或者

```
v= std(x)./abs(mean(x))
```

当输入 x 是矩阵时，输出 x 每列数据的变异系数。

由均值命令 mean，可编程计算 k 阶原点矩与中心矩，程序为：

```
ak=mean(x.^k)                % k 阶原点矩
bk=mean((x- mean(x)).^k)     % k 阶中心矩
```

MATLAB 中还提供了中心矩命令 moment，调用格式为：

```
bk=moment(X,k);
```

其中，X 为样本数据，k 为矩的阶数。

例 2.1.2 计算例 2.1.1 中各指标的方差、标准差和变异系数。

解：将表 2-1 中的数据作为矩阵 **A** 输入，然后调用有关计算命令，程序如下。

```
clear
A=[149.05,…,4718.16];      % 输入原始数据(注：为节约篇幅，大部分数据用省略号表示了)
M=mean(A);                 % 计算各指标均值
a2=mean(A.^2);             % 计算各指标的 2 阶矩
D=var(A);                  % 计算各指标方差
SD=std(A);                 % 计算各指标标准差
V=SD./abs(M)               % 计算各指标变异系数
[D;SD;V]                   % 输出计算结果
```

将结果整理为如表 2-3 所示。

表 2-3 安徽省森林资源的方差、标准差与变异系数（2014 年）

统计量	林业用地面积	森林面积	森林覆盖率	活立木总蓄积量	森林蓄积量
方差	81 232.35	74 554.78	437.19	1 901 430.76	1 877 342.59
标准差	285.01	273.05	20.91	1 378.92	1 370.16
变异系数	0.92	0.96	0.71	0.83	0.92

3. 样本的极差与四分位极差

式（2.1.1）样本数据的极大值与极小值的差称为极差，其计算公式为：

$$R = x_{(n)} - x_{(1)} \tag{2.1.12}$$

极差是一种较简单的表示数据分散性的数字特征。

样本数据上、下四分位数 Q_3、Q_1 之差称为四分位极差，即

$$R_1 = Q_3 - Q_1 \tag{2.1.13}$$

四分位极差也是度量数据分散性的一个重要数字特征。由于分位数对异常值有抗扰性，所以四分位极差对异常数据亦具有抗扰性。

在 MATLAB 中，求极差的命令为 range，调用格式为：

```
R=range(x);
```

其中，输入 x 是样本数据，输出 R 是极差。计算四分位极差的命令为 iqr，调用格式为：

```
R1=iqr(x);
```

其中，输入 x 是样本数据，输出 R1 是四分位极差。

4. 异常点判别

在解决实际问题时需要对异常数据进行处理。一般判别异常值的比较简单的方法是：先计算数据的上截断点

$$Q_3 + 1.5R_1$$

与下截断点

$$Q_1 - 1.5R_1$$

其次，将数据逐个与截断点比较，小于下截断点的数据为特小值，大于上截断点的数据为特大值，两者均判为异常值。

例 2.1.3 根据 2013 年华东各地区高校教职工数据（见表 2-4），计算专任教师、行政人员、教辅人员以及工勤人员占在职教工的百分比，该百分比的极差、四分位极差以及上、下截断点。

表 2-4 2013 年华东各地区高校教职工数据 （单位：人）

省（市）	教职工数	专任教师	行政人员	教辅人员	工勤人员
上海	73 361	40 297	12 397	8 822	5 693
江苏	166 223	108 272	22 568	15 056	10 080
浙江	85 381	56 000	13 712	7 878	3 430
安徽	76 178	54 903	8 105	5 947	4 618
福建	64 744	42 905	9 719	5 909	3 314
江西	74 396	52 434	8 739	5 693	4 054
山东	142 240	98 685	17 617	11 989	8 639

数据来源：《中国统计年鉴 2014》(http://www.stats.gov.cn/tjsj/ndsj/2014/zk/html/Z2131C.xls)。

解： 将表 2-4 中的数据作为矩阵 **A** 输入，然后调用有关计算命令，程序如下：

```
clear
A=[73361    40297    12397    8822    5693
166223    108272    22568    15056    10080
85381    56000    13712    7878    3430
76178    54903    8105    5947    4618
```

```
64744       42905    9719    5909    3314
74396       52434    8739    5693    4054
142240      98685    17617   11989   8639];                % 输入表 2-4 中数据
B=A(:,2:5)./[A(:,1)*ones(1,4)];                          % 计算百分比
R=range(B);                                               % 计算百分比极差
R1=iqr(B);                                                % 计算四分位极差
XJ=prctile(B,[25])-1.5*R1;                                % 计算下截断点
SJ=prctile(B,[75])+1.5*R1;                                % 计算上截断点
ycz1=B<ones(7,1)*XJ;                                      % 小于下截断点的数据
ycz2=B>ones(7,1)*SJ;                                      % 大于上截断点的数据
```

由程序运行结果可以得知：上海市专任教师占在职教工的百分比小于其他省份，教辅人员以及工勤人员占在职教工的百分比大于其他省份，可认为上海市这 3 项指标为异常值。

5. 偏度与峰度

偏度与峰度是样本数据分布特征和正态分布特征比较而引入的概念。偏度是用于衡量分布的非对称程度或偏斜程度的数字特征。样本数据的偏度定义为：

$$sk=\frac{b_3}{b_2^{3/2}}=\frac{\frac{1}{n}\sum_{i=1}^{n}(x_i-\overline{x})^3}{\left(\sqrt{\frac{1}{n}\sum_{i=1}^{n}(x_i-\overline{x})^2}\right)^3} \tag{2.1.14a}$$

或样本数据修正的偏度定义为：

$$sk=\frac{n^2b_3}{(n-1)(n-2)s^3} \tag{2.1.14b}$$

其中 b_2、b_3、s 分别表示样本的 2、3 阶中心矩与标准差。

当 $sk>0$ 时，称数据分布右偏，此时均值右边的数据比均值左边的数据更散，分布的形状是右长尾的；当 $sk<0$ 时，称数据分布左偏，均值左边的数据比均值右边的数据更散，分布的形状是左长尾的；当 sk 接近于 0 时，称分布无偏倚即认为分布是对称的。正态分布的样本数据的偏度接近于 0，当样本数据的偏度与零相差较大，则可初步拒绝样本数据来自于正态分布总体。

一般有：数据分布右偏时，算术平均数＞中位数＞众数；左偏时相反，众数＞中位数＞算术平均数。

峰度是用来衡量数据尾部分散性的指标。样本数据的峰度定义为：

$$ku=\frac{b_4}{b_2^2}-3=\frac{\frac{1}{n}\sum_{i=1}^{n}(x_i-\overline{x})^4}{\left[\frac{1}{n}\sum_{i=1}^{n}(x_i-\overline{x})^2\right]^2}-3 \tag{2.1.15a}$$

或样本数据修正的峰度定义为：

$$ku=\frac{n^2(n+1)b_4}{(n-1)(n-2)(n-3)s^4}-\frac{3(n-1)^2}{(n-2)(n-3)} \tag{2.1.15b}$$

其中 b_4、s 分别表示样本数据的 4 阶中心矩与标准差。

当数据的总体分布是正态分布时，峰度近似为 0；与正态分布相比较，当峰度大于 0 时，数据中含有较多远离均值的极端数值，称数据分布具有平峰厚尾性；当峰度小于 0 时，表示均值两侧的极端数值较少，称数据分布具有尖峰细尾性。在金融时间序列分析中，通常需要研究数据是否为尖峰、厚尾等特性。

在 MATLAB 中，计算样本数据的偏度命令为 skewness，调用格式为：

```
sk=skewness(x,flg);
```

其中输入 x 是样本数据，flg 取 0 或 1。当 flg 取 0 时，是修正的偏度；当 flg 取 1 时，按式(2.1.14b) 计算偏度，系统默认 flg=1。当 x 是矩阵时，输出 sk 为数组，其第 i 个元素是 x 的第 i 列数据的偏度。

与样本数据的峰度有关的命令为 kurtosis，调用该命令计算峰度的程序为：

```
ku=kurtosis (x, flg)-3;
```

其中输入 x 是样本数据，flg 取 0 或 1。当 flg 取 0 时，是修正的峰度，当 flg 取 1 时，按式(2.1.15b) 计算峰度，系统默认 flg=1。输出 ku 为峰度，当 x 是矩阵时，ku 为数组，其第 i 个元素是 x 的第 i 列数据的峰度。(注意：命令 kurtosis 给出的结果与我们峰度的定义相差常数 3。)

例 2.1.4 "中国银行"股票的交易数据（2015 年 9 月 1 日到 2016 年 3 月 18 日）(在第 1 章中收集保存在文件'sh601988.xls'中)，计算股票收盘价、最高价、最低价、开盘价，以及涨跌幅数据的偏度、峰度。

解： 在 MATLAB 命令窗口中输入程序如下。

```
clear
zgyh=xlsread('sh601988.xls','sheet1')                    % 读取数据文件 sh601988.xls
pd=skewness(zgyh,0);                                      % 计算 zgyh 每列数据的偏度
fd=kurtosis(zgyh,0)- 3;                                   % 计算 zgyh 每列数据的峰度
[pd;fd]                                                   % 输出计算结果
subplot(2,3,1),histfit(zgyh(:,1)),title('收盘价')          % 作收盘价直方图
subplot(2,3,2),histfit(zgyh(:,2)),title('最高价')          % 作最高价直方图
subplot(2,3,3),histfit(zgyh(:,3)),title('最低价')          % 作最低价直方图
subplot(2,3,4),histfit(zgyh(:,4)),title('开盘价')          % 作开盘价直方图
subplot(2,3,5),histfit(zgyh(:,5)),title('涨跌幅')          % 作涨跌幅直方图
```

从表 2-5 中可得：2015 年 9 月 1 日至 2016 年 3 月 18 日"中国银行"股票收盘价、最高价、最低价、开盘价以及涨跌幅数据偏度均小于 0，因此数据分布均左偏；涨跌幅峰度大于 0，且较大，数据具有平峰厚尾性，其余的峰度小于 0，具有尖峰细尾性。总之可认为数据总体不服从正态分布。从各个指标数据的直方图（如图 2-1 所示）也可直观看到分布呈左偏态。

表 2-5 "中国银行"股票收盘价、最高（低）价、开盘价、涨跌幅偏度与峰度

统计量	收盘价	最高价	最低价	开盘价	涨跌幅
偏度	−0.578 4	−0.538 6	−0.625 1	−0.635 2	−0.087 4
峰度	−1.104 8	−1.036 3	−1.133 1	−1.084 0	2.109 7

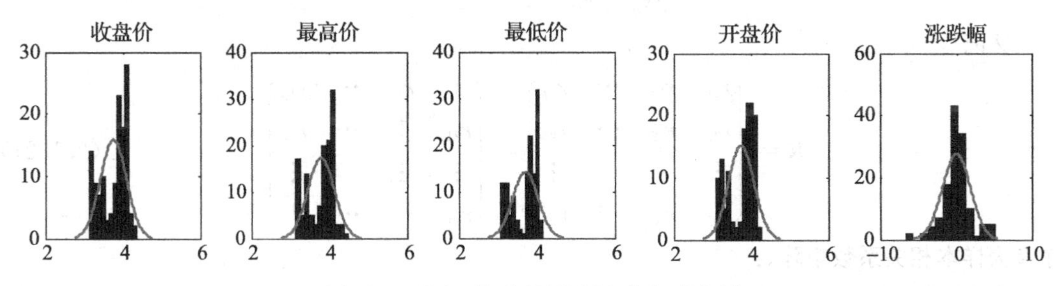

图 2-1 "中国银行"股票各指标直方图

2.1.2 多维样本数据的统计量

1. 多维样本数据的统计量

多维样本数据的统计量主要有：样本均值向量、样本协方差矩阵、样本相关系数矩阵等。

设总体为 p 维向量 $\boldsymbol{G}=(X_1, X_2, \cdots, X_p)$，从中抽取样本容量为 n 的样本，第 i 个样本观测值为（x_{i1}，x_{i2}，…，x_{ip}）（$i=1, 2, \cdots, n$），记

$$\boldsymbol{X}=\begin{pmatrix} x_{11} & x_{12} & \cdots & x_{1p} \\ x_{21} & x_{22} & \cdots & x_{2p} \\ \vdots & \vdots & & \vdots \\ x_{n1} & x_{n2} & \cdots & x_{np} \end{pmatrix} \tag{2.1.16}$$

称 $\boldsymbol{X}$ 为样本数据矩阵。为了方便起见，$\boldsymbol{X}$ 的第 j 个列向量记为 $\boldsymbol{X}_j=(x_{1j}, x_{2j}, \cdots, x_{nj})^{\mathrm{T}}$。

显然，$\boldsymbol{X}$ 的第 j 个列向量是 $\boldsymbol{X}_j$ 的 n 个观测数据。通常由样本数据矩阵 $\boldsymbol{X}$ 出发，构造下列统计量来分析总体的特征。

1）样本均值向量。记 $\boldsymbol{X}_j$ 的观测值（即 $\boldsymbol{X}$ 中的第 j 列）的均值为

$$\overline{x}_j=\frac{1}{n}\sum_{i=1}^{n}x_{ij} \quad (j=1,2,\cdots,p) \tag{2.1.17}$$

称 $\overline{\boldsymbol{x}}=(\overline{x}_1, \overline{x}_2, \cdots, \overline{x}_p)^{\mathrm{T}}$ 为 p 维样本均值向量。

2）样本协方差矩阵。记

$$s_{jk}=\frac{1}{n-1}\sum_{i=1}^{n}(x_{ij}-\overline{x}_j)(x_{ik}-\overline{x}_k) \quad (j,k=1,2,\cdots,p) \tag{2.1.18}$$

称 s_{jk} 为 $\boldsymbol{X}_j$ 与 $\boldsymbol{X}_k$ 的样本协方差，或称为样本数据矩阵 $\boldsymbol{X}$ 的第 j 列与第 k 列的协方差。记

$$\boldsymbol{S}=\begin{pmatrix} s_{11} & s_{12} & \cdots & s_{1p} \\ s_{21} & s_{22} & \cdots & s_{2p} \\ \vdots & \vdots & & \vdots \\ s_{p1} & s_{p2} & \cdots & s_{pp} \end{pmatrix} \tag{2.1.19}$$

称 $\boldsymbol{S}$ 为样本协方差矩阵。

显然，$\boldsymbol{X}_j$ 的方差 s_{jj}，即

$$s_{jj}=\frac{1}{n-1}\sum_{i=1}^{n}(x_{ij}-\overline{x}_j)^2 \quad (j=1,2,\cdots,p) \tag{2.1.20}$$

3）样本相关系数矩阵。$\boldsymbol{X}$ 的第 j 列与第 k 列的相关系数记为

$$r_{jk}=\frac{s_{jk}}{\sqrt{s_{jj}}\ \sqrt{s_{kk}}} \quad (j,k=1,2,\cdots,p)$$

又记

$$\boldsymbol{R}=\begin{pmatrix} r_{11} & r_{12} & \cdots & r_{1p} \\ r_{21} & r_{22} & \cdots & r_{2p} \\ \vdots & \vdots & & \vdots \\ r_{p1} & r_{p2} & \cdots & r_{pp} \end{pmatrix}=\begin{pmatrix} 1 & r_{12} & \cdots & r_{1p} \\ r_{21} & 1 & \cdots & r_{2p} \\ \vdots & \vdots & & \vdots \\ r_{p1} & r_{p2} & \cdots & 1 \end{pmatrix} \tag{2.1.21}$$

称 $\boldsymbol{R}$ 为样本相关系数矩阵。

不难验证，样本相关系数矩阵与协方差矩阵存在如下关系：

$$\boldsymbol{R}=\boldsymbol{D}^{\mathrm{T}}\boldsymbol{S}\boldsymbol{D} \tag{2.1.22}$$

其中 $\boldsymbol{D}=\mathrm{diag}\left(s_{11}^{-1/2},\ s_{22}^{-1/2},\ \cdots,\ s_{pp}^{-1/2}\right)$。

4）样本标准化矩阵。令

$$x_{ij}^{*}=\frac{x_{ij}-\bar{x}_j}{\sqrt{s_{jj}}}(i=1,2,\cdots,n;j=1,2,\cdots,p) \tag{2.1.23}$$

记

$$\boldsymbol{X}^{*}=(x_{ij}^{*})_{n\times p} \tag{2.1.24}$$

称为样本矩阵 $\boldsymbol{X}$ 的标准化矩阵。

可以证明：$\boldsymbol{X}^{*}$ 的协方差矩阵 $\boldsymbol{S}^{*}$ 等于 $\boldsymbol{X}$ 的相关系数矩阵 $\boldsymbol{R}$，即 $\boldsymbol{S}^{*}=\boldsymbol{R}$。

5）$\boldsymbol{R}^{c}$ 矩阵。

矩阵 $\boldsymbol{X}$ 的第 j 列与第 k 列的 $\boldsymbol{R}^{c}$ 系数定义为：

$$r_{jk}^{c}=\frac{2[\boldsymbol{X}_j,\boldsymbol{X}_k]}{[\boldsymbol{X}_j,\boldsymbol{X}_j]+[\boldsymbol{X}_k,\boldsymbol{X}_k]} \tag{2.1.25}$$

其中 $[\boldsymbol{X}_j,\boldsymbol{X}_k]=\sum_{i=1}^{n}x_{ij}x_{ik}(j,k=1,2,\cdots,p)$，称矩阵 $(r_{jk}^{c})_{p\times p}$ 为矩阵 $\boldsymbol{X}$ 的 $\boldsymbol{R}^{c}$ 矩阵，记为 $\boldsymbol{R}^{c}(\boldsymbol{X})$，即

$$\boldsymbol{R}^{c}(\boldsymbol{X})=(r_{jk}^{c})_{p\times p}$$

由定义式（2.1.25），显然 $r_{jj}^{c}=1(j=1,\ 2,\ \cdots,\ p)$，$|r_{jk}^{c}|\leqslant 1(j,\ k=1,\ 2,\ \cdots,\ p)$。

可以证明：对于矩阵 $\boldsymbol{X}$，有 $\boldsymbol{R}^{c}(\boldsymbol{X}^{*})=\boldsymbol{R}$，即 $\boldsymbol{X}$ 的标准化矩阵的 $\boldsymbol{R}^{c}$ 矩阵等于其相关系数矩阵。

协方差矩阵与量纲有关，相关系数矩阵 $\boldsymbol{R}$ 以及 $\boldsymbol{R}^{c}$ 矩阵与量纲无关，这一点在今后的判别分析中值得注意。

协方差矩阵 $\boldsymbol{S}$、相关系数矩阵 $\boldsymbol{R}$ 与 $\boldsymbol{R}^{c}$ 矩阵都是实对称非负定矩阵。

2. 多维样本数据的 MATLAB 命令

在 MATLAB 中，计算样本协方差矩阵命令为 cov，调用格式为：

```
S=cov(X);
```

当 X 为向量时，S 表示 X 的方差；当 X 为矩阵时，S 为 X 的协方差矩阵，即 S 的对角线元素是 X 每列的方差，S 的第 i 行第 j 列元素为 X 的第 i 列和第 j 列的协方差值。

计算样本相关系数矩阵命令为 corr，调用格式为：

```
R= corr (X);
```

其中，X 为样本矩阵，输出 R 的对角线元素是 1，R 的第 i 行第 j 列元素为 X 的第 i 列和第 j 列的相关系数。

计算 $\boldsymbol{X}$ 的标准化矩阵命令为 zscore，调用格式为：

```
Z=zscore (X);
```

其中 X 为样本矩阵，输出 Z 是标准化矩阵。

MATLAB 中没有计算 $\boldsymbol{R}^{c}$ 矩阵的命令，因此根据 $\boldsymbol{R}^{c}$ 矩阵的定义，可编写计算 $\boldsymbol{R}^{c}$ 矩阵的程序如下。

```
% 输入样本数据矩阵 X
X=[data];
% 计算 R^c 矩阵
for i=1: size(X,2)
      for j=1: size(X,2)
        RC(i,j)=2*dot(X(:,i),X(:,j))./[sum(X(:,i).^2)+sum(X(:,j).^2)];
```

```
        end
    end
    RC                                                          % 输出 RC(X)
```

例 2.1.5 中国银行（股票代码：601988）、交通银行（601328）、工商银行（601398）、建设银行（601939）与农业银行（601288）股票 2016 年 1 月 4 日至 2016 年 3 月 31 日的收盘价见表 2-6（数据保存于文件“yhgspj.xls”中），求 5 支股票收盘价间的协方差、相关系数、R^c系数矩阵以及收盘价的标准化矩阵。

表 2-6 5 支银行股的收盘价 （单位：元）

日期	中国银行 (601988)	交通银行 (601328)	工商银行 (601398)	建设银行 (601939)	农业银行 (601288)
2016/1/4	3.87	6.07	4.45	5.6	3.12
2016/1/5	3.86	6.16	4.47	5.58	3.16
2016/1/6	3.89	6.21	4.51	5.64	3.18
2016/1/7	3.79	5.94	4.43	5.49	3.11
…	…	…	…	…	…
2016/3/30	3.4	5.58	4.32	4.9	3.2
2016/3/31	3.4	5.57	4.29	4.85	3.2

数据来源：上海证券交易所网站（http://www.sse.com.cn/）。

解：

```
clear
a=xlsread('yhgspj.xls');                                % 读取收盘价数据
a1=flipud(a);                                           % 矩阵上下翻转,按交易日期顺序
S=cov(a1);                                              % 计算协方差矩阵
R=corr(a1);                                             % 计算相关系数矩阵
Z=zscore(a1);                                           % 数据标准化
for i=1: size(a1,2)                                     % 计算 R^c 系数矩阵
    for j=1: size(a1,2)
        RC(i,j)=2*dot(a1(:,i),a1(:,j))./[sum(a1(:,i).^2)+sum(a1(:,j).^2)];
    end
end
RC
```

输出结果：

```
S =
    0.0364    0.0484    0.0242    0.0485    0.0127
    0.0484    0.0681    0.0342    0.0626    0.0199
    0.0242    0.0342    0.0208    0.0284    0.0134
    0.0485    0.0626    0.0284    0.0710    0.0119
    0.0127    0.0199    0.0134    0.0119    0.0110
R =
    1.0000    0.9715    0.8813    0.9542    0.6362
    0.9715    1.0000    0.9106    0.9009    0.7250
    0.8813    0.9106    1.0000    0.7405    0.8846
    0.9542    0.9009    0.7405    1.0000    0.4236
    0.6362    0.7250    0.8846    0.4236    1.0000
RC =
    1.0000    0.8929    0.9763    0.9348    0.9946
    0.8929    1.0000    0.9651    0.9933    0.8525
    0.9763    0.9651    1.0000    0.9877    0.9531
```

```
0.9348    0.9933    0.9877    1.0000    0.8996
0.9946    0.8525    0.9531    0.8996    1.0000
```

从相关系数矩阵可知：农业银行与建设银行在此期间相关系数最小，而中国银行与交通银行相关系数最大。

2.1.3　样本数据可视化

1. 可视化

数据可视化是指数据的图形表示。借助几何图形可形象地说明数据的特征与分布情况。常用的图形有条形图、直方图、盒图、阶梯图和火柴棒图等。

1）**条形图**。条形图是用宽度相同的直线条的高低或长短来表示统计指标数值的大小。条形图根据表现资料的内容可分为单式条形图、复式条形图和结构条形图。单式条形图反映统计对象随某一因素变化而改变的情况。复式条形图可以反映统计对象随两个因素变动而变动的情况。结构条形图则反映不同统计对象内部结构的变化情况。

在 MATLAB 中，绘制条形图命令 bar 的调用格式为：

```
① bar(X);
② bar(x,Y);
```

①作样本数据 X 的条形图；②x 的元素在横坐标轴上按从小到大排列，作 Y 和 x 对应的条形图。

2）**直方图**。将观测数据的取值范围分为若干个区间，计算落在每个区间的频数或频率。在每个区间上画一个矩形，以估计总体的概率密度。

在 MATLAB 中，绘制直方图命令 hist 的调用格式为：

```
① hist(x,n);                % 作数据 x 的直方图,其中 n 表示分组的个数,缺省时 n= 10
② [h,stats] = cdfplot(x);   % 作数据 x 的经验分布函数图,stats 给出数据的最大值、最小值、中位数、平
                              均值和标准差。
```

附加有正态密度曲线的直方图命令 histfit 的调用格式为：

```
① histfit(X)                % X 为样本数据向量,返回直方图和正态曲线
② histfit(X,nbins)          % nbins 指定 bar 的个数,缺省时为 X 中数据个数的平方根
```

3）**盒图**。盒图由五个数值点组成：最小值、下四分位数、中位数、上四分位数、最大值。中间的盒子从 $Q1$ 延伸到 $Q3$，盒子里的直线标示出中位数的位置，盒子两端有直线往外延伸到最小数与最大数。

在 MATLAB 中，绘制盒图命令 boxplot 的调用格式为：

```
boxplot(X);                 % 产生矩阵 X 的每一列的盒图和“须”图,“须”是从盒的尾部延伸出来,并表示盒
                              外数据长度的线,如果“须”的外面没有数据,则在“须”的底部有一个点
```

4）**阶梯图**。命令 stairs 的调用格式为：

```
stairs(x);                  % 作数据 x 的阶梯图
```

5）**火柴棒图**。命令 stem 的调用格式为：

```
stem(x)                     % 作离散数据序列 x 的火柴棒图
```

例 2.1.6 随机生成 150 个服从标准正态分布随机数，将这些数据作为样本数据，分别作出样本数据的柱形图、直方图、阶梯图、火柴棒图等图形。

解： 编写程序如下。

```
clear
x = random('normal',0,1,[1,150]);          % 产生服从标准正态分布随机数 150 个
bar(x)                                      % 作柱形图(如图 2-2 所示)
figure(2);hist(x)                           % 作直方图(如图 2-3 所示)
figure(3);stairs(x)                         % 作阶梯图(如图 2-4 所示)
figure(4);stem(x)                           % 作火柴棒图(如图 2-5 所示)
```

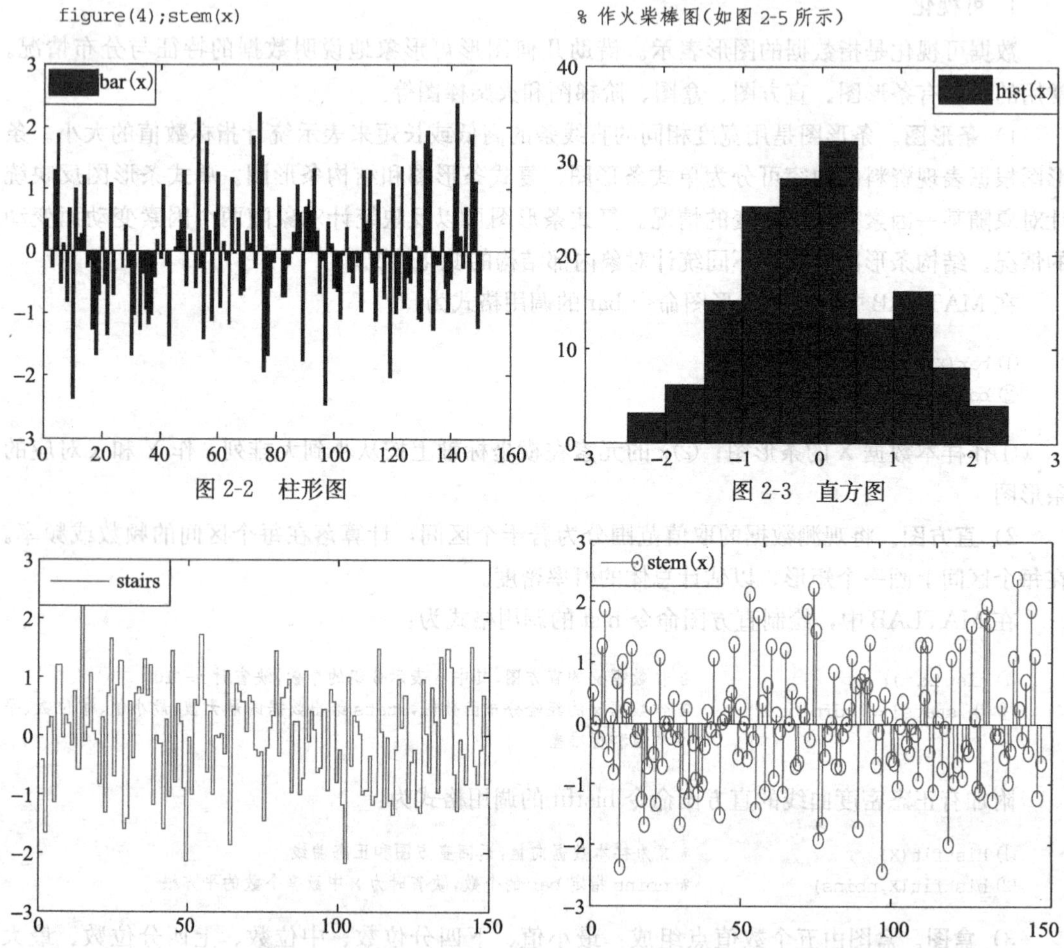

图 2-2 柱形图

图 2-3 直方图

图 2-4 阶梯图

图 2-5 火柴棒图

读者还可作出盒图与附加有正态密度曲线的直方图等。

2. 二维与三维数据可视化

1）绘制散点图的命令 scatter 与 scatter3 的调用格式为：

```
scatter(x,y);
```

其中 x 是横坐标向量，y 是纵坐标向量，输出平面散点图。

```
scatter3(x,y,z);
```

其中 x、y、z 分别是横、纵、竖坐标向量，输出空间散点图。

2）绘制曲面图的命令 mesh 与 surf 的调用格式为：

```
mesh(X,Y,Z)
```

或者

```
surf(X,Y,Z)
```

其中Z是对应（X，Y）处的函数值Z=f(X，Y)，[X，Y]是由命令meshgrid生成的数据点矩阵，即[X，Y]=meshgrid(x，y)，输入向量x为Oxy平面上矩形定义域的矩形分割线在x轴上的坐标，向量y为Oxy平面上矩形定义域的矩形分割线在y轴上的坐标。矩阵X为Oxy平面上矩形定义域的矩形分割点的横坐标值矩阵，X的每一行是向量x，且X的行数等于y的维数；矩阵Y为Oxy平面上矩形定义域的矩形分割点的纵坐标值矩阵，Y的每一列是向量y，且Y的列数等于x的维数。

例2.1.7 设总体（X，Y）服从二维正态分布$N(2,\ 1;\ 3,\ 3;\ \sqrt{3}/2)$，生成100对服从该分布随机数据对（$x_i$，$y_i$），将这些数据作为样本数据，作出样本数据的散点图。再根据二维正态分布的密度函数，绘制密度曲面图形。

解： 随机生成服从二维正态分布的数据的命令mvnrnd，其调用格式为：

```
X= mvnrnd(mu,sigma,n);
```

其中mu是均值向量，sigma是协方差矩阵，n是数据个数，输出X是与协方差矩阵同阶的随机数据矩阵。

已知二维正态分布中的参数$\mu_1=2$，$\sigma_1^2=1$；$\mu_2=3$，$\sigma_2^2=3$；$\rho=\sqrt{3}/2$，所以均值向量为$\boldsymbol{\mu}=(2,\ 3)$，协方差矩阵为$\boldsymbol{\Sigma}=\begin{pmatrix}\sigma_1^2 & \rho\sigma_1\sigma_2\\ \rho\sigma_1\sigma_2 & \sigma_2^2\end{pmatrix}=\begin{pmatrix}1 & 1.5\\ 1.5 & 3\end{pmatrix}$，编写程序如下：

```
clear
mu = [2 3];                                          % 输入均值向量
sa = [1 1.5; 1.5 3];                                 % 输入协方差矩阵
Nr = mvnrnd(mu,sa,100);                              % 随机生成 n=100 的样本数据
scatter(Nr(:,1),Nr(:,2),'*');                        % 作样本数据平面散点图,如图 2-6 所示
% 绘制密度曲面
figure(2)
v= sqrt(3)/2;                                        % 输入相关系数
x=-1:0.05:5;                                         % 横坐标的取值向量
y=-2:0.05:8;                                         % 纵坐标的取值向量
[X,Y]=meshgrid(x,y);                                 % 生成网格点
T= ((X- mu(1)).^2/sa(1,1)- 2*v/sqrt(sa(1,1)* sa(2,2))* (X- mu(1)).* (Y- mu(2))+ (Y- mu(2)).^2/sa(2,2));
Z=1/(2*pi)/sqrt(det(sa))*exp(- 1/2/(1- 3/4)*T);     % 计算密度函数值
mesh(X,Y,Z)                                          % 绘制密度曲面图形,如图 2-7 所示
```

输出图形结果如下：

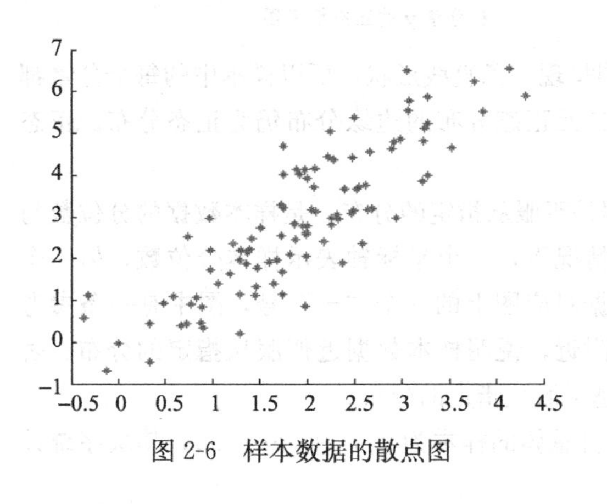

图2-6 样本数据的散点图

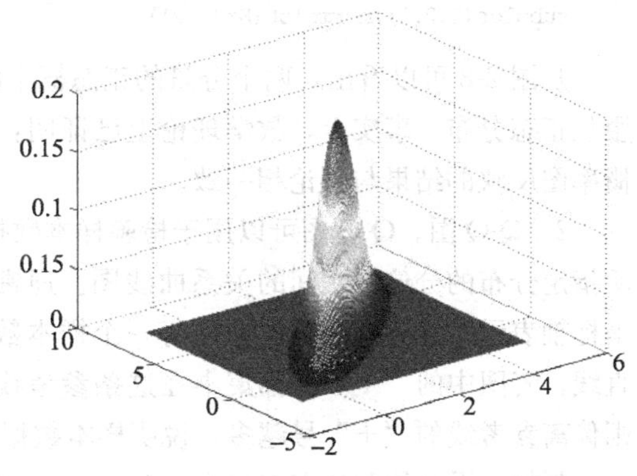

图2-7 服从$N(2,\ 1;\ 3,\ 3;\ \sqrt{3}/2)$分布的密度曲面图

由图形 2-6 可以看出，散点图位于平面上的一个椭圆状区域内，不同的相关系数对应的椭圆状区域形状不同，相关系数越接近于 1，椭圆越扁长，可以利用这一图形特征初步说明数据是否来自正态总体。

3. 正态概率图与 Q-Q 图

1）正态概率图。正态概率图用于正态分布的检验，其横坐标是样本数据的分位数，纵坐标是标准正态分布的 α 分位数对应的概率 α。设总体 X 服从正态分布 $N(\mu, \sigma^2)$，来自总体的样本为 x_1，x_2，…，x_n，其次序统计量 $x_{(1)} \leqslant x_{(2)} \leqslant \cdots \leqslant x_{(n)}$，则 $\boldsymbol{X}$ 的经验分布函数为 $F_i = P\{X \leqslant x_{(i)}\}$，$F_i$ 的估计取为 $\hat{F}_i = \dfrac{i-0.375}{n+0.25}$。在平面上的 n 个点

$$(x_{(i)}, \Phi^{-1}(\hat{F}_i))(i=1,2,\cdots,n)$$

的散点图称为正态概率图。此图形的纵坐标不以 $\Phi^{-1} = \Phi^{-1}(F)$ 为刻度，而标以相应的 F 值，这种坐标系也称为概率纸坐标系（如图 2-8 所示）。可以证明：若样本是来自正态总体，则正态概率图呈现一条直线形状。

在 MATLAB 中，绘制正态概率图的命令为 normplot，调用格式为：

```
normplot(X);
```

其中 X 为样本数据。对于输出的正态概率图，每一个样本数据对应图上的一个“+”号，图中有一条红色参考直线，若图中的“+”号都集中在这条参考线附近，说明样本数据近似服从正态分布，否则偏离参考线的“+”号越多，说明样本数据不服从正态分布。

同理，总体是非正态分布时，也可以类似地绘制概率图。如 MATLAB 系统中，绘制威布尔分布概率图的命令为 weibplot，调用格式为：

```
weibplot(X);
```

其中，当输入 X 为向量时，显示威布尔（Weibull）分布概率图。如果样本数据点基本散布在一条直线上，则表明数据服从该分布，否则拒绝该分布。

例 2.1.8　对于例 2.1.7 模拟的样本数据 Nr，分别作出两个分量的正态概率图，从图形直观检验各分量是否服从正态分布。

解：编写程序如下（接例 2.1.6 程序）。

```
figure(3)
subplot(1,2,1),normplot(Nr(:,1))                % 分量 x 正态概率图
subplot(1,2,2),normplot(Nr(:,2))                % 分量 y 的正态概率图
```

从图 2-8 可以看出，两个分量的正态概率图呈现一条直线形状，所以样本中的每个分量都服从正态分布。事实上，数学理论上已证明：二元正态分布的边缘分布仍为正态分布。正态概率图反映的结果与理论相一致。

2）Q-Q 图。Q-Q 图可以用于检验样本数据是否服从指定的分布，是样本数据的分位数与所指定分布的分位数之间的关系曲线图。通常情况下，一个坐标轴表示样本分位数，另一个坐标轴表示指定分布的分位数。每一个样本数据对应图上的一个“+”号，图中有一条参考直线，若图中的“+”号都集中在这条参考线附近，说明样本数据近似服从指定的分布；否则偏离参考线的“+”号越多，说明样本数据越不服从指定的分布。

例如：设总体服从正态分布 $N(\mu, \sigma^2)$，来自总体的样本为 x_1，x_2，…，x_n，其次序统计量 $x_{(1)} \leqslant x_{(2)} \leqslant \cdots \leqslant x_{(n)}$，则平面上 n 个点

$$\left(\Phi^{-1}\left(\frac{i-0.375}{n+0.25}\right),x_{(i)}\right)(i=1,2,\cdots,n) \tag{2.1.26}$$

的散点图称为Q-Q图，其中$\Phi^{-1}(\cdot)$为标准正态分布函数的反函数。

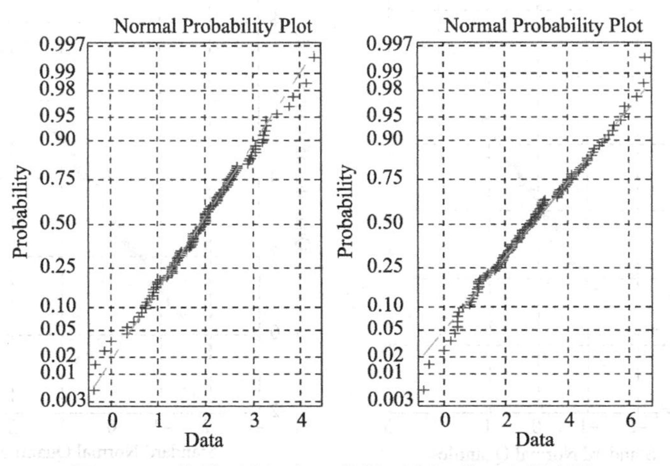

图2-8 x分量（左）与y分量（右）的正态概率图

可以证明，若样本确是来自正态总体，则散点在直线$y=\sigma x+\mu$附近，即Q-Q图大致呈现一条直线形状；当样本来自其他分布总体时，样本Q-Q图将是弯曲的。这样，利用Q-Q图可以直观地作正态性检验，即若Q-Q图近似一条直线时，则可认为样本数据来自正态总体。

对于其他类型的分布，也有相应的Q-Q图，其中散点的横坐标为该分布的对应分位数，以此可判断数据是否近似服从该类型的分布。

在MATLAB中，绘制Q-Q图的命令为qqplot，调用格式为：

```
qqplot(X);
```

或

```
qqplot(X,PD);
```

其中X为样本数据，PD是由fitdist命令指定的分布类，其指定调用方式为：

```
PD=fitdist(X,distname);
```

这里的distname是指定的分布类名称。常用的distname有'Beta'(贝塔分布)、'Binomial'(二项分布)、'Exponential'(指数分布)、'Normal'(正态分布)、'Weibull'(威布尔分布)等。qqplot中省略PD时默认为标准正态分布。

例2.1.9 对于例2.1.7模拟的样本数据Nr，分别作出两个分量的Q-Q图，从图形直观检验各分量是否服从正态分布。

解：编写程序如下（接例2.1.6程序）。

```
figure(4)
subplot(1,2,1),qqplot(Nr(:,1)),grid on                 % 分量x正态Q-Q图
subplot(1,2,2),qqplot(Nr(:,2)),grid on                 % 分量y的正态Q-Q图
```

从图2-9可以看出，两个分量的Q-Q图呈现一条直线形状，所以样本中的每个分量都服从正态分布。

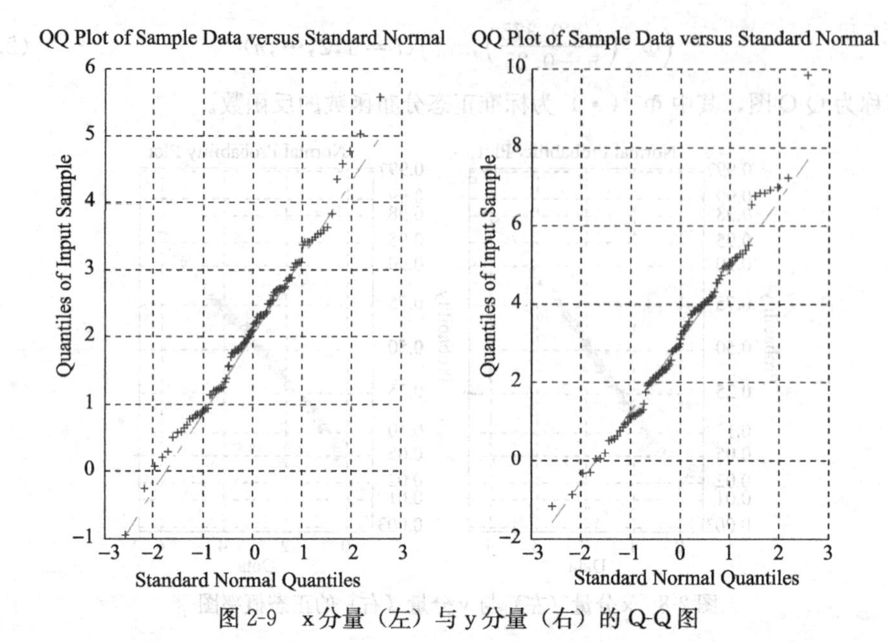

图 2-9　x 分量（左）与 y 分量（右）的 Q-Q 图

例 2.1.10　模拟生成服从自由度为 8 的卡方分布的样本数据 300 个，记为 $c1$，分别绘制 $c1$ 的正态概率图与卡方分布的 Q-Q 图，从图形直观检验该数据是否服从指定的分布。

解：程序如下。

```
clear
s=rng; rng(s);            % 保持生成样本不变,即程序每次运行时生成的随机数相同
c1=chi2rnd(8,[300,1]); c2=sort(c1);              % 模拟生成卡方分布样本
plot(c2,chi2pdf(c2,8), '+ - ');                  % 绘制卡方分布的密度曲线(如图 2-10 所示)
title('卡方分布的密度曲线') ;legend('自由度 n=8');
grid on
figure
pd=makedist('Gamma','a',4,'b',0.5)               % 创建参数 a=4,b=0.5 的伽马分布
subplot(1,2,1),normplot(c1);                     % 绘制样本的正态概率图(如图 2-11 a 所示)
subplot(1,2,2),qqplot(c1,pd);                    % 按指定分布绘制样本的 Q-Q 图(如图 2-11 b 所示)
grid on
```

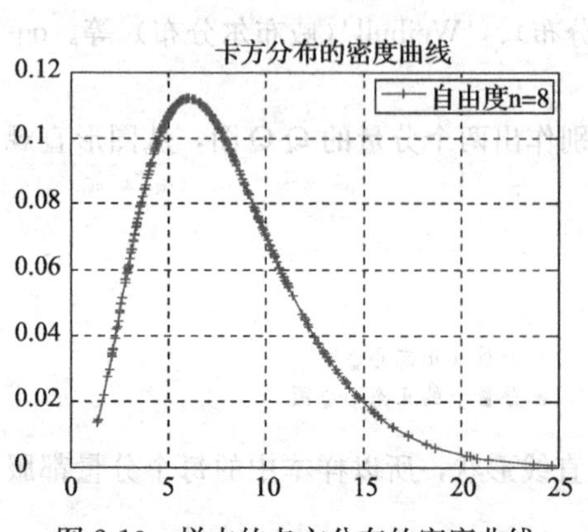

图 2-10　样本的卡方分布的密度曲线

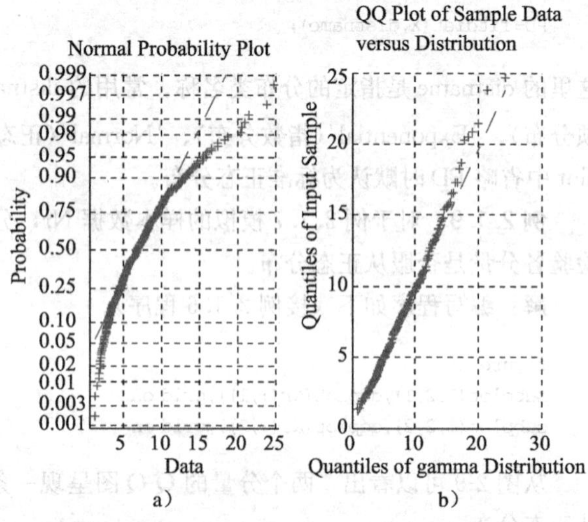

图 2-11　样本的正态概率图与 Q-Q 图

从图 2-10 可看出样本数据分布是偏态的。图 2-11a 即正态概率图两端偏离参考直线明显，表明数据不服从正态分布。图 2-11b 即 Q-Q 图呈现在参考直线附近，可初步判定数据服从指定的伽马分布，程序中指定的伽马分布参数 a=4、b=0.5，此即是自由度为 8 的卡方分布（注：自由度为 n 的卡方分布是参数 a=n/2，b=0.5 的伽马分布）。

2.2　数据分布及其检验

样本数据的数字特征刻画了数据的主要特征，而要对数据的总体情况作全面的了解，就必须研究数据的分布。上节中的数据直方图与 Q-Q 图等能直观粗略地描述数据的分布，本节进一步研究如何判定数据是否服从正态分布的问题。若不服从正态分布，那么又可能服从怎样的分布？

2.2.1　一维数据的分布与检验

1. 经验分布函数

设来自总体 X 的容量为 n 的样本 x_1，x_2，…，x_n，样本的次序统计量为 $x_{(1)}$，$x_{(2)}$，…，$x_{(n)}$，对于任意实数 x，定义函数

$$F_n(x)=\begin{cases}0, & 若\ x<x_{(1)}\\ \dfrac{k}{n}, & 若\ x_{(k)}\leqslant x<x_{(k+1)}\quad (k=1,2,\cdots,n-1)\\ 1, & 若\ x\geqslant x_{(n)}\end{cases}\tag{2.2.1}$$

称 $F_n(x)$ 为经验分布函数。

由定义可知，$F_n(x)$ 表示事件 $\{X\leqslant x\}$ 在 n 次独立重复试验中的频率。

1933 年，格里汶科（Glivenko）证明了以下结果：对于任一实数 x，当 $n\to\infty$时 $F_n(x)$ 以概率 1 一致收敛于分布函数 $F(x)$，即

$$P\{\lim_{n\to\infty}\sup_{-\infty<x<\infty}|F_n(x)-F(x)|=0\}=1$$

这一结论表明：对于任一实数 x，当 n 充分大时

$$F(x)\approx F_n(x)\tag{2.2.2}$$

因此可用经验分布函数来近似代替 $F(x)$，这一点也是由样本推断总体的最基本理论依据之一。

在 MATLAB 中，作经验（累积）分布函数图形命令 cdfplot 的调用格式为：

```
① cdfplot(X);                  % 作样本 X(向量)的经验(累积)分布函数图形
② h=cdfplot(X);                % h表示曲线的环柄
③ [h,stats]=cdfplot(X);        % 输出 stats 表示样本最小值、最大值、均值、中值与标准差
```

通常，将样本的直方图与经验分布函数图结合应用，对数据的分布作出推断。

例 2.2.1　生成服从标准正态分布的 50 个样本点，作出样本的经验分布函数图，并与理论分布函数 $\Phi(x)$ 比较。

解： 编写程序如下。

```
clear
X=normrnd(0,1,50,1);           % 生成服从标准正态分布的 50个样本点
[h,stats]=cdfplot(X);          % 绘制样本的经验分布函数图
```

```
hold on
plot(-3:0.01:3, normcdf(-3:0.01:3,0,1), 'r')     % 绘制理论分布函数图
legend('样本经验分布函数 Fn(x)', '理论分布函数 Φ(x)','Location','NorthWest');
```

输出结果：

```
h =
    3.0013
stats =
        min: -1.8740                        % 样本最小值
        max: 1.6924                         % 最大值
       mean: 0.0565                         % 平均值
     median: 0.1032                         % 中间值
        std: 0.7559                         % 样本标准差
```

图 2-12 表明样本的经验分布函数图形与理论分布函数图很相近。

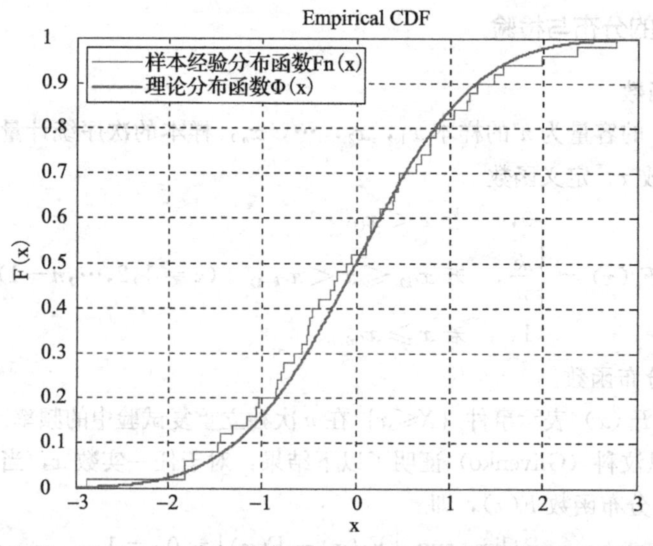

图 2-12　N（0，1）分布函数图及其 50 个样本点的经验分布函数图

2. 总体分布的正态性检验

进行参数估计和假设检验时，通常总是假定总体服从正态分布，虽然在许多情况下这个假定是合理的，但是当要以此为前提进行重要的参数估计或假设检验，或者人们对它有较大怀疑的时候，就确有必要对这个假设进行检验。进行总体正态性检验的方法有很多种，以下针对 MATLAB 统计工具箱中提供的程序，简单介绍几种方法。

（1）Jarque-Bera 检验

Jarque-Bera 检验简称 JB 检验，它是利用正态分布的偏度 sk 和峰度 ku，构造一个包含 sk、ku 且自由度为 2 的卡方分布统计量

$$JB = n\left(\frac{1}{6}J^2 + \frac{1}{24}B^2\right) \sim \chi^2(2) \tag{2.2.3}$$

其中 $J = \frac{1}{n}\sum_{i=1}^{n}\left(\frac{x_i - \overline{x}}{S}\right)^3, B = \frac{1}{n}\sum_{i=1}^{n}\left(\frac{x_i - \overline{x}}{S}\right)^4 - 3$ 。

对于显著性水平 α，当 JB 统计量小于 χ^2 分布的 $1-\alpha$ 分位数 $\chi^2_{1-\alpha}(2)$ 时接受 H_0，即认为总体服从正态分布；否则拒绝 H_0，即认为总体不服从正态分布。这个检验适用于大样本，当样本容量 n 较小时需慎用。

在 MATLAB 中，JB 检验命令 jbtest 的调用格式为：

```
H = jbtest(X,alpha);
```

或

```
[H,P,JBSTAT,CV] = jbtest(X,alpha);
```

对输入向量 X 进行 Jarque-Bera 测试，显著性水平 alpha 缺省为 0.05。输出 H 为测试结果，若 H=0，则不能拒绝 X 服从正态分布；若 H=1，则可以否定 X 服从正态分布。输出 P 为接受假设的概率值，P 小于 alpha，则可以拒绝是正态分布的原假设；JBSTAT 为测试统计量的值，CV 为是否拒绝原假设的临界值，JBSTAT 大于 CV 可以拒绝是正态分布的原假设。

命令 jbtest 一般用于大样本，对于小样本用命令 lillietest。

（2）Kolmogorov-Smirnov 检验

Kolmogorov-Smirnov 检验简称 KS 检验，它是通过样本的经验分布函数与给定分布函数的比较，推断该样本是否来自给定分布函数的总体。设给定分布函数为 $G(x)$，构造统计量

$$D_n = \max_n(|F_n(x) - G(x)|) \tag{2.2.4}$$

即两个分布函数之差的最大值，对于假设 H_0：总体服从给定的分布 $G(x)$，及给定的 α，根据 D_n 的极限分布确定统计量关于是否接受 H_0 的数量界限。

因为这个检验需要给定 $G(x)$，所以当用于正态性检验时只能做标准正态检验，即 H_0：总体服从标准正态分布 $N(0, 1)$。

在 MATLAB 中，KS 检验命令 kstest 的调用格式为：

```
h = kstest(x);
h = kstest(x,cdf);
[h,p,ksstat,cv] = kstest(x,cdf,alpha);
```

把向量 x 中的值与标准正态分布进行比较并返回假设检验结果 h。如果 h=0 表示不能拒绝原假设，即不能拒绝服从正态分布；若 h=1，则可以否定 x 服从正态分布。假设的显著水平默认值是 0.05。cdf 是一个两列矩阵，矩阵的第一列包含可能的 x 值，第二列是假设累积分布函数 $G(x)$ 的值。在可能的情况下，cdf 的第一列应包含 x 中的值，如果第一列没有，则用插值的方法近似。指定显著水平 alpha，返回 p 值、KS 检验统计量 ksstat、截断值 cv。

（3）Lilliefors 检验

Lilliefors 检验是改进 KS 检验并用于一般的正态性检验，原假设 H_0：总体服从正态分布 $N(\mu, \sigma^2)$，其中 μ、σ^2 由样本均值和方差估计。

该检验的 MATLAB 命令 lillietest 的调用格式为：

```
H = lillietest(X,alpha);
```

或

```
[H,P,LSTAT,CV] = lillietest(X,alpha);
```

对输入向量 X 进行 Lilliefors 测试，显著性水平 alpha 在 0.01 和 0.2 之间，缺省时为 0.05。输出 P 为接受假设的概率值，LSTAT 为测试统计量的值，CV 为是否拒绝原假设的临界值。H 为测试结果，若 H=0，则不能拒绝 X 服从正态分布；若 H=1，则可以否定 X 服从正态分布。P 小于 alpha，则可以拒绝是正态分布的原假设；LSTAT 大于 CV 可以拒绝是正态分布的原假设。

例 2.2.2　在例 2.1.5 中，检验“中国银行”的股票的收盘价是否服从正态分布。

解： 程序如下。

```
clear
a=xlsread('yhgspj.xls');              % 读取收盘价数据
h1=jbtest(a(:,1))                     % JB 检验
h2=kstest(a(:,1))                     % KS 检验
h3=lillietest(a(:,1))                 % 改进 KS 检验
qqplot(a(:,1))
```

程序运行结果：$h1=1$，$h2=1$，$h3=1$，三种检验都不支持“中国银行”股票的收盘价服从正态分布，Q-Q 图（如图 2-13 所示）也可看出收盘价不服从正态分布，从而可以认为收盘价不服从正态分布。

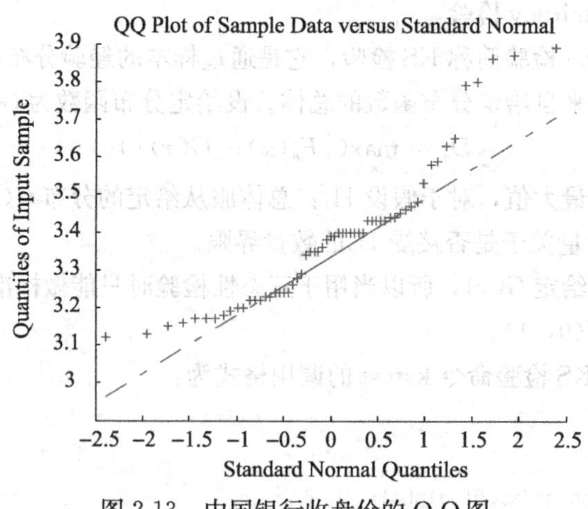

图 2-13　中国银行收盘价的 Q-Q 图

2.2.2　多维数据的正态分布检验

1. 多维正态分布的概念与性质

设 p 维总体 $\boldsymbol{X}=(X_1, X_2, \cdots, X_p)^{\mathrm{T}}$ 的分布密度函数为

$$f(x_1,x_2,\cdots,x_p)=\frac{1}{(2\pi)^{p/2}|\boldsymbol{\Sigma}|^{1/2}}\exp\left\{-\frac{1}{2}(\boldsymbol{x}-\boldsymbol{\mu})^{\mathrm{T}}\boldsymbol{\Sigma}^{-1}(\boldsymbol{x}-\boldsymbol{\mu})\right\} \tag{2.2.5}$$

则称 $\boldsymbol{X}$ 服从 p 维正态分布，记为 $\boldsymbol{X}\sim N_p(\boldsymbol{\mu}, \boldsymbol{\Sigma})$，其中

$$\boldsymbol{x}=(x_1,x_2,\cdots,x_p)^{\mathrm{T}},\boldsymbol{\mu}=(\mu_1,\mu_2,\cdots,\mu_p)^{\mathrm{T}},\boldsymbol{\Sigma}=\begin{pmatrix}\sigma_{11} & \sigma_{12} & \cdots & \sigma_{1p}\\ \sigma_{21} & \sigma_{22} & \cdots & \sigma_{2p}\\ \vdots & \vdots & \cdots & \vdots\\ \sigma_{p1} & \sigma_{p2} & \cdots & \sigma_{pp}\end{pmatrix}$$

$\boldsymbol{\mu}$ 称为总体均值向量，$\boldsymbol{\Sigma}$ 称为总体协方差矩阵。

多维正态分布具有如下性质：

1）多维正态分布的边缘分布还是服从正态分布，但反之不真。

2）多维正态分布在线性变换下仍然服从多维正态分布。即若 $\boldsymbol{X}\sim N_p(\boldsymbol{\mu}, \boldsymbol{\Sigma})$，$\boldsymbol{A}$ 为 $s\times p$ 阶常数矩阵，$\boldsymbol{d}$ 为 s 维常数向量，则

$$\boldsymbol{AX}+\boldsymbol{d}\sim N_s(\boldsymbol{A\mu}+\boldsymbol{d},\boldsymbol{A\Sigma A}^{\mathrm{T}})$$

3）服从正态分布的随机变量间相互独立与不相关等价。

2. 多维正态分布的 Q-Q 图检验方法

对于来自总体且由式（2.1.16）表示的样本数据矩阵 $\boldsymbol{X}$，怎样检验其是否是来自于多维正态总体呢？一般可按照以下 Q-Q 图检验方法，具体的过程如下：

1）由样本数据矩阵 $\boldsymbol{X}$ 计算均值向量 $\overline{\boldsymbol{X}}$ 和协方差矩阵 $\boldsymbol{S}$。

2）计算样本点 $X_{[t]}$ 到 $\overline{\boldsymbol{X}}$ 的马氏平方距离，其中 $X_{[t]}$ 表示 X 的第 t 行。（参见第 4 章）。

$$D_t^2 = (X_{[t]} - \overline{\boldsymbol{X}})^{\mathrm{T}} S^{-1} (X_{[t]} - \overline{\boldsymbol{X}}) \quad (t = 1, \cdots, n)$$

3）对上述马氏平方距离从小到大排序

$$D_{(1)}^2 \leqslant D_{(2)}^2 \leqslant \cdots \leqslant D_{(n)}^2$$

4）计算 $p_t = \dfrac{t - 0.5}{n}$ $(t = 1, 2, \cdots, n)$ 及 χ_t^2，其中 χ_t^2 满足 $H(\chi_t^2 \mid p) = p_t$。

5）以马氏距离为横坐标，χ_t^2 分位数为纵坐标作 n 个点（$D_{(t)}^2$，χ_t^2）的平面散点图，即分布的 Q-Q 图。

6）考查散点图是否在一条通过原点且斜率为 1 的直线上，若是则接受数据来自 p 维正态分布总体的假设，否则拒绝正态分布假设。

以上 Q-Q 图检验方法的 MATLAB 程序实现如下。

```
% 输入样本数据矩阵 X
X=[data];
[N,p]=size(X);                          % X 的行数及列数
d=mahal(X,X);                           % 计算马氏距离
d1=sort(d);                             % 马氏距离从小到大排序
pt=[[1:N]- 0.5]/N;                      % 计算分位数
x2=chi2inv(pt,p);                       % 计算 χt^2
plot(d1,x2','*',[0:m],[0:m],'- r')      % 作散点图与直线 y= x,其中 m 是正整数
```

以下举例说明上述程序的应用。

例 2.2.3　为了研究某种疾病，对一批 60 人分为三组：G_1、G_2、G_3，同时进行 4 项指标的检测，即β脂蛋白（X_1）、甘油三酯（X_2）、α 脂蛋白（X_3）、前 β 脂蛋白（X_4）。检测的结果列在表 2-7 中，现将三组检验数据视为一个总体，问总体是否服从四维正态分布？

表 2-7　四项指标检测数据

G_1				G_2				G_3			
X_1	X_2	X_3	X_4	X_1	X_2	X_3	X_4	X_1	X_2	X_3	X_4
260	75	40	18	310	122	30	21	320	64	39	17
200	72	34	17	310	60	35	18	260	59	37	11
240	87	45	18	190	40	27	15	360	88	28	26
170	65	39	17	225	65	34	16	295	100	36	12
270	110	39	24	170	65	37	16	270	65	32	21
205	130	34	23	210	82	31	17	380	114	36	21
190	69	27	15	280	67	37	18	240	55	42	10
200	46	45	15	210	38	36	17	260	55	34	20
250	117	21	20	280	65	30	23	260	110	29	20
200	107	28	20	200	76	40	17	295	73	33	21
225	130	36	11	200	76	39	20	240	114	38	18
210	125	26	17	280	94	26	11	310	103	32	18
170	64	31	14	190	60	33	17	330	112	21	11
270	76	33	13	295	55	30	16	345	127	24	20
190	60	34	16	270	125	24	21	250	62	22	16

（续）

G_1				G_2				G_3			
280	81	20	18	280	120	32	18	260	59	21	19
310	119	25	15	240	62	32	20	225	100	34	30
270	57	31	8	280	69	29	20	345	120	36	18
250	67	31	14	370	70	30	20	360	107	25	23
260	135	39	29	280	40	37	17	250	117	36	16

数据来源：高惠璇，应用多元统计分析，北京大学出版社，2005 年第一版。

解：先将表 2-7 中数据按原位置作为矩阵 $\boldsymbol{A}$ 输入，然后整理成样本数据矩阵 $\boldsymbol{X}$。程序如下。

```
clear
A=[260    75    40    18    310    122    30    21    320    64    39    17;
   200    72    34    17    310     60    35    18    260    59    37    11;
   ......
   260   135    39    29    280     40    37    17    250   117    36    16];
X=[A(:,1:4);A(:,5:8);A(:,9:12)];                    % 整理成样本数据矩阵 X
[N,p]=size(X);
d=mahal(X,X);                                       % 计算马氏距离
d1=sort(d);                                         % 从小到大排序
pt=[[1:N]- 0.5]/N;                                  % 计算分位数
x2=chi2inv(pt,p);                                   % 计算 χt²
plot(d1,x2','* ',[0:12],[0:12],'- r')               % 作图
```

输出图形如图 2-14 所示。

从图 2-14 可以看出，数据点基本落在直线上，故不能拒绝该数据服从四维正态分布的假设。

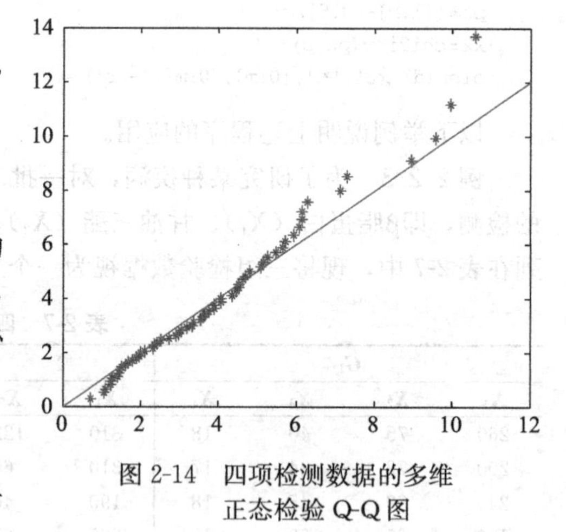

图 2-14 四项检测数据的多维正态检验 Q-Q 图

3. 多个总体协方差矩阵的相等性检验

（1）两个总体协方差矩阵相等的检验

设从两个总体分别抽取样本容量为 n_1、n_2 的两个样本，其样本的协方差矩阵分别为 $\boldsymbol{S}_1$、$\boldsymbol{S}_2$，那么在两个总体协方差矩阵相等时，其总体的协方差矩阵的估计为

$$\boldsymbol{S}=\frac{(n_1-1)\boldsymbol{S}_1+(n_2-1)\boldsymbol{S}_2}{(n_1+n_2-2)}$$

若检验两个总体的协方差矩阵相等，可以有如下假设检验：

$$\mathrm{H}_0:\boldsymbol{S}_i=\boldsymbol{S}\leftrightarrow H_1:\boldsymbol{S}_i\neq\boldsymbol{S},(i=1,2)$$

检验统计量

$$Q_i=(n_i-1)[\ln|\boldsymbol{S}|-\ln|\boldsymbol{S}_i|-p+\mathrm{tr}(\boldsymbol{S}^{-1}\boldsymbol{S}_i)]\sim\chi^2(p(p+1)/2)(i=1,2) \quad (2.2.6)$$

其中 $|\cdot|$ 表示行列式，p 是向量的维数，tr 表示矩阵的迹。

对给定的 α，卡方分布临界值为 λ，若 $Q_i<\lambda(i=1,\ 2)$ 则接受 H_0，否则拒绝 H_0。

例 2.2.4（1989 年国际数学竞赛 A 题：蠓的分类） 蠓是一种昆虫，分为很多类型，其中有一种名为 Af，是能传播花粉的益虫；另一种名为 Apf，是会传播疾病的害虫，这两种类型的蠓在形态上十分相似，很难区别。现测得 6 只 Apf 和 9 只 Af 蠓虫的触角长度和翅膀长度

数据

Apf：(1.14，1.78)，(1.18，1.96)，(1.20，1.86)，(1.26，2.00)，(1.28，2.00)，(1.30，1.96)；

Af：(1.24，1.72)，(1.36，1.74)，(1.38，1.64)，(1.38，1.82)，(1.38，1.90)，(1.40，1.70)，(1.48，1.82)，(1.54，1.82)，(1.56，2.08)。

判别 Apf 与 Af 两类蠓虫的协方差矩阵是否相等。

解： 编写检验协方差矩阵相等的源程序如下。

```
clear
apf=[1.14,1.78; 1.18,1.96;1.20,1.86;1.26,2.;1.28,2;1.30,1.96];
af=[1.24,1.72;1.36,1.74;1.38,1.64;1.38,1.82;1.38,1.90;1.40,1.70;1.48,1.82;1.54,1.82;1.56,2.08];
n1=6;n2=9;p=2;
s1=cov(apf);s2=cov(af);
s=((n1-1)*s1+(n2-1)*s2)/(n1+n2-2);                          % 计算混合样本方差
Q1=(n1-1)*(log(det(s))-log(det(s1))-p+trace(inv(s)*s1)) ;
Q2=(n2-1)*(log(det(s))-log(det(s2))-p+trace(inv(s)*s2)) ;    % 计算检验统计量观测值
```

输出结果为

```
Q1 =
    2.5784
Q2 =
    0.7418
```

给定 $\alpha=0.05$，查表得到临界值 $\chi^2_{1-\alpha}(3)=7.8147$(命令 chi2inv(0.95，3))，由于 $Q_1=2.5784<7.8147$，$Q_2=0.7418<7.8147$，故认为两类总体协方差矩阵相同。

(2) 多个总体协方差矩阵相等的检验

设有 k 个 p 维总体 G_i，$i=1,2,\cdots,k$，从每个总体中分别抽取样本容量为 $n_i(i=1,2,\cdots,k)$ 的 k 个样本，其样本的协方差矩阵为 $\boldsymbol{S}_1$，$\boldsymbol{S}_2$，…，$\boldsymbol{S}_k$，用 $\boldsymbol{S}_1$，$\boldsymbol{S}_2$，…，$\boldsymbol{S}_k$ 估计 $\boldsymbol{\Sigma}_1$，$\boldsymbol{\Sigma}_2$，…，$\boldsymbol{\Sigma}_k$。其中 $\boldsymbol{\Sigma}_i$ 为总体 G_i 的协方差矩阵。

原假设　H_0：$\boldsymbol{\Sigma}_1=\boldsymbol{\Sigma}_2=\cdots=\boldsymbol{\Sigma}_k$；

备择假设　H_1：$\boldsymbol{\Sigma}_1$，$\boldsymbol{\Sigma}_2$，…，$\boldsymbol{\Sigma}_k$ 至少有一对不相等。

在 H_0 成立时，统计量

$$\xi=(1-d)M\sim\chi^2(f) \tag{2.2.7}$$

其中 $M=(n-k)\ln|\boldsymbol{S}|-\sum_{i=1}^{k}(n_i-1)\ln|\boldsymbol{S}_i|$，$\boldsymbol{S}=\sum_{i=1}^{k}(n_i-1)S_i/(n-k)$，$f=p(p+1)(k-1)/2$ 为自由度，$n=n_1+n_2+\cdots+n_k$，

$$d=\begin{cases}\dfrac{2p^2+3p-1}{6(p+1)(k-1)}\left(\sum_{i=1}^{k}\dfrac{1}{n_i-1}-\dfrac{1}{n-k}\right), & n_i\text{ 不全等}\\[2ex] \dfrac{(2p^2+3p-1)(k+1)}{6(p+1)(n-k)}, & n_i\text{ 全等}\end{cases} \tag{2.2.8}$$

对给定的 α，计算概率 $p=P(\xi>\chi^2_\alpha(f))$，若 $p<\alpha$ 则拒绝 H_0，否则接受 H_0。

以上过程和程序可用下例说明。

例 2.2.5　检验表 2-7 中三个总体 G_1、G_2、G_3 的协方差矩阵是否相等（$\alpha=0.1$）。

解： 编写程序如下。

```
clear
A=[data];                                        % 输入样本数据
```

```
G1=A(:,1:4);                                                        % 提取总体 1 的样本
G2=A(:,5:8);
G3=A(:,9:12);
n=size(G1,1)+size(G2,1)+size(G2,1);                                 % 计算总的样本容量
[n1,p]=size(G1);
k=3;
f=p*(p+1)*(k-1)/2;                                                  % 统计量自由度
d=(2*p^2+3*p-1)*(k+1)/(6*(p+1)*(n-k));                              % 由式(2.2.8)计算
s1=cov(G1);                                                         % 协方差矩阵
s2=cov(G2);                                                         % 协方差矩阵
s3=cov(G3);                                                         % 协方差矩阵
s=(n1-1)*(s1+s2+s3)/(n-k);                                          % 总体协方差矩阵估计
M=(n-k)*log(det(s))-19*(log(det(s1))+log(det(s2))+log(det(s3)));   % 计算式(2.2.7)中的 M 值
T=(1-d)*M;                                                          % 计算式(2.2.7)统计量
P0=1-chi2cdf(T,f);                                                  % 卡方分布概率
```

输出结果：

```
T=20.3316,P0=0.4374
```

由于由统计量计算得到的概率为 $P0=0.4374>0.1$，故判定 3 个总体协方差矩阵相等。

2.3 数据变换

2.3.1 数据属性变换

在解决经济问题综合评价时，评价指标通常分为效益型、成本型、适度型等类型。效益型指标值越大越好，成本型指标值越小越好，适度型指标值既不能太大也不能太小为好。

一般来说，对问题进行综合评价，必须统一评价指标的属性，进行指标的无量纲化处理。常见的处理方法有极差变换、线性比例变换、样本标准化变换等方法。

我们将式（2.1.16）表示的样本数据矩阵 $\boldsymbol{X}$ 的每一列理解为评价指标，共有 p 个指标，$\boldsymbol{X}$ 的每一行理解为不同决策方案关于 p 项评价指标的指标值，共有 n 个方案，这样表示第 i 个方案关于第 j 项评价指标的指标值为 x_{ij}（$i=1, 2, \cdots, n$; $j=1, 2, \cdots, p$）。

1. 统一趋势与无量纲化

我们用 I_1、I_2、I_3 分别表示效益型、成本型和适度型指标集合，运用极差变换法建立无量纲的效益型矩阵 $\boldsymbol{B}$ 与成本型矩阵 $\boldsymbol{C}$，运用线性比例变换法可建立无量纲的效益型矩阵 $\boldsymbol{D}$ 与成本型矩阵 $\boldsymbol{E}$。

1）效益型矩阵，其变换公式为：

$$\boldsymbol{B}=(b_{ij})_{n\times p}, b_{ij}=\begin{cases}\dfrac{(x_{ij}-\min\limits_{1\leqslant i\leqslant n} x_{ij})}{(\max\limits_{1\leqslant i\leqslant n} x_{ij}-\min\limits_{1\leqslant i\leqslant n} x_{ij})} & x_{ij}\in I_1\\[2ex] \dfrac{(\max\limits_{1\leqslant i\leqslant n} x_{ij}-x_{ij})}{(\max\limits_{1\leqslant i\leqslant n} x_{ij}-\min\limits_{1\leqslant i\leqslant n} x_{ij})} & x_{ij}\in I_2\\[2ex] \dfrac{(\max\limits_{1\leqslant i\leqslant n}|x_{ij}-\alpha_j|-|x_{ij}-\alpha_j|)}{\max\limits_{1\leqslant i\leqslant n}|x_{ij}-\alpha_j|-\min\limits_{1\leqslant i\leqslant n}|x_{ij}-\alpha_j|} & x_{ij}\in I_3\end{cases} \tag{2.3.1}$$

其中 α_j 为第 j 项指标的适度数值。

显然指标经过极差变换后，均有$0\leqslant b_{ij}\leqslant 1$，且各指标下最好结果的属性值$b_{ij}=1$，最坏结果的属性值$b_{ij}=0$。指标变换前后的属性值成线性比例。

2）成本型矩阵，其变换公式为：

$$\boldsymbol{C}=(c_{ij})_{n\times p},c_{ij}=\begin{cases}\dfrac{(\max\limits_{1\leqslant i\leqslant n}x_{ij}-x_{ij})}{(\max\limits_{1\leqslant i\leqslant n}x_{ij}-\min\limits_{1\leqslant i\leqslant n}x_{ij})} & x_{ij}\in I_1\\ \dfrac{(x_{ij}-\min\limits_{1\leqslant i\leqslant n}x_{ij})}{(\max\limits_{1\leqslant i\leqslant n}x_{ij}-\min\limits_{1\leqslant i\leqslant n}x_{ij})} & x_{ij}\in I_2\\ \dfrac{|x_{ij}-\alpha_j|-\min\limits_{1\leqslant i\leqslant n}|x_{ij}-\alpha_j|}{\max\limits_{1\leqslant i\leqslant n}|x_{ij}-\alpha_j|-\min\limits_{1\leqslant i\leqslant n}|x_{ij}-\alpha_j|} & x_{ij}\in I_3\end{cases}\tag{2.3.2}$$

其中α_j为第j项指标的适度数值。

显然指标经过极差变换后，均有$0\leqslant c_{ij}\leqslant 1$，且各指标下最坏结果的属性值$c_{ij}=1$，最好结果的属性值$c_{ij}=0$。

3）优属度效益型矩阵，其变换公式为：

$$\boldsymbol{D}=(d_{ij})_{n\times p},d_{ij}=\begin{cases}\dfrac{x_{ij}}{\max\limits_{1\leqslant i\leqslant n}x_{ij}} & x_{ij}\in I_1\\ \dfrac{\min\limits_{1\leqslant i\leqslant n}x_{ij}}{x_{ij}} & x_{ij}\in I_2\\ \dfrac{\min\limits_{1\leqslant i\leqslant n}|x_{ij}-\alpha_j|}{|x_{ij}-\alpha_j|} & x_{ij}\in I_3\end{cases}\tag{2.3.3}$$

其中α_j为第j项指标的适度数值。

4）比值成本型矩阵，其变换公式为：

$$\boldsymbol{E}=(e_{ij})_{n\times p},e_{ij}=\begin{cases}\dfrac{\min\limits_{1\leqslant i\leqslant n}x_{ij}}{x_{ij}} & x_{ij}\in I_1\\ \dfrac{x_{ij}}{\max\limits_{1\leqslant i\leqslant n}x_{ij}} & x_{ij}\in I_2\\ \dfrac{|x_{ij}-\alpha_j|}{\max\limits_{1\leqslant i\leqslant n}|x_{ij}-\alpha_j|} & x_{ij}\in I_3\end{cases}\tag{2.3.4}$$

其中α_j为第j项指标的适度数值。显然指标变换前后的属性值成比例。

例2.3.1　表2-8给出了我国1996～2013年农业生产情况统计数据，根据数据建立效益型矩阵$\boldsymbol{B}$与比值成本型矩阵$\boldsymbol{E}$。

表2-8　1996～2013年农业生产情况统计数据

年份	粮食产量（万吨）	受灾面积（千公顷）	有效灌溉面积（千公顷）	农用化肥施用折纯量（万吨）	农村用电量（亿千瓦小时）
1996	50 453.50	46 991	50 381.60	3 827.90	1 812.72
1997	49 417.10	53 427	51 238.50	3 980.70	1 980.10
1998	51 229.53	50 145	52 295.60	4 083.69	2 042.15
1999	50 838.58	49 980	53 158.41	4 124.32	2 173.45
2000	46 217.52	54 688	53 820.33	4 146.41	2 421.30

（续）

年份	粮食产量（万吨）	受灾面积（千公顷）	有效灌溉面积（千公顷）	农用化肥施用折纯量（万吨）	农村用电量（亿千瓦小时）
2001	45 263.67	52 215	54 249.39	4 253.76	2 610.78
2002	45 705.75	46 946	54 354.85	4 339.39	2 993.40
2003	43 069.53	54 506	54 014.23	4 411.56	3 432.92
2004	46 946.95	37 106	54 478.42	4 636.58	3 933.03
2005	48 402.19	38 818	55 029.34	4 766.22	4 375.70
2006	49 804.23	41 091	55 750.50	4 927.69	4 895.82
2007	50 160.28	48 992	56 518.34	5 107.83	5 509.93
2008	52 870.92	39 990	58 471.68	5 239.02	5 713.15
2009	53 082.08	47 214	59 261.45	5 404.35	6 104.44
2010	54 647.71	37 426	60 347.70	5 561.68	6 632.35
2011	57 120.85	32 471	61 681.56	5 704.24	7 139.62
2012	58 957.97	24 960	63 036.43	5 838.85	7 508.46
2013	60 193.84	31 350	63 350.60	5 911.86	8 549.52

资料来源：中华人民共和国国家统计局，http://www.stats.gov.cn/。

解：根据指标的具体含义可知，受灾面积是成本型数据，化肥施用量是适度型数据（取适度数值为 4 000），其余指标都是效益型数据。编写程序如下。

```
clear
A=[50453.50, 46991 ,50381.60, 3827.90, 1812.72;
……
60193.84,31350,63350.60,5911.86,8,549.52];                    % 输入原始数据
 [m,n]=size(A);
% 对矩阵 A,按列指标的属性,对数据进行变换,建立效益型矩阵 B 的程序
B1=[A(:,1)-min(A(:,1)),max(A(:,2))-A(:,2),A(:,3)-min(A(:,3)),max(abs(A(:,4)-4000))- abs
(A(:,4)-4000),A(:,5)-min(A(:,5))];
B2=[ones(m,1)*range(A)];
B=B1./[B2(:,1:3),ones(m,1)*range(max(abs(A(:,4)-4000))- abs(A(:,4)-4000)),B2(:,5)];
% 按 A 矩阵列指标的属性,对数据进行变换,建立比值成本型矩阵 E 程序
E1=[ones(m,1)*min(A(:,[1,3,5]))]./A(:,[1,3,5]);
E2=A(:,2)./max(A(:,2));
E3=abs( A(:,4)-4000)./[max(abs( A(:,4)-4000))];
E=[E1(:,1),E2,E1(:,2), E3,E1(:,3)]
```

程序运行结果（仅列出了变换后数据的前两行，其余各行省略了）：

```
B=
    0.4312    0.2589         0    0.9193         0
    0.3707    0.0424    0.0661    1.0000    0.0248
    ……
E=
    0.8536    0.8593    1.0000    0.0900    1.0000
    0.8716    0.9769    0.9833    0.0101    0.9155
    ……
```

2. 压缩变换模糊化

对于实际数据还可以通过如下变换将原始数据压缩到［0，1］区间，从而构造出模糊集合。利用 MATLAB 的模糊数学工具箱，可以直接调用表 2-9 中函数命令实现数据压缩模糊转换。

表 2-9　模糊工具箱隶属度函数

函数名称	函数表达式	命令格式	数据类型
高斯形函数	$y=e^{-\frac{(x-c)^2}{2s^2}}$	y=gaussmf(x, [s, c])	适度型
钟形函数	$y=\dfrac{1}{1+\left\|\frac{x-c}{a}\right\|^{2b}}$	y=gbellmf(x, [a, b, c])	适度型
S形函数	$f(x, a, b)=\begin{cases}0, & x\leqslant a\\ 2\left(\frac{x-a}{b-a}\right)^2, & a\leqslant x\leqslant \frac{a+b}{2}\\ 1-2\left(\frac{x-a}{b-a}\right)^2, & \frac{a+b}{2}\leqslant x\leqslant b\\ 1, & x\geqslant b\end{cases}$	y=smf(x, [a, b])	效益型
Z形函数	$f(x, a, b)=\begin{cases}1, & x\leqslant a\\ 1-2\left(\frac{x-a}{b-a}\right)^2, & a\leqslant x\leqslant \frac{a+b}{2}\\ 2\left(\frac{x-a}{b-a}\right)^2, & \frac{a+b}{2}\leqslant x\leqslant b\\ 0, & x\geqslant b\end{cases}$	y=zmf (x, [a, b])	成本型
sigmoid 函数	$y=\dfrac{1}{1+e^{-a(x-c)}}$	y=sigmf (x, [a, c])	$a>0$，效益型 $a<0$，成本型

例 2.3.2　对于例 2.3.1 的粮食产量数据用 S 形函数建立高产的隶属度函数。

解：编写程序如下。

```
clear
A=[50453.5046991   50381.60   3827.90   1812.72
……
60193.843135063350.605911.868,549.52];                    % 输入原始数据
a=min(A(:,1));                                             % 设置 S 形函数的参数 a
b=max(A(:,1));                                             % 设置 S 形函数的参数 b
y=smf(A(:,1),[a,b]);                                       % S 形函数命令
subplot(211),plot(A(:,1), '- * '),title('粮食产量数据图')
subplot(212),plot(y, '- or '), title('变换后数据图')
```

从图 2-15 可以看出，利用 S 形函数将粮食产量数据压缩到［0，1］区间，产量越高数值越接近 1；反之，产量越低函数值越接近于零，两个图形的走势完全一致。

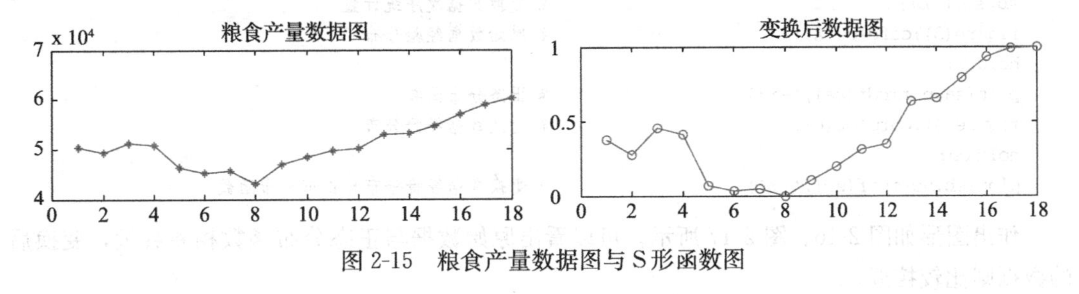

图 2-15　粮食产量数据图与 S 形函数图

2.3.2　Box-Cox 变换

当时间序列数据在左（或右）边有长尾巴或很不对称时，有时需要对数据进行变换以符合非参数（或参数）统计推断方法的某些条件，其中最常用的一种方法就是 Box-Cox 变换

$$y=\begin{cases}(x^{\lambda}-1)/\lambda, & \lambda\neq 0\\ \ln x, & \lambda=0\end{cases} \tag{2.3.5}$$

在 MATLAB 中，Box-Cox 变换命令 boxcox 的调用格式为：

```
[transdat, lambda]=boxcox(x);
```

其中 x 是原始数据，transdat 是变换以后的数据，lambda 是变换公式中参数 λ 的数值。

例 2.3.3 淮河位于中国东部，介于长江与黄河之间，是中国七大河之一。淮河流域地跨湖北、河南、安徽、江苏、山东 5 省，1952～1991 年因水灾造成的流域成灾面积数据见表 2-10，应用 Box-Cox 变换考查数据的正态分布特性。

表 2-10 淮河流域成灾面积 （单位：10^6 公顷^2）

年份	1952	1953	1954	1955	1956	1957	1958	1959
成灾面积	1.496 3	1.341 1	4.082	1.278 7	4.154 9	3.635 9	0.941 6	0.208 3
年份	1960	1961	1962	1963	1964	1965	1966	1967
成灾面积	1.456 7	0.856 9	2.719 7	6.749 4	3.688 4	2.539 5	0.259 6	0.274 7
年份	1968	1969	1970	1971	1972	1973	1974	1975
成灾面积	0.539 8	0.580 4	0.703 8	0.967 9	1.021 9	0.510 6	1.325 3	1.843 8
年份	1976	1977	1978	1979	1980	1981	1982	1983
成灾面积	0.493 3	0.343 7	0.285 6	2.529 6	1.659 4	0.161 5	3.208	1.469 8
年份	1984	1985	1986	1987	1988	1989	1990	1991
成灾面积	2.938	1.923 3	0.749 8	0.793 3	0.127 6	1.485 3	1.386	4.622 6

数据来源：自然灾害学报，2005，6。

解：考查正态分布特性，可检验数据是否服从正态分布或考查经验分布函数与正态分布函数的差异。将淮河流域 1951～1991 年的成灾面积数据作为矩阵 $\boldsymbol{X}$ 输入，程序如下。

```
% 绘制 Q-Q 图
clear
X=[data];                          % 输入原始成灾面积数据 data
[b,t]=boxcox(X');                  % 对数据作 Box-Cox 变换
normplot(X)                        % 原始数据的 Q-Q 图
figure(2);normplot(b)              % 变换数据的 Q-Q 图
% 变换前后数据的经验分布函数图及相应的统计量
sa=sort(X);                        % 原始数据次序统计量
sb=sort(b);                        % 变换数据次序统计量
figure(3);cdfplot(X);              % 原始数据经验分布
hold on;
plot(sa,normcdf(sa),'-r')          % 正态分布函数
figure(4);cdfplot(b);              % 变换数据经验分布
hold on;
plot(sb,normcdf(sb),'-r')          % 变换数据经验分布与正态分布函数
```

作出图形如图 2-16、图 2-17 所示，可以看出原始数据与正态分布函数相差甚远，变换后的数据则比较接近。

从图 2-16、图 2-17 可以看出原始数据没有分布在直线上，而变换后的数据基本上落在直线上，因此可认为原始数据不服从正态分布，而变换后的数据服从正态分布。

从经验分布图 2-18、图 2-19 可以看出：原始数据不服从正态分布，而变换数据近似服从正态分布。

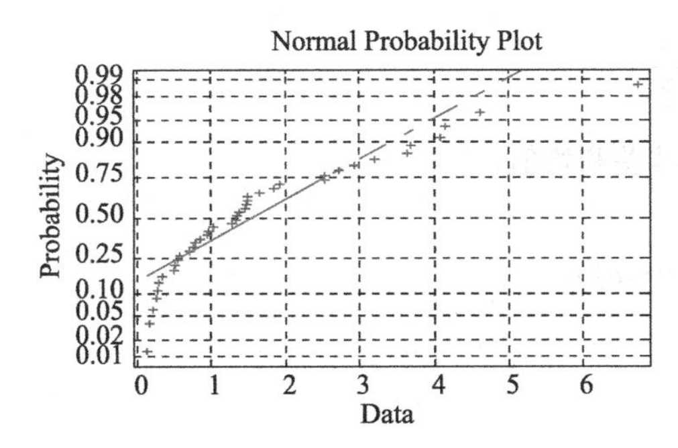

图 2-16　成灾面积原始数据 Q-Q 图

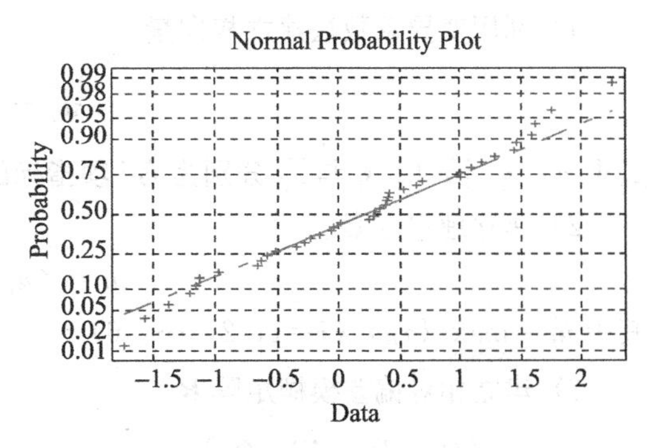

图 2-17　成灾面积 Box-Cox 变换数据 Q-Q 图

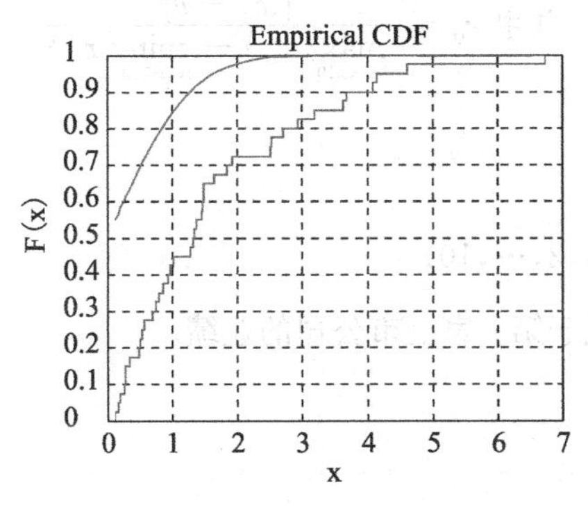

图 2-18　原始数据经验分布图

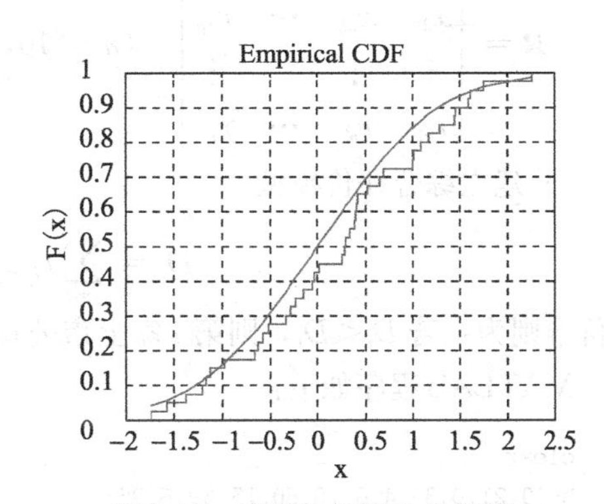

图 2-19　变换数据经验分布图

2.3.3　基于数据变换的综合评价模型

例 2.3.4　为了全面了解 10 家上市银行的绩效，用 X_1 表示每股净收益，X_2 表示总资产利润率，X_3 表示净资产收益率，X_4 表示净利润增长率，X_5 表示净资产增长率，X_6 表示总资产增长率。这些指标的统计数据如表 2-11 所示，试对上市银行进行综合评价。

表 2-11　10 家上市银行的统计数据

公司名称	X_1	X_2	X_3	X_4	X_5	X_6
工商银行	0.21	0.33	4.01	0.60	15.59	6.95
农业银行	0.16	0.30	4.33	0.46	12.22	9.37
建设银行	0.27	0.35	4.53	1.14	14.74	9.54
中国银行	0.15	0.29	3.46	1.81	10.29	6.37
交通银行	0.26	0.26	3.44	0.93	13.00	11.73
招商银行	0.73	0.34	4.84	6.45	14.43	10.66
华夏银行	0.41	0.21	3.12	7.36	34.70	15.01
平安银行	0.43	0.23	3.24	8.12	37.21	16.33
兴业银行	0.82	0.29	4.76	6.05	20.73	21.22
浦发银行	0.70	0.27	4.18	24.10	20.65	22.86

数据来源：各银行 2016 年 3 月 31 日财务报告。

解：设原始数据矩阵为

$$\boldsymbol{X}=\begin{pmatrix} x_{11} & x_{12} & \cdots & x_{1p} \\ x_{21} & x_{22} & \cdots & x_{2p} \\ \vdots & \vdots & & \vdots \\ x_{n1} & x_{n2} & \cdots & x_{np} \end{pmatrix} \quad (n=10, p=6)$$

1）利用变异系数法建立权向量

$$w_j = v_j / \sum_{j=1}^{6} v_j$$

其中 $v_j = s_j / |\bar{x}_j|$，s_j 与 $\bar{x}_j$ 分别为第 j 项指标的标准差和均值。

2）建立理想方案

$$u = (u_1^0, u_2^0, \cdots, u_6^0)$$

其中 $u_j^0 = \max\limits_{1 \leqslant i \leqslant 10} \{x_{ij}\}$（$j=1, 2, \cdots, 6$）。

3）建立相对偏差模糊矩阵 $\boldsymbol{R}$

$$\boldsymbol{R} = \begin{pmatrix} r_{11} & r_{12} & \cdots & r_{1p} \\ x_{21} & x_{22} & \cdots & r_{2p} \\ \vdots & \vdots & & \vdots \\ r_{n1} & r_{n2} & \cdots & r_{np} \end{pmatrix} \quad (n = 10, p = 6), \quad 其中\ r_{ij} = \frac{|x_{ij} - u_j^0|}{\max\limits_{1 \leqslant i \leqslant 10}\{x_{ij}\} - \min\limits_{1 \leqslant i \leqslant 10}\{x_{ij}\}}$$

4）建立综合评价模型

$$D_i = \sum_{j=1}^{6} r_{ij} w_j \quad (i = 1, 2, \cdots, 10)$$

评价准则为：若 $D_i < D_j$，则第 i 家上市公司的业绩优于第 j 家上市公司的业绩。

MATLAB 程序如下：

```
clear
X=[0.21,0.33,4.01,0.60,15.59,6.95;
0.16,0.30,4.33,0.46,12.22,9.37;
0.27,0.35,4.53,1.14,14.74,9.54;
0.15,0.29,3.46,1.81,10.29,6.37;
0.26,0.26,3.44,0.93,13.00,11.73;
0.73,0.34,4.84,6.45,14.43,10.66;
0.41,0.21,3.12,7.36,34.70,15.01;
0.43,0.23,3.24,8.12,37.21,16.33;
0.82,0.29,4.76,6.05,20.73,21.22;
0.70,0.27,4.18,24.10,20.65,22.86];                 % 输入原始数据
m=mean(X);                                         % 计算各指标均值
s=std(X);                                          % 计算各指标标准差
v=s./abs(m);                                       % 计算各指标变异系数
w=v/sum(v);                                        % 计算各指标权重
R=abs(X-ones(10,1)*max(X))./[ones(10,1)*range(X)]; % 相对偏差矩阵
D=R*w';                                            % 计算综合评价值
[F1,t1]=sort(D);                                   % 综合评价值排序
[F2,t2]=sort(t1)                                   % t2 为输出上市公司的排名
```

程序运行结果：

$D_1=0.873\,5, D_2=0.890\,8, D_3=0.806\,6, D_4=0.937\,3, D_5=0.870\,2,$
$D_6=0.568\,3, D_7=0.590\,6, D_8=0.535\,0, D_9=0.442\,6, D_{10}=0.180\,3$

根据评价准则可得各公司排名见表 2-12。

表 2-12　10 家上市银行的综合排名

银行	工商	农业	建设	中国	交通	招商	华夏	平安	兴业	浦发
排名	8	9	6	10	7	4	5	3	2	1

说明： 如果采取不同的方法建立权向量，或者根据不同的方法得到相对优属度矩阵，评价的结果会有所不同。

习　题　2

1. 已知样本数据为

$$1,3,4,2,9,6,7,8,11,2.5,3,10$$

1）求该数据的中位数；2）该数据的次序统计量；3）写出上述计算的 MATLAB 实现程序。

2. 设数据（x_1，x_2，…，x_n），用 MATLAB 编写 3 种不同程序，均能实现计算 $\sqrt{\sum_{i=1}^{n}(x_i-\bar{x})^2}$。

3. 设矩阵 $\boldsymbol{A}$ 表示某球队参加 5 场比赛的技术统计数据

$$\boldsymbol{A}=(a_1\quad a_2,\quad \cdots,\quad a_6)=\begin{pmatrix} a_{11} & a_{12} & \cdots & a_{16} \\ a_{21} & a_{22} & \cdots & a_{26} \\ \vdots & \vdots & & \vdots \\ a_{51} & a_{52} & \cdots & a_{56} \end{pmatrix}$$

其中 a_1 表示投篮命中率，a_2 表示罚球命中率，a_3 表示后场篮板球，a_4 表示失误次数，a_5 表示抢断次数，a_6 表示盖帽次数。1）指标 a_i 中哪些是效益型指标，哪些是成本型指标，写出统一趋势化的计算公式。2）写出 MATLAB 中的计算程序。

4. 利用 MATLAB 软件生成均值向量为（3，2）、协方差矩阵为 $\begin{pmatrix} 1 & 1.5 \\ 1.5 & 4 \end{pmatrix}$ 的二元正态分布的随机数，并给出作散点图以及密度函数曲面图的程序。

5. 考查鸢尾属植物中两个不同品种的花的如下四个形状指标：X_1 为萼片长度；X_2 为萼片宽度；X_3 为花瓣长度；X_4 为花瓣宽度；从这两个品种（记为 1、2）中各选取 50 株，测得上述指标的取值见表 2-13，求解以下问题：1）计算各指标的均值、方差、标准差、变异系数以及相关系数矩阵；2）计算各指标的偏度、峰度、三均值以及极差；3）作出各指标数据直方图并检验该数据是否服从正态分布；4）检验两个品种是否来自正态总体。

表 2-13　鸢尾属植物两个不同品种的花的形状数据

编号	品种	x_1	x_2	x_3	x_4	编号	品种	x_1	x_2	x_3	x_4
1	1	65	28	46	15	16	1	50	23	33	10
2	1	62	22	45	15	17	1	67	31	44	14
3	1	59	32	48	18	18	1	56	30	45	15
4	1	61	30	46	14	19	1	58	27	41	10
5	1	60	27	51	16	20	1	60	29	45	15
6	1	56	25	39	11	21	1	57	26	35	10
7	1	57	28	45	13	22	1	57	19	42	13
8	1	63	33	47	16	23	1	49	24	33	10
9	1	70	32	47	14	24	1	56	27	42	13
10	1	64	32	45	15	25	1	57	30	42	12
11	1	61	28	40	13	26	1	66	29	46	13
12	1	55	24	38	11	27	1	52	27	39	14
13	1	54	30	45	15	28	1	60	34	45	16
14	1	58	26	40	12	29	1	50	20	35	10
15	1	55	26	44	12	30	1	55	24	37	10

（续）

编号	品种	x_1	x_2	x_3	x_4	编号	品种	x_1	x_2	x_3	x_4
31	1	58	27	39	12	66	2	63	25	50	19
32	1	62	29	43	13	67	2	64	32	53	23
33	1	59	30	42	15	68	2	79	38	64	20
34	1	60	22	40	10	69	2	67	33	57	21
35	1	67	31	47	15	70	2	77	28	67	20
36	1	63	23	44	13	71	2	63	27	49	18
37	1	56	30	41	13	72	2	72	32	60	18
38	1	63	25	49	15	73	2	61	30	49	18
39	1	61	28	47	12	74	2	61	26	56	14
40	1	64	29	43	13	75	2	64	28	56	21
41	1	51	25	30	11	76	2	62	28	48	18
42	1	57	28	41	13	77	2	77	30	61	23
43	1	61	29	47	14	78	2	63	34	56	24
44	1	56	29	36	13	79	2	58	27	51	19
45	1	69	31	49	15	80	2	72	30	58	16
46	1	55	25	40	13	81	2	71	30	59	21
47	1	55	23	40	13	82	2	64	31	55	18
48	1	66	30	44	14	83	2	60	30	48	18
49	1	68	28	48	14	84	2	63	29	56	18
50	1	67	30	50	17	85	2	77	26	69	23
51	2	64	28	56	22	86	2	60	22	50	15
52	2	67	31	56	24	87	2	69	32	57	23
53	2	63	28	51	15	88	2	74	28	61	19
54	2	69	31	51	23	89	2	56	28	49	20
55	2	65	30	52	20	90	2	73	29	63	18
56	2	65	30	55	18	91	2	67	25	58	18
57	2	58	27	51	19	92	2	65	30	58	22
58	2	68	32	59	23	93	2	69	31	54	21
59	2	62	34	54	23	94	2	72	36	61	25
60	2	77	38	67	22	95	2	65	32	51	20
61	2	67	33	57	25	96	2	64	27	53	19
62	2	76	30	66	21	97	2	68	30	55	21
63	2	49	25	45	17	98	2	57	25	50	20
64	2	67	30	52	23	99	2	58	28	51	24
65	2	59	30	51	18	100	2	63	33	60	25

数据来源：梅长林，范金城，数据分析方法，高等教育出版社。

6. 利用压缩变换对蠓虫分类问题建立模糊集合，并作出相应图形进行分析。

实验 1　数据统计量及其分布检验

实验目的

1. 熟练掌握利用 MATLAB 软件计算均值、方差、协方差、相关系数、标准差与变异系数、偏度与峰度、中位数、分位数、三均值、四分位极差与极差。

2. 熟练掌握 jbtest 与 lillietest 关于一维数据的正态性检验。

3. 掌握统计作图方法。

4. 掌握多维数据的数字特征与相关矩阵的处理方法。

实验数据与内容

实验一

1949 年到 1990 年，我国洪涝灾害统计数据如表 2-14 所列，解决以下问题：1）计算各项指标的平均值、标准差、变异系数、三均值、偏度与峰度；2）各项指标是否服从正态分布？若服从正态分布，计算概率为 1%时的受灾面积、受灾人口及直接经济损失；若不服从正态分布，利用 Box-Cox 变换将数据进行变换，对变换后的数据进行相应的分析。

表 2-14　我国洪涝灾害统计数据

年份	受灾面积	受灾人口	直接经济损失
1949	928.2	2006	190 300
1950	656	1 928	12 028.87
1951	417	601	12 614.71
1952	279.4	1 059	23 339.56
1953	741	812	10 897.38
1954	1 613	3 937	209 300
1955	525	407	13 061.56
1956	1 438	2 576	326 801.7
1957	808.27	870	45 708.41
1958	428	1 132	14 692
1959	481	845	25 746
1960	1 016	682	58 179.59
1961	887	1 867	26 172.85
1962	981	1 501	53 865.8
1963	1 407	2 757	629 755.2
1964	1 493	1 561	31 458.73
1965	559	683	23 751.14
1966	251	1 079	68 286.03
1967	170.89	575	14 286.03
1968	224.34	372	8 232.32
1969	463.18	1 252	23 293.55
1970	313	305	17 424.71

（续）

年份	受灾面积	受灾人口	直接经济损失
1971	399	618	15 312.09
1972	408	1 608	21 804
1973	624	1 746	14 378.77
1974	640	1 988	35 974.6
1975	682	1 208	1 000 000
1976	420	2 589	26 163.63
1977	910	1 872	60 604.77
1978	285	2 130	26 155.93
1979	676	2 191	54 798.1
1980	915	4 106	90 339.39
1981	862	4 560	335 319.3
1982	836	4 499	120 239.5
1983	1 216	5 294	221 760.3
1984	1 069	nan	1 530
1985	1 419.73	1 294	470 282
1986	915.53	321	703 600
1987	868.6	2 105	246 253.3
1988	1 194.93	3 522	803 387.8
1989	1 132.8	nan	233 000
1990	1 180.4	7 611	1 591 968

注：表中 nan 表示数据缺失。

实验二

登录“国家外汇管理局”网站（http://www.safe.gov.cn/），在主页面“统计数据”栏查找“人民币汇率中间价”统计表，下载“2016 年 1 月 1 日～2016 年 7 月 20 日人民币每日汇率中间价数据”，分析人民币对美元、欧元、日元、英镑汇率的数据分布特征。

第3章 回归分析

回归分析是最常用的数据分析方法之一。它是根据观测数据及以往的经验建立变量间的相关关系模型，用于探求数据的内在统计规律，并应用于相应变量的预测、控制等问题。本章介绍一元线性与非线性回归模型、多元线性回归模型、逐步回归方法以及回归诊断等内容。

3.1 一元回归模型

3.1.1 一元线性回归模型

1. 一元线性回归的基本概念

设Y是一个可观测的随机变量，它受到一个非随机变量因素x和随机因素ε的影响，且Y与x有如下线性关系

$$Y=\beta_0+\beta_1 x+\varepsilon \tag{3.1.1}$$

其中ε的均值$E(\varepsilon)=0$，方差$\mathrm{Var}(\varepsilon)=\sigma^2(\sigma>0)$，式中$\beta_0$、$\beta_1$是固定的未知参数（称为回归系数），$Y$称为因变量，$x$称为自变量，式（3.1.1）称为一元线性回归模型。

对于实际问题要建立回归方程，首先要确定能否建立线性回归模型，其次要考虑如何对模型中未知参数β_0、β_1进行估计。

通常，我们对总体（x，Y）进行n次的独立观测，获得n组观测数据

$$(x_1,y_1),(x_2,y_2),\cdots,(x_n,y_n)$$

在直角坐标系Oxy中画出数据点（x_i，y_i）（$i=1$，2，…，n）（称为散点图），如果这些点大致位于同一条直线的附近，或者说散点图呈现线性形状，则认为Y与x之间的关系符合式（3.1.1）所表示模型。此时，有y_i的数据结构式

$$y_i=\beta_0+\beta_1 x_i+\varepsilon_i \quad (i=1,2,\cdots,n) \tag{3.1.2}$$

其中$\varepsilon_i\sim N(0,\sigma^2)$，且$\varepsilon_1$，$\varepsilon_2$，…，$\varepsilon_n$相互独立。

一元线性回归分析的主要任务有三个：一是利用样本观测值（x_i，y_i）（$i=1$，2，…，n）估计回归系数β_0、β_1和σ；二是对方程的线性关系（即β_1）是否为0作显著性检验；三是在$x=x_0$处对Y作预测等。

2. 参数β_0、β_1和σ^2的估计

考虑残差平方和

$$S(\beta_0,\beta_1)=\sum_{i=1}^{n}(y_i-\beta_0-\beta_1 x_i)^2 \tag{3.1.3}$$

当x_1，x_2，…，x_n不全相等时，满足$\min S(\hat{\beta}_0,\hat{\beta}_1)$的$\hat{\beta}_0$、$\hat{\beta}_1$分别是$\beta_0$、$\beta_1$的最小二乘估计，估计公式为：

$$\begin{cases}\hat{\beta}_0 = \overline{y} - \overline{x}\hat{\beta}_1 \\ \hat{\beta}_1 = L_{xy}/L_{xx}\end{cases} \tag{3.1.4}$$

其中 $\overline{x} = \frac{1}{n}\sum_{i=1}^{n} x_i$，$\overline{y} = \frac{1}{n}\sum_{i=1}^{n} y_i$，$L_{xx} = \sum_{i=1}^{n}(x_i - \overline{x})^2 \neq 0$，$L_{xy} = \sum_{i=1}^{n}(x_i - \overline{x})(y_i - \overline{y})$。

于是，建立变量 Y 与 x 的经验公式：

$$\hat{y} = \hat{\beta}_0 + \hat{\beta}_1 x \tag{3.1.5}$$

称式（3.1.5）为 y 关于 x 的一元线性回归方程。

记 $S_E = \sum_{i=1}^{n}(y_i - \hat{y}_i)^2$，称为残差平方和，可以证明 $\frac{S_E}{\sigma^2} = \frac{1}{\sigma^2}\sum_{i=1}^{n}(y_i - \hat{y}_i)^2 \sim \chi^2(n-2)$，因此参数 σ^2 的无偏估计为：

$$\hat{\sigma}^2 = \frac{S_E}{n-2} \tag{3.1.6}$$

3. 回归方程的显著性检验

检验回归方程式（3.1.5）是否有意义的问题可以转化为检验以下假设 H_0 是否为真

$$H_0: \beta_1 = 0 \leftrightarrow H_1: \beta_1 \neq 0 \tag{3.1.7}$$

常用的检验方法有三种，分别是 F 检验（方差分析法）、T 检验与可决系数 R^2 检验。

1）F 检验。在 H_0 成立时，取 F 检验统计量为

$$F = \frac{S_R}{S_E/(n-2)} \sim F(1, n-2) \tag{3.1.8}$$

给定显著水平 α，H_0 的拒绝域为

$$\{F \geqslant F_{1-\alpha}(1, n-2)\} \tag{3.1.9}$$

应用 F 检验法，计算 F 值的过程列成表 3-1，称此表为方差分析表。

表 3-1 方差分析

方差来源	平方和（SS）	自由度	均方和	F 值
回归 残差	S_R S_E	$f_R=1$ $f_E=n-2$	$MR=S_R/f_R$ $MS_E=S_E/f_E$	$F=\frac{MS_R}{MS_E}$
总计	S_T	$f_T=n-1$	—	

表中 f_R、f_E、f_T 分别称为 S_R、S_E、S_T 的自由度，且 $S_T = S_E + S_R$（称为平方和分解式），$S_T = l_{yy} = \sum_{i=1}^{n}(y_i - \overline{y})^2$，$S_R = \sum_{i=1}^{n}(\hat{y}_i - \overline{y})^2 = \frac{l_{xy}^2}{l_{xx}}$，$S_E = \sum_{i=1}^{n}(y_i - \hat{y}_i)^2 = S_T - S_R$。

2）T 检验。在 H_0 成立时，取 T 统计量为

$$T = \frac{\hat{\beta}_1}{\hat{\sigma}}\sqrt{l_{xx}} \sim t(n-2)$$

给定显著水平 α，H_0 的拒绝域为

$$|T| > t_{\alpha/2}(n-2) \tag{3.1.10}$$

3）可决系数 R^2 的计算公式为

$$R^2 = \frac{S_R}{S_T} = \frac{\sum(\hat{y}_i - \overline{y})^2}{\sum(y_i - \overline{y})^2} \tag{3.1.11}$$

可决系数的取值范围在 0 到 1 之间。在 H_0 成立时，$S_R=0$，$R^2=0$。因此 R^2 越接近于 0，方程越不显著；R^2 的值越接近 1，方程越显著，也就是回归直线对观测值的拟合程度越好。

4. 利用回归方程预测

若建立了回归方程$\hat{y}=\hat{\beta}_0+\hat{\beta}_1 x$，并经检验该方程是显著的，则可将该回归方程用于$Y$的预测。

在$x=x_0$处$Y=y_0$的回归预测值为

$$\hat{y}_0=\hat{\beta}_0+\hat{\beta}_1 x_0$$

且

$$\hat{y}_0 \sim N\left(\beta_0+\beta_1 x_0, \left(\frac{1}{n}+\frac{(x_0-\bar{x})^2}{l_{xx}}\right)\sigma^2\right) \tag{3.1.12}$$

y_0的置信水平为$1-\alpha$的预测区间为$[\hat{y}_0-\delta, \hat{y}_0+\delta]$，其中

$$\delta=\delta(x_0)=t_{\frac{\alpha}{2}}(n-2)\,\hat{\sigma}\sqrt{1+\frac{1}{n}+\frac{(x_0-\bar{x})^2}{l_{xx}}} \tag{3.1.13}$$

5. MATLAB算法

针对一元回归分析的主要计算，可给出MATLAB算法。当然，MATLAB统计工具箱中提供了专门的回归分析命令，后面会介绍其使用方法。

```
x=[ data ];                                  % 自变量的观测值 x1,x2,…,xn
y=[ data ];                                  % 因变量的观测值 y1,y2,…,yn
Lxx=sum((x-mean(x)).^2);                     % 计算统计量 lxx
Lxy=sum((x-mean(x)).* (y-mean(y)));          % 计算统计量 lxy
b1=Lxy/Lxx;                                  % 计算β̂1
b0=mean(y)-b1*mean(x);                       % 计算β̂0
y1=b0+b1*x                                   % 按式(3.1.3)计算回归值ŷ
TSS=sum((y-mean(y)).^2);                     % 计算总离差平方和
RSS=sum((y1-mean(y)).^2);                    % 计算回归平方和
ESS=sum((y-y1).^2);                          % 计算残差平方和
sgm2= ESS/(size(x,2)-2)                      % 参数σ² 的无偏估计
F=RSS/ESS/(size(x,2)-2);                     % 按式(3.1.6)计算 F 值
t= Lxy/sqrt(Lxx* sgm2);                      % 计算 t 统计量
R2= RSS/TSS;                                 % 计算可决系数 R²
dt=tinv(0.975, size(x,2)- 2)*sqrt(sgm2* (1+1/ size(x,2)+ (x0- mean(x))^2/ Lxx));
                                             % 按式(3.1.13)计算 y0 的置信水平为 0.95 的置信区间半径
```

例 3.1.1 某市近10年来社会商品零售总额与职工工资总额（单位：亿元）如表3-2所列，建立社会商品零售总额与职工工资总额数据的回归模型。

表 3-2 商品零售总额与职工工资表 （单位：亿元）

职工工资总额	23.8	27.6	31.6	32.4	33.7	34.9	43.2	52.8	63.8	73.4
商品零售总额	41.4	51.8	61.7	67.9	68.7	77.5	95.9	137.4	155.0	175.0

解：程序如下。

```
% 输入数据并作散点图
clear
x=[23.80,27.60,31.60,32.40,33.70,34.90,43.20,52.80,63.80,73.40];
y=[41.4,51.8,61.70,67.90,68.70,77.50,95.90,137.40,155.0,175.0];
plot(x,y,'*')                                % 作散点图(如图 3-1 所示)
xlabel('x(职工工资总额)')                      % 横坐标名
ylabel('y(商品零售总额)')                      % 纵坐标名
```

程序运行结果如图 3-1 所示。

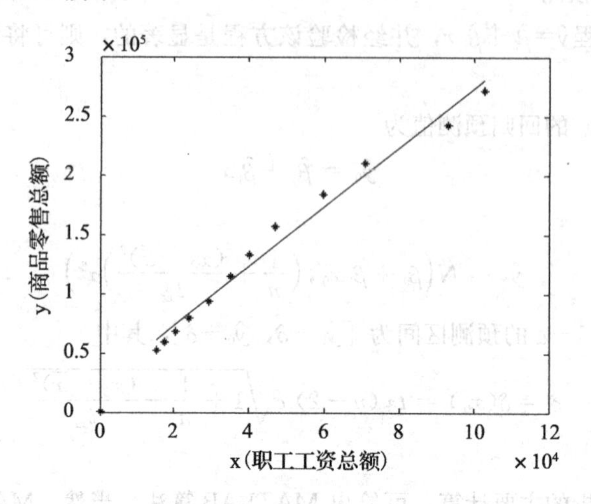

图 3-1　$(x,\ y)$ 的散点图与回归直线

由于图 3-1 中的数据点大致位于同一条直线上，故可建立一元线性回归模型式（3.1.1）。

```
% 接上面的程序,按式(3.1.4)计算统计量与参数
Lxx=sum((x-mean(x)).^2);                    % 计算统计量 lxx
Lxy=sum((x-mean(x)).*(y-mean(y)));          % 计算统计量 lxy
b1=Lxy/Lxx;                                 % 计算β̂1
b0=mean(y)-b1*mean(x);                      % 计算β̂0
y1=b0+b1*x                                  % 按式(3.1.5)计算回归值
hold on
plot(x,y1,'r-')                             % 画回归直线(如图 3-1 所示)
sgm2=sum((y-y1).^2)/(size(x,2)-2)           % 按式(3.1.6)计算参数σ² 的无偏估计
% 回归方程的显著性检验
TSS=sum((y-mean(y)).^2);                    % 计算总离差平方和
RSS=sum((y1-mean(y)).^2);                   % 计算回归平方和
ESS=sum((y-y1).^2);                         % 计算残差平方和
F=RSS/ESS/(size(x,2)-2);                    % 按式(3.1.8)计算 F 值
F0=finv(0.95,1, size(x,2)-2);               % 按式(3.1.9)计算分位数 F0 值
H0=F>F0                                     % H0=1 表示拒绝原假设
% 预测
x0=85;
y0=b0+b1*x0                                 % 按式(3.1.5)计算预测值
dt=tinv(0.975, size(x,2)-2)*sqrt(sgm2*(1+1/ size(x,2)+(x0-mean(x))^2/ Lxx));
yc=[y0-dt,y0+dt]                            % 按式(3.1.13)计算置信水平为 0.95 的预测值区间
```

程序运行结果：

```
b1=2.799, b0=-23.5493 , sgm2=31.9768,H0=1,y0=214.3760, yc=[196.5501,232.2018]
```

根据程序运行结果，建立的回归模型为

$$\hat{y} = 2.7991x - 23.5493$$

模型中的参数 σ^2 的无偏估计为 31.976 8，在显著水平为 5%时拒绝原假设，即认为线性关系显著，当职工工资总额（x_0）为 85 亿元时，社会商品零售总额的预测值（y_0）为 214.376 0 亿元，置信水平为 0.95 的预测值区间为（196.550 1，232.201 8）。

结果表明职工工资总额每增加 1 个单位时社会商品零售总额将增加 2.799 1 个单位。

3.1.2 一元多项式回归模型

1. 回归模型与回归系数估计

在一元回归模型中，如果变量 y 与 x 的关系是 n 次多项式，即

$$y = p_1 x^n + p_2 x^{n-1} + \cdots + p_n x + p_{n+1} + \varepsilon \tag{3.1.14}$$

其中 ε 是随机误差，服从正态分布 $N(0, \sigma^2)$，p_1，p_2，…，p_n，p_{n+1} 为回归系数，则称式（3.1.14）为多项式回归模型。

2. 多项式回归的 MATLAB 实现

在 MATLAB 统计工具箱中，有多个与多项式回归有关的命令，分别介绍如下。

1）多项式曲线拟合命令 polyfit，调用格式为：

```
① p=polyfit(x,y,n)
② [p,S]=polyfit(x,y,n)
③ [p,S,mu]=polyfit(x,y,n)
```

其中，输入 x、y 分别为自变量与因变量的样本观测数据向量，n 为多项式的阶数（取 n=1 时为一元线性回归）。输出 p 是回归系数向量，S 是一个结构体，用于 polyconf、polyval 等命令的调用以估计预测误差，mu 是自变量 x 的均值与标准差数组（$\bar{x}$，σ_x）。

2）多项式回归区间预测命令 polyval，调用格式为：

```
① Y= polyval(p,x0)                        % 点预测
② [Y,Delta]= polyval(p,x0,S,alpha)
```

其中，输入 p、S 是多项式回归命令 [p，S]=polyfit(x，y，n) 的输出，x0 是自变量的取值，1−alpha 为置信水平，alpha 缺省时为 0.05。输出 Y 是多项式回归方程在 x0 点的预测值，Delta 是 Y 预测值的置信区间半径。如果数据满足模型的假设条件，即误差相互独立且方差为常数，则 Y±Delta 至少包含 95%的预测值。

3）多项式回归的 GUI 命令 polytool，典型调用格式为：

```
polytool(x,y,n,alpha)
```

其中，输入 x、y 分别为自变量与因变量的样本观测数据向量，n 是多项式的阶数，置信水平为（1−alpha），alpha 缺省时为 0.05。

该命令可以绘出总体拟合图形以及（1−alpha）上、下置信区间的直线（屏幕上显示为红色）。此外，用鼠标拖动图中纵向虚线，就可以显示出对于不同的自变量数值所对应的预测状况，与此同时图形左端数值框中会随着自变量的变化而得到的预报数值以及（1−alpha）置信区间长度一半的数值。

例 3.1.2 利用 polyfit 命令，写出例 3.1.1 的求解过程。

解：程序如下。

```
clear
x=[23.80,27.60,31.60,32.40,33.70,34.90,43.20,52.80,63.80,73.40];  % 首先输入数据
y=[41.4,51.8,61.70,67.90,68.70,77.50,95.90,137.40,155.0,175.0];
% 然后调用一元回归命令
p = polyfit(x,y,1)      % 注意 polyfit(x,y,n)中取 n=1
```

运行得到：

```
p=    2.7991          -23.5493
```

即回归模型为

$$\hat{y} = 2.7991x - 23.5493$$

比较这两种解法，第二种解法的程序要简洁些。

例 3.1.3 某种合金中的主要成分为 A、B 两种金属，经过试验发现这两种金属成分之和 x 与合金的膨胀系数 y 关系见表 3-3，试建立描述这种关系的数学表达式。

表 3-3 合金的膨胀系数表

x	37	37.5	38	38.5	39	39.5	40	40.5	41	41.5	42	42.5	43
y	3.4	3	3	2.27	2.1	1.83	1.53	1.7	1.8	1.9	2.35	2.54	2.9

解： 编写程序如下。

```
clear
x=37:0.5:43;
y=[3.4,3,3,2.27,2.1,1.83,1.53,1.7,1.8,1.9,2.35,2.54,2.9];
plot(x,y,'*')                    % 首先作出散点图
xlabel('x(两种合金之和)')          % 横坐标名
ylabel('y(合金膨胀系数)')          % 纵坐标名
```

程序运行输出的散点图如图 3-2 所示。

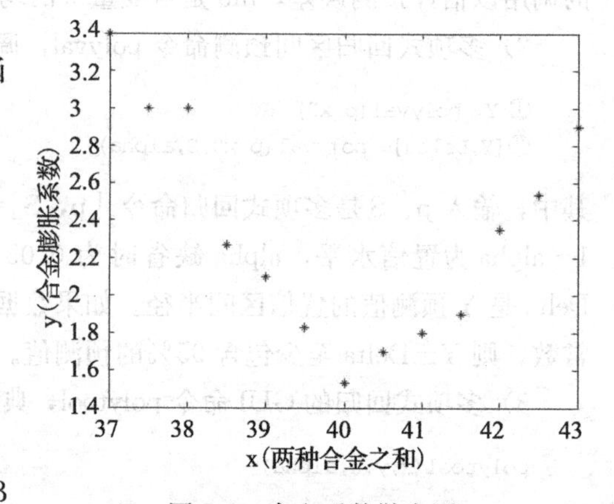

图 3-2 合金系数散点图

由于散点图呈现抛物线形状，故选择二次函数曲线进行拟合。

```
p = polyfit(x,y,2)               % 注意取 n=2
```

运行得到回归系数：

```
p=
 0.1660  - 13.3866  271.6231
```

即二次回归模型为：

$$\hat{y} = 0.166x^2 - 13.3866x + 271.6231$$

以下举例说明上述多项式回归的 MATLAB 命令的应用方法。

例 3.1.4 为了分析 X 射线的杀菌作用，用 200kV 的 X 射线来照射细菌，每次照射 6 分钟，用平板计数法估计尚存活的细菌数，照射次数记为 t，照射后的残留细菌数记为 y，见表 3-4。

表 3-4 X 射线照射次数与残留细菌数

t	1	2	3	4	5	6	7	8	9	10	11	12	13	14	15
y	352	211	197	160	142	106	104	60	56	38	36	32	21	19	15

试求：①给出 y 与 t 的二次函数回归模型；②在同一坐标系内作出原始数据与拟合结果的散点图；③预测 $t=16$ 时残留的细菌数；④根据问题的实际意义，你认为选择多项式函数是否合适？

解： 编写程序如下。

```
% 输入原始数据
clear
```

```
t=1:15;
y=[352,211,197,160,142,106,104,60,56,38,36,32,21,19,15];
p=polyfit(t,y,2);                    % 作二次多项式回归
y1= polyval(p,t);                    % 模型估计与作图
plot(t,y,'-*',t,y1,'- o');
legend('原始数据','二次函数')
xlabel('t(照射次数)'),  ylabel('y(残留细菌数)')
t0=16;
yc1= polyconf(p,t0)                  % 预测 t0=16 时残留的细菌数
```

运行结果为

```
p =
    1.9897   -51.1394   347.8967
yc1 =
   39.0396
```

即二次回归模型为

$$y_1 = 1.9897t^2 - 51.1394t + 347.8967$$

原始数据与拟合结果的散点图如图 3-3 所示，从图形可知拟合效果较好。

即照射 16 次后，用二次函数计算出细菌残留数为 39.0396，显然与实际不相符合。

若在 MATLAB 命令窗口输入：polytool(t, y, 2)，则弹出多项式回归的 GUI（如图 3-4 所示），从而可作交互式分析。

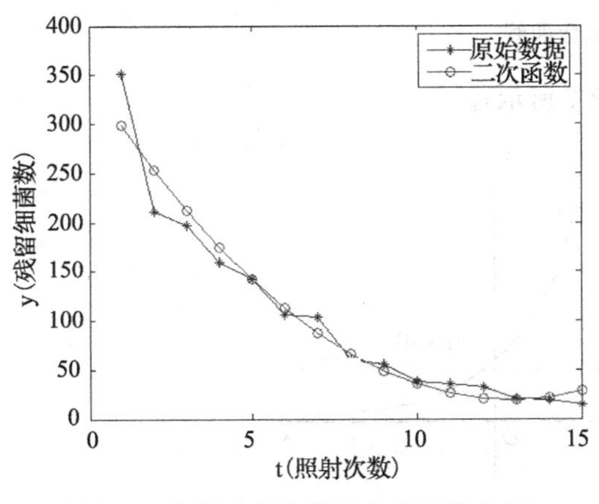

图 3-3　原始数据与拟合结果的散点图

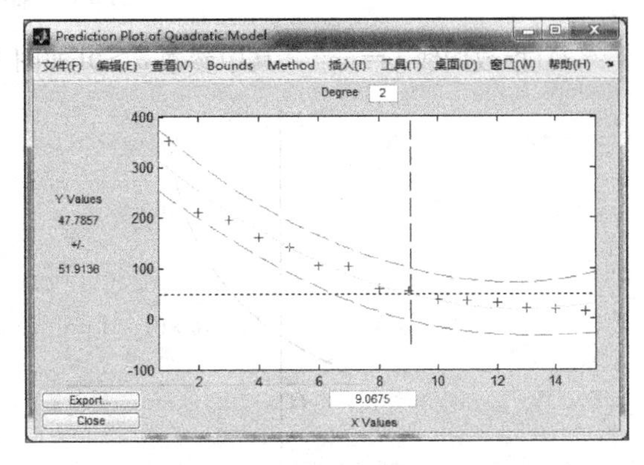

图 3-4　二次函数预测交互图

根据实际问题的意义可知：尽管二次多项式拟合效果较好，但是用于预测并不理想。因此，如何根据原始数据散点图的规律，选择适当的回归曲线是非常重要的，于是有必要研究非线性回归模型。

3.1.3 一元非线性回归模型

1. 非线性曲线选择

为了便于正确地选择合适的函数进行回归分析建模，我们给出通常选择的六类曲线，如下所示。

1）双曲线$\frac{1}{y}=a+\frac{b}{x}$（如图 3-5 所示）。

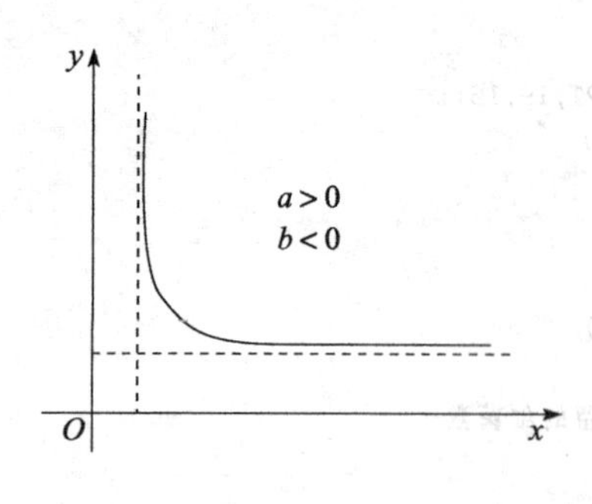

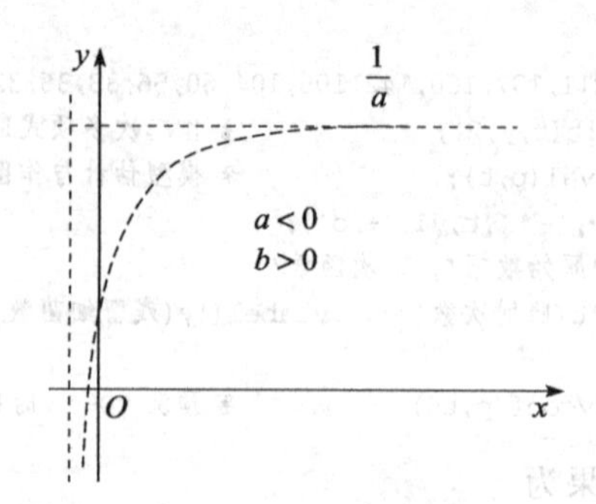

图 3-5　双曲线

2）幂函数曲线 $y=ax^b$，其中 $x>0$，$a>0$(如图 3-6 所示)。

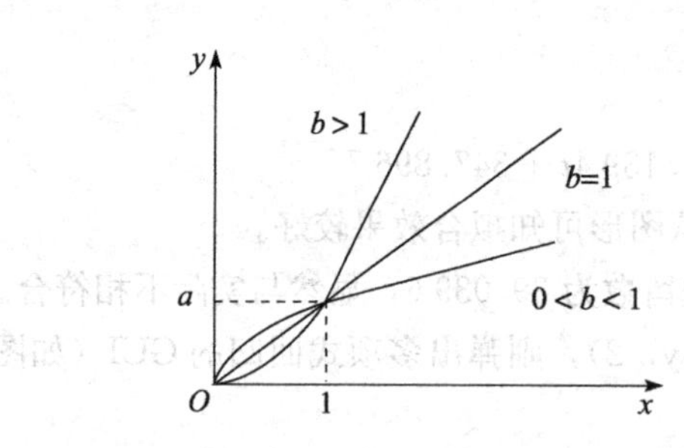

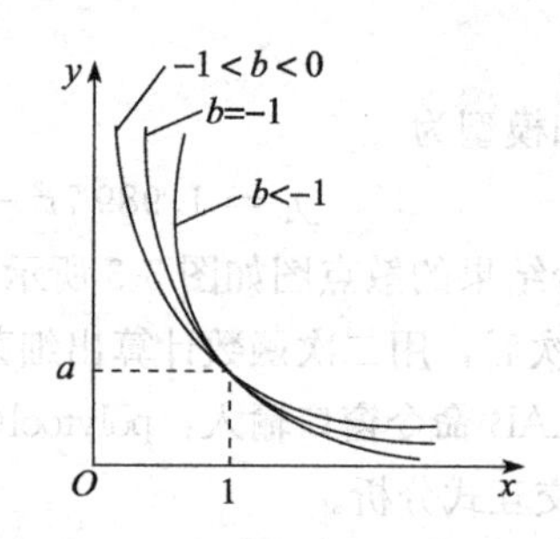

图 3-6　幂函数曲线

3）指数曲线 $y=ae^{bx}$，其中参数 $a>0$(如图 3-7 所示)。

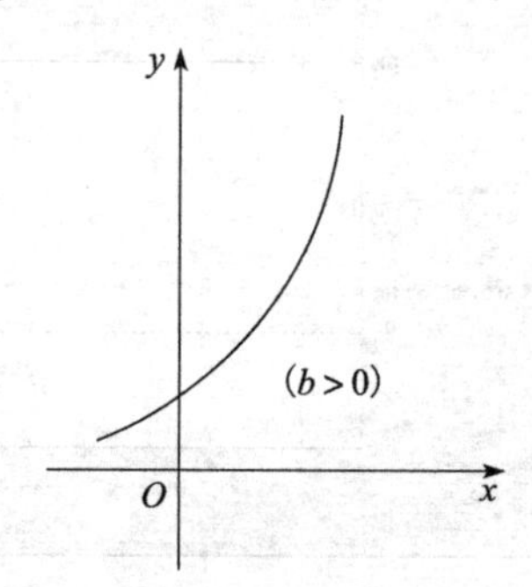

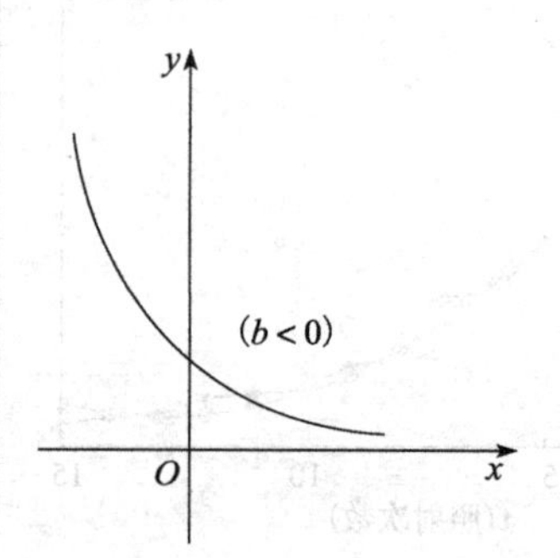

图 3-7　指数曲线

4）倒指数曲线 $y=ae^{b/x}$，其中 $a>0$(如图 3-8 所示)。

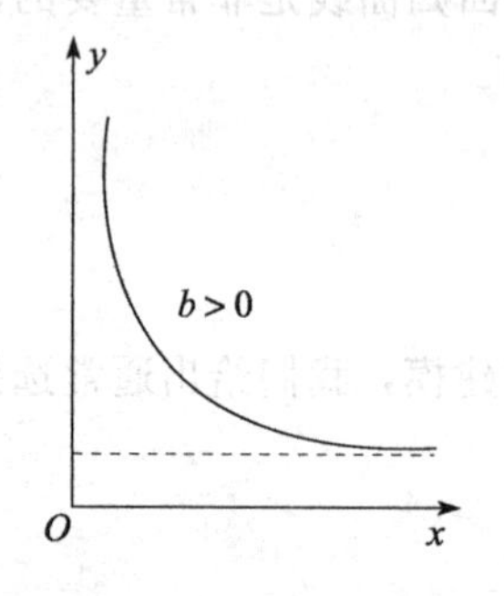

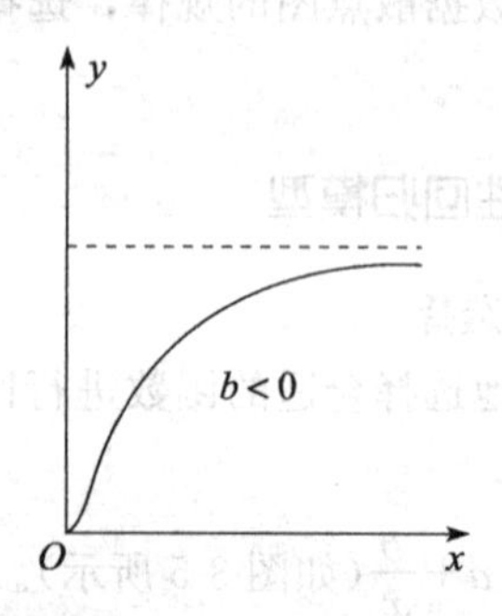

图 3-8　倒指数曲线

5）对数曲线 $y=a+b\ln x$（如图 3-9 所示）。

6）S形曲线 $y=\frac{1}{a+be^{-x}}$（$a>0$，$b>0$）（如图 3-10 所示）。

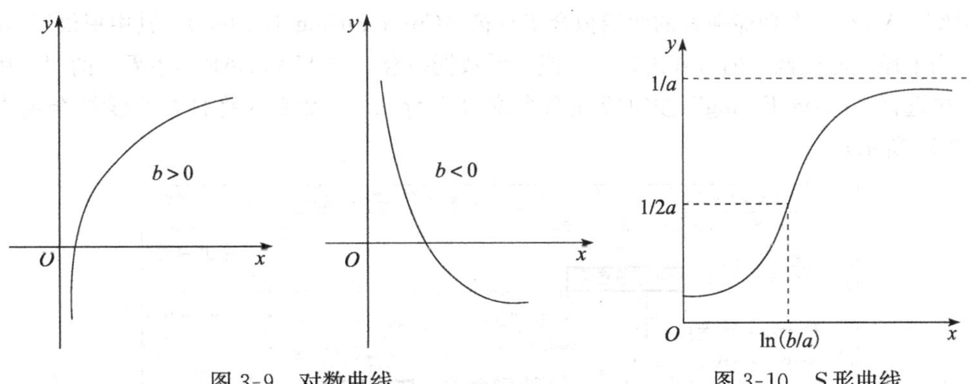

图 3-9 对数曲线　　图 3-10 S形曲线

对于非线性回归建模，通常有两种方法。一是通过适当的变换转化为线性回归模型，如双曲线模型 $\frac{1}{y}=a+\frac{b}{x}$（如图 3-5 所示）。如果作变换 $y'=\frac{1}{y}$，$x'=\frac{1}{x}$，则有 $y'=a+bx'$，此时 x'、y' 就是一元线性回归模型；如果无法实现线性化，可以利用最小二乘法直接建立非线性回归模型，求解最佳参数。

2. 非线性回归的 MATLAB 实现

MATLAB 统计工具箱中实现非线性回归的命令常用的有 *nlinfit*、*nlparci*、*lpredci* 和 *nlintool*。下面逐一介绍调用格式。

1）非线性拟合命令 *nlinfit*，调用格式为：

```
[beta,r,J] = nlinfit(x,y,'model',beta0)
```

其中，输入数据 x、y 分别为 $n\times m$ 矩阵和 n 维列向量，对一元非线性回归，x 为 n 维列向量，model 是事先用 M 文件定义的非线性函数，beta0 是回归系数的初值（需要通过解方程组得到），beta 是估计出的最佳回归系数，r 是残差，J 是 Jacobian 矩阵，它们是估计预测误差需要的数据。通常，可以利用 inline 定义函数 'model'，方法如下：

```
fun=inline('f(x)','参变量','x')
```

2）非线性回归预测命令 nlpredci，调用格式为：

```
ypred = nlpredci(FUN,inputs,beta,r,J)
```

其中，输入参数 beta、r、J 是非线性回归命令 nlinfit 的输出结果，FUN 是拟合函数，inputs 是需要预测的自变量；输出量 ypred 是 inputs 的预测值。

3）非线性回归置信区间命令 nlparci，调用格式为：

```
ci = nlparci(beta,r,J,alpha)
```

其中，输入参数 beta、r、J 就是非线性回归命令 nlinfit 输出的结果，输出 ci 是一个矩阵，每一行分别为每个参数的（1−alpha）的置信区间，alpha 缺省时为 0.05。

4）非线性回归的 GUI 命令 nlintool，典型调用格式为：

```
nlintool(x,y,fun,beta0)
```

其中，输入参数 x、y、fun、beta0 与命令 nlinfit 中的参数含义相同。GUI 与多项式回归命令 polytool 的界面相似，此处不再重述。

3. 曲线拟合工具 cftool

MATLAB 有一个功能强大的曲线拟合工具箱（Curve Fitting Toolbox），其中提供了 cftool 函数，用来通过界面操作的方式进行一元或二元数据拟合。在 MATLAB 的主界面的“应用程序”项中选择“Curve Fitting”按钮或在命令窗口运行 cftool 命令，将打开曲线拟合主界面（如图 3-11 所示）。

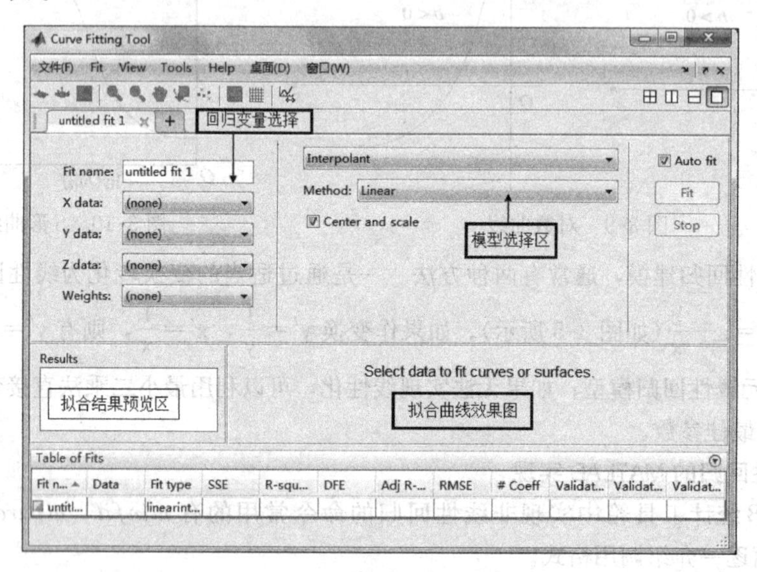

图 3-11 曲线拟合主界面

使用 cftool 工具的步骤：首先输入回归变量的观测数据，保存在 MATLAB 工作区中；其次进入曲线拟合主界面，在回归变量选择项中选择自变量与因变量（即导入变量观测数据）；第三步在模型选择区选择系统提供的各种非线性模型或自定义模型，此时系统将会同时展示拟合结果预览与拟合曲线效果图；第四步根据结果调整模型，直到满足建模要求为止。

以下举例说明上述非线性回归的 MATLAB 命令的应用方法。

例 3.1.5 炼钢厂出钢时所用盛钢水的钢包，由于钢水对耐火材料的侵蚀，容积不断增大，我们希望找出使用次数与增大的容积之间的函数关系。实验数据见表 3-5。

表 3-5 钢包使用次数与增大的容积

使用次数（x）	2	3	4	5	6	7	8	9
增大的容积（y）	6.42	8.2	9.58	9.5	9.7	10	9.93	9.99
使用次数（x）	10	11	12	13	14	15	16	
增大的容积（y）	10.49	10.59	10.6	10.8	10.6	10.9	10.76	

①建立非线性回归模型 $\frac{1}{y}=a+\frac{b}{x}$；②预测钢包使用 $x_0=17$ 次后增大的容积 y_0；③计算回归模型参数置信水平为 95%的置信区间。

解：首先绘制散点图。程序如下。

```
clear
x=[2:16];
```

```
y=[6.42,8.2,9.58,9.5,9.7,10,9.93,9.99,10.49,10.59,10.6,10.8,10.6,10.9,10.76];
plot(x,y,'*')            %% 绘制散点图(如图 3-12 所示)
```

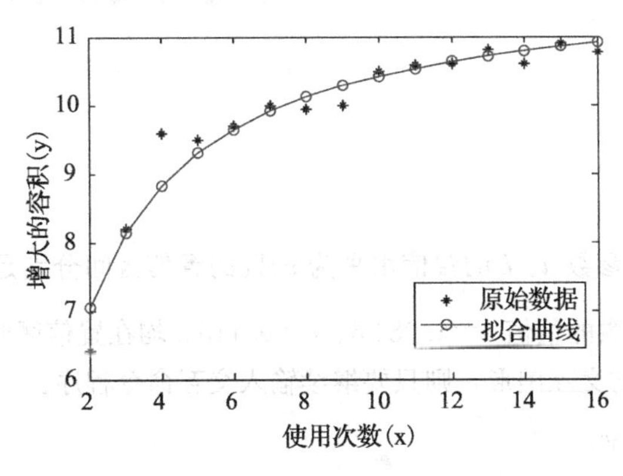

图 3-12 曲线拟合效果图

其次，确定回归系数的初值 *beta*0。选择已知数据中的两点（2，6.42）和（16，10.76）代入设定回归方程，得到方程组

$$\begin{cases} \dfrac{1}{6.42} = a + \dfrac{b}{2} \\ \dfrac{1}{10.76} = a + \dfrac{b}{16} \end{cases}$$

利用 MATLAB 编程求解，程序为：

```
[a,b]= solve('6.42*(2*a+ b)= 2','10.76*(16*a+ b)= 16')
```

解得

$$a = 0.083\,961\,597\,702\,347\,450\,462\,657\,355\,615\,004 \approx 0.084$$

$$b = 0.143\,603\,284\,346\,083\,915\,274\,062\,235\,810\,49 \approx 0.143\,6$$

第三步，建立非线性双曲线回归模型

```
beta0=[0.084,0.1436];                        % 依第二步,初始参数值 beta0(1)=a, beta0(2)=b
fun=inline('x./(b(1)*x+b(2))','b','x');      % 建立内联函数 y=x/(ax+ b)
[b,r,J]=nlinfit(x,y,fun,beta0);              % 建立模型并求解最佳参数
b                                            % 输出最佳参数
hold on
y1=x./(b(1)*x+ b(2));                        % 绘制拟合曲线(如图 3-12 所示)
plot(x,y1,'- or')
legend('原始数据','拟合曲线')
xlabel('使用次数(x)'),ylabel('增大的容积(y)')
```

第四步，预测。在上面的程序中继续输入命令：

```
ypred=nlpredci(fun,17,b,r,J)                 % 预测使用 17 次后的钢包容积
```

输出结果：

```
ypred =
      10.9599
```

即钢包使用 17 次后增大的容积为 10.959 9。

最后，确定回归模型参数的 95％的置信区间。继续输入程序：

```
ci=nlparci(b,r,J)                                    % 依据模型给出参数区间估计
```

运行结果：

```
ci =
    0.0814      0.0876
    0.0934      0.1370
```

即模型$\frac{1}{y}=a+\frac{b}{x}$中参数 a、b 的置信水平为 95％的置信区间分别是：(0.081 4，0.087 6)、(0.093 4，0.137 0)。参数的估值 $a=0.084\,5$、$b=0.115\,2$ 均在置信区间内。

若要显示曲线拟合的交互图形，则只要继续输入交互命令程序：

```
nlintool(x,y,fun,beta0)
```

此时，打开交互图形界面，如图 3-13 所示。图中的圆圈是实验的原始数据点，两条虚线显示了置信水平为 95％的上、下置信区间端点（屏幕上显示为红色），中间的实线（屏幕上显示为绿色）是回归模型曲线，纵向的虚线（屏幕上显示为蓝色）对应的自变量为 9，横向的虚线给出了对应的预测值为 10.280 9。

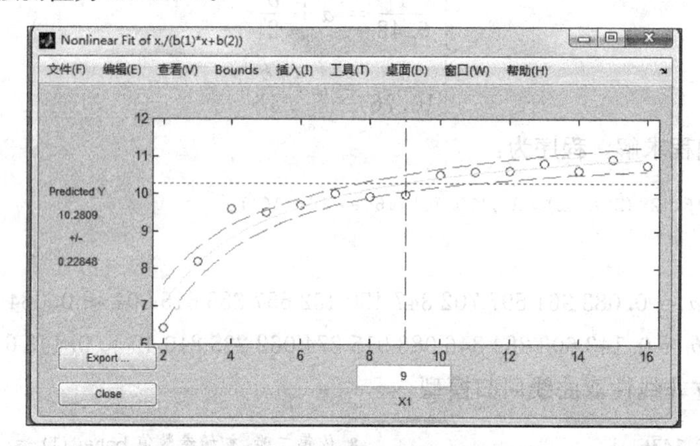

图 3-13 钢包使用次数与增大的容积的非线性拟合交互图

例 3.1.6 对例 3.1.4 进行非线性回归，并预测照射次数 $t=16$ 后细菌残留数目，给出模型参数的置信水平为 95％的置信区间，绘出模型交互图形。

解：我们选取函数 $y=ae^{bt}$ 进行非线性回归，该方程的两个参数具有简单的物理解释，a 表示实验开始时的细菌数目，b 表示细菌死亡（或衰变）的速率。程序如下：

```
clear
t=1:15;
y=[352  211 197 160 142 106 104 60  56  38  36  32  21  19  15];
fun=inline('b(1)*exp(b(2)*t)','b','t')          % 非线性函数
beta0=[148,- 0.2];                               % 参数初始值
[beta,r,J]=nlinfit(t,y,fun,beta0);               % 非线性拟合
beta                                             % 输出最佳参数
y1=nlpredci(fun,t,beta,r,J);                     % 模型数值计算
plot(t,y,'*',t,y1,'-or'),
legend('原始数据','非线性回归')
xlabel('t(照射次数)')
```

```
ylabel('y(残留细菌数)')
ypred = nlpredci(fun,16,beta,r,J)            % 预测残留细菌数
ci = nlparci(beta,r,J)                       % 参数 95% 区间估计
nlintool(t,y,fun,beta0)                      % 作出交互图形
```

运行结果如下：

```
beta =
      400.0904   - 0.2240
ypred =
       11.1014
ci =
     355.2481   444.9326
     - 0.2561   - 0.1919
```

即参数 a、b 的最佳估计值分别为 400.090 4、−0.224 0，故非线性回归方程为

$$\hat{y} = 400.0904\mathrm{e}^{-0.224t}$$

且照射次数 $t=16$ 以后细菌残留数目为 $\hat{y}$ (16) = 11.1014，该预测比较符合实际，显然比例 3.1.4中多项式回归的结果合理。参数 a 的置信水平为 95%的置信区间（ci 的第一行）为 [355.248 1，444.932 6]，参数 b 的置信水平为 95%的置信区间（ci 的第二行）为 [−0.256 1，−0.191 9]。显然，最佳参数的估值 a=400.090 4、b=−0.224 0 均属于各自置信水平为 95% 的置信区间。

原始数据散点图与回归曲线如图 3-14 所示。

从图 3-15 可以看出：圆圈为原始数据，两条虚线（屏幕上显示为红色）是置信区间曲线；两条虚线内的实线（屏幕上显示为绿色）是回归模型曲线；纵向虚线指示照射 8 次，此时对应的水平虚线表示模型得到的残留细菌数为 66.645 1。

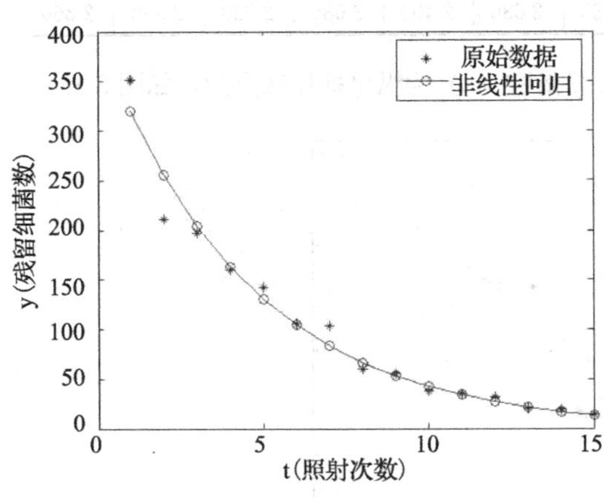

图 3-14 原始数据与非线性回归图形

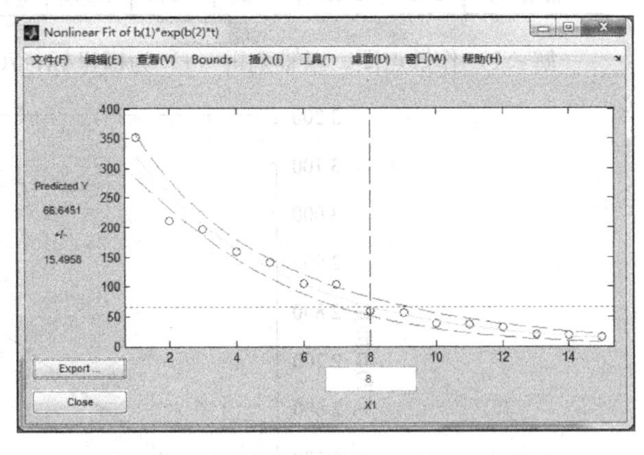

图 3-15 原始数据与非线性回归 GUI 图形

下面给出 MATLAB 中另外一种拟合曲线的方法（参见 3.2.2 节），这种方法是基于 MATLAB 的非线性回归模型类方法，调用 NonLinearModel.fit 命令，程序如下：

```
clear
t=1:15;
y=[352  211 197 160 142 106 104 60  56  38  36  32  21  19  15];
beta0=[148,- 0.2];                              % 参数初始值
fun2=@(b1,t)b1(1)*exp(b1(2)*t);                 % @是定义句柄函数
md1= NonLinearModel.fit(t,y,fun2,beta0)         % 拟合模型求解,其中 beta0=[148,- 0.2]
```

程序运行结果：

```
md1 =
Nonlinear regression model:
    y ~ b11*exp(b12* t)
Estimated Coefficients:
            Estimate      SE         tStat       pValue
            ________    ________    ________    ________

    b11      400.09      20.757      19.275     6.0485e-11
    b12    -0.22404    0.014857     -15.08      1.2933e-09
Number of observations: 15, Error degrees of freedom: 13
Root Mean Squared Error: 17
R-Squared: 0.97,  Adjusted R-Squared 0.968
F-statistic vs. zero model: 490, p-value = 5.79e-13
```

从输出的结果看，拟合的模型为

$$y = 400.0904e^{-0.224t}$$

回归模型的可决系数 $R^2=0.97$，说明模型拟合较好。

3.1.4 一元回归建模实例

例 3.1.7 在四川白鹅的生产性能研究中，得到如下一组关于雏鹅重与 70 日龄重的数据，试建立 70 日龄重（y）与雏鹅重（x）的直线回归方程，并计算模型误差平方和以及可决系数。当雏鹅重分别为 85、95、115 时，预测其 70 日龄重和置信区间。

表 3-6 雏鹅重与 70 日龄重测定结果 （单位：g）

编号	1	2	3	4	5	6	7	8	9	10	11	12
雏鹅重（x）	80	86	98	90	120	102	95	83	113	105	110	100
70 日龄重（y）	2 350	2 400	2 720	2 500	3 150	2 680	2 630	2 400	3 080	2 920	2 960	2 860

解：1）作散点图。以雏鹅重（x）为横坐标，70 日龄重（y）为纵坐标作散点图，如图 3-16。

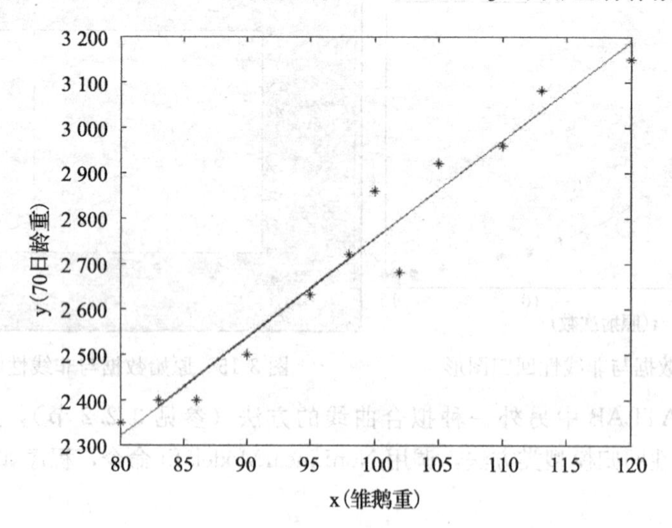

图 3-16 雏鹅重与 70 日龄重的散点图与回归直线

在 MATLAB 命令窗口中输入：

```
clear
x=[80 86 98 90 120 10295 83 113 105 110 100]';        % 雏鹅重
```

```
y=[2350 2400 2720 2500 31502680 2630 2400 3080 2920 2960 2860]'; % 70 日龄重
plot(x,y,'*')                                % 作散点图
xlabel('x(雏鹅重)')                          % 横坐标名
ylabel('y(70 日龄重)')                       % 纵坐标名
```

由图形 3-16 可见，白鹅的 70 日龄重与雏鹅重间存在直线关系，且 70 日龄重随雏鹅重的增大而增大。因此，可认为 y 与 x 适合建立一元线性回归模型。

2）建立直线回归方程。在 MATLAB 中调用命令 polyfit，从而求出参数 β_0、β_1 的最小二乘估计。在 MATLAB 命令窗口中继续输入：

```
n=size(x,1)                                  % 计算样本容量
[p,s]=polyfit(x,y,1);                        % 调用命令 polyfit 计算回归参数
y1=polyval(p,x);                             % 计算回归模型的函数值
hold on
plot(x,y1)                                   % 作回归方程的图形,结果如图 3-16 所示
p                                            % 显示参数的最小二乘估计结果
```

输出：

```
p=
   582.1850    21.7122
```

即参数（β_0，β_1）的最小二乘估计为：

$$\hat{\beta}_0 = 582.185\,0, \quad \hat{\beta}_1 = 21.712\,2$$

所以 70 日龄重 y 与雏鹅重 x 的回归方程为

$$\hat{y} = 582.185\,0 + 21.712\,2x$$

3）误差估计与可决系数。在 MATLAB 命令窗口中继续输入：

```
TSS=sum((y-mean(y)).^2)                      % 计算总离差平方和
RSS=sum((y1-mean(y)).^2)                     % 计算回归平方和
ESS=sum((y-y1).^2)                           % 计算残差平方和
R2=RSS/TSS;                                  % 计算样本可决系数 R²
```

输出：

```
TSS = 8.314917e+005
RSS = 7.943396e+005
ESS = 3.715217e+004
R2=0.9553
```

由于样本可决系数 $R^2=0.955\,3$ 接近于 1，因此模型的拟合效果较好。

4）回归方程关系显著性的 F 检验。在 MATLAB 命令窗口中继续输入：

```
F=(n- 2)*RSS/ESS                             % 计算的 F 统计量
F1=finv(0.95,1,n-2)                          % 查 F 统计量 0.05 的分位数
F2=finv(0.99,1,n-2)                          % 查 F 统计量 0.01 的分位数
```

输出：

```
F=2.138e+002
F1 = 4.9646
F2 =10.0442
```

为了方便，将以上计算结果列成表 3-7 的形式。

表 3-7　四川白鹅 70 日龄重与雏鹅重回归关系方差分析表

	平方和（SS）	自由度（df）	均方和（MS）	F 值	$F_{0.05}$	$F_{0.01}$
回归	794 339.60	1	794 339.60	213.81**	4.96	10.04
残差	37 152.07	10	3 715.21	—	—	—
总离差	831 491.67	11	—	—	—	—

因为 $F=213.81>F_2=F_{0.01}(1，10)=10.04$，表明白鹅 70 日龄重与雏鹅重间存在显著的线性关系。

5）回归关系显著性的 T 检验。在 MATLAB 命令窗口中继续输入：

```
T=p(2)/sqrt(ESS/(n-2))*sqrt(sum((x-mean(x)).^2))        % 计算 T 统计量
T1=tinv(0.975,n-2)                                       % t 统计量 0.05 的分位数
T2=tinv(0.995,n-2)                                       % t 统计量 0.01 的分位数
```

输出：

```
T =
   14.622
T1 =
   2.228
T2 =
   3.169
```

因为 $T=14.62>T2=t_{0.01}(10)=3.169$，否定 H_0，接受 H_1。因此，四川白鹅 70 日龄重（y）与雏鹅重（x）的回归方程系数 $\beta_1=21.7122$ 是显著的，即表明四川白鹅 70 日龄重与雏鹅重间存在显著的线性关系。这样，可用所建立的回归方程进行预测。

6）预测，程序如下。

```
x1=[85,95,115]';                                         % 输入自变量
yc=polyval(p,x1)                                         % 计算预测值
[Y,Delta]=polyconf(p,x1,s);
I1=[Y- Delta,Y+Delta]                                    % 预测置信区间
```

输出：

```
yc =
      2427.72
      2644.84
      3079.08
I1 =
      2279.47       2575.96
      2503.01       2786.67
      2927.55       3230.62
```

所以当雏鹅重分别为 85、95、115 时，白鹅 70 日龄重分别为 2 427.72、2 644.84、3 079.08；且 95%的置信区间分别为［2 279.47 ，2 575.96］、［2 503.01，2 786.67］、［2 927.55，3 230.62］。

在程序中加入：

```
polytool(x,y)                                            % 交互功能
bar(x,y-y1),legend('残差')                               %  残差图
h=lillietest(y-y1)                                       % 残差正态性检验
```

输出：

```
h =
    0
```

得到交互图形如图 3-17 所示，可以看出当雏鹅重为 100 时，模型给出 70 日龄鹅重为 2 753.401 6 (g)。

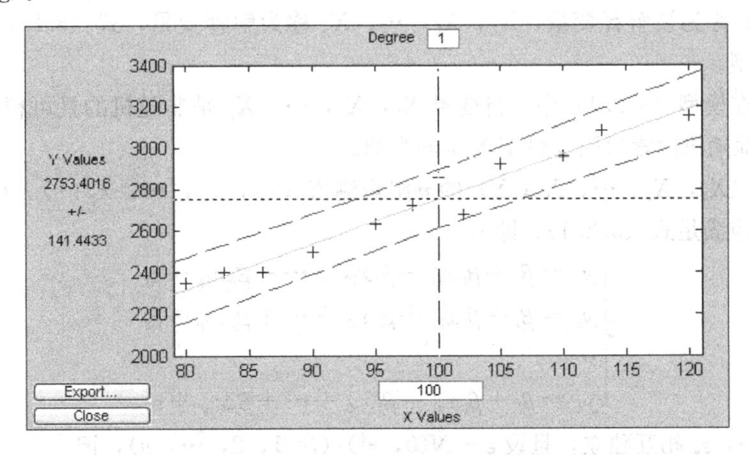

图 3-17 四川白鹅 70 日龄重与雏鹅重线性模型交互图

从图 3-18 可以看出模型残差没有相关性，正态性检验表明无法拒绝正态分布。

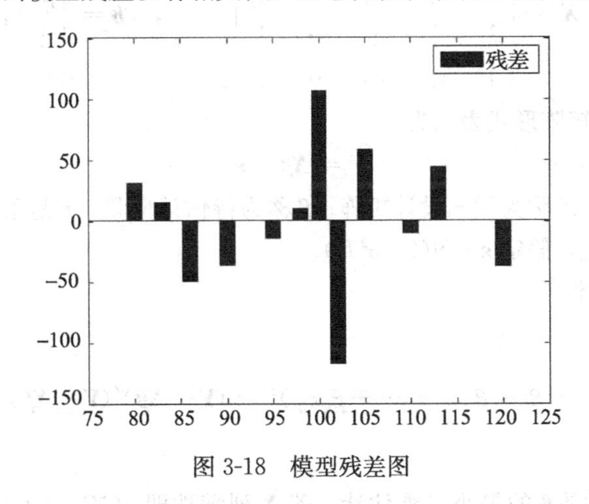

图 3-18 模型残差图

说明：求解例 3.1.7 的全部 MATLAB 命令可以写成一个 M 文件，替换文件中的数据 x、y 就可以适合其他问题的求解。

3.2 多元线性回归模型

3.2.1 多元线性回归模型及其表示

上一节介绍的一元回归模型，只能分析两个变量间的相关关系。在很多实际问题中，与某个变量 Y 有关系的变量不止一个，研究一个变量和多个变量之间的定量关系的问题就称为多元回归问题。以下我们介绍多元线性回归模型的建立与模型的检验方法。

1. 多元线性回归模型

设Y是一个可观测的随机变量，它受到$p(p>0)$个非随机变量因素X_1，X_2，…，X_p和随机误差ε的影响。若Y与X_1，X_2，…，X_p有如下线性关系：

$$Y=\beta_0+\beta_1X_1+\beta_2X_2+\cdots+\beta_pX_p+\varepsilon \tag{3.2.1}$$

其中β_0，β_1，β_2，…，β_p是固定的未知参数，称为回归系数，ε是均值为0、方差为$\sigma^2(\sigma>0)$的随机变量，Y称为被解释变量，X_1，X_2，…，X_p称为解释变量，式（3.2.1）模型称为多元线性回归模型。

由定义，在模型（3.2.1）中，自变量X_1，X_2，…，X_p是非随机的且可精确观测，随机误差ε代表其他随机因素对因变量Y产生的影响。

对于总体（X_1，X_2，…，X_p；Y）的n组观测值（x_{i1}，x_{i2}，…，x_{ip}；y_i）（$i=1$，2，…，n；$n>p$），它应满足式（3.2.1），即

$$\begin{cases} y_1=\beta_0+\beta_1x_{11}+\beta_2x_{12}+\cdots+\beta_px_{1p}+\varepsilon_1 \\ y_2=\beta_0+\beta_1x_{21}+\beta_2x_{22}+\cdots+\beta_px_{2p}+\varepsilon_2 \\ \cdots\cdots \\ y_n=\beta_0+\beta_1x_{n1}+\beta_2x_{n2}+\cdots+\beta_px_{np}+\varepsilon_n \end{cases} \tag{3.2.2}$$

其中ε_1，ε_2，…，ε_n相互独立，且设$\varepsilon_i\sim N(0,\sigma^2)$（$i=1$，2，…，$n$），记

$$\boldsymbol{Y}=\begin{pmatrix} y_1\\ y_2\\ \vdots\\ y_n\end{pmatrix},\quad \boldsymbol{X}=\begin{pmatrix} 1 & x_{11} & x_{12} & \cdots & x_{1p}\\ 1 & x_{21} & x_{22} & \cdots & x_{2p}\\ \vdots & \vdots & \vdots & \cdots & \vdots\\ 1 & x_{n1} & x_{n2} & \cdots & x_{np}\end{pmatrix}_{n\times(p+1)},\quad \boldsymbol{\beta}=\begin{pmatrix} \beta_0\\ \beta_1\\ \vdots\\ \beta_p\end{pmatrix},\quad \boldsymbol{\varepsilon}=\begin{pmatrix} \varepsilon_1\\ \varepsilon_2\\ \vdots\\ \varepsilon_n\end{pmatrix}$$

则模型（3.2.2）可用矩阵形式表示为

$$\boldsymbol{Y}=\boldsymbol{X\beta}+\boldsymbol{\varepsilon} \tag{3.2.3}$$

其中$\boldsymbol{Y}$称为观测向量；$\boldsymbol{X}$称为回归设计矩阵；$\boldsymbol{\beta}$称为待估计向量；$\boldsymbol{\varepsilon}$是不可观测的$\boldsymbol{n}$维随机向量，它的分量相互独立，假定$\boldsymbol{\varepsilon}\sim N(0,\sigma^2I_n)$。

2. 模型参数的估计

考虑残差平方和

$$S(\boldsymbol{\beta})=\sum_{i=1}^{n}(Y_i-\beta_0-\beta_1x_{i1}-\cdots-\beta_px_{ip})^2=(\boldsymbol{Y}-\boldsymbol{X\beta})'(\boldsymbol{Y}-\boldsymbol{X\beta})=\|\boldsymbol{Y}-\boldsymbol{X\beta}\|^2 \tag{3.2.4}$$

满足$\min S(\hat{\boldsymbol{\beta}})$的$\hat{\boldsymbol{\beta}}$是$\boldsymbol{\beta}$的最小二乘估计。若$\boldsymbol{X}$列满秩即$r(\boldsymbol{X})=p+1$，则$\boldsymbol{X}'\boldsymbol{X}$为非奇异阵，其逆矩阵存在，可得

$$\hat{\boldsymbol{\beta}}=(\boldsymbol{X}'\boldsymbol{X})^{-1}\boldsymbol{X}'\boldsymbol{Y} \tag{3.2.5}$$

可以证明$\hat{\boldsymbol{\beta}}$也是$\boldsymbol{\beta}$的唯一最小方差线性无偏估计。

因此，$\boldsymbol{Y}$与$\boldsymbol{X}$间的回归方程为：

$$\hat{\boldsymbol{Y}}=\boldsymbol{X}\hat{\boldsymbol{\beta}}=\boldsymbol{X}(\boldsymbol{X}'\boldsymbol{X})^{-1}\boldsymbol{X}'\boldsymbol{Y} \tag{3.2.6}$$

为求参数σ^2的估计，记

$$\tilde{\boldsymbol{Y}}=\boldsymbol{Y}-\hat{\boldsymbol{Y}}=\boldsymbol{Y}-\boldsymbol{X}\hat{\boldsymbol{\beta}}=\boldsymbol{Y}-\boldsymbol{X}(\boldsymbol{X}'\boldsymbol{X})^{-1}\boldsymbol{X}'\boldsymbol{Y}=[I_n-\boldsymbol{X}(\boldsymbol{X}'\boldsymbol{X})^{-1}\boldsymbol{X}']\boldsymbol{Y} \tag{3.2.7}$$

$\tilde{\boldsymbol{Y}}$称为剩余向量，或残差向量。记残差平方和

$$S_E=\tilde{\boldsymbol{Y}}'\tilde{\boldsymbol{Y}}=\|\boldsymbol{Y}-\boldsymbol{X}\hat{\boldsymbol{\beta}}\|^2=(\boldsymbol{Y}-\boldsymbol{X}\hat{\boldsymbol{\beta}})'(\boldsymbol{Y}-\boldsymbol{X}\hat{\boldsymbol{\beta}})=\boldsymbol{Y}'\boldsymbol{P}_X\boldsymbol{Y} \tag{3.2.8}$$

其中 $\boldsymbol{P}_X = I_n - \boldsymbol{X}(\boldsymbol{X}'\boldsymbol{X})^{-1}\boldsymbol{X}'$，$\boldsymbol{P}_X$称为投影矩阵。这样，可求得参数 σ^2 的无偏估计为：

$$\hat{\sigma}^2 = \frac{S_E}{n-p-1} \tag{3.2.9}$$

3. 回归方程的显著性检验

同一元回归模型，多元回归模型也有如下平方和分解公式：

$$S_T = \sum_{i=1}^{n}(Y_i - \overline{Y})^2 = \sum_{i=1}^{n}(Y_i - \hat{Y}_i)^2 + \sum_{i=1}^{n}(\hat{Y}_i - \overline{Y})^2 = S_E + S_R \tag{3.2.10}$$

回归方程（3.2.6）的显著性检验，即提出假设

$$H_0: \beta_1 = \beta_2 = \cdots = \beta_p = 0$$

如果 H_0被接受，则表明用模型 $Y=X\beta+\varepsilon$ 来描述 Y 与自变量 x_1，…，x_p的关系不恰当。相对于一元回归，多元模型方程的显著性检验用 F 统计量或校正的可决系数 R_a^2。在 H_0成立时，F 统计量

$$F = \frac{S_R/p}{S_E/(n-p-1)} \sim F(p, n-p-1) \tag{3.2.11}$$

对给定显著性水平 α，查得临界值 $F_\alpha(p, n-p-1)$，当 $F > F_\alpha(p, n-p-1)$ 时，拒绝 H_0，即否认了 Y 与 X_1，…，X_p完全不存在任何线性关系。在 MATLAB 软件中，回归命令给出的结果通常是概率 p-value（称为 P 值）。对于上述回归关系的显著性检验问题，其 P 值为：

$$p\text{-value} = P\{F \geqslant F_0 \mid H_0\}$$

其中 F_0 为检验统计量 F 的观测值。有了 P 值后，对给定显著性水平 α，检验准则为：

$$\begin{cases} 若\ p\text{-value} < \alpha, & 拒绝\ H_0 \\ 若\ p\text{-value} \geqslant \alpha, & 不能拒绝\ H_0 \end{cases}$$

回归方程的有效性还可用可决系数来判定。校正的可决系数 R_a^2 的计算公式为：

$$R_a^2 = 1 - \frac{S_E/(n-p-1)}{S_T/(n-1)} = R^2 - \frac{p(1-R^2)}{(n-p-1)} \tag{3.2.12}$$

其中 $R=\sqrt{S_R/S_T}$（为复相关系数）。校正的可决系数 R_a^2 在 0 到 1 之间取值，其值越接近于 1，回归方程拟合越好，方程也越有效。

4. 回归系数的显著性检验

考查某个自变量 $X_j(j=1, 2, \cdots, n)$ 对 Y 的作用显著不显著，可以作假设

$$H_0: \beta_j = 0$$

进行检验。

在 H_0成立时，t 统计量

$$t_j = \frac{\hat{\beta}_j}{\sqrt{C_{jj}S_R/(n-p-1)}} \sim t(n-p-1) \tag{3.2.13}$$

其中 C_{jj}是矩阵$(\boldsymbol{X}'\boldsymbol{X})^{-1}$的对角线上第 j 个元素。对给定显著性水平 α，检验的拒绝域为：

$$\{|t_j| > t_{\alpha/2}(n-p-1)\}$$

或者检验的 P 值为：

$$p\text{-value} = P\{|t_j| \geqslant |t_{j0}| \mid H_0\}$$

其中 t_{j0}为检验统计量 t_j 的观测值，从而若 p-value$\geqslant\alpha$，接受 H_0，反之拒绝 H_0。

5. 预测

如果给定自变量 X_1，X_2，…，X_p 的一组观测值 $\boldsymbol{x}_0=(x_{01}, x_{02}, \cdots, x_{0p})$，由回归方程

(3.2.6)可得 Y 的预测值

$$\hat{y}_0 = \boldsymbol{x}_0 \hat{\boldsymbol{\beta}} = \hat{\beta}_0 + \hat{\beta}_1 x_{01} + \cdots + \hat{\beta}_p x_{0p} \tag{3.2.14}$$

Y 的真值 y_0 的置信水平为 $1-\alpha$ 的置信区间为:

$$\hat{y}_0 \pm t_{\alpha/2}(n-p-1)s(\hat{y}_0) \tag{3.2.15}$$

其中 $s^2(\hat{y}_0) = \frac{S_E}{n-p-1}[1+\boldsymbol{x}_0'(\boldsymbol{X}'\boldsymbol{X})^{-1}\boldsymbol{x}_0]$

以上多元线性回归分析过程,可借助 MATLAB 的回归分析命令完成。

3.2.2 MATLAB 的回归分析命令

在 MATLAB 的统计工具箱中,与多元回归模型有关的命令有多个,下面逐一介绍。

1. 多元回归建模命令

多元回归建模命令为 regeress,其调用格式有以下三种:

```
① b=regress(Y,X)
② [b,bint,r,rint,stats]=regress(Y,X)
③ [b,bint,r,rint,stats]=regress(Y,X,alpha)
```

三种方式的主要区别在输出参数的多少上,第三种方式可称为全参数方式。以第三种为例来说明 regeress 命令的输入与输出参数的含义。

输入参数:输入量 Y 表示模型式(3.2.3)中因变量的观测向量,X 表示式(3.2.3)中回归设计矩阵。输入 alpha 为检验的显著性水平(默认值为 0.05)。

输出参数:输出向量 b 是按式(3.2.5)计算的回归系数估计值 $\hat{\beta}$,bint 为回归系数 β 的(1-alpha)置信区间,向量 r 是按式(3.2.7)计算的残差向量 $\tilde{Y}$,rint 为模型的残差向量 $\tilde{Y}$ 的(1-alpha)的置信区间,输出量 stats 是用于检验回归模型的统计量集合,有 4 个值:第一个是式(3.2.12)计算的复相关系数 R 的平方(即可决系数 R^2);第二个是式(3.2.11)计算的 F 统计量观测值 F_0;第三个是与 F_0 对应的检验 P 值,当 P<alpha 时拒绝 H_0,即认为线性回归模型有意义;第四个是方差 σ^2 的无偏估计 $\hat{\sigma}^2$。

2. 多元回归残差图命令

残差图命令 rcoplot,其调用格式为:

```
rcoplot(r,rint)
```

其中,输入参数 r、rint 是多元回归建模命令 regress 输出的结果,运行该命令后展示了残差与置信区间的图形。该命令有助于对建立的模型进行分析,如果图形中出现红色的点,则可以认作异常点,此时可删除异常点,重新建模,最终得到改进的回归模型。

3. MATLAB 回归模型类

MATLAB 从 R2012a 版本给出了三种回归模型类:线性回归模型类(LinearModel class)、非线性回归模型类(NonLinearModel class)和广义线性回归模型类(GeneralizedModel class),通过调用类的构造函数可以创建类对象,然后调用类对象的各种方法作回归分析,并可从模型中查询类属性值(或变量信息)。MATLAB 回归模型类使得回归分析的实现变得更为方便。

(1)创建线性回归模型类

以下以创建模型名为“wlb”为例,说明回归类模型命令的使用方法。

```
wlb=LinearModel                          % 创建空的线性回归模型"wlb"
wlb=LinearModel.fit(x,y)                 % 创建线性回归模型"wlb"并求解,x,y是观测数据
wlb.plot                                 % 绘制模型"wlb"的效果图
wlb.anova                                % 给出模型"wlb"的方差分析表
[ynew,ynewci]=wlb.predict(xnew)          % 对模型"wlb"作点x0=xnew的预测与区间预测
wlb.plotResiduals                        % 对模型"wlb"作残差图
wlb.plotDiagnostics(method)              % 对模型"wlb"作不同统计量的残差图分析
properties(wlb)                          % 查询模型中的所有统计量属性,如回归平方和TSS、可决系数R等
```

若要输出回归平方和的值，只要在命令窗口中输入：

```
wlb.TSS
```

系统会给出TSS的值。一般地，若要输出模型中的某个统计量的值，只要在命令窗口中输入：

```
wlb.指定属性                              % 指定属性是统计量(名字符串)
```

(2) 创建非线性回归模型类

以创建非线性模型“md1”为例，其方法如下：

```
md1=NonLinearModel.fit(x,y,modelfun,beta0)     % 创建非线性模型"md1"并求解
```

或者

```
md1=fitnlm(x,y,modelfun,beta0)                 % 创建非线性模型"md1"并求解
```

其中x是观测矩阵，y是因变量的观测向量，beta0是回归函数中未知参数的初始值，modelfun是自定义的回归函数，该函数要有两个输入量（模型参数、自变量），可以通过用“@”定义句柄函数。例如：

```
modelfun1=@(b,x) b(1)*exp(b(2)*x)
```

表示建立的非线性函数为$y=ae^{bx}$，其中a、b为参数，在上面分别用b（1）、b（2）代表。

非线性回归模型类的主要方法有：

```
md1.coefCI                     % 系数估计值的置信区间
md1.coefTest                   % 对回归系数进行检验
md1.plotDiagnostics            % 对模型"md1"作不同统计量的残差图分析
md1.feval                      % 回归模型的因变量预测值
md1.predict(xnew)              % 点预测与区间预测
md1.disp                       % 显示模型"md1"结果
```

(3) 创建广义线性回归模型类

```
md2= GeneralizedModel.fit(X,y, 'modelspec')    % 创建广义线性模型"md2"并求解
```

或

```
md2= fitglm(X,y, 'modelspec')
```

其中X是观测矩阵，y是因变量的观测向量，模型设定选项modelspec可以设定为：'constant'（长期不变模型）、'linear'（一次线性模型）、'interactions'（含有交叉项模型）、'purequadratic'（含一次、二次和有交叉项模型）、'polyijk'（自定义变量的次数及其交叉乘积项，如'poly122'表示第一个变量是1次、第二个变量是2次、第三个变量也是2次及其交叉乘积项）。

可通过 methods（md2）查询类方法有：

```
addTerms        devianceTest        plotDiagnostics        predict        step
coefCI          disp                plotResiduals          random
coefTest        feval               plotSlice              removeTerms
```

类方法的调用如非线性模型类一样，这里就不重述了。

下面我们举例说明各种模型的建立。

例 3.2.1　某销售公司将其连续 18 个月的库存占用资金情况、广告投入的费用、员工薪酬以及销售额等方面的数据作了汇总（见表 3-8）。该公司的管理人员试图根据这些数据找到销售额与其他三个变量之间的关系，以便进行销售额预测并为未来的工作决策提供参考依据。①试建立销售额的回归模型；②如果未来某月库存资金额为 150 万元，广告投入预算为 45 万元，员工薪酬总额为 27 万元，试根据建立的回归模型预测该月的销售额。

表 3-8　占用资金、广告投入、员工薪酬、销售额　　（单位：万元）

月份	库存资金额（x_1）	广告投入（x_2）	员工薪酬总额（x_3）	销售额（y）
1	75.2	30.6	21.1	1 090.4
2	77.6	31.3	21.4	1 133
3	80.7	33.9	22.9	1 242.1
4	76	29.6	21.4	1 003.2
5	79.5	32.5	21.5	1 283.2
6	81.8	27.9	21.7	1 012.2
7	98.3	24.8	21.5	1 098.8
8	67.7	23.6	21	826.3
9	74	33.9	22.4	1 003.3
10	151	27.7	24.7	1 554.6
11	90.8	45.5	23.2	1 199
12	102.3	42.6	24.3	1 483.1
13	115.6	40	23.1	1 407.1
14	125	45.8	29.1	1 551.3
15	137.8	51.7	24.6	1 601.2
16	175.6	67.2	27.5	2 311.7
17	155.2	65	26.5	2 126.7
18	174.3	65.4	26.8	2 256.5

解： 为了确定销售额与库存占用资金、广告投入、员工薪酬之间的关系，分别作出 y 与 x_1、x_2、x_3 的散点图，若散点图显示它们之间近似线性关系，则可设定 y 与 x_1、x_2、x_3 的关系为三元线性回归模型

$$y=\beta_0+\beta_1x_1+\beta_2x_2+\beta_3x_3+\varepsilon$$

编写程序如下：

```
% 输入数据并作散点图(见图 3-19)
A=[75.2   30.6   21.1    1090.4
77.6    31.3    21.4    1133
80.7    33.9    22.9    1242.1
76      29.6    21.4    1003.2
79.5    32.5    21.5    1283.2
81.8    27.9    21.7    1012.2
98.3    24.8    21.5    1098.8
```

```
67.7      23.6    21      826.3
74        33.9    22.4    1003.3
151       27.7    24.7    1554.6
90.8      45.5    23.2    1199
102.3     42.6    24.3    1483.1
115.6     40      23.1    1407.1
125       45.8    29.1    1551.3
137.8     51.7    24.6    1601.2
175.6     67.2    27.5    2311.7
155.2     65      26.5    2126.7
174.3     65.4    26.8    2256.5];
[m,n]=size(A);
subplot(3,1,1),plot(A(:,1),A(:,4),'+'),                 % 绘制库存金额的散点图
xlabel('x1(库存资金额)'),ylabel('y(销售额)')
subplot(3,1,2),plot(A(:,2),A(:,4),'*')                  % 绘制广告投入的散点图
xlabel('x2(广告投入)') ,ylabel('y(销售额)')
subplot(3,1,3),plot(A(:,3),A(:,4),'x')                  % 绘制员工薪酬的散点图
xlabel('x3(员工薪酬)'),ylabel('y(销售额)')
```

所得图形如图 3-19 所示，可见销售额 y 与库存资金、广告投入、员工薪酬具有线性关系，因此可以建立三元线性回归模型

$$y=\beta_0+\beta_1x_1+\beta_2x_2+\beta_3x_3+\varepsilon$$

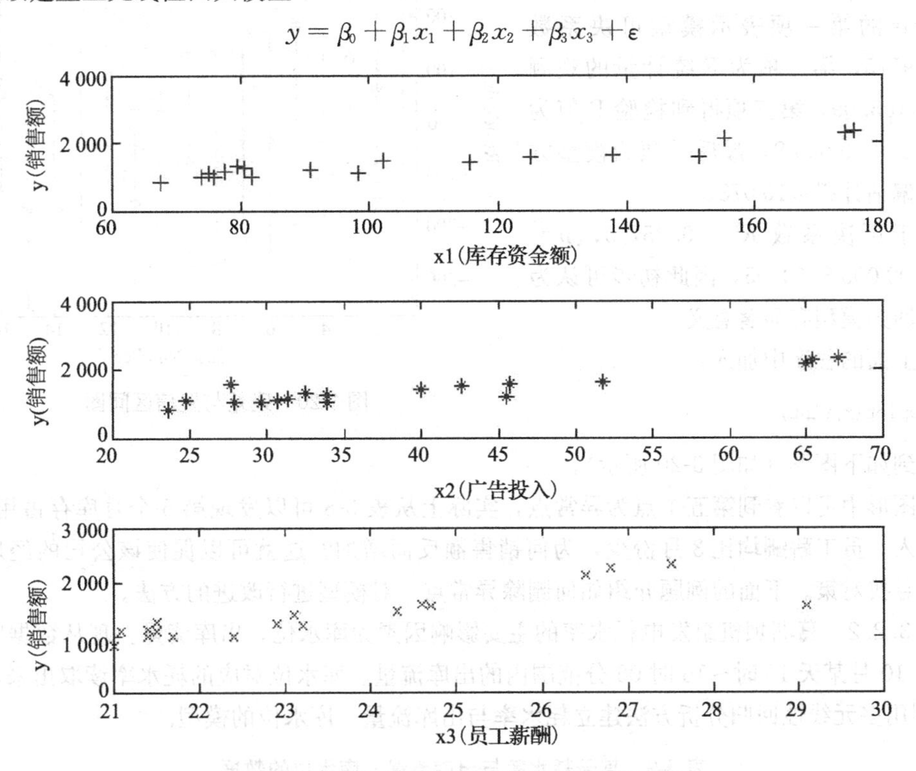

图 3-19　销售额与库存、广告、薪酬散点图

```
% 调用命令 regress 建立三元线性回归模型
x=[ones(m,1), A(:,1), A(:,2), A(:,3)];                  % 构造回归设计矩阵
y=A(:,4)                                                % 因变量向量
[b,bint,r,rint,stats]=regress(y,x);                     % 调用回归分析命令
b,bint,stats,                                           % 输出结果
```

程序运行结果

```
b =
      162.0632
      7.2739
      13.9575
      -4.3996
bint =
      -580.3603  904.4867
      4.3734     10.1743
      7.1649     20.7501
      -46.7796   37.9805
stats =
      0.9574804050   105.0866520891   0.0000000008   10077.9867891125
```

输出结果说明：b 就是模型中的参数 β_0、β_1、β_2、β_3，因此回归模型为

$$\hat{y} = 162.0632 + 7.2739x_1 + 13.9579x_2 - 4.3996x_3$$

bint 的各行分别为参数 β_0、β_1、β_2、β_3 的 95%的置信区间，如 β_0 的 95%的置信区间(−580.360 3　904.486 7)。

stats 的第一项表示模型可决系数 $R^2 \approx 0.9575$，第二项为 F 统计量的观测值 $F_0 \approx 105.09$，第三项得到检验 P 值为 $p = 0.000\,000\,000\,8$，最后一项为模型方差的无偏估计 $\hat{\sigma}^2 \approx 10\,078$。

由于可决系数 $R^2 = 0.957\,5$，$p = 0.000\,000\,000\,8 < 0.05$，因此初步可认为建立的回归模型有显著意义。

在上面的程序中加入：

```
rcoplot(r,rint)
```

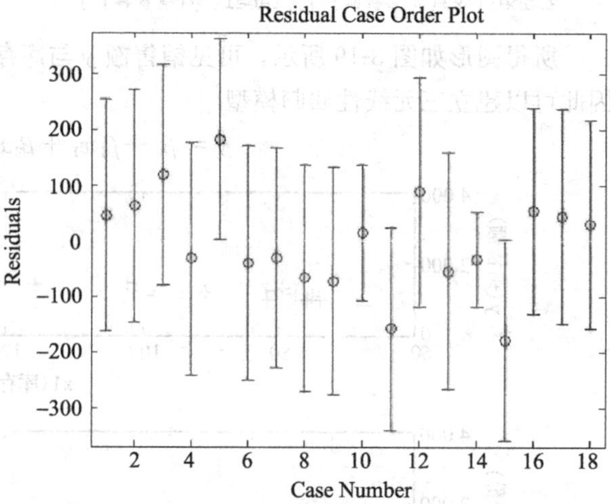

得到如下图形（如图 3-20 所示）。

图 3-20　残差与置信区间图

从图形中可以看到第五个点为异常点，实际上从表 3-8 可以发现第 5 个月库存占用资金、广告投入、员工薪酬均比 3 月份少，为何销售额反而增加？这就可以促使该公司的经理找出原因、寻找对策。下面的例题介绍如何删除异常点、对模型进行改进的方法。

例 3.2.2　葛洲坝机组发电耗水率的主要影响因素为库水位，出库流量。现从数据库中将 2005 年 10 月某天 15 时～16 时 06 分范围内的出库流量、库水位对应的耗水率读取出来，见表 3-9。利用多元线性回归分析方法建立耗水率与出库流量、库水位的模型。

表 3-9　某天耗水率与出库流量、库水位的数据

时间	库水位（m）	出库流量（m³）	机组发电耗水率（m³/10⁴kW）
15：00	65.08	15 607	60.46
15：02	65.10	15 565	60.28
15：04	65.12	15 540	60.10
15：06	65.17	15 507	59.78
15：08	65.21	15 432	59.44

（续）

时间	库水位（m）	出库流量（m^3）	机组发电耗水率（$m^3/10^4kW$）
15：10	65.37	15 619	59.25
15：12	65.38	15 536	58.91
15：14	65.39	15 514	58.76
15：16	65.40	15 519	58.73
15：18	65.43	15 510	58.63
15：20	65.47	15 489	58.48
15：22	65.53	15 437	58.31
16：00	65.62	16 355	57.96
16：02	65.58	14 708	57.06
16：04	65.70	14 393	56.43
16：06	65.84	14 296	55.83

数据来源：余波，多元线性回归分析在机组发电耗水率中的应用，计算机与现代化，2008（2）。

解：编写程序如下。

```
clear
A=[65.08    15607   60.46                % 输入原始数据
65.10    15565   60.28
65.12    15540   60.10
65.17    15507   59.78
65.21    15432   59.44
65.37    15619   59.25
65.38    15536   58.91
65.39    15514   58.76
65.40    15519   58.73
65.43    15510   58.63
65.47    15489   58.48
65.53    15437   58.31
65.62    16355   57.96
65.58    14708   57.06
65.70    14393   56.43
65.84    14296   55.83];
% 作散点图
subplot(1,2,1),plot(A(:,1),A(:,3),'+')
xlabel('x1(库水位)')
ylabel('y(耗水率)')
subplot(1,2,2),plot(A(:,2),A(:,3),'o')
xlabel('x2(出库流量)')
ylabel('y(耗水率)')
```

运行后得到的图形如图3-21所示，从图中可以看到，无论是库水位还是出库流量都与机组发电耗水率具有线性关系，因此，可以建立机组发电耗水率与库水位和出库流量的二元线性回归模型。

```
% 建立模型
[m,n]=size(A);
y=A(:,3);
x=A(:,1:2);
[b,bint,r,rint,stats]=regress(y,[ones(m,1),x]);
b,bint,stats
```

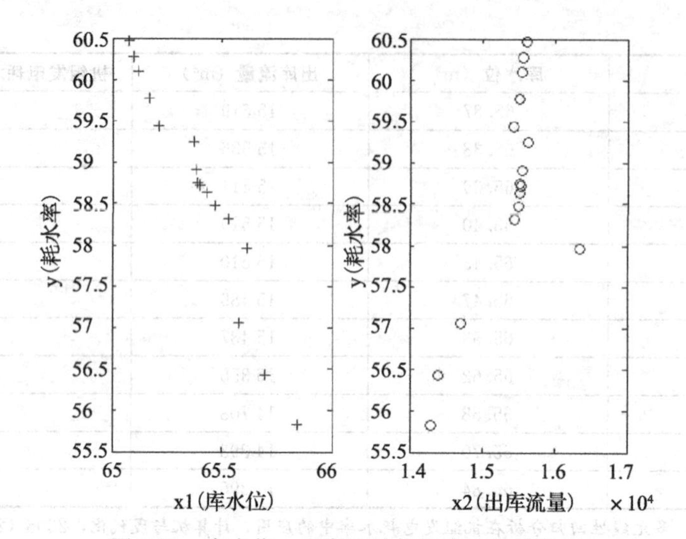

图 3-21 库水位、出库流量与耗水率的散点图

输出回归模型的系数、系数置信区间与统计量见表 3-10。

表 3-10 回归模型的系数、系数置信区间与统计量

回归系数	回归系数估计值	回归系数置信区间
β_0	373.869 8	[340.082, 407.657 7]
β_1	−4.975 9	[−5.464 2, −4.487 5]
β_2	0.000 7	[0.000 4, 0.000 9]
$R^2=0.986\,3$, $F=468.411\,8$, $p<0.000\,1$, $s^2=0.027\,8$		

由此可得模型为：

$$\hat{y}=373.869\,8-4.975\,9x_1+0.000\,7x_2$$

```
% 模型改进
    rcoplot(r,rint);
```

得到图形如图 3-22 所示，发现有一个异常点，下面给出删除异常点后重新建模的程序。

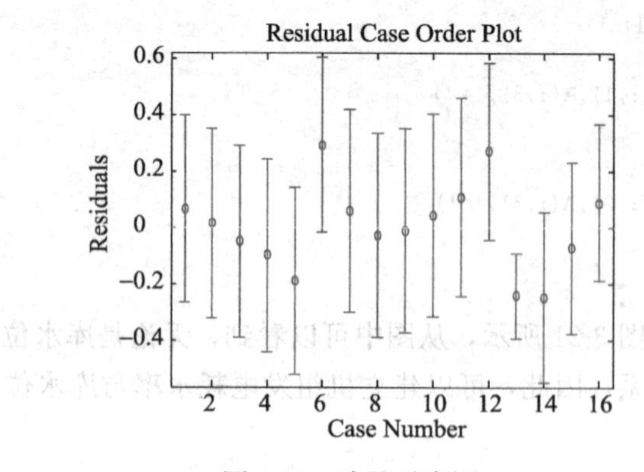

图 3-22 残差示意图

```
% 删除异常点程序并建模
[b1,bint1,r1,rint1,stats1] = regress([y(1:12);y(14:m)],[ones(m-1,1),[x(1:12,:);x
(14:m,:)]])
rcoplot(r1,rint1);
```

删除异常点后，残差示意图如图 3-23 所示，此时没有异常点，改进回归模型的系数、系数置信区间与统计量参见表 3-11。

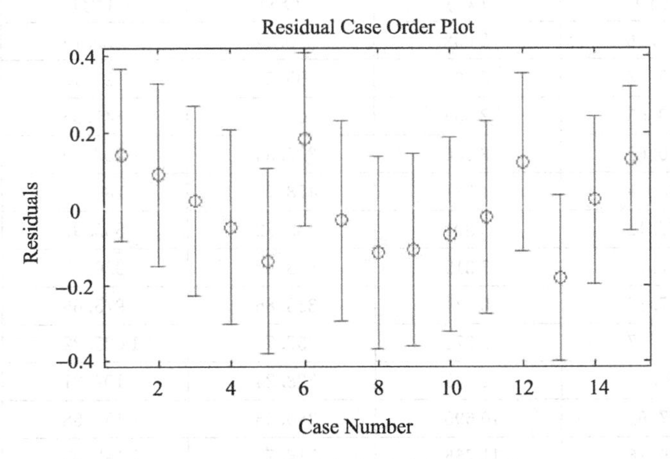

图 3-23 删除异常点后残差示意图

表 3-11 改进回归模型的系数、系数置信区间与统计量

回归系数	回归系数估计值	回归系数置信区间
β_0	328.461 6	[290.614 5，366.308 7]
β_1	−4.359 4	[−4.888 0，−3.830 8]
β_2	0.001 0	[0.000 73，0.001 2]
$R^2=0.9931$，$F=858.5846$，$p<0.0001$，$s^2=0.0150$		

我们将表 3-10 与表 3-11 加以比较，可以发现：可决系数从 0.9863 提高到 0.9931，F 统计量从 468.4118 提高到 858.5846，由此可知改进后的模型显著性提高。

3.2.3 多元线性回归实例

例 3.2.3 现代服务业是社会分工不断深化的产物，随着经济的发展、科学技术的进步，现代服务业的发展受到多种因素和条件的影响。不仅受到经济总体发展水平的影响，还受到第二产业、就业、投入等因素的影响，从这几个主要方面出发，利用江苏省统计年鉴的有关数据（见表 3-12），通过建立多元线性回归模型对 1990～2008 年各种因素对现代服务业的影响进行回归分析。假如构建如下江苏省服务业增长模型：

$$Y=\beta_0+\beta_1x_1+\beta_2x_2+\beta_3x_3+\beta_4x_4 \tag{3.2.16}$$

在式（3.2.16）的模型中，β_0 是常数项，β_1、β_2、β_3、β_4 表示各种影响因素的常量系数，Y 代表江苏省服务业的增加值（单位：亿元），反映了江苏省服务业发展的总体水平。$x_1\sim x_4$ 表示影响江苏省服务业发展的四种主要因素和影响，其中 x_1 代表江苏省人均 GDP（单位：元），说明江苏省总体经济发展水平对服务业的影响；x_2 代表江苏省第二产业的增加值（单位：亿元），主要说明了工业发展对服务业的影响，体现了生产性服务业的需求规模；x_3 表示江苏省服务业的就业人数（单位：万人）；x_4 表示江苏省服务业资本形成总额（单位：亿元），主要体现服务业投资的经济效益。

表 3-12　江苏省关于服务业发展及各影响因素相关数据

年份	服务业增加值（Y）	省人均 GDP（x_1）	第二产业增加值（x_2）	服务业就业人数（x_3）	服务业资本形成总额（x_4）
1989	37.76	2 038	70.24	589.74	252.01
1990	28.13	2 109	35.53	623.19	275.82
1991	93.58	2 353	101.33	640.95	330.71
1992	160.62	3 106	325.34	706.39	439.32
1993	286.58	4 321	478.79	786.37	620.97
1994	277.12	5 801	588.72	855.97	858.91
1995	387.11	7 319	528.49	920.45	1 102.71
1996	367.16	8 471	358.86	975.66	1 293.43
1997	291.77	9 371	337.74	1 025.22	1 370.21
1998	280.01	10 049	228.24	1 102.31	1 624.74
1999	227.61	10 695	280.05	1 151.68	1 773.37
2000	329.16	11 765	515.74	1 192.02	1 903.37
2001	385.44	12 882	471.57	1 263.77	2 131.87
2002	437.02	14 396	697.03	1 341.86	2 189.78
2003	601.39	16 830	1 182.62	1 407.63	2 686.57
2004	704.72	20 223	1 650.88	1 443.37	3 362.19
2005	1 291.11	24 560	1 917.05	1 542.46	3 930.56
2006	1 360.09	2 8814	1 895.8	1 625.06	4 628.59
2007	1 769.28	33 928	2 055.56	1 713.33	5 287.91

数据来源：江苏省统计年鉴。

运用 MATLAB 软件对上述数据进行多元线性回归分析。

解：程序如下。

```
clear
x0=[2038   70.24      589.74      252.01
    2109   35.53      623.19      275.82
...........................................
33928      2055.56     1713.33      5287.91];                    % 输入各影响因素的数据
y=[37.76 ,28.13,93.58,160.62,286.58,277.12,387.11,367.16,291.77,280.01,227.61,329.16,385.44,
437.02,601.39,704.72,1291.11,1360.09,1769.28]';                 % Y 服务业增加值列向量
[n,p]=size(x0);                                                  % 矩阵 X0 的行数即样本容量
x=[ones(n,1),x0];                                                % 构造设计矩阵
[db,dbint,dr,drint,dstats]=regress(y,x);                         % 调用多元回归分析命令
```

1）回归参数的估计

输出：

```
db =345.2493
     0.1672
     0.1962
    -0.7012
    -0.6537
```

即 $\boldsymbol{\beta}$ 的最小二乘估计为：

$$\hat{\boldsymbol{\beta}}=(\hat{\beta}_0,\hat{\beta}_1,\hat{\beta}_2,\hat{\beta}_3,\hat{\beta}_4)^{\mathrm{T}}=(345.249,0.1672,0.1962,-0.7012,-0.6537)^{\mathrm{T}}$$

所以，服务业增加值Y对4个自变量的线性回归方程为：

$$\hat{y} = 345.249 + 0.1672x_1 + 0.1962x_2 - 0.7012x_3 - 0.6537x_4 \quad (3.2.17)$$

输出：

```
dstats =
       1.0e+ 003*
       0.00010   0.1727   0.0000   5.7926
```

其中 *dstats* 的第4项是残差的方差估计值。所以，残差方差 σ^2 的无偏估计值为

$$\hat{\sigma}^2 = 5\,792.6$$

下面对例3.2.3的回归模型进行显著性检验。

接上面的程序，在MATLAB命令窗口中继续输入：

```
TSS=y'*(eye(n)-1/n*ones(n,n))*y;          % 计算 TSS
H=x*inv((x'*x))*x';                        % 计算对称幂等矩阵
ESS=y'*(eye(n)-H)*y;                       % 计算 ESS
RSS=y'*(H-1/n*ones(n,n))*y;                % 计算 RSS
MSR=RSS/p;                                 % 计算 MSR
MSE=ESS/(n-p-1);                           % 计算 MSE
% F 检验
F0=(RSS/p)/(ESS/(n-p-1));                  % 计算 F0
Fa=finv(0.95,p,n-p-1);                     % F 分布时的临界值 F0.95(p,n-p-1)
% t 检验
S=MSE*inv(x'*x);                           % 计算回归参数的协方差矩阵
T0=db./sqrt(diag(S));                      % 每个回归参数的 T 统计量
Ta=tinv(n-p-1,0.975);                      % t 分布的分位数
pp=tpdf(T0,n-p-1);                         % 每个回归参数的 T 统计量对应的概率
% 可决系数检验
R2=RSS/TSS;                                % 计算样本可决系数
```

程序的输出结果列在下表中，见表3-13和表3-14。

表3-13 方差分析表

方差来源	平方和	自由度	均方和	F值	P值
回归	4 000 513	4	1 000 128.161	172.656	0
误差	81 096.389	14	5 792.599		
总计	4 081 609	18			

表3-14 回归系数

变量	β值	标准差	T值	P值
常数项	345.25	150.322	2.297	0.038
省人均GDP	0.167	0.044	3.812	0.002
第二产业增加值	0.196	0.082	2.39	0.031
服务业就业人数	−0.701	0.216	−3.242	0.006
服务业资本形成总额	−0.654	0.295	−2.215	0.044

该方程的拟合优度判定系数即可决系数

$$R^2 = \frac{SSR}{SST} = 0.98$$

调整后的拟合优度判定系数即校正的可决系数

$$R_a^2 = 1-(1-R^2)\times\frac{n-1}{n-p-1} = 0.976$$

说明该多元线性回归方程的拟合程度比较理想。

F 检验：H_0：$\beta_1=\beta_2=\beta_3=\beta_4=0$；$H_1$：$\beta_i$（$i=1$，2，3，4）不全为 0。

从方差分析表可知统计量

$$F0 = 172.656$$

给定一个显著性水平 $\alpha=0.05$，查 F 分布表，得到一个临界值 $F_\alpha=3.1122$，因为 $F0>F_\alpha$，或者由 $F0$ 的 P 值为 0 小于 0.05，所以拒绝 H_0，接受备择假设，说明总体回归系数 β_i 不全为零，即表明模型的线性关系在 95%的置信水平下显著成立。

T 检验： H_0：$\beta_1=0$；H_1：$\beta_1\neq 0$

统计量

$$T0(1) = 2.297$$

给定一个显著性水平 $\alpha=0.05$，查 T 分布表，得到一个临界值 $T_\alpha=2.1448$，因为 $T0(1)>T_\alpha$ 或者由 $T0$ 的 P 值为 0.038 小于 0.05，所以拒绝 H_0，接受备择假设，即回归系数 $\beta_1\neq 0$。其他回归系数 β_i(i=2，3，4)，用上述同样的方法可以得出各回归系数是显著不为 0 的。

3.3 逐步回归

3.3.1 最优回归方程的选择

在建立经济预测问题的数学模型时，常常从可能影响预测量 **Y** 的许多因素中挑选一批因素作为自变量，应用回归分析的方法建立回归方程作预报或控制用。问题是如何在为数众多的因素中挑选变量，以建立我们称为是这批观测数据“最优”的回归方程。

什么是“最优”的回归方程呢？

通过前面的学习，我们知道，回归方程中所包含的自变量越多，那么回归平方和 *RSS* 就越大，剩余平方和 *ESS* 就越小，一般来讲剩余均方和 MSE 也随之较小，因而预报就较精确。所以“最优”的回归方程中就希望包括尽可能多的变量，特别是对 **Y** 有显著影响的变量不能遗漏。但是事情总是一分为二的，方程所含的变量太多，也有不利的一面：首先，在预报时必须测定许多变量，且计算也不方便；第二，如果方程中含有对 **Y** 不起作用或作用极小的变量，那么 *ESS* 不会由于这些变量的增加而减少多少，相反由于 *ESS* 自由度的减少，而使 *MSE* 增大；第三，由于存在着对 **Y** 不显著的变量，以致影响了回归方程的稳定性，反而使预报效果下降，因而在“最优”的回归方程中又希望不包含对 **Y** 影响不显著的变量。

综上所述，所谓“最优”回归方程，就是包含所有对 **Y** 影响显著的变量而不包含对 **Y** 影响不显著的变量的回归方程。

选择“最优”回归方程有以下几种方法。

方法 1：从所有可能的变量组合的回归方程中挑选最优者，即把所有包含 1 个、2 个……直至所有变量的线性回归方程全部计算出来，对每个方程及自变量作显著性检验，然后从中挑选一个方程，要求该方程中所有的变量全部显著，且剩余均方和 *MSE* 较小。

这种方法当然可以找到一个“最优”方程，然而计算工作量太大。例如有 10 个因子的话，就要建立 $2^{10}-1=1023$ 个方程，因而这种方法只在变量较少时用一用。

方法 2：从包含全部变量的回归方程中逐次剔除不显著因子。首先建立包含全部变量的回归方程，然后对每一个因子作显著性检验，剔除不显著因子中偏回归平方和最小的一个因子，重新建立包含全部变量（剔除的除外）的回归方程。然后重复上面的过程，对新建立回归方程的每一个因子作显著性检验，剔除不显著因子中偏回归平方和最小的因子，再重新建立回归方程。如此，当新建立回归方程中所有因子都显著时，回归方程就是"最优"的了。

这种方法在因子特别是不显著因子不多时可以采用，但计算的工作量仍然可能较大。

方法3：从一个变量开始，把变量逐个引入回归方程。这一方法首先计算各因子与$\boldsymbol{Y}$的相关系数，将绝对值最大的一个因子引入方程，并对回归平方和进行检验，若显著则引入。然后找出余下的因子中与$\boldsymbol{Y}$的偏相关系数最大的那个因子，将其引入方程，检验显著性，等等，当引入的因子建立的方程检验不显著时，该因子就不再引入。

这种方法尽管工作量较小，但并不保证最后所得到的方程是"最优"的，还得进一步做检验，剔除不显著因子。同时这种方法每一步要计算偏相关系数，也较麻烦。

结合方法2与3，产生了一种建立"最优"回归方程的方法——逐步回归分析。

逐步回归的基本思想是，将变量一个一个引入，引入变量的条件是偏回归平方和经检验是显著的，同时每引入一个新变量后，对已选入的变量要进行逐个检验，将不显著变量剔除。

逐步回归的基本思想是有进有出。具体做法是将变量一个一个引入，每次引入一个自变量后，对已选入的变量要进行逐个检验，当原引入的变量由于后面变量的引入而变得不再显著时，要将其剔除。引入一个变量或从回归方程中剔除一个变量，为逐步回归的一步，每一步都要进行F检验，以确保每次引入新的变量之前回归方程中只包含显著的变量。这个过程反复进行，直到既无显著的自变量选入回归方程，也无不显著自变量从回归方程中剔除为止。这样保证最后所得的变量子集中的所有变量都是显著的，经若干步以后便得"最优"变量子集。

3.3.2 引入变量和剔除变量的依据

如果在某一步时，已有l个变量被引入到回归方程中，不妨设为X_1，X_2，…，X_l，即已得回归方程

$$\hat{Y}=\hat{\beta}_0+\hat{\beta}_1X_1+\hat{\beta}_2X_2+\cdots+\hat{\beta}_lX_l \tag{3.3.1}$$

并且有平方和分解式

$$TSS=RSS+ESS \tag{3.3.2}$$

显然，回归平方和RSS及残差平方和ESS均与引入的变量相关。为了使其意义更清楚起见，将其分别设为$RSS(X_1，X_2，\cdots，X_l)$及$ESS(X_1，X_2，\cdots，X_l)$。下面我们来考虑，又有一个变量$X_i(l<i\leqslant k)$被引入回归方程中，这时对于新的回归方程所对应的平方和分解式为

$$TSS=RSS(X_1,X_2,\cdots,X_l,X_i)+ESS(X_1,X_2,\cdots,X_l,X_i) \tag{3.3.3}$$

当变量X_i引入后，回归平方和从$RSS(X_1，X_2，\cdots，X_l)$增加到$RSS(X_1，X_2，\cdots，X_l，X_i)$，而相应的残差平方和却从$ESS(X_1，X_2，\cdots，X_l)$降到$ESS(X_1，X_2，\cdots，X_l，X_i)$，并有

$$\begin{aligned}&RSS(X_1,X_2,\cdots,X_l,X_i)-RSS(X_1,X_2,\cdots,X_l)\\&=ESS(X_1,X_2,\cdots,X_l)-ESS(X_1,X_2,\cdots,X_l,X_i)\end{aligned} \tag{3.3.4}$$

记$W_i=RSS(X_1，X_2，\cdots，X_l，X_i)-RSS(X_1，X_2，\cdots，X_l)$，它反映了由于引入$X_i$后，$X_i$对回归平方和的贡献，也等价于引入$X_i$后残差平方和所减少的量，称其为$X_i$对因变量$Y$的方差贡献，故考虑检验统计量

$$F_i = \frac{W_i(X_1, X_2, \cdots, X_l)}{ESS(X_1, X_2 \cdots, X_l, X_i)/(N-l-1)} \tag{3.3.5}$$

其中 N 为样本量，l 是已引入回归方程的变量个数。

在 $\beta_i=0$ 假设下，F_i 服从自由度为（1，$N-l-1$）的 F 分布，给定显著水平 α_{in}，这时若有 $F_i \geqslant F_{\alpha_{\text{in}}}$，则可以考虑将自变量 X_i 引入回归方程，否则不能引入。

实际上大于 $F_{\alpha_{in}}$ 的变量开始时可能同时有几个，那么是否将它们都全部引入呢？实际编程序时并不是一起全部引入，而是选其最大的一个引入回归方程。

关于剔除变量，如果已有 l 个变量被引入回归方程，不失一般性，设其为 X_1，X_2，…，X_l，所对应的平方和分解公式为：

$$TSS = RSS(X_1, X_2, \cdots, X_i, \cdots, X_l) + ESS(X_1, X_2, \cdots, X_i, \cdots, X_l) \tag{3.3.6}$$

其中 $i=1$，2，…，l，为了研究每个变量在回归方程中的作用，我们来考虑分别删掉 X_i（$i=1$，2，…，l）后相应的平方和分解公式为：

$$TSS = RSS(X_1, X_2, \cdots, X_{i-1}, X_{i+1}, \cdots, X_l) + ESS(X_1, X_2, \cdots, X_{i-1}, X_{i+1}, \cdots, X_l) \tag{3.3.7}$$

这时，回归平方和从 $RSS(X_1, X_2, \cdots, X_i, \cdots, X_l)$ 降为 $RSS(X_1, X_2, \cdots, X_{i-1}, X_{i+1}, \cdots, X_l)$，同时残差也发生相应的变化。残差平方和从 $ESS(X_1, X_2, \cdots, X_i, \cdots, X_l)$ 增加到 $ESS(X_1, X_2, \cdots, X_{i-1}, X_{i+1}, \cdots, X_l)$，$X_i$ 对回归平方和的贡献也等价于删除 X_i 后残差平方和所增加的量，同理可表示为：

$$\begin{aligned} W_i &= RSS(X_1, X_2, \cdots, X_i, \cdots, X_l) - RSS(X_1, X_2, \cdots, X_{i-1}, X_{i+1}, \cdots, X_l) \\ &= ESS(X_1, X_2, \cdots, X_{i-1}, X_{i+1}, \cdots, X_l) - ESS(X_1, X_2, \cdots, X_i, \cdots, X_l) \end{aligned} \tag{3.3.8}$$

与前同理，我们来构造检验统计量

$$F_i = \frac{W_i(X_1, X_2, \cdots, X_i, \cdots, X_l)}{ESS(X_1, X_2, \cdots, X_i, \cdots, X_l)/(N-l-1)} \tag{3.3.9}$$

显然，这时 F_i 越小，则说明 X_i 在回归方程中起的作用（对回归方程的贡献）越小。在 $\beta_i=0$ 假设下，F_i 服从自由度为（1，$N-l-1$）的 F 分布，给定显著水平 α_{out}，若有 $F_i \leqslant F_{\alpha_{\text{out}}}$，则可以考虑将自变量 X_i 从回归方程中剔除掉。我们在编程序时，每次只剔除一个，因此，我们每次选择最小的 $F_i=\min(F_1, F_2, \cdots, F_l)$ 来与 $F_{\alpha_{\text{out}}}$ 进行比较。若有 $F_i > F_{\alpha_{\text{out}}}$ 则可以不考虑剔除，而开始考虑引入。需要指出的是：一般设定显著水平 $\alpha_{\text{in}} \leqslant \alpha_{\text{out}}$，否则剔除的变量有可能再次引入模型中，形成无限循环。

3.3.3 逐步回归的 MATLAB 实现

逐步回归的计算实施过程可以利用 MATLAB 软件在计算机上自动完成，我们要求读者一定要通过前面的叙述掌握逐步回归方法的思想，这样才能用对、用好逐步回归法。

在统计工具箱中用作逐步回归的是命令 stepwise，它提供了一个交互式画面，通过这个工具你可以自由地选择变量，进行统计分析，其通常用法为

```
stepwise(X,Y,in,penter,premove)
```

其中 X 是自变量数据，Y 是因变量数据，分别为 $n \times p$ 和 $n \times 1$ 矩阵，in 是矩阵 X 的列数的指标，给出初始模型中包括的子集，缺省时设定为全部自变量不在模型中，penter 为变量进入时显著性水平，缺省时 penter＝0.05，premove 为变量剔除时显著性水平，缺省时 premove＝0.10。

在应用 stepwise 命令进行运算时，程序不断提醒将某个变量加入（Move in）回归方程，

或者提醒将某个变量从回归方程中剔除（Move out）。

注意：应用 stepwise 命令做逐步回归，数据矩阵 X 的第一列不需要人工加一个全 1 向量，程序会自动求出回归方程的常数项（intercept）。

下面通过一个例子说明 stepwise 的用法。

例 3.3.1（Hald，1960） Hald 数据是关于水泥生产的数据。某种水泥在凝固时放出的热量 Y(单位：卡/克）与水泥中 4 种化学成分 x_1、x_2、x_3、x_4 所占的百分比有关，其中 x_1 表示 $3CaO \cdot Al_2O_3$、x_2 表示 $3CaO \cdot SiO_2$、x_3 表示 $4CaO \cdot Al_2O_3 \cdot Fe_2O_3$、$x_4$ 表示 $2CaO \cdot SiO_4$。在生产中测得 13 组数据，见表 3-15，试建立 y 关于这些化学成分因子的“最优”回归方程。

表 3-15 水泥生产的 Hald 数据

序号	1	2	3	4	5	6	7	8	9	10	11	12	13
x_1	7	1	11	11	7	11	3	1	2	21	1	11	10
x_2	26	29	56	31	52	55	71	31	54	47	40	66	68
x_3	6	15	8	8	6	9	17	22	18	4	23	9	8
x_4	60	52	20	47	33	22	6	44	22	26	34	12	12
y	78.5	74.3	104.3	87.6	95.9	109.2	102.7	72.5	93.1	115.9	83.8	113.3	109.4

解：在命令窗口中写如下程序：

```
X= [7,26,6,60;1,29,15,52;11,56,8,20;11,31,8,47;7,52,6,33;11,55,9,22;3,71,17,6;1,31,22,44;
2,54,18,22;21,47,4,26;1,40,23,34;11,66,9,12;10,68,8,12];                    % 自变量数据
Y= [78.5,74.3,104.3,87.6,95.9,109.2,102.7,72.5,93.1,115.9,83.8,113.3,109.4]';% 因变量数据
stepwise(X,Y,[1,2,3,4],0.05,0.10)          % in= [1,2,3,4]表示 x1、x2、x3、x4 均保留在模型中
```

程序执行后得到下列逐步回归的窗口（如图 3-24 所示）。

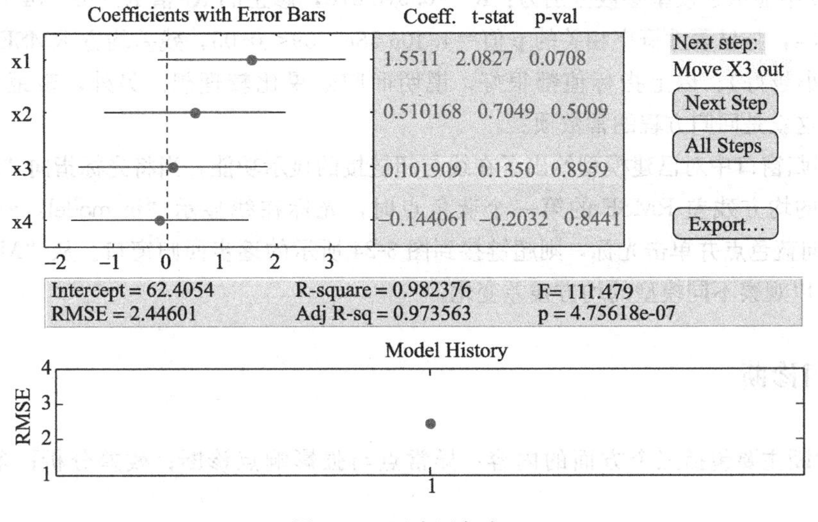

图 3-24 逐步回归窗口

在图 3-24 中，用蓝色行显示变量 x1、x2、x3、x4 均保留在模型中，窗口的右侧按钮上方提示：将变量 x3 剔除回归方程（Move x3 out），单击“Next Step”按钮，进行下一步运算，将第 3 列数据对应的变量 x3 剔除回归方程。单击“Next Step”按键后，剔除的变量 x3 所对应的行用红色表示，同时又得到提示：将变量 x4 剔除回归方程（Move x4 out），单击“Next Step”按钮，将第 4 列数据对应的变量 x4 剔除回归方程。单击“Next Step”按键后，x4 所对

应的行用红色表示，同时提示："Move No terms"，即没有需要加入（也没有需要剔除）的变量了（如图 3-25 所示）。在 MATLAB 软件包中，可以直接点击"All Steps"按钮，直接求出结果（省略中间过程）。

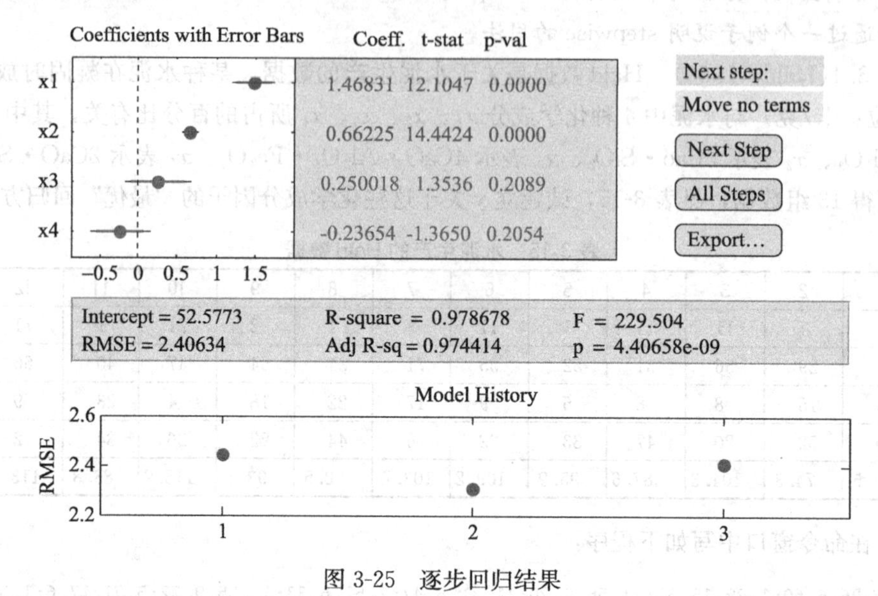

图 3-25 逐步回归结果

由图 3-25 可知，最后得到回归方程（蓝色行是被保留的有效行，红色行表示被剔除的变量）

$$y = 52.5773 + 1.46831x_1 + 0.66225x_2$$

回归方程中录用了原始变量 x_1 和 x_2。

图 3-25 中显示了模型参数分别为：$R^2=0.978678$，修正的 R^2 值 $R_a^2=0.974414$，F 检验值为 229.504，与显著性概率相关的 p 值 $=4.40658e-09<0.05$，残差均方 RMSE=2.406 34（这个值越小越好）。以上指标值都很好，说明回归效果比较理想。另外，截距 intercept=52.577 3，这就是回归方程的常数项。

逐步回归窗口中对已建模型给出了在线与超链接的显示功能，当将光标指向"Model History"框中的均方残差 RMSE 的第一个蓝色点时，光标在线显示"in model：x1、x2、x3、x4"，若指向蓝色点并单击光标，则超链接到图 3-24 所示的逐步回归窗口。从"Model History"框中可以观察不同模型的均方残差变化。

3.4 回归诊断

回归诊断主要包括三个方面的内容：异常点与强影响点诊断；残差分析；多重共线性诊断。

3.4.1 异常点与强影响点诊断

异常点是指对既定模型偏离很大的数据点，或者说是远离数据集合中心的观测点，但究竟偏离达到何种程度才算是异常，这就必须对模型误差项的分布有一定的假设（通常假定为正态分布）。强影响点是指数据集中的那些对统计量的取值或参数的估值结果有非常大的影响力的观测点，通过剔除异常点和某些强影响点，可对模型做出改进。一个模型中的异常点与强影响点可以是相同的点，也可以是不同的点。

1. **查找异常点与强影响点的统计量**

设有回归模型（3.2.2），即

$$\begin{cases} y_i = \beta_0 + \beta_1 x_{i1} + \cdots + \beta_p x_{ip} + \varepsilon_i \\ \varepsilon_i \sim N(0,\sigma^2) \quad 独立同分布 \quad (i = 1,2,\cdots,n) \end{cases}$$

记 $IF_i=\hat{\beta}(i)-\hat{\beta}$，其中$\hat{\beta}$为模型的最小二乘估计，$\hat{\beta}(i)$ 为剔除第 i 组数据后剩下的（$n-1$）组数据的最小二乘估计。显然 IF_i 是反映第 i 组数据（x_{i1}，x_{i2}，…，x_{ip}，y_i）对回归估计影响大小的统计量，称为影响函数。又记矩阵 $\boldsymbol{H}=\boldsymbol{X}(\boldsymbol{X}'\boldsymbol{X})^{-1}\boldsymbol{X}'$ 的对角线的第 i 个元素为 h_{ii}，称为杠杆值。基于影响函数与矩阵 $\boldsymbol{H}$，可构造查找异常点与强影响点的统计量，见表 3-16。

表 3-16 查找异常点与强影响点的统计量

统计量	定义	判异规则	作用
Pearson 残差	$Ze_i=e_i/\sqrt{MSE}$	$\lvert Ze_i \rvert>2$	查找异常值
学生化残差	$Se_i=e_i/\sqrt{MSE(1-h_{ii})}$	$\lvert Se_i \rvert>2$	
杠杆值	h_{ii}	$h_{ii}>2(p+1)/n$	查找强影响点
Cook 距离	$D_i=\dfrac{e_i^2}{(p+1)\ MSE}\cdot\dfrac{h_{ii}}{(1-h_{ii})^2}$	$D_i>3\overline{D}$	
CovRatio 统计量	$C_i=\dfrac{MSE_{(i)}^{(p+1)}}{MSE^{(p+1)}}\cdot\dfrac{1}{(1-h_{ii})}$	$\lvert C_i-1 \rvert>3(p+1)/n$	
Dffits 统计量	$Df_i=Se_i\cdot\sqrt{\dfrac{h_{ii}}{1-h_{ii}}}$	$\lvert Df_i \rvert>2\sqrt{(p+1)/n}$	
Dfbeta 统计量	$Db_{ij}=\dfrac{\hat{\beta}_j-\hat{\beta}_{j(i)}}{\sqrt{MSE_{(i)}}(1-h_{ii})}$	$\lvert Db_{ij} \rvert>3/\sqrt{n}$	

表 3-16 中 $e_i=y_i-\hat{y}_i$，$MSE=SSE/(n-p-1)$，$MSE_{(i)}$ 表示剔除第 i 组数据的均方差。

2. **MATLAB 实现**

（1）查找异常点的统计量

LinearModel 类对象的 Residuals 属性值列出了残差（Raw）、皮尔森（Pearson）残差、学生化（Studentized）残差，调用方法为：

```
mdl.Residuals
```

或

```
table2array(mdl.Residuals)
```

输出模型“mdl”的各种属性残差列表。若只要输出模型“mdl”的残差（raw），则调用方法为：

```
mdl. Residuals.Raw
```

其余属性的残差同样方法调用。

（2）查找强影响点的统计量

LinearModel 类对象的 Diagnostics 属性值列出了杠杆（leverage）值、Cook 距离、CovRatio 统计量、Dffits 统计量、Dfbeta 统计量等。调用方法为：

```
mdl.Diagnostics
```

或

```
table2array(mdl.Diagnostics)
```

输出模型“mdl”的各种属性的统计量值表。若只要输出模型“mdl”的杠杆值，则调用方法为：

```
mdl.Diagnostics. leverage
```

其余统计量调用类似。

(3) 诊断图命令

MTLAB提供了上述统计量的绘图命令，调用格式为：

```
plotDiagnostics(mdl,'plottype')
```

或

```
mdl. plotDiagnostics('plottype')
```

其中选项 plottype 表示统计量形式，可以是 'cookd'、'covratio'、'dfbetas'、'dffits'、'leverage'等。plotDiagnostics绘制以观测序号为横坐标与统计量观测值纵坐标的散点图，从图形上可观察异常点或强影响点。

3. 模型改进

利用残差（或 Diagnostics）属性值，比如皮尔森残差（或杠杆值），按照判定异常点（或强影响点）规则，在命令窗口写程序：

```
id= find(abs(mdl. Residuals. Pearson)> 2)
```

或

```
id= find(mdl. Diagnostics. leverage> 2* (p+ 1)/n)
```

则输出异常点的观测序号。若要剔除异常或强影响点，重新建立模型，则在命令窗口中写程序：

```
mdlnew=LinearModel. fit(X,y, 'Exclude',id)        % 剔除异常或强影响点 id
```

这就建立了新模型 mdlnew。

例 3.4.1 对例 3.2.1 作异常点诊断并改进模型。

解： 程序如下。

```
clear
A=[75.2    30.6    21.1    1090.4
77.6    31.3    21.4    1133
80.7    33.9    22.9    1242.1
76      29.6    21.4    1003.2
79.5    32.5    21.5    1283.2
81.8    27.9    21.7    1012.2
98.3    24.8    21.5    1098.8
67.7    23.6    21      826.3
74      33.9    22.4    1003.3
151     27.7    24.7    1554.6
90.8    45.5    23.2    1199
102.3   42.6    24.3    1483.1
115.6   40      23.1    1407.1
125     45.8    29.1    1551.3
```

```
137.8        51.7     24.6     1601.2
175.6        67.2     27.5     2311.7
155.2        65       26.5     2126.7
174.3        65.4     26.8     2256.5];
[m,n]=size(A);
x=[A(:,1), A(:,2), A(:,3)];                          % 提取自变量观测矩阵
y=A(:,4);                                            % 因变量观测向量
mdl=LinearModel.fit(x,y);                            % 建立线性回归模型
Res=mdl.Residuals;                                   % 输出不同属性的残差列矩阵表
id=find(abs(Res.Studentized)> 2);                    % 按学生化残差判异规则查找异常点
plot(Res.Studentized,'*');                           % 学生化残差图如图 3-26 所示
hold on
plot(id,Res.Studentized(id),'or');                   % 在残差图上圈出残差点如图 3-26 所示
refline(0,-2); refline(0,2);                         % 判异区域分界线
title('学生化残差图');xlabel('观测序号'); ylabel('学生化残差');
mdlnew=LinearModel.fit(x,y, 'Exclude',id);       % 剔除异常点 id 再建模
```

程序运行的结果：

```
mdl = Linear regression model:
    y ~ 1 + x1 + x2 + x3
Estimated Coefficients:
                   Estimate     SE        tStat        pValue
                   ________   ________   ________    __________
    (Intercept)    162.06     346.15     0.46818     0.64686
    x1             7.2739     1.3523     5.3787      9.7273e-05
    x2             13.957     3.167      4.4071      0.00059659
    x3             -4.3996    19.76      -0.22265    0.82702
Number of observations: 18, Error degrees of freedom: 14
Root Mean Squared Error: 100
R-squared: 0.957,Adjusted R- Squared 0.948
F-statistic vs. constant model: 105, p-value = 7.75e-10
```

从输出的结果看，常数项 β_0 和回归系数 β_1、β_2、β_3 的估计值分别为 162.06、7.273 9、13.957、−4.399 6，从而可以写出线性回归方程

$$\hat{y} = 162.06 + 7.2739x_1 + 13.957x_2 - 4.3996x_3$$

均方差 σ 的估计值为 100，回归方程的可决系数 0.957，调整的可决系数为 0.948，F 统计量的观测值为 105，P 值为 7.75e-10，小于 0.05，应拒绝原假设即线性关系显著。但系数 β_3 的 T 检验统计量的 P 值为 0.827 02，大于 0.05，所以认为 x3 即工资额项不显著。从残差图看到有异常点存在，故剔除异常点再重新建模 mglnew，新模型结果为：

```
mdlnew = Linear regression model:
    y ~ 1 + x1 + x2 + x3
Estimated Coefficients:
                   Estimate     SE        tStat        pValue
                   ________   ________   ________    __________
    (Intercept)    141.76     271.69     0.52177     0.61132
    x1             7.8037     1.0482     7.4447      7.7911e-06
    x2             14.231     2.455      5.7969      8.515e-05
    x3             -6.4282    15.478     -0.41531    0.68524
Number of observations: 16, Error degrees of freedom: 12
Root Mean Squared Error: 76.8
R-squared: 0.978,  Adjusted R-Squared 0.973
```

```
F-statistic vs. constant model: 181, p-value = 3.02e-10
```

比较模型 mdl 与模型 mdlnew 的校正可决系数 R_a^2 大小，原模型是 0.948，改进模型是 0.973，可见剔除异常值后的模型拟合效果更好，比较 P 值也得出改进的模型显著性更高。

由 $id=5$，15，可知模型 mdl 中存在异常点的观测序号为 5 和 15，从学生化残差图上也能看出两个同样的异常点结果（如图 3-26 所示）。

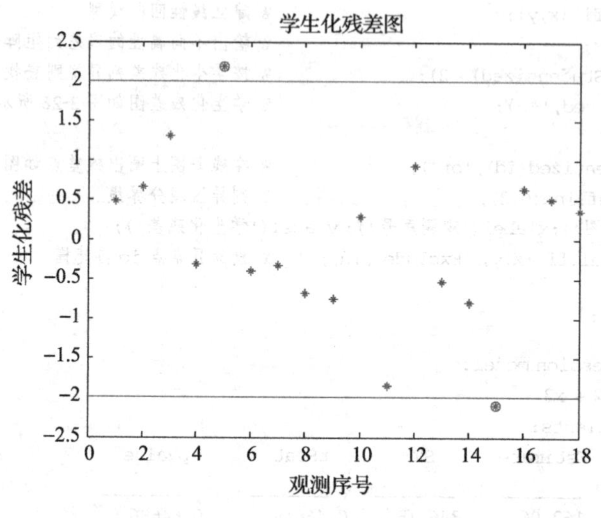

图 3-26　学生化残差诊断图

3.4.2　残差分析

从残差出发分析关于误差项假定的合理性以及线性回归关系假定的可行性称为残差分析。其中包括：模型线性诊断、模型误差方差齐性诊断、模型误差独立性诊断、模型误差正态性诊断等。

1. 模型误差项的正态性检验

残差是模型误差的估计，在一定程度上反映了误差的特点。通过对残差的正态性检验可以了解对误差项的正态分布假定的合理性。

设残差 $\hat{e}_i=y_i-\hat{y}_i(i=1,2,\cdots,n)$，学生化残差

$$\hat{r}_i=\frac{\hat{e}_i}{\sqrt{MSE(1-h_{ii})}}\quad (i=1,2,\cdots,n)\tag{3.4.1}$$

在模型假设成立时，$\hat{r}_1$，$\hat{r}_2$，…，$\hat{r}_n$ 近似独立且近似服从 N（0，1），可以近似认为 $\hat{r}_1$，$\hat{r}_2$，…，$\hat{r}_n$ 是来自 N（0，1）的随机子样，从而可粗略地统计一下 $\hat{r}_1$，$\hat{r}_2$，…，$\hat{r}_n$ 中正负个数是否各占一半左右，介于（−1，1）之间的比例是否约为 68%，介于（−2，2）之间的比例是否约为 95%，介于（−3，3）之间的比例是否约为 99%，否则不能认为误差项服从正态分布。也可按照第 2 章介绍的方法，检验 $\hat{r}_1$，$\hat{r}_2$，…，$\hat{r}_n$ 的正态性可用 Q-Q 图法或直方图法。

2. 残差图检验

残差图是指以残差为纵坐标，以任何其他有关量的值为横坐标的散点图。模型线性诊断、模型误差方差齐性诊断可借助残差图分析。

1）残差与拟合值图，此时横坐标为拟合值。若线性回归关系正确且误差向量 $\varepsilon\sim N(0,\sigma^2 I)$，则因变量 $\boldsymbol{Y}$ 的拟合值向量 $\hat{Y}=\boldsymbol{HY}$ 与残差向量 $\hat{\boldsymbol{\varepsilon}}=(\boldsymbol{I}-\boldsymbol{H})\boldsymbol{Y}$ 相互独立。这时残差图中的点

$(\hat{y}_i, \hat{e}_i)$ $(i=1, 2, \cdots, n)$应大致在一个水平的带状区域内，且不呈现任何明显的趋势。若残差与拟合值图呈现某种趋势（如向右递增、U形状等），或者散点分布呈现喇叭口状，则说明线性回归关系或残差不满足方差齐性假定。此时可对因变量y作某种变换（如取平方根、取对数、取倒数或Box-Cox变换等），也可在模型中增加自变量的平方项、乘积项等，然后重新拟合。

2）残差与自变量图，此时横坐标为自变量。若模型中对自变量的线性关系正确，则残差图中的点 $(x_{ij}, \hat{e}_i)$ $(i=1, 2, \cdots, n, j=1, 2, \cdots, p)$ 应分布在左右等宽的水平带状区域内。否则，若残差图中的点分布在某个弯曲的带状区域内，说明模型中应增加非线性项（如平方项、立方项、变量交叉乘积项等），然后重新拟合。

3）残差与滞后残差图，此时横坐标为滞后残差。对于与时间有关的样本观测值，可检验自相关性，若模型条件满足，则$\hat{e}_i$与$\hat{e}_{i-1}$$(i=2, 3, \cdots, n)$是不相关的，此时点$(\hat{e}_i, \hat{e}_{i-1})$应均匀地分布在四个象限内，否则残差间存在自相关。

3. 残差图的MATLAB实现

在LinearModel类对象plotResiduals方法可以绘制各种残差图，调用格式为：

```
mdl.plotResiduals(plottype)
```

其中plottype可选项有：'caseorder'（残差序列图）、'fitted'（残差与拟合值图）、'histogram'（残差直方图）、'lagged'（残差与滞后残差图）、'probability'（残差正态概率图）、'symmetry'（残差对称图）。

若要绘制残差与自变量图，可输入程序（例如，与自变量x1的残差图）：

```
plot(x(:,1),mdlnew.Residuals.Raw,'*')     % 与自变量x1的残差图
```

例3.4.2　对例3.2.1作残差分析并绘制残差图。

解：程序如下。

```
clear
A=[75.2  30.6   21.1    1090.4
77.6     31.3   21.4    1133
80.7     33.9   22.9    1242.1
76       29.6   21.4    1003.2
79.5     32.5   21.5    1283.2
81.8     27.9   21.7    1012.2
98.3     24.8   21.5    1098.8
67.7     23.6   21      826.3
74       33.9   22.4    1003.3
151      27.7   24.7    1554.6
90.8     45.5   23.2    1199
102.3    42.6   24.3    1483.1
115.6    40     23.1    1407.1
125      45.8   29.1    1551.3
137.8    51.7   24.6    1601.2
175.6    67.2   27.5    2311.7
155.2    65     26.5    2126.7
174.3    65.4   26.8    2256.5];
[m,n]=size(A);
x=[A(:,1), A(:,2), A(:,3)];                    % 提取自变量观测矩阵
y=A(:,4);                                      % 因变量观测向量
```

```
mdl=LinearModel.fit(x,y);                  % 建立线性回归模型
subplot(2,2,1)
mdl.plotResiduals('caseorder')             % 残差序列图(如图 3-27a 所示)
title('(a)残差序列图');
subplot(2,2,2)
mdl.plotResiduals('fitted')                % 残差与拟合值图(如图 3-27b 所示)
title('(b)残差与拟合值图');
subplot(2,2,3)
mdl.plotResiduals('probability')           % 残差正态概率图(如图 3-27c 所示)
title('(c)残差正态概率图');
subplot(2,2,4)
plot(x(:,1),mdl.Residuals.Raw,'*')         % 与自变量 x1 的残差图(如图 3-27d 所示)
title('(d)自变量 x1 与残差图');xlabel('自变量 x1'); ylabel('残差');
```

运行程序绘制的回归诊断残差图如图 3-27 所示。从残差图 3-27a、b、c、d 可看出建立的模型比较满意。

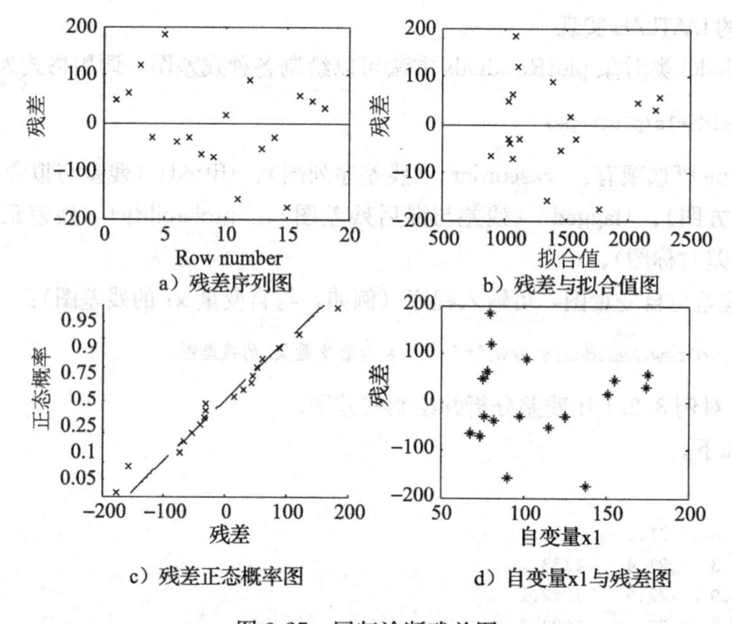

图 3-27　回归诊断残差图

3.4.3　多重共线性诊断

多元回归模型中解释变量之间存在高度线性相关关系称为多重共线性。多重共线性诊断就是检验解释变量之间是否存在共线性。一般来说，多重共线性可从经验判定：如果自变量的简单相关系数值较大，或者对重要自变量的回归系数进行 T 检验不显著，或者回归系数的代数符号与专业知识或一般经验相反等，则可初步诊断为存在多重共线性。而最常用的多重共线性的正规诊断方法是使用方差膨胀因子，设自变量 x_i 的方差膨胀因子记为VIF_i，它的计算公式为

$$\mathrm{VIF}_i=\frac{1}{1-R_i^2} \tag{3.4.2}$$

式中 R_i^2 是以 x_i 为因变量时对其他自变量回归的可决系数，所有 x_i 变量中最大的VIF_i 用来作为测量多重相关性的指标，一般认为：如果最大的VIF_i 超过 10（此时 $R_i^2>0.9$），则模型存在

较严重的多重共线性。当存在多重共线性时，参数的最小二乘的估计值将受严重影响，这因为$\hat{\beta}_i$ 的方差可以表示成

$$\mathrm{Var}(\hat{\beta}_i)=\frac{\sigma^2}{\sum(X_i-\overline{X}_i)^2}\cdot\frac{1}{1-R_i^2}=\frac{\sigma^2}{\sum(X_i-\overline{X}_i)^2}\cdot \mathrm{VIF}_i \tag{3.4.3}$$

显然，当 $R_i^2\to 1$ 时，$\mathrm{Var}(\hat{\beta}_i)\to+\infty$，即随着多重共线性程度的增强，OLS 估计量的方差也将成倍增长，直至变到无穷大。

例 3.4.3（电力需求的回归分析模型） 我国电力需求与多种影响因素相关，我们选取了国内生产总值（GDP）、第二产业产值、总人口、能源消费总量、全社会固定资产投资 5 个因素，其 1995～2014 年的统计数据见表 3-17，保存在文件“dlxq. xls”中。试建立电力需求的回归分析模型，并进行回归诊断与模型改进。

表 3-17 1995～2014 年电力总需及影响因素统计表

年份	电力总需求（亿千瓦时）	GDP（x_1）（亿元）	第二产业（x_2）（亿元）	总人口（x_3）（万人）	能源消费量（x_4）（万吨标准煤）	全社会固定资产投资（x_5）（亿元）
1995	1 0023.4	6 1129.8	28 088.4	121 121	131 176	20 019.3
1996	10 764.3	71 572.3	33 153.0	122 389	135 192	2 2974.0
1997	11 284.4	79 429.5	36 903.1	123 626	135 909	24 941.1
1998	11 598.4	84 883.7	38 162.1	124 761	136 184	28 406.2
1999	12 305.2	90 187.7	40 312.4	125 786	140 569	29 854.7
2000	13 471.4	99 776.3	44 747.2	126 743	146 964	32 917.7
2001	14 633.5	110 270.4	48 581.5	127 627	155 547	37 213.5
2002	16 331.5	121 002.0	53 055.9	128 453	169 577	43 499.9
2003	19 031.6	136 564.6	61 752.1	129 227	197 083	55 566.6
2004	21 971.4	160 714.4	73 412.7	129 988	230 281	70 477.4
2005	24 940.3	185 895.8	86 566.1	130 756	261 369	88 773.6
2006	28 588.0	217 656.6	102 974.9	131 448	286 467	109 998.2
2007	32 711.8	268 019.4	125 450.7	132 129	311 442	137 323.9
2008	34 541.4	316 751.7	149 168.8	132 802	320 611	172 828.4
2009	37 032.2	345 629.2	157 686.2	133 450	336 126	224 598.8
2010	41 934.5	408 903.0	188 097.7	134 091	360 648	278 121.9
2011	47 000.9	484 123.5	221 084.6	134 735	387 043	311 485.1
2012	49 762.6	534 123.0	239 792.4	135 404	402 138	374 694.7
2013	54 203.4	588 018.8	254 857.0	136 072	416 913	446 294.1
2014	55 233.0	636 138.7	270 736.5	136 782	426 000	512 020.7

数据来源：《中国统计年鉴 2015》

解：程序如下。

```
clear
x0= xlsread('dlxq.xls','B:G');                % 读取表 3-17 数据
y=x0(:,1);                                    % 用电需求数据
subplot(2,3,1);                               % 绘制因变量与每个自变量的散点图
plot(x0(:,2),y,'*');xlabel('GDP'),ylabel('用电需求'),grid on
subplot(2,3,2);
plot(x0(:,3),y,'*'); ;xlabel('第二产业'),ylabel('用电需求'),grid on
subplot(2,3,3);
```

```
plot(x0(:,4),y,'*'); ;xlabel('总人口'),ylabel('用电需求'),grid on
subplot(2,3,4);
plot(x0(:,5),y,'+'); ;xlabel('能源消费'),ylabel('用电需求'),grid on
subplot(2,3,5);
plot(x0(:,6),y,'o'); ;xlabel('固定资产'),ylabel('用电需求'),grid on
```

输出散点图如图 3-28 所示，从图形观察可认为每个变量与用电需求呈线性关系，建立线性回归模型式（3.2.1），继续编程求解模型。

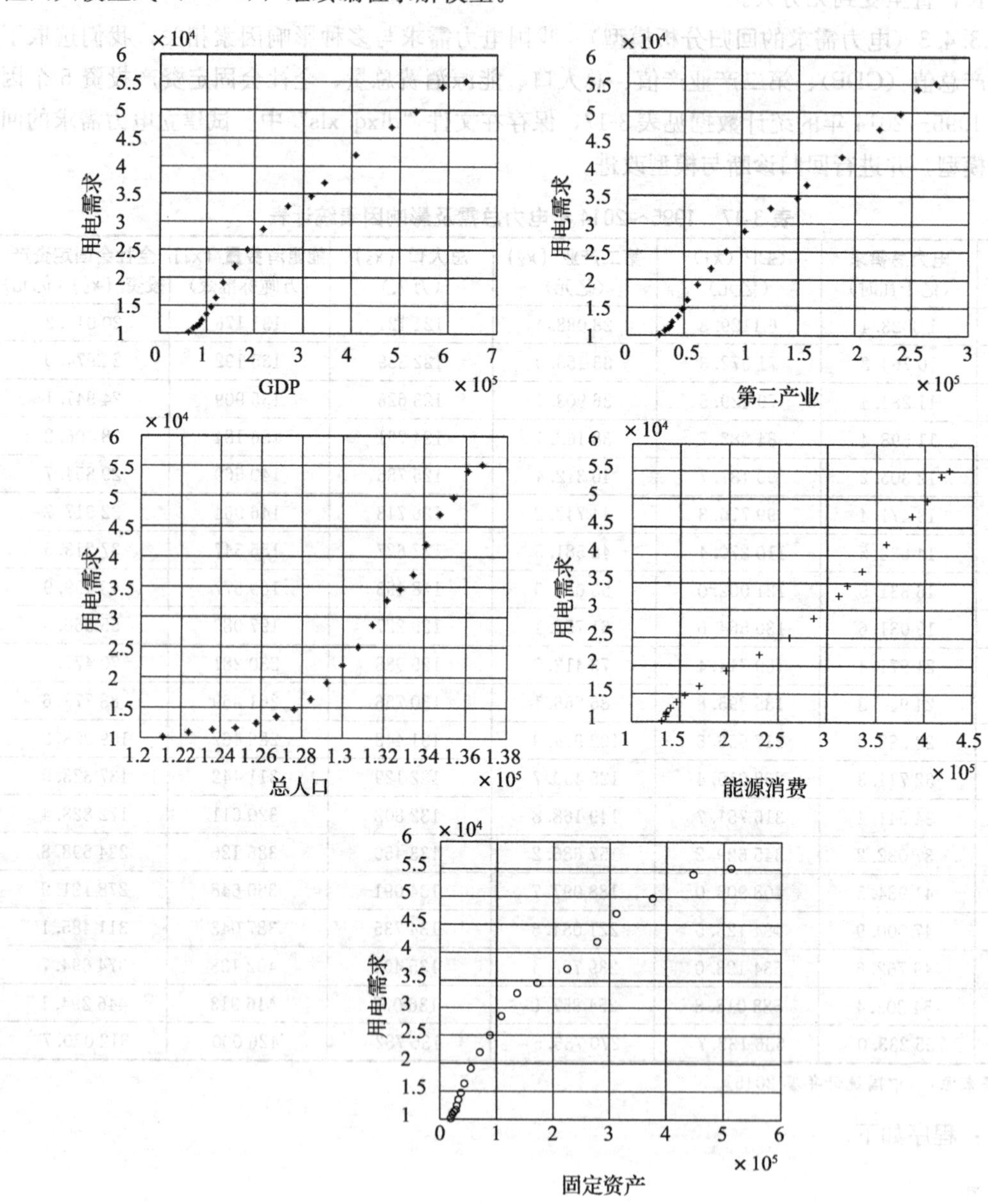

图 3-28　因变量与每个自变量的散点图

```
x=x0(:,[2,3, 4,5,6]);                    % 提取自变量观测矩阵
y=x0(:,1);                               % 因变量观测向量
mdl=LinearModel.fit(x,y)                 % 建立线性回归模型
```

```
mdl =
Linear regression model:
    y ~ 1 + x1 + x2 + x3 + x4 + x5
Estimated Coefficients:
                    Estimate       SE          tStat       pValue
                    ________    ________    ________    ________
    (Intercept)     -11546       11193       -1.0316     0.31977
    x1              0.08012      0.03772     2.1241      0.051962
    x2              -0.056063    0.063851    -0.87802    0.39475
    x3              0.0771       0.097972    0.78696     0.44442
    x4              0.069683     0.0074935   9.2992      2.2797e-07
    x5              -0.016786    0.014473    -1.1599     0.2655
Number of observations: 20, Error degrees of freedom: 14
Root Mean Squared Error: 405
R-squared: 1, Adjusted R-Squared 0.999
F-statistic vs. constant model: 5.68e+03, p-value =1.25e-22
```

输出结果解释类似于例 3.4.1，回归方程为

$$\hat{y}=-11\,546+0.080\,12x_1-0.056\,063x_2+0.077\,1x_3+0.069\,83x_4-0.016\,786x_5$$

回归方程中有回归系数为负数，从经济意义看不合理，可能是变量间存在共线性。下面进行共线性检验，首先，建立 x_1关于 x_2、x_3、x_4、x_5的回归方程，计算方差膨胀因子，程序如下：

```
md2=LinearModel.fit(x0(:,[2 3 4 5]),x(:,1));
R2= md2.Rsquared.Ordinary;
VIF1=1/(1- R2)
```

输出结果：

```
VIF1=
    5.8289e+03
```

可见，方差膨胀因子远远大于 10，因此可以认为变量间存在共线性。为了改进模型，我们重新设定自变量为（GDP）、总人口和能源消费总量，再进行回归分析。程序如下：

```
md3=LinearModel.fit(x(:,[2 4 5]),y)
```

输出结果为：

```
md3 =
Linear regression model:
    y ~ 1 + x1 + x2 + x3
Estimated Coefficients:
                    Estimate       SE          tStat       pValue
                    ________    ________    ________    ________
    (Intercept)     -1247.5      629.48      -1.9818     0.064955
    x1              0.075648     0.019875    3.8061      0.0015526
    x2              0.072566     0.0072311   10.035      2.6154e-08
    x3              0.010786     0.0065934   1.6359      0.12137
Number of observations: 20, Error degrees of freedom: 16
Root Mean Squared Error: 549
R-squared: 0.999,Adjusted R-Squared 0.999
F-statistic vs. constant model: 5.16e+03, p-value=4.33e-24
```

从结果看出：回归方程为

$$\hat{y}=-1\,247.5+0.075\,648x_1+0.072\,566x_2+0.010\,786x_3$$

该方程中 x_1 表示GDP、x_2 表示总人口、x_3 表示能源消费总量，从R值、F值以及T统计量值都说明方程是显著的。这里要说明的是：模型改进有一定的主观性，相当于重新建模了。

若要画模型md3的残差图，按照例3.4.1，程序如下：

```
subplot(2,2,1)
md3.plotResiduals('caseorder')              % 残差序列图(如图 3-29a 所示)
title('(a)残差序列图');
subplot(2,2,2)
md3.plotResiduals('fitted')                 % 残差与拟合值图(如图 3-29b 所示)
title('(b)残差与拟合值图');
subplot(2,2,3)
md3.plotResiduals('probability')            % 残差正态概率图(如图 3-29c 所示)
title('(c)残差正态概率图');
subplot(2,2,4)
plot(x(:,1),md3.Residuals.Raw,'*')         % 与 x1(GDP)的残差图(如图 3-29d 所示)
title('(d)自变量 x1 与残差图');xlabel('自变量 x1'); ylabel('残差');
```

输出图形如图3-29所示，从残差图也可看出回归方程是显著的。

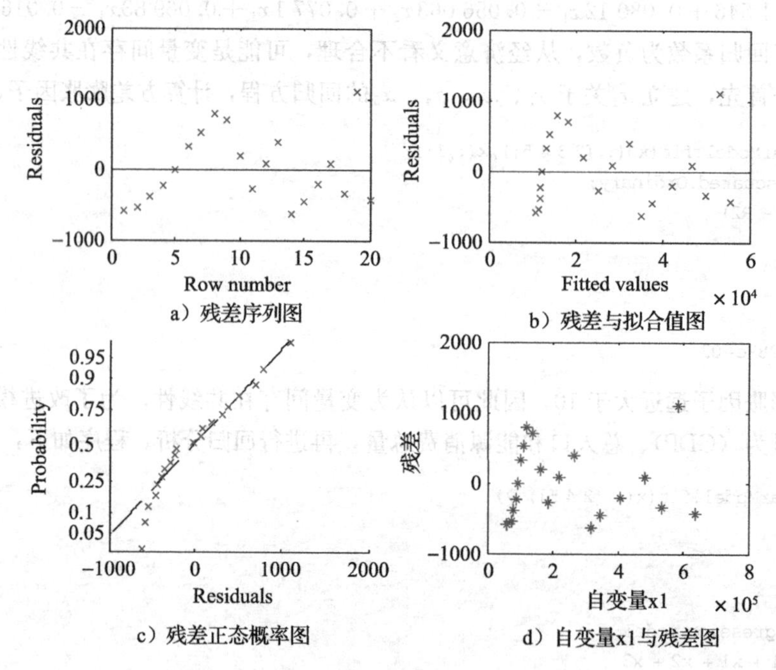

图3-29　因变量与每个自变量的散点图

习　题　3

1. 以家庭为单位，某种商品年需求量与该商品价格之间的一组调查数据见表3-18。

表3-18　某商品年需求量与价格之间的关系

价格 x(元)	5	2	2	2.3	2.5	2.6	2.8	3	3.3	3.5
需求量（kg）	1	3.5	3	2.7	2.4	2.5	2	1.5	1.2	1.2

①求经验回归方程 $\hat{y}=\hat{\beta}_0+\hat{\beta}_1 x$。

②检验线性关系的显著性（$\alpha=0.05$，采用F检验法）。

2. 某种合金强度与碳含量有关，研究人员在生产试验中收集了该合金的碳含量 x 与强度 y 的数据，见表3-19。试建立 y 与 x 的函数关系模型，并检验模型的可信度。

表 3-19 合金的强度与碳含量数据表

x	0.10	0.11	0.12	0.13	0.14	0.15	0.16	0.17	0.18	0.20	0.21	0.23
y	42.0	41.5	45.0	45.5	45.0	47.5	49.0	55.0	50.0	55.0	55.5	60.5

3. 据国家统计局公布的数据，2003至2014年我国城镇单位就业人员工资总额X与社会消费品零售总额Y数据见表3-20。试建立X与Y的回归模型，并预测工资总额比上年度增长5%时的社会消费品零售总额。

表 3-20 工资总额与社会消费品零售总额 （单位：亿元）

指标	2014年	2013年	2012年	2011年	2010年	2009年
X	102 817.2	93 064.3	70 914.2	59 954.7	47 269.9	40 288.2
Y	271 896.1	242 842.8	210 307.0	183 918.6	156 998.4	132 678.4
指标	2008年	2007年	2006年	2005年	2004年	2003年
X	35 289.5	29 471.5	24 262.3	20 627.1	17 615.0	15 329.6
Y	114 830.1	93 571.6	79 145.2	68 352.6	59 501.0	52 516.3

4. 体重约70kg的某人在短时间内喝下2瓶啤酒后，隔一定时间测量他的血液中酒精含量数据见表3-21。①依据数据作出人体血液中酒精含量与酒后时间的散点图，从图形上看能否选择多项式函数进行拟合？为什么？②建立人体血液中酒精含量与酒后时间的函数关系。③对照《车辆驾驶人员血液、呼气酒精含量阈值与检验》国家标准，车辆驾驶人员血液中的酒精含量大于或等于20毫克/百毫升，小于80毫克/百毫升为饮酒驾车；血液中的酒精含量大于或等于80毫克/百毫升为醉酒驾车。那么此人在短时间内喝下1瓶啤酒后，隔多长时间开车是安全的？

表 3-21 血液中酒精含量 （单位：毫克/百毫升）

时间（小时）	0.25	0.5	0.75	1	1.5	2	2.5	3	3.5	4	4.5	5
酒精含量	30	68	75	82	82	77	68	68	58	51	50	41
时间（小时）	6	7	8	9	10	11	12	13	14	15	16	
酒精含量	38	35	28	25	18	15	12	10	7	7	4	

5. 在生、储、盖、圈、保这五个控制油气聚集条件互相结合可以形成油气藏的条件下，油气藏的储量密度 y（单位：10^4 T/km^2）与以下生油条件参数有密切关系，这些参数是：生油门限以下平均地温梯度 Δt（用变量 x_1 表示）、生油门限以下总有机碳百分含量 $C\%$（用变量 x_2 表示）、生油岩体积与沉积岩体积百分比（用变量 x_3 表示）、砂泥岩厚度百分比（用变量 x_4 表示）、生油门限以下生油带总烃与有机碳的百分比即有机质转化率（用变量 x_5 表示）。在我国东部15个勘探程度相对较高的中、新生代盆地及凹陷区测得数据见表3-22，用逐步回归求储量密度 y 与这五个因素间的回归关系式。

表 3-22 原始数据表

样品	x_1	x_2	x_3	x_4	x_5	y
1	3.18	1.15	9.4	17.6	3	0.7
2	3.8	0.79	5.1	30.5	3.8	0.7
3	3.6	1.1	9.2	9.1	3.65	1
4	2.73	0.73	14.5	12.8	4.68	1.1
5	3.4	1.48	7.6	16.5	4.5	1.5
6	3.2	1	10.8	10.1	8.1	2.6

（续）

样品	x_1	x_2	x_3	x_4	x_5	y
7	2.6	0.61	7.3	16.1	16.16	2.7
8	4.1	2.3	3.7	17.8	6.7	3.1
9	3.72	1.94	9.9	36.1	4.1	6.1
10	4.1	1.66	8.2	29.4	13	9.6
11	3.35	1.25	7.8	27.8	10.5	10.9
12	3.31	1.81	10.7	9.3	10.9	11.9
13	3.6	1.4	24.6	12.6	12.76	12.7
14	3.5	1.39	21.3	41.1	10	14.7
15	4.75	2.4	26.2	42.5	16.4	21.3

注：原始数据取自我国东部十五个勘探程度相对较高的中、新生代盆地及凹陷区测量数据。

6. 根据以表 3-23、表 3-24、表 3-25 提供的数据，试建立研究生招生人数、高校招生人数的多元回归分析模型，并结合模型分析影响高校招生的主要因素，给出适当的政策建议。

表 3-23　1991～2014 年研究生招生人数及相关因素统计数据

年份	研究生招生数（万人）	国内生产总值（亿元）	高校数量（所）	高校教师数量（万人）	国家财政内教育经费（亿）	农村家庭平均收入（元）	城市家庭平均收入（元）
1991	2.97	21 826.20	1 075	39.1	459.73	708.6	1 700.6
1992	3.34	26 937.28	1 053	38.7	538.74	784.0	2 026.6
1993	4.21	35 260.02	1 065	38.8	644.39	921.6	2 577.4
1994	5.09	48 108.46	1 080	39.6	883.98	1 221.0	3 496.2
1995	5.11	59 810.53	1 054	40.1	1 028.39	1 577.7	4 283.0
1996	5.94	70 142.49	1 032	40.3	1 211.91	1 926.1	4 838.9
1997	6.37	78 060.85	1 020	40.5	1 357.73	2 090.1	5 160.3
1998	7.25	83 024.28	1 022	40.7	1 565.59	2 162.0	5 425.1
1999	9.22	88 479.15	1 071	42.6	1 815.76	2 210.3	5 854.0
2000	12.85	98 000.45	1 041	46.3	2 085.68	2 253.4	6 280.0
2001	16.52	108 068.22	1 225	53.2	2 582.38	2 366.4	6 859.6
2002	20.26	119 095.69	1 396	61.8	3 114.24	2 475.6	7 702.8
2003	26.89	134 976.97	1 552	72.5	3 453.86	2 622.2	8 472.2
2004	32.63	159 453.60	1 731	85.8	4 027.82	2 936.4	9 421.6
2005	36.48	183 617.37	1 792	96.6	4 665.69	3 254.9	10 493.0
2006	39.79	215 904.41	1 867	107.6	5 795.61	3 587.0	11 759.5
2007	41.86	266 422.00	1 908	116.8	7654.91	4 140.4	13 785.8
2008	44.64	316 030.34	2 263	123.7	9 685.56	4 760.6	15 780.8
2009	51.10	340 319.95	2 305	129.5	11 419.30	5 153.2	17 174.7
2010	53.82	399 759.54	2 358	134.3	13 489.56	5 919.0	19 109.4
2011	56.02	484 123.50	2 409	139.3	17 821.74	6 977.3	21 809.8
2012	58.967 3	534 123	2 442	144	23 147.57	7 916.6	24 564.7
2013	61.138 1	58 8018.8	2 491	149.7	24 488.22	8 895.9	26 955.1
2014	62.132 3	636 138.7	2 529	153.5	26 420.58	9 892.0	29 381.0

资料来源：1991～2014 年数据由中国统计局年鉴有关数据整理得到。

表 3-24 1995～2014 年高校招生人数影响因素原始数据

年份	高校招生人数（万人）	财政收入（亿元）	教育经费（亿元）	高校在校生数（万人）	高中毕业生数（万人）	高校教师人数（万人）
1995	92.6	6 242.20	1 877.95	290.6	201.6	40.1
1996	96.6	7 407.99	2 262.34	302.1	204.9	40.3
1997	100.0	8 651.14	2 531.73	317.4	221.7	40.5
1998	108.4	9 875.95	2 949.06	340.9	251.8	40.7
1999	154.9	11 444.08	3 349.04	408.6	262.9	42.6
2000	220.6	13 395.23	3 849.08	556.1	301.5	46.3
2001	268.3	16 386.04	4 637.66	719.1	340.5	53.2
2002	320.5	18 903.64	5 480.03	903.1	383.8	61.8
2003	382.2	21 715.25	6 208.27	1 108.6	458.1	72.5
2004	447.3	26 396.47	7 242.60	1 333.5	546.9	85.8
2005	504.5	31 649.29	8 418.84	1 561.8	661.6	96.6
2006	546.1	38 760.20	9 815.31	1 738.8	727.1	107.6
2007	565.9	51 321.78	12 148.07	1 884.9	788.3	116.8
2008	607.7	61 330.35	14 500.74	2 021.0	836.1	123.7
2009	639.5	68 518.30	16 502.71	2 144.7	823.7	129.5
2010	661.8	83 101.51	19 561.85	2 231.8	794.4	134.3
2011	681.5	10 3874.43	23 869.29	2 308.5	787.7	139.3
2012	688.8	117 253.52	28 655.31	2 391.3	791.5	144.0
2013	699.8	129 209.64	30 364.72	2 468.1	799.0	149.7
2014	721.4	140 370.03	32 806.46	2 547.7	799.6	153.5

资料来源：1995～2014 年数据由中国统计局年鉴有关数据整理得到。

表 3-25 高校招生人数影响因素年增长率 （%）

年份	高校招生人数	财政收入	教育经费	高校在校生数	高中毕业生数	高校教师人数
1996	4.32	18.68	20.47	3.96	1.64	0.50
1997	3.52	16.78	11.91	5.06	8.20	0.50
1998	8.40	14.16	16.48	7.40	13.58	0.49
1999	42.90	15.88	13.56	19.86	4.41	4.67
2000	42.41	17.05	14.93	36.10	14.68	8.69
2001	21.62	22.33	20.49	29.31	12.94	14.90
2002	19.46	15.36	18.16	25.59	12.72	16.17
2003	19.25	14.87	13.29	22.75	19.36	17.31
2004	17.03	21.56	16.66	20.29	19.38	18.34
2005	12.79	19.90	16.24	17.12	20.97	12.59
2006	8.25	22.47	16.59	11.33	9.90	11.39
2007	3.63	32.41	23.77	8.40	8.42	8.55
2008	7.39	19.50	19.37	7.22	6.06	5.91
2009	5.23	11.72	13.81	6.12	−1.48	4.69
2010	3.49	21.28	18.54	4.06	−3.56	3.71
2011	2.98	25.0	22.02	3.44	−0.84	3.72
2012	1.07	12.9	20.05	3.59	0.48	3.37
2013	1.60	10.2	5.97	3.21	0.95	3.96
2014	3.09	8.6	8.04	3.23	0.08	2.54

资料来源：1991～2014 年数据由《中国统计年鉴》有关数据整理得到。

实验2 多元线性回归与逐步回归

实验目的

1. 熟练掌握线性回归模型的建立方法，掌握 regress 及回归分析类的命令使用方法。
2. 掌握编程求总离差平方和 *TSS*、回归平方和 *RSS*、残差平方和 *ESS* 等相关统计量。
3. 掌握逐步回归的思想与方法，掌握 stepwise 命令的使用方法。
4. 掌握残差分析方法。

实验数据与内容

为了分析影响国家财政收入的因素与预测未来财政收入，我们选取五个因素，它们是：工业总产值，设为 $x1$；农业总产值，设为 $x2$；建筑业总产值，设为 $x3$；社会商品零售总额，设为 $x4$；全民人口数，设为 $x5$（单位：万人）。1990～2013 年国家财政收入与五个因素的统计数据见表 3-26。①建立财政收入的多元回归分析模型；②用逐步回归法分析影响国家财政收入的主要因素并建立回归模型。

表 3-26 1990～2013 年统计数据 （单位：亿元）

年份	*x*1	*x*2	*x*3	*x*4	*x*5	*y*
1990	6 858.00	4 954.30	859.40	8 300.10	114 333.0	2 937.10
1991	8 087.1	5 146.40	1 015.10	9 415.60	115 823.0	3 149.48
1992	10 284.5	5 588.00	1 415.00	10 993.70	117 171.0	3 483.37
1993	14 188.0	6 605.10	2 266.5	14 270.4	118 517.0	4 348.95
1994	19 480.7	9 169.20	2 964.7	18 622.9	119 850.0	5 218.10
1995	24 950.6	11 884.60	3 728.8	23 613.8	121 121.0	6 242.20
1996	29 447.6	13 539.80	4 387.4	28 360.2	122 389.0	7 407.99
1997	32 921.4	13 852.50	4 621.6	31 252.9	123 626.0	8 651.14
1998	34 018.4	14 241.90	4 985.8	33 378.1	124 761.0	9 875.95
1999	35 861.5	14 106.20	5 172.1	35 647.9	125 786.0	11 444.08
2000	40 033.6	13 873.60	5 522.3	39 105.7	126 743.0	13 395.23
2001	43 580.6	14 462.80	5 931.7	43 055.4	127 627.0	16 386.04
2002	47 431.3	14 931.50	6 465.5	48 135.9	128 453.0	18 903.64
2003	54 945.5	14 870.10	7 490.8	52 516.3	129 227.0	21 715.25
2004	65 210.0	18 138.4	8 694.3	59 501.0	129 988	26 396.47
2005	77 230.8	19 613.4	10 367.3	67 176.6	130 756	31 649.29
2006	91 310.9	21 522.3	12 408.6	76 410.0	131 448	38 760.20
2007	110 534.9	24 658.1	15 296.5	89 210.0	132 129	51 321.78
2008	130 260.2	28 044.2	18 743.2	114 830.1	132 802	61 330.35
2009	135 239.9	30 777.5	22 398.8	132 678.4	133 450	68 518.30
2010	160 722.2	36 941.1	26 661.0	156 998.4	134 091	83 101.51
2011	188 470.2	41 988.6	31 942.7	183 918.6	134 735	103 874.43
2012	199 670.7	4 6940.5	35 491.3	210 307.0	135 404	117 253.52
2013	210 689.4	51 497.4	38 995.0	237 809.9	136 072	129 209.64

数据来源：国家统计局网站 http://www.stats.gov.cn/tjsj/ndsj/2014/indexch.htm。

第 4 章

判别分析

判别分析也是一种重要的统计分析方法，其基本思想是根据已知类别的样本所提供的信息，总结出类别的规律性，建立判别公式和判别准则，判别新的样本点所属类型。本章介绍距离判别、贝叶斯判别、K近邻判别、支持向量机及其MATLAB的实现。

4.1 距离判别分析

4.1.1 判别分析的概念

在一些自然科学和社会科学的研究中，研究对象用某种方法已划分为若干类型。得到了一个新样本数据后，要确定该样品属于已知类型中的哪一类，这样的问题属于判别分析。

在生产、科研和日常生活中经常需要根据观测到的数据资料，对所研究的对象进行分类。例如在经济学中，根据人均国民收入、人均工农业产值、人均消费水平等多种指标来判定一个国家的经济发展程度所属类型；在地质勘探中，根据岩石标本的多种特性来判别地层的地质年代，由采样分析出的多种成分来判别此地是有矿或无矿、是铜矿或铁矿等；在油田开发中，根据钻井的电测或化验数据，判别是否遇到油层、水层、干层或油水混合层；在农林害虫预报中，根据以往的虫情、多种气象因子来判别一个月后的虫情是大发生、中发生或正常；在体育运动中，判别某游泳运动员的“苗子”是适合练蛙泳、仰泳，还是自由泳等；在医疗诊断中，根据某人多种体验指标（如体温、血压、白细胞等）来判别此人是有病还是无病。总之，在实际问题中需要判别的问题几乎到处可见。

以上问题，从统计数据分析的角度，可概括为如下模型：设有 k 个总体 G_1，G_2，…，G_k，它们都是 p 维总体，其数量指标为

$$X=(X_1,X_2,\cdots,X_p)^{\mathrm{T}}$$

设 $\boldsymbol{X}$ 在各个总体下具有不同的分布特征，通常各个总体 G_i 的分布是未知的，它需要由各个总体取得的样本数据（称为训练样本）来估计。一般判别分析的过程为：先由训练样本估计各个总体均值向量与协方差矩阵，其次分析各总体的分布特征，根据各总体的分布特征构造一定的判别准则，最后对于新样品数据 $\boldsymbol{x}=(x_1,x_2,\cdots,x_p)^{\mathrm{T}}$，依据判别准则判断它来自哪个总体。由于建立判别准则方法不同，就有不同的判别分析方法，本章介绍距离判别、贝叶斯判别、K近邻判别等。

4.1.2 距离的定义

“距离”是多元统计分析中的一个重要的基本概念。汉语词典中对“距离”的解释是：（两物体）在空间或时间上的间隔。在中学阶段，我们是从几何学的角度认识与定义距离的，

那里定义的距离是所谓的欧氏距离，有直观的几何表示。在数学上，距离已远不只是欧氏距离的概念了，人们给出了各种距离的定义。

1. 明可夫斯基距离

设 p 维空间中两个点（两个向量）

$$\boldsymbol{x}=(x_1,x_2,\cdots,x_p)^{\mathrm{T}},\quad \boldsymbol{y}=(y_1,y_2,\cdots,y_p)^{\mathrm{T}}$$

定义两点间的绝对距离为

$$d_1(\boldsymbol{x},\boldsymbol{y})=\sum_{i=1}^{p}|x_i-y_i|$$

两点间的欧氏距离为

$$d_2(\boldsymbol{x},\boldsymbol{y})=\sqrt{\sum_{i=1}^{n}(x_i-y_i)^2}$$

两点间的明可夫斯基（Hermann Minkowski）距离为

$$d_r(\boldsymbol{x},\boldsymbol{y})=\Big(\sum_{i=1}^{n}|x_i-y_i|^r\Big)^{1/r},\quad r>0$$

显然，当 $r=2$ 和 1 时，明可夫斯基距离分别为欧氏距离和绝对距离。

在进行判别分析时，一般不采用欧氏距离，其原因在于欧氏距离与量纲有关。例如平面上有 A、B、C、D 四个点，横坐标为代表重量（单位：kg），纵坐标代表长度（单位：cm），如图 4-1 所示。

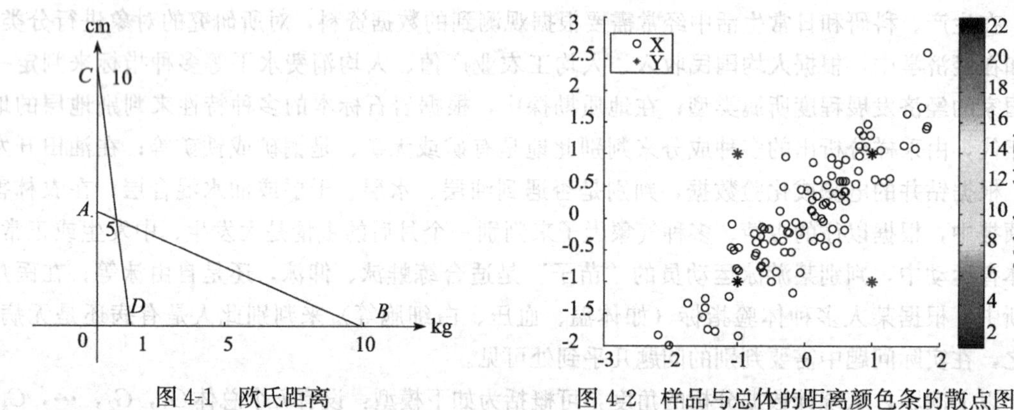

图 4-1　欧氏距离

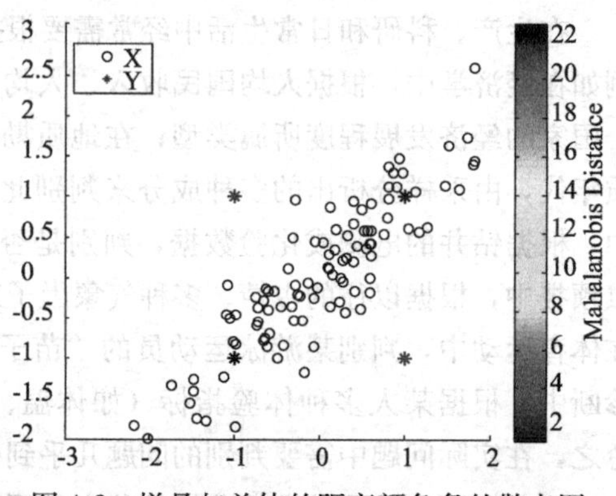

图 4-2　样品与总体的距离颜色条的散点图

这时，点 $A(0,\ 5)$ 与点 $B(10,\ 0)$ 的距离为 $AB=\sqrt{5^2+10^2}=\sqrt{125}$，点 $C(0,\ 10)$ 与点 $D(1,\ 0)$ 的距离为 $CD=\sqrt{10^2+1^2}=\sqrt{101}$，显然 $AB>CD$。现在，如果长度用 mm 为单位，重量的单位保持不变，于是 A 点的坐标变为（0，50），C 点的坐标变为（0，100），B、D 点坐标不变，此时计算 A 点与 B 点的距离为 $AB=\sqrt{50^2+10^2}=\sqrt{2\,600}$，$C$ 点与 D 点的距离为 $CD=\sqrt{100^2+1^2}=\sqrt{10001}$，显然 $AB<CD$。

当各个分量为不同性质的量时，“距离”的大小竟然与指标的单位有关，不同的度量单位，得到的距离大小关系相反，这表明欧氏距离用于判别分析是不甚合适的。

2. 马氏距离

为了克服欧氏距离的缺陷，人们从统计学的意义出发，定义了“统计距离”。最常用的一种统计距离是印度统计学家马哈拉诺比斯（Mahalanobis）于 1936 年引入的距离，称为“马氏距离”。以下给出三种情形的马氏距离定义。

(1) 同一个总体中的两个样品间的马氏距离

设总体$\boldsymbol{G}$的均值向量为$\boldsymbol{\mu}$，协方差矩阵为$\boldsymbol{\Sigma}$，两个样品$\boldsymbol{x}=(x_1, x_2, \cdots, x_p)^{\mathrm{T}}$与$\boldsymbol{y}=(y_1, y_2, \cdots, y_p)^{\mathrm{T}}$，则$\boldsymbol{x}$，$\boldsymbol{y}$之间的马氏距离平方是

$$d^2(\boldsymbol{x},\boldsymbol{y}) = (\boldsymbol{x}-\boldsymbol{y})^{\mathrm{T}}\boldsymbol{\Sigma}^{-1}(\boldsymbol{x}-\boldsymbol{y}) \tag{4.1.1}$$

其中$\boldsymbol{\Sigma}^{-1}$为$\boldsymbol{\Sigma}$的逆矩阵。

(2) 一个样品到一个总体的马氏距离

设总体G的均值向量为$\boldsymbol{\mu}$，协方差矩阵为$\boldsymbol{\Sigma}$，$\boldsymbol{x}$是取自总体G的样品，则$\boldsymbol{x}$与G的马氏距离是

$$d(\boldsymbol{x},G) = \sqrt{(\boldsymbol{x}-\boldsymbol{\mu})^{\mathrm{T}}\boldsymbol{\Sigma}^{-1}(\boldsymbol{x}-\boldsymbol{\mu})} \tag{4.1.2}$$

其中$\boldsymbol{\mu}=(\mu_1, \mu_2, \cdots, \mu_p)^{\mathrm{T}}$，$\boldsymbol{x}=(x_1, x_2, \cdots, x_p)^{\mathrm{T}}$。

(3) 两个总体间的马氏距离

设两个总体G_1、G_2的均值向量分别为$\boldsymbol{\mu}_1$、$\boldsymbol{\mu}_2$，协方差矩阵相等且皆为$\boldsymbol{\Sigma}$，则总体G_1、G_2之间的马氏距离定义为

$$d(G_1,G_2) = \sqrt{(\boldsymbol{\mu}_1-\boldsymbol{\mu}_2)^{\mathrm{T}}\boldsymbol{\Sigma}^{-1}(\boldsymbol{\mu}_1-\boldsymbol{\mu}_2)} \tag{4.1.3}$$

在式 (4.1.1)、(4.1.2)、(4.1.3) 中，$\boldsymbol{\Sigma}$为实对称正定矩阵。显然，当$\boldsymbol{\Sigma}$为单位矩阵时，马氏距离就转化为欧式距离的定义。

马氏距离满足距离的三条基本性质：设$\boldsymbol{x}$、$\boldsymbol{y}$、$\boldsymbol{z}$是取自总体$\boldsymbol{G}$中的任意三个样品，则

①非负性：$d(\boldsymbol{x}, \boldsymbol{y})\geqslant 0$，且$d(\boldsymbol{x}, \boldsymbol{y})=0$当且仅当$\boldsymbol{x}=\boldsymbol{y}$。

②对称性：$d(\boldsymbol{x}, \boldsymbol{y})=d(\boldsymbol{y}, \boldsymbol{x})$。

③三角不等式性：$d(\boldsymbol{x}, \boldsymbol{y})\leqslant d(\boldsymbol{x}, \boldsymbol{z})+d(\boldsymbol{z}, \boldsymbol{y})$。

还可以证明马氏距离与量纲无关，因此在实践中常常选用马氏距离进行判别分析。

在 MATLAB 中，计算马氏距离平方的命令为 mahal，其调用格式为：

```
d=mahal(Y,X)
```

其中 X 为总体的观测值矩阵，Y 是样品值矩阵，计算 Y 矩阵每一行（即一个样品）到总体 X 的马氏距离，其中 X 的行数必须大于列数，总体 X 的均值向量为 mean(X)，协方差矩阵为 cov(X)，Y 的列数必须等于 X 的列数，输出 d 是 Y 中每个样品到总体 X 的距离向量。

例 4.1.1 随机模拟生成服从二维正态分布$N(\boldsymbol{\mu}, \boldsymbol{\Sigma})$的含 100 个数据的集合$X$，其中$\boldsymbol{\mu}=[0, 0]^{\mathrm{T}}$，$\boldsymbol{\Sigma}=\begin{pmatrix} 1 & 0.9 \\ 0.9 & 1 \end{pmatrix}$，4 个样品数据分别为 (1, 1)、(1, −1)、(−1, 1)、(−1, −1)，求 4 个样品到总体X的马氏距离平方与欧式距离平方。

解：程序如下。

```
clear
X = mvnrnd([0;0],[1,0.9;0.9,1],100);                % 随机模拟生成 100 个样品数据的集合 X
Y = [1,1;1,-1;-1,1;-1,-1];                          % 4 个样品数据
d1 = mahal(Y,X)                                     % 马氏距离平方
d2 = sum((Y-repmat(mean(X),4,1)).^2, 2)             % 样品距离中心 mean(X)的欧氏距离平方
scatter(X(:,1),X(:,2))                              % 绘制总体的散点图,如图 4-2 所示
hold on
scatter(Y(:,1),Y(:,2),100,d1,'*','LineWidth',2)     % 绘制样品的散点图,如图 4-2 所示
hb = colorbar;
```

```
ylabel(hb,'Mahalanobis Distance')              % 绘制带颜色条的散点图,如图4-2所示
legend('X','Y','Location','NW')
```

程序运行结果：

```
d1 =
    1.3122
   22.1813
   21.4413
    1.4390
d2 =
    1.9045
    2.0360
    1.9666
    2.0981
```

由输出d1知，样品（1，1）到总体X的马氏距离平方为1.3122、样品（1，−1）到总体X的马氏距离平方为22.1813等；而由输出d2知，样品（1，1）到总体X的欧式距离平方为1.9045等。

4.1.3 两个总体的距离判别分析

距离判别分析的基本思想是：首先根据已知分类的数据，分别计算每个类的重心即分组（类）的均值，其次对一个待判的样品，计算其与每一类重心的距离，最后依据最小距离进行判别。若它与第i类的距离最小，就认为它来自第i类。

设G_1、G_2为两个不同的p维已知总体，G_i的均值向量是$\boldsymbol{\mu}_i(i=1,2)$，$G_i$的协方差矩阵是$\boldsymbol{\Sigma}_i$ $(i=1,2)$，$\boldsymbol{x}=(x_1,x_2,\cdots,x_p)^{\mathrm{T}}$是一个待判样品，按马氏距离定义判别准则为

$$\begin{cases}\boldsymbol{x}\in G_1, & 若\ d(\boldsymbol{x},G_1)\leqslant d(\boldsymbol{x},G_2)\\ \boldsymbol{x}\in G_2, & 若\ d(\boldsymbol{x},G_2)< d(\boldsymbol{x},G_1)\end{cases} \tag{4.1.4}$$

即当$\boldsymbol{x}$到G_1的马氏距离不超过到G_2的马氏距离时，判$\boldsymbol{x}$来自G_1；反之，判$\boldsymbol{x}$来自G_2。

由于马氏距离与总体的协方差矩阵有关，所以利用马氏距离进行判别分析需要分别考虑两个总体的协方差矩阵是否相等。

1. 两个总体协方差矩阵相等的情况

设两个总体G_1、G_2协方差矩阵均为$\boldsymbol{\Sigma}$，由式（4.1.2），考虑待判样品x到两个总体的马氏距离平方差：

$$\begin{aligned}d^2(\boldsymbol{x},G_2)-d^2(\boldsymbol{x},G_1)&=(\boldsymbol{x}-\boldsymbol{\mu}_2)^{\mathrm{T}}\boldsymbol{\Sigma}^{-1}(\boldsymbol{x}-\boldsymbol{\mu}_2)-(\boldsymbol{x}-\boldsymbol{\mu}_1)^{\mathrm{T}}\boldsymbol{\Sigma}^{-1}(\boldsymbol{x}-\boldsymbol{\mu}_1)\\&=2[\boldsymbol{x}-(\boldsymbol{\mu}_1+\boldsymbol{\mu}_2)]^{\mathrm{T}}\boldsymbol{\Sigma}^{-1}(\boldsymbol{\mu}_1-\boldsymbol{\mu}_2)\\&=2(\boldsymbol{x}-\bar{\boldsymbol{\mu}})^{\mathrm{T}}\boldsymbol{\Sigma}^{-1}(\boldsymbol{\mu}_1-\boldsymbol{\mu}_2)\end{aligned}$$

其中$\bar{\boldsymbol{\mu}}=\frac{1}{2}(\boldsymbol{\mu}_1+\boldsymbol{\mu}_2)$。令

$$W(\boldsymbol{x})=(\boldsymbol{x}-\bar{\boldsymbol{\mu}})^{\mathrm{T}}\boldsymbol{\Sigma}^{-1}(\boldsymbol{\mu}_1-\boldsymbol{\mu}_2) \tag{4.1.5}$$

于是，判别准则（4.1.4）可简化为：

$$\begin{cases}\boldsymbol{x}\in G_1, & 若\ W(\boldsymbol{x})\geqslant 0\\ \boldsymbol{x}\in G_2, & 若\ W(\boldsymbol{x})<0\end{cases} \tag{4.1.6}$$

显然，若记$\boldsymbol{a}=\boldsymbol{\Sigma}^{-1}(\boldsymbol{\mu}_1-\boldsymbol{\mu}_2)$，则$W(x)=\boldsymbol{a}^{\mathrm{T}}(x-\bar{\boldsymbol{\mu}})=\boldsymbol{a}^{\mathrm{T}}x+(-\boldsymbol{a}^{\mathrm{T}}\bar{\boldsymbol{\mu}})$，因此$W(\boldsymbol{x})$是$\boldsymbol{x}$的线性函数，其中的常数项为$(-\boldsymbol{a}^{\mathrm{T}}\bar{\boldsymbol{\mu}})$，通常称$W(\boldsymbol{x})$为线性判别函数。

在实际问题中，两总体的均值$\boldsymbol{\mu}_1$、$\boldsymbol{\mu}_2$与协方差矩阵$\boldsymbol{\Sigma}$通常是未知的，数据资料来自两个总体的训练样品，因此必须由训练样品对$\boldsymbol{\mu}_1$、$\boldsymbol{\mu}_2$、$\boldsymbol{\Sigma}$进行估计。

设取自总体G_1的训练样品为$\boldsymbol{x}_1^{(1)}$，$\boldsymbol{x}_2^{(1)}$，…，$\boldsymbol{x}_{n_1}^{(1)}\in G_1$，取自总体$G_2$的训练样品为$\boldsymbol{x}_1^{(2)}$，$\boldsymbol{x}_2^{(2)}$，…，$\boldsymbol{x}_{n_2}^{(2)}\in G_2$，其中$x$的上标“(1)”、“(2)”分别表示两个总体，即

G_1总体

样品＼变量	x_1	x_2	…	x_p
$\boldsymbol{x}_1^{(1)}$	$x_{11}^{(1)}$	$x_{12}^{(1)}$	…	$x_{1p}^{(1)}$
$\boldsymbol{x}_2^{(1)}$	$x_{21}^{(1)}$	$x_{22}^{(1)}$		$x_{2p}^{(1)}$
⋮	⋮	⋮		⋮
$\boldsymbol{x}_{n_1}^{(1)}$	$x_{n_1,1}^{(1)}$	$x_{n_1,2}^{(1)}$	…	$x_{n_1,p}^{(1)}$
均值	$\overline{x}_1^{(1)}$	$\overline{x}_2^{(1)}$	…	$\overline{x}_p^{(1)}$

G_2总体

样品＼变量	x_1	x_2	…	x_p
$\boldsymbol{x}_1^{(2)}$	$x_{11}^{(2)}$	$x_{12}^{(2)}$	…	$x_{1p}^{(2)}$
$\boldsymbol{x}_2^{(2)}$	$x_{21}^{(2)}$	$x_{22}^{(2)}$		$x_{2p}^{(2)}$
⋮	⋮	⋮		⋮
$\boldsymbol{x}_{n_2}^{(2)}$	$x_{n_2,1}^{(2)}$	$x_{n_2,2}^{(2)}$	…	$x_{n_2,p}^{(2)}$
均值	$\overline{x}_1^{(2)}$	$\overline{x}_2^{(2)}$	…	$\overline{x}_p^{(2)}$

记$\overline{\boldsymbol{x}}^{(i)}=(\overline{x}_1^{(i)},\cdots,\overline{x}_p^{(i)})'$，$i=1,2$，于是两个总体的均值向量与协方差矩阵的估计分别为：

$$\hat{\boldsymbol{\mu}}_i=\frac{1}{n_i}\sum_{t=1}^{n_i}\boldsymbol{x}_t^{(i)}=\overline{\boldsymbol{x}}^{(i)}=(\overline{x}_1^{(i)},\overline{x}_2^{(i)},\cdots,\overline{x}_p^{(i)})^{\mathrm{T}},\quad (i=1,2) \tag{4.1.7}$$

$$\hat{\boldsymbol{\Sigma}}=\boldsymbol{S}=\frac{(n_1-1)\boldsymbol{S}_1+(n_2-1)\boldsymbol{S}_2}{n_1+n_2-2} \tag{4.1.8}$$

其中$S_i=\dfrac{1}{n_i-1}\sum_{t=1}^{n_i}(\boldsymbol{x}_t^{(i)}-\boldsymbol{x}^{(i)})(\boldsymbol{x}_t^{(i)}-\boldsymbol{x}^{(i)})^{\mathrm{T}},i=1,2$，称$\boldsymbol{S}$为混合样本协方差。当$\boldsymbol{\Sigma}_1=\boldsymbol{\Sigma}_2=\boldsymbol{\Sigma}$时，混合样本协方差$\boldsymbol{S}$是总体协方差$\boldsymbol{\Sigma}$的无偏估计。

记$\overline{\boldsymbol{x}}=\dfrac{1}{2}(\overline{\boldsymbol{x}}^{(1)}+\overline{\boldsymbol{x}}^{(2)})$，这样，线性判别函数$W(\boldsymbol{x})$的估计为

$$\hat{W}(\boldsymbol{x})=\left(\boldsymbol{x}-\frac{1}{2}(\overline{\boldsymbol{x}}^{(1)}+\overline{\boldsymbol{x}}^{(2)})\right)^{\mathrm{T}}\boldsymbol{S}^{-1}(\overline{\boldsymbol{x}}^{(1)}-\overline{\boldsymbol{x}}^{(2)}) \tag{4.1.9}$$

于是，两个总体的距离判别准则（4.1.6）化为

$$\begin{cases}\boldsymbol{x}\in G_1, & 若\hat{W}(\boldsymbol{x})\geqslant 0\\ \boldsymbol{x}\in G_2, & 若\hat{W}(\boldsymbol{x})<0\end{cases} \tag{4.1.10}$$

以下举例说明应用式（4.1.10）进行判别的MATLAB程序的编写。

例4.1.2（1989年国际数学竞赛A题：蠓的分类）　蠓是一种昆虫，分为很多类型，其中有一种名为Af，是能传播花粉的益虫；另一种名为Apf，是会传播疾病的害虫。这两种类型的蠓在形态上十分相似，很难区别。现测得6只Apf和9只Af蠓虫的触角长度和翅膀长度数据见表4-1所列。

表4-1　蠓虫的触角和翅膀长度数据表

编号＼样品	Apf		Af		待判样品	
	触角长	翅膀长	触角长	翅膀长	触角长	翅膀长
1	1.14	1.78	1.24	1.72	1.24	1.8
2	1.18	1.96	1.36	1.74	1.28	1.84

（续）

编号＼样品	Apf		Af		待判样品	
	触角长	翅膀长	触角长	翅膀长	触角长	翅膀长
3	1.20	1.86	1.38	1.64	1.4	2.04
4	1.26	2.00	1.38	1.82		
5	1.28	2.00	1.38	1.90		
6	1.30	1.96	1.40	1.70		
7			1.48	1.82		
8			1.54	1.82		
9			1.56	2.08		

若两类蠓虫协方差矩阵相等，试判别待判的三个蠓虫属于哪一类。

解：按照两总体的距离判别法，直接编写程序。假定两类蠓虫分属两个总体，且两总体的协方差矩阵相等，根据判别准则式（4.1.10），源程序如下。

```
clear
apf=[1.14,1.78;1.18,1.96;1.20,1.86;1.26,2.;1.28,2;1.30,1.96];     % 总体 apf
af=[1.24,1.72;1.36,1.74;1.38,1.64;1.38,1.82;1.38,1.90;1.40,1.70;1.48,1.82;1.54,1.82;1.56,2.08];
                                                         % 总体 af
x=[1.24,1.8;1.28,1.84; 1.4,2.04];                        % 输入原始待判数据
n1=size(apf,1);                                          % 总体 apf 的样本容量
n2=size(af,1);                                           % 总体 af 的样本容量
m1=mean(apf);                                            % 总体 apf 的均值向量
m2=mean(af);                                             % 总体 af 的均值向量
s1=cov(apf);                                             % 总体 apf 的协方差
s2=cov(af);                                              % 总体 af 的协方差
s=((n1-1)*s1+(n2-1)*s2)/(n1+n2-2);                       % 计算混合样本协方差矩阵
a=(m1-m2)*inv(s)                                         % 按式(4.1.9)计算线性判别函数的系数
wc=-1/2*(m1+m2)*a'                                       % 按式(4.1.9)计算线性判别函数的常数项
for i=1:3
    W(i)=(x(i,:)-1/2*(m1+m2))*inv(s)*(m1-m2)';           % 计算判别函数值
end
```

输出结果为：

```
a =
  -58.2364   38.0587
wc =
    5.8715
W =
    2.1640    1.3568    1.9802
```

所以，线性判别函数估计为$\hat{W}(x_1, x_2)=-58.2364x_1+38.0587x_2+5.8715$，三个样品的判别函数值分别为 $W(1.24, 1.8)=2.1640>0$、$W(1.28, 1.84)=1.3568>0$、$W(1.4, 2.04)=1.9802>0$，由判别准则式（4.1.10）可知，三只蠓虫均属于 Apf 类。

2. **两个总体协方差矩阵不相等的情况**

设 $\boldsymbol{\Sigma}_1\neq\boldsymbol{\Sigma}_2$，由式（4.1.2），样品 $\boldsymbol{x}$ 到两个总体 G_1、G_2 的马氏距离平方分别为

$$d_1^2(\boldsymbol{x})=d^2(\boldsymbol{x},G_1)=(\boldsymbol{x}-\boldsymbol{\mu}_1)^{\mathrm{T}}\boldsymbol{\Sigma}_1^{-1}(\boldsymbol{x}-\boldsymbol{\mu}_1)$$
$$d_2^2(\boldsymbol{x})=d^2(\boldsymbol{x},G_2)=(\boldsymbol{x}-\boldsymbol{\mu}_2)^{\mathrm{T}}\boldsymbol{\Sigma}_2^{-1}(\boldsymbol{x}-\boldsymbol{\mu}_2)$$

令

$$
\begin{aligned}
W(\boldsymbol{x}) &= d^2(\boldsymbol{x},G_2)-d^2(\boldsymbol{x},G_1)\\
&=(\boldsymbol{x}-\boldsymbol{\mu}_2)\mathrm{T}\boldsymbol{\Sigma}_2^{-1}(\boldsymbol{x}-\boldsymbol{\mu}_2)-(\boldsymbol{x}-\boldsymbol{\mu}_1)^{\mathrm{T}}\boldsymbol{\Sigma}_1^{-1}(\boldsymbol{x}-\boldsymbol{\mu}_1)
\end{aligned}
\tag{4.1.11}
$$

此时，判别准则（4.1.4）可化为

$$
\begin{cases}\boldsymbol{x}\in G_1, & 若\ W(\boldsymbol{x})\geqslant 0\\ \boldsymbol{x}\in G_2, & 若\ W(\boldsymbol{x})<0\end{cases}
\tag{4.1.12}
$$

显然，式（4.1.11）中 $W(\boldsymbol{x})$ 是 $\boldsymbol{x}$ 的二次函数，称为二次判别函数。

在实际问题中，由于 $\boldsymbol{\mu}_1$、$\boldsymbol{\mu}_2$、$\boldsymbol{\Sigma}_1$、$\boldsymbol{\Sigma}_2$ 通常是未知的，可用各总体的训练样本做估计，即分别以 $\overline{\boldsymbol{x}}^{(1)}$、$\overline{\boldsymbol{x}}^{(2)}$ 估计 $\boldsymbol{\mu}_1$、$\boldsymbol{\mu}_2$，$\boldsymbol{S}_1$、$\boldsymbol{S}_2$ 估计 $\boldsymbol{\Sigma}_1$、$\boldsymbol{\Sigma}_2$，利用式（4.1.7）和式（4.1.8），得到 $d_1^2(\boldsymbol{x})$、$d_2^2(\boldsymbol{x})$ 和判别函数 $W(\boldsymbol{x})$ 的估计分别为：

$$
\hat{d}_1^2(\boldsymbol{x})=(\boldsymbol{x}-\overline{\boldsymbol{x}}^{(1)})^{\mathrm{T}}\boldsymbol{S}_1^{-1}(\boldsymbol{x}-\overline{\boldsymbol{x}}^{(1)})
\tag{4.1.13}
$$

$$
\hat{d}_2^2(\boldsymbol{x})=(\boldsymbol{x}-\overline{\boldsymbol{x}}^{(2)})^{\mathrm{T}}\boldsymbol{S}_2^{-1}(\boldsymbol{x}-\overline{\boldsymbol{x}}^{(2)})
\tag{4.1.14}
$$

$$
\hat{W}(\boldsymbol{x})=(\boldsymbol{x}-\overline{\boldsymbol{x}}^{(2)})^{\mathrm{T}}S_2^{-1}(\boldsymbol{x}-\overline{\boldsymbol{x}}^{(2)})-(\boldsymbol{x}-\overline{\boldsymbol{x}}^{(1)})^{\mathrm{T}}S_1^{-1}(\boldsymbol{x}-\overline{\boldsymbol{x}}^{(1)})
\tag{4.1.15}
$$

则判别准则（4.1.12）具体化为

$$
\begin{cases}\boldsymbol{x}\in G_1, & 若\ \hat{W}(\boldsymbol{x})\geqslant 0\\ \boldsymbol{x}\in G_2, & 若\ \hat{W}(\boldsymbol{x})<0\end{cases}
\tag{4.1.16}
$$

注意，判别函数是二次函数。

例 4.1.3 对例 4.1.2 的数据，假定两类总体的协方差矩阵不相等，重新判别上述三个蠓虫的类别。

解：根据题意假设，按照式（4.1.16）的判别准则，源程序如下。

```
clear
apf=[1.14,1.78; 1.18,1.96;1.20,1.86;1.26,2.;1.28,2;1.30,1.96];
af=[1.24,1.72;1.36,1.74;1.38,1.64;1.38,1.82;1.38,1.90;1.40,1.70;1.48,1.82;1.54,1.82;1.56,2.08];
x=[1.24,1.8;1.28,1.84;1.4,2.04];                % 输入待判样品数据
W=mahal(x,apf)-mahal(x,af)                      % 按式(4.1.15)计算二次判别函数值
```

输出结果为：

```
W =

            1.7611
            3.8812
            3.6468
```

结果表明，三个待判样品的二次判别函数值分别为 $W(\boldsymbol{x}_1)=1.7611>0$、$W(\boldsymbol{x}_2)=3.8812>0$、$W(\boldsymbol{x}_3)=1.7611>0$，由判别准则（4.1.16）可知，三个蠓虫均属于 Af 类。

比较例 4.1.2 与例 4.1.3 的判别结果大相径庭，由此我们不禁要问究竟哪个结果是合理的？问题的关键在于：两类蠓虫总体的协方差矩阵是否相等？在 2.2 节中，我们介绍了两个总体协方差矩阵相等的检验方法，依据这一方法，对于例 4.1.2 的样本数据，检验协方差矩阵是否相等的源程序如下：

```
n1=6;n2=9;p=2;
s=((n1-1)*s1+(n2-1)*s2)/(n1+n2-2);                          % 计算混合样本方差
Q1=(n1-1)*(log(det(s))-log(det(s1))-p+trace(inv(s)*s1));
Q2=(n2-1)*(log(det(s))-log(det(s2))-p+trace(inv(s)*s2));    % 计算检验统计量观测值
```

输出结果为：

```
Q1= 2.5784,Q2= 0.7418
```

给定 $\alpha=0.05$，查表得到临界值 $\chi^2_{1-\alpha}(3)=7.8147$(命令 chi2inv(0.95，3))，由于 $Q_1<7.8147$、$Q_2<7.8147$，故认为两类总体协方差矩阵相同。因此例 4.1.2 的求解结果更合理。

因此，在进行距离判别时，首先要检验各总体的协方差矩阵是否相等，从而确定是采用线性判别函数还是二次判别函数。

3. 判别分析的 MATLAB 命令

在 MATLAB 中，对未知类别的样品进行判别的函数命令是 classify，该函数可以进行距离判别和先验分布为正态分布的贝叶斯判别。其典型调用格式如下：

```
[class,err,POSTERIOR,logp,coeff]= classify(sample,training,group, 'type', prior)
```

将 sample 中的每一个观测归入 training 中观测所在的某个组。其中，输入参数 sample 是待判别的样本数据矩阵，training 是用于构造判别函数的训练样本数据矩阵，它们的每一行对应一个观测，每一列对应一个变量，sample 和 training 具有相同的列数，group 是与 training 相应的分组变量，group 和 training 具有相同的行数，group 中的每一个元素指定了 training 中相应观测所在的组。参数 type 指定判别函数的类型，type 的可能取值见表 4-2。prior 参数指定各组的先验概率，默认情况下，各组先验概率相等。

输出参数：class 是一个列向量，用来指定 sample 中各观测所在的组，class 与 group 具有相同的数据类型；err 是返回基于 training 数据的误判概率的估计值，POSTERIOR 返回后验概率估计值矩阵，第 i 行第 j 列元素是第 i 个观测属于第 j 个组的后验概率的估计值，当输入参数 type 的值为 'mahalanobis' 时，classify 函数不计算后验概率，即返回的 POSTERIOR 为“[]”；logp 返回输入参数 sample 中各观测的无条件概率密度的对数估计值向量；coeff 返回包含组与组之间边界信息（即边界方程的系数）的结构体数组。

在调用 classify 函数时，输入参数 sample、training、group 必须有，其余两个参数可以选择默认，输出参数 class 必须有，其余参数可根据情况选择是否设定。

表 4-2　判别函数的类型

type 的取值	说明
'linear'	线性判别函数（默认情况），各组的先验分布均为协方差矩阵相同的 p 维正态分布，此时由样本得出协方差矩阵的联合估计
'diaglinear'	与'linear'类似，此时用一个对角矩阵作为协方差矩阵的估计
'quadratic'	二次判别函数。假定各组的先验分布均为 p 维正态分布，但是协方差矩阵并不完全相同。此时分别得出各个协方差矩阵的估计
'diagquadratic'	与 'quadratic'类似，此时用对角矩阵作为各个协方差矩阵的估计
'mahalanobis'	各组的协方差矩阵不全相等并未知时的距离判别，此时分别得出各组的协方差阵的估计

例 4.1.4　直接调用 MATLAB 的判别分析命令 classify，判别例 4.1.2 中待判的三个蠓虫属于哪一类。

解：对于两个总体的协方差矩阵，分别讨论相等与不相等两种情形。

1）假设两个总体协方差矩阵相等，此时选用线性判别函数，参数 type 取为 'linear'，程序如下。

```
clear
apf=[1.14,1.78;1.18,1.96;1.20,1.86;1.26,2.;1.28,2;1.30,1.96];        % 总体 apf
af=[1.24,1.72;1.36,1.74;1.38,1.64;1.38,1.82;1.38,1.90;1.40,1.70;1.48,1.82;1.54,1.82;1.
56,2.08];                                                        % 总体 Af
training=[apf;af];                                               % 合并两个总体形成训练集
n1=size(apf,1);                                                  % 总体 Apf 中样本的行数
n2=size(af,1);                                                   % 总体 Af 中样本的行数
group=[ones(n1,1); 2*ones(n2,1)];                                % Apf 中样本类属为 1、Af 中样本类属
为 2
x=[1.24,1.8;1.28,1.84; 1.4,2.04];                                % 输入原始待判数据即 sample
[class,err,POSTERIOR,logp,coeff ]= classify(x, training,group, 'linear');
                                                                 % 线性判别分析
class                                                            % 显示分类结果
wc=coeff(1,2).const                                              % 线性判别函数常数项
a= coeff(1,2).linear                                             % 线性判别函数系数
```

输出结果为：

```
class=1
      1
      1
wc= 5.8715
a =
  -58.2364
   38.0587
```

由 ***class*** 的结果知三只蠓虫均属于 Apf 类，且线性判别函数为

$$\hat{W}(x_1,x_2)=-58.2364x_1+38.0587x_2+5.8715$$

2）假设两个总体协方差矩阵不相等，此时选用二次判别函数，参数 type 取为'mahalanobis'，将 1）中的判别命令改写为：

```
[class2 ,err2,POSTERIOR2,logp2,coeff2]=classify(x,training,group,'mahalanobis');
                                                                 % 二次判别函数
class2
```

程序运行结果为：

```
class2 =
       2
       2
       2
```

可见，判别结果是三只蠓虫均属于 Af 类，这一结果与例 4.1.3 结果相同。结果也是不合理的，原因就是两个总体的协方差矩阵相等，因此，在调用判别分析命令时，对参数 type 取值事先也要认真分析。

4.1.4 多个总体的距离判别分析

设有 k 个总体 G_1，G_2，…，G_k，均值向量分别为 $\boldsymbol{\mu}_1$，$\boldsymbol{\mu}_2$，…，$\boldsymbol{\mu}_k$，协方差矩阵分别为 $\boldsymbol{\Sigma}_1$，$\boldsymbol{\Sigma}_2$，…，$\boldsymbol{\Sigma}_k$。对于待判别的样品 $\boldsymbol{x}$，计算其到各总体的马氏距离，若存在第 m 个总体使得

$$d(\boldsymbol{x},G_m)=\min_{1\leqslant i\leqslant k}d(\boldsymbol{x},G_i) \tag{4.1.17}$$

则判别样品 $\boldsymbol{x}$ 属于第 m 个总体。类似于两个总体的判别，对于多个总体的协方差矩阵也应首先检验是否相等，具体检验方法参考 2.2.2 节。

1. 总体协方差矩阵相等时的判别

设有 k 个总体 G_1，G_2，…，G_k，均值向量分别为 $\boldsymbol{\mu}_1$，$\boldsymbol{\mu}_2$，…，$\boldsymbol{\mu}_k$，协方差矩阵分别为 $\boldsymbol{\Sigma}_1$，$\boldsymbol{\Sigma}_2$，…，$\boldsymbol{\Sigma}_k$。若 $\boldsymbol{\Sigma}_1=\boldsymbol{\Sigma}_2=\cdots=\boldsymbol{\Sigma}_k=\boldsymbol{\Sigma}$，由式（4.1.2）可知新样品 $\boldsymbol{x}$ 到 G_j 和 G_i 的马氏距离的平方差为：

$$d^2(\boldsymbol{x},G_j)-d^2(\boldsymbol{x},G_i)=2\left[\boldsymbol{x}-\frac{1}{2}(\boldsymbol{\mu}_i+\boldsymbol{\mu}_j)\right]^{\mathrm{T}}\boldsymbol{\Sigma}^{-1}(\boldsymbol{\mu}_i-\boldsymbol{\mu}_j)$$

令判别函数

$$W_{ij}(\boldsymbol{x})=\left[\boldsymbol{x}-\frac{1}{2}(\boldsymbol{\mu}_i+\boldsymbol{\mu}_j)\right]^{\mathrm{T}}\boldsymbol{\Sigma}^{-1}(\boldsymbol{\mu}_i-\boldsymbol{\mu}_j) \tag{4.1.18}$$

则 $\boldsymbol{x}$ 到 G_i 的距离最小等价于对所有的 j（$j\neq i$），有 $W_{ij}(\boldsymbol{x})>0$。

由于总体的均值向量与协方差矩阵是未知的，所以用样本的均值和协方差矩阵代替。设 $\boldsymbol{x}_1^{(j)}$，$\boldsymbol{x}_2^{(j)}$，…，$\boldsymbol{x}_{n_j}^{(j)}$ 是取自总体 $G_j(j=1,2,\cdots,k)$ 的训练样本，记

$$\overline{\boldsymbol{x}}^{(j)}=\frac{1}{n_j}\sum_{i=1}^{n_j}\boldsymbol{x}_i^{(j)}\quad(j=1,2,\cdots,k) \tag{4.1.19}$$

$$\boldsymbol{S}_j=\frac{1}{n_j-1}\sum_{i=1}^{n_j}(\boldsymbol{x}_i^{(j)}-\overline{\boldsymbol{x}}^{(j)})(\boldsymbol{x}_i^{(j)}-\overline{\boldsymbol{x}}^{(j)})^{\mathrm{T}}\quad(j=1,2,\cdots,k) \tag{4.1.20}$$

$$\boldsymbol{S}=\sum_{j=1}^{k}(n_j-1)\boldsymbol{S}_j/(n-k) \tag{4.1.21}$$

于是得到判别函数 $W_{ij}(\boldsymbol{x})$ 的估计为

$$\hat{W}_{ij}(\boldsymbol{x})=\left[\boldsymbol{x}-\frac{1}{2}(\overline{\boldsymbol{x}}^{(i)}+\overline{\boldsymbol{x}}^{(j)})\right]^{\mathrm{T}}S^{-1}(\overline{\boldsymbol{x}}^{(i)}-\overline{\boldsymbol{x}}^{(j)}) \tag{4.1.22}$$

判别准则为：对所有的 $j(j\neq i)$，$\hat{W}_{ij}(\boldsymbol{x})>0$，则判别 $\boldsymbol{x}\in G_i$。

例 4.1.5　依据例 2.2.3 中表 2-7 的身体指标的化验数据，对三个待判样品

$$(190,67,30,17),(315,100,35,19),(240,60,37,18)$$

进行判别归类。

解：根据例 2.2.3 的结论，可以认为三类总体协方差矩阵相等。程序如下：

```
clear
A=[260  75  40  18  310  122  30  21  320  64  39  17;
200  72  34  17  310  60  35  18  260  59  37  11;
……                                                          % 省略了数据
260  135  39  29  280  40  37  17  250  117  36  16];
G1=A(:,1:4);G2=A(:,5:8);G3=A(:,9:12);                       % 三类总体数据
x=[190 67 30 17;315 100 35 19;240 60 37 18];                % 待判定的 3 个样品
m(1,:)=mean(G1);m(2,:)=mean(G2);m(3,:)=mean(G3);            % 计算三个总体的样本均值
n1=size(G1,1); n2=size(G2,1); n3=size(G3,1);
s1=cov(G1);s2=cov(G2);s3=cov(G3);                           % 计算三个总体的样本协方差矩阵
s=((n1-1)*s1+(n2-1)*s2+(n3-1)*s3)/(n1+n2+n3-3);             % 计算混合样本协方差
for i=1:3                                                   % 对三个待判样品逐个判别
  for j=1:3                                                 % 第 j 个总体
    for k=1:3                                               % 第 k 个总体
        w(j,k)=(x(i,:)-1/2*(m(j,:)+m(k,:)))*inv(s)*(m(j,:)-m(k,:))';
                                                            % 计算判别函数
        if w(j,k)< 0
          q=0; break;           % 对于 j,某个 k,使 w(j,k)<0,判别 x(i)不属于 Gj 类
        else
          q=1;                  % 对于 j,所有的 k,使 w(j,k)>=0,判别 x(i)属于 Gj 类
```

```
            end
        end
          if q==1
              y(i)=j;                        % 第i个样品属于第j类,结果记在y数组中
          end
      end
    end
y
```

输出结果：

```
y = 1    3    2
```

结果表明，三个待判样品（190，67，30，17）、（315，100，35，19）、（240，60，37，18）分别属于 G_1、G_3 和 G_2 类。

若直接调用 MATLAB 的判别分析命令 classify，程序如下：

```
A= [...];                                   % 原始数据
G1=A(:,1:4);G2=A(:,5:8);G3=A(:,9:12);       % 三类总体数据
x=[190 67 30 17;315 100 35 19;240 60 37 18]; % 待判定的3个样品
n1=size(G1,1); n2=size(G2,1); n3=size(G3,1);
group=[ones(n1,1); 2*ones(n2,1);3* ones(n3,1)];
[class ,err,POSTERIOR,logp,coeff ]= classify(x,[G1;G2;G3],group, 'linear') ;
class
```

输出结果：

```
class =
     1
     3
     2
```

三个待判样品分别归为 G_1、G_3、G_2 类。

2. 总体协方差矩阵不全相等时的判别

此时，样品 $\boldsymbol{x}$ 到各个总体 $G_i(i=1,2,\cdots,k)$ 的马氏距离平方分别为：

$$d^2(\boldsymbol{x},G_i)=(\boldsymbol{x}-\boldsymbol{\mu}_i)^{\mathrm{T}}\boldsymbol{\Sigma}_i^{-1}(\boldsymbol{x}-\boldsymbol{\mu}_i) \tag{4.1.23}$$

判别准则为：$\min\limits_{1\leqslant i\leqslant k}d(\boldsymbol{x},G_i)=d(\boldsymbol{x},G_m)$，则判 $\boldsymbol{x}\in G_m$。

在实际情况中，用训练样本对总体作估计。得到二次判别函数 $d^2(\boldsymbol{x},G_i)$ 的估计：

$$d^2(\boldsymbol{x},G_i)=(\boldsymbol{x}-\overline{\boldsymbol{x}}^{(i)})^{\mathrm{T}}S_i^{-1}(\boldsymbol{x}-\overline{\boldsymbol{x}}^{(i)}),\quad i=1,2,\cdots,k$$

若

$$d^2(\boldsymbol{x},G_j)=\min_{1\leqslant i\leqslant k}d^2(\boldsymbol{x},G_i) \tag{4.1.24}$$

则判别 $\boldsymbol{x}\in G_j$。

4.2 判别准则的评价

当一个判别准则提出以后，还要研究它的优良性，即考查它的误判率。以训练样本为基础的误判率的估计思想：若属于 G_1 的样品被误判为属于 G_2 的个数为 N_1，属于 G_2 的样品被误判为属于 G_1 的个数为 N_2，两类总体的样品总数为 N，则误判率 p 的估计为：

$$\hat{p}=\frac{N_1+N_2}{N}$$

针对具体情况，通常采用回代法和交叉法进行误判率的估计。

1. 回代误判率

设 G_1、G_2 为两个总体，$\boldsymbol{x}_1$，$\boldsymbol{x}_2$，…，$\boldsymbol{x}_m$ 和 $\boldsymbol{y}_1$，$\boldsymbol{y}_2$，…，$\boldsymbol{y}_n$ 是分别来自 G_1、G_2 的训练样本，以全体训练样本作为 $m+n$ 个新样品，逐个代入已建立的判别准则中判别其归属，这个过程称为回判。回判结果中若属于 G_1 的样品被误判为属于 G_2 的个数记为 $N_{1,2}$，属于 G_2 的样品被误判为属于 G_1 的个数记为 $N_{2,1}$，则误判率估计为：

$$\hat{p}=\frac{N_{1,2}+N_{2,1}}{m+n} \tag{4.2.1}$$

回代法是易于估计误判率的。但是，$\hat{p}$是由建立判别函数的数据反过来用作评估准则的数据而得到的。因此$\hat{p}$作为真实误判率的估计是有偏的，往往比真实误判率小。当训练样本容量较大时，$\hat{p}$可以作为真实误判率的一种估计，具有一定的参考价值。

2. 交叉误判率

交叉误判率估计是每次剔除一个样品，利用其余的 $m+n-1$ 个训练样本建立判别准则，再用所建立的准则对删除的样品进行判别。对训练样本中每个样品都作如上分析，以其误判的比例作为误判率，具体步骤如下：

1）从总体 G_1 的训练样本开始，剔除其中一个样品，剩余的 $m-1$ 个样品与 G_2 中的全部样品建立判别函数。

2）用建立的判别函数对剔除的样品进行判别。

3）重复步骤 1、2，直到 G_1 中的全部样品依次被删除，又进行判别。其误判的样品个数记为 N_1^*。

4）对 G_2 的样品重复步骤 1、2、3，直到 G_2 中的全部样品依次被删除又进行判别，其误判的样品个数记为 N_2^*。

于是交叉误判率估计为

$$\hat{p}^*=\frac{N_1^*+N_2^*}{m+n} \tag{4.2.2}$$

用交叉法估计真实误判率是较为合理的。

例 4.2.1　根据表 4-3 数据，判别两类总体的协方差矩阵是否相等，然后用马氏距离判别未知地区的类别，并计算回代误判率与交叉误判率。

表 4-3　各地区农、林、牧、渔各业数据

类别	农	林	牧	渔	类别	农	林	牧	渔
1	503.1	21.8	332.3	188.5	1	665.7	51.9	480.3	85.2
1	405.9	11.3	236.4	5.8	1	817.9	56.8	423.2	390.1
1	450.6	15.7	224.6	20.1	1	439.9	39.4	292.3	101.2
1	529.5	73.7	195.9	308.8	1	769.9	50.9	605	41
1	688	66.2	371.6	132.3	2	89.7	9.5	105.2	9.6
1	433.2	82.3	215.5	330.5	2	86.7	1.5	60.8	20.6
1	405.9	54	226.1	104.3	2	95.5	3.5	88.4	40.1
1	658.3	27.1	352.6	134.8	2	191.3	12.3	96.3	1.7

（续）

类别	农	林	牧	渔	类别	农	林	牧	渔
2	307.6	26.1	216.2	6	2	348.8	10.1	134	3.9
2	141.3	43.3	58.2	82.3	2	899.4	34	685.9	61.2
2	250.4	11.2	154.4	15.2	2	1 142.7	30.8	448.5	334.2
2	337.4	23.6	114.1	3.8	x_1（待判）	431.3	47.2	210.6	14.4
2	254	8.6	80.9	1.1	x_2（待判）	140 1.3	47.2	654.7	350.7
2	28.9	1.8	32.5	0.1	x_3（待判）	133 1.6	57	693.8	20.4
2	49.4	3.5	30.3	2.1	x_4（待判）	279.9	15.1	118.5	5.1

解：首先判断两组数据协方差是否相等，再建立判别准则，计算回代和交叉误判率。程序如下。

```
clear
% 输入两类总体数据
a=[503.1,21.8,332.3,188.5;405.9,11.3,236.4,5.8;450.6,15.7,224.6,20.1;529.5,73.7,195.9,
308.8;688,66.2,371.6,132.3;433.2,82.3,215.5,330.5;405.9,54,226.1,104.3;658.3,27.1,352.6,
134.8;665.7,51.9,480.3,85.2;817.9,56.8,423.2,390.1;439.9,39.4,292.3,101.2;769.9,50.9,
6 05,41];
b=[89.7,9.5,105.2,9.6;86.7,1.5,60.8,20.6;95.5,3.5,88.4,40.1;191.3,12.3,96.3,1.7;307.6,
26.1,216.2,6;141.3,43.3,58.2,82.3;250.4,11.2,154.4,15.2;337.4,23.6,114.1,3.8;254,8.6,80.
9,1.1;28.9,1.8,32.5,0.1;49.4,3.5,30.3,2.1;348.8,10.1,134,3.9;899.4,34,685.9,61.2;1142.7,
30.8,448.5,334.2];
x=[ 431.30     47.20     210.60     14.40
    1401.30    47.20     654.70     350.70
    1331.60    57.00     693.80     20.40
    279.90     15.10     118.50     5.10];                        % 待判样品数据
n1=length(a(:,1));   n2=length(b(:,1));                            % 两个样本的容量
s1=cov(a); s2=cov(b);                                              % 两个样本的协方差
p=4;
s=((n1-1)*s1+(n2-1)*s2)/(n1+n2-2);                                 % 混合样本的协方差
q1=(n1-1)*(log(det(s))-log(det(s1))-p+trace(inv(s)*s1));
q2=(n2-1)*(log(det(s))-log(det(s2))-p+trace(inv(s)*s2));           % 检验统计量
if  (q1< chi2inv(0.95,p*(p+1)/2))&(q2< chi2inv(0.95, p*(p+1)/2));
   disp('协方差矩阵相同,判别函数值为:')
      for i=1:4
      D(i)=(x(i,:)-mean(a))*inv(s)*(x(i,:)-mean(a))'-(x(i,:)-mean(b))*inv(s)*(x(i,:)-mean(b))';
      end
      D                                                            % 输出判别函数值
else
      disp('协方差矩阵不相同')                                     % 验证两总体的协方差矩阵相同
end
```

程序运行结果：

```
协方差矩阵相同,判别函数值为:
D =
   -1.2313   -4.7511   -4.8792    4.0777
```

由D结果，根据判别准则可得：x1、x2、x3属于第1类，x4属于第2类。

```
% 计算回代误判率,程序如下
for i=1:n1
     d11(i)=(a(i,:)-mean(a))*inv(s)*(a(i,:)-mean(a))'-(a(i,:)-mean(b))*inv(s)*(a
```

```
        (i,:)-mean(b))';
end
for i=1:n2
        d22(i)=(b(i,:)-mean(b))*inv(s)*(b(i,:)-mean(b))'-(b(i,:)-mean(a))*inv(s)*(b
        (i,:)-mean(a))';
end
n12=length(find(d11>0));                    % 第1类回代误判的样品个数
n21=length(find(d22>0));                    % 第2类回代误判的样品个数
p0=(n12+n21)/(n1+n2)                        % 由式(4.2.1)计算回代误判率
```

%计算交叉误判率，源程序如下

```
for i=1:n1
        A=a([1:i-1,i+1:n1],:);
        n1=length(A(:,1));n2=length(b(:,1));
        s1=cov(A);s2=cov(b);p=4;
        s=((n1-1)*s1+(n2-1)*s2)/(n1+n2-2);
        D11(i)=(a(i,:)-mean(A))*inv(s)*(a(i,:)-mean(A))'-(a(i,:)-mean(b))*inv(s)*(a
        (i,:)-mean(b))';
end
for i=1:n2
        B=b([1:i-1,i+1:n2],:);
        n1=length(a(:,1));n2=length(B(:,1));
        s1=cov(A);s2=cov(B);
        p=4;
        s=((n1-1)*s1+(n2-1)*s2)/(n1+n2-2);      % 计算判别函数
        D22(i)=(b(i,:)-mean(B))*inv(s)*(b(i,:)-mean(B))'-(b(i,:)-mean(a))*inv(s)*(b
        (i,:)-mean(a))';
end
N11=length(find(D11>0));                    % 第1类交叉误判的样品个数
N22=length(find(D22>0));                    % 第2类交叉误判的样品个数
p1=(N11+N22)/(n1+n2)                        % 由式(4.2.2)计算交叉误判率
```

输出结果：

```
p0 =0.1923
p1= 0.2400
```

在本例中，回代误判率是0.19230，交叉误判率是0.2400。两个误判率都比较小，由此可见该判别准则是有效的。

4.3 贝叶斯判别分析

距离判别只要求知道总体的数字特征，不涉及总体的分布函数。当参数和协方差未知时，就用样本的均值和协方差矩阵来估计。距离判别方法简单实用，但它没有考虑每个总体出现的机会大小（先验概率），也没有考虑到错判的损失，为了解决这两个问题，人们引入贝叶斯判别。下面，我们先介绍两个总体的贝叶斯判别法。

4.3.1 两个总体的贝叶斯判别

1. 任意分布总体的一般讨论

考虑两个 p 维总体 G_1、G_2 分别具有概率密度函数 $f_1(\boldsymbol{x})$、$f_2(\boldsymbol{x})$，又设 G_1、G_2 出现的先验概率为

$$p_1 = P(G_1), p_2 = P(G_2)$$

其中 $p_1 + p_2 = 1$。

当取得新样品 $\boldsymbol{x}=(x_1, x_2, \cdots, x_p)^{\mathrm{T}}$ 后，根据贝叶斯公式 G_1、G_2 的后验概率分别为

$$P(G_1 \mid \boldsymbol{x}) = \frac{p_1 f_1(\boldsymbol{x})}{p_1 f_1(\boldsymbol{x}) + p_2 f_2(\boldsymbol{x})}, P(G_2 \mid \boldsymbol{x}) = \frac{p_2 f_2(\boldsymbol{x})}{p_1 f_1(\boldsymbol{x}) + p_2 f_2(\boldsymbol{x})} \tag{4.3.1}$$

因此，两个总体的贝叶斯判别准则为：

$$\begin{cases} \boldsymbol{x} \in G_1, & 若\ P(G_1 \mid \boldsymbol{x}) \geqslant P(G_2 \mid \boldsymbol{x}) \\ \boldsymbol{x} \in G_2, & 若\ P(G_1 \mid \boldsymbol{x}) < P(G_2 \mid \boldsymbol{x}) \end{cases} \tag{4.3.2}$$

2. 两个正态总体的贝叶斯判别

(1) 两个总体协方差矩阵相等的情形

设总体 G_1、G_2 的协方差矩阵相等且为 $\boldsymbol{\Sigma}$，概率密度函数为

$$f_j(\boldsymbol{x}) = \frac{1}{(2\pi)^{p/2} |\boldsymbol{\Sigma}|^{1/2}} \exp\{-\frac{1}{2}(\boldsymbol{x}-\boldsymbol{\mu}_j)^{\mathrm{T}} \boldsymbol{\Sigma}^{-1} (\boldsymbol{x}-\boldsymbol{\mu}_j)\}, \quad j = 1,2$$

总体 G_1、G_2 的先验概率 $p_1=P(G_1)$，$p_2=P(G_2)$（$p_1+p_2=1$），则基于两个正态总体误判损失相等的贝叶斯判别准则为

$$\begin{cases} \boldsymbol{x} \in G_1, & 当\ w_1(\boldsymbol{x}) \geqslant w_2(\boldsymbol{x}) \\ \boldsymbol{x} \in G_2, & 当\ w_1(\boldsymbol{x}) < w_2(\boldsymbol{x}) \end{cases} \tag{4.3.3}$$

其中 $w_j(\boldsymbol{x})=(\overline{\boldsymbol{x}}^{(j)})^{\mathrm{T}}\boldsymbol{\Sigma}^{-1}\boldsymbol{x}-\frac{1}{2}(\overline{\boldsymbol{x}}^{(j)})^{\mathrm{T}}\boldsymbol{\Sigma}^{-1}\overline{\boldsymbol{x}}^{(j)}+\ln p_j$，$j=1, 2$

而基于两个正态总体后验概率的贝叶斯判别准则为

$$\begin{cases} \boldsymbol{x} \in G_1, & 当\ d_1^2(\boldsymbol{x}) \leqslant d_2^2(\boldsymbol{x}) \\ \boldsymbol{x} \in G_2, & 当\ d_1^2(\boldsymbol{x}) > d_2^2(\boldsymbol{x}) \end{cases} \tag{4.3.4}$$

其中 $d_j^2(\boldsymbol{x})=(\boldsymbol{x}-\overline{\boldsymbol{x}}^{(j)})^{\mathrm{T}}\boldsymbol{\Sigma}^{-1}(\boldsymbol{x}-\overline{\boldsymbol{x}}^{(j)})-2\ln p_j$，$j=1, 2$

在实际问题中，关于先验概率 p_1、p_2，通常用下列两种方式选取：

1）采用等概率选取，即 $p_1=p_2=\frac{1}{2}$

2）按训练样本的容量 n_1，n_2 的比例选取，即

$$p_1 = \frac{n_1}{n_1+n_2}, \quad p_2 = \frac{n_2}{n_1+n_2}$$

由于 $\boldsymbol{\mu}_1$、$\boldsymbol{\mu}_2$、$\boldsymbol{\Sigma}$ 通常是未知的，可用各总体的训练样本均值 $\overline{\boldsymbol{x}}^{(1)}$、$\overline{\boldsymbol{x}}^{(2)}$ 估计 $\boldsymbol{\mu}_1$、$\boldsymbol{\mu}_2$，混合样本方差 S 估计 $\boldsymbol{\Sigma}$。

显然，当 $p_1=p_2=\frac{1}{2}$ 时，在两个正态总体协方差矩阵相同的情况下，由判别准则(4.3.4)可知贝叶斯判别与两总体的距离判别结果是一样的。

例 4.3.1 对例 4.1.2 的三只蠓虫的类别进行贝叶斯判别（假设误判损失相等）。

解：第 1 步，可以验证两个总体服从二元正态分布（第 2 章的正态性检验，读者自证）。

第 2 步，检验两个总体的协方差矩阵相等（见例 4.1.4）。

第 3 步，估计两个总体的先验概率 $\hat{p}_1$、$\hat{p}_2$，这里按样本容量的比例选取。由于 Apf 与 Af 分别为 6 个与 9 个，故估计 Apf 类蠓虫的先验概率 $\hat{p}_1=\frac{6}{6+9}=0.4$，Af 类蠓虫的先验概率 $\hat{p}_2=\frac{9}{6+9}=0.6$。

第 4 步，利用 MATLAB 软件计算。

```
% 输入原始数据
apf=[1.14,1.78; 1.18,1.96;1.20,1.86;1.26,2.;1.28,2;1.30,1.96];
af=[1.24,1.72;1.36,1.74;1.38,1.64;1.38,1.82;1.38,1.90;1.40,1.70;1.48,1.82;1.54,1.82;1.56,2.08];
x=[1.24,1.8;1.28,1.84; 1.4,2.04];                    % 输入待判数据
n1=size(apf,1);
n2=size(af,1);
p1=n1/(n1+n2);
p2=n2/(n1+n2);                                        % 先验概率
m1=mean(apf);m2=mean(af);                             % 样本均值向量
s1=cov(apf);s2=cov(af);                               % 样本协方差矩阵
s=((n1-1)*s1+(n2-1)*s2)/(n1+n2-2);                    % 计算混合样本方差矩阵
for i=1:3
    w1(i)=m1*inv(s)* x(i,:)'-1/2*m1*inv(s)*m1'+log(p1);
    w2(i)=m2*inv(s)*x(i,:)'-1/2*m2*inv(s)*m2'+log(p2);       % 基于误判损失相等的判别函数
    if w1(i)> =w2(i)
          disp(['第',num2str(i),'个蠓虫属于 Apf 类']);
    else
          disp(['第',num2str(i),'个蠓虫属于 Af 类']);
    end
end
```

输出结果：

```
第 1 个蠓虫属于 Apf 类
第 2 个蠓虫属于 Apf 类
第 3 个蠓虫属于 Apf 类
```

(2) 两个总体协方差矩阵不相等的情形

设总体 G_1、G_2 的协方差矩阵不相等，分别为 $\boldsymbol{\Sigma}_1$、$\boldsymbol{\Sigma}_2$，概率密度函数为：

$$f_j(\boldsymbol{x})=\frac{1}{(2\pi)^{p/2}\,|\boldsymbol{\Sigma}_j|^{1/2}}\exp\{-\frac{1}{2}(\boldsymbol{x}-\boldsymbol{\mu}_j)^{\mathrm{T}}\boldsymbol{\Sigma}_j^{-1}(\boldsymbol{x}-\boldsymbol{\mu}_j)\}\quad (j=1,2)$$

则基于两正态总体误判损失相等的贝叶斯判别准则

$$\begin{cases}\boldsymbol{x}\in G_1, & \text{若 } d_1^2(\boldsymbol{x})\leqslant d_2^2(\boldsymbol{x})\\ \boldsymbol{x}\in G_2, & \text{若 } d_1^2(\boldsymbol{x})> d_2^2(\boldsymbol{x})\end{cases}\tag{4.3.5}$$

其中 $$d_j^2(\boldsymbol{x})=(\boldsymbol{x}-\boldsymbol{\mu}_j)^{\mathrm{T}}\boldsymbol{\Sigma}_j^{-1}(\boldsymbol{x}-\boldsymbol{\mu}_j)-\ln|\boldsymbol{\Sigma}_j|-2\ln p_j\quad (j=1,\ 2)$$

下面举例说明贝叶斯判别分析的应用。

例 4.3.2 对破产的企业收集它们在破产前两年的年度财务数据，对财务良好的企业也收集同一时间的数据。数据涉及四个变量，$X_1=CF/TD$（现金流量/总债务）、$X_2=NI/TA$（净收益/总资产）、$X_3=CA/CL$（流动资产/流动债务），以及 $X_4=CA/NS$（流动资产/净销售额），数据见表 4-4。假定两总体 G_1、G_2 均服从四元正态分布，在误判损失相等且先验概率按比例分配的条件下，对待判样本进行贝叶斯判别。

表 4-4 两类企业财务状况数据

G_1（破产企业）				G_2（非破产企业）				待判企业			
X_1	X_2	X_3	X_4	X_1	X_2	X_3	X_4	X_1	X_2	X_3	X_4
−0.45	−0.41	1.09	0.45	0.51	0.10	2.49	0.54	−0.23	−0.30	0.33	0.18
−0.56	−0.31	1.51	0.16	0.08	0.02	2.01	0.53	0.15	0.05	2.17	0.55

（续）

G_1（破产企业）				G_2（非破产企业）				待判企业			
X_1	X_2	X_3	X_4	X_1	X_2	X_3	X_4	X_1	X_2	X_3	X_4
0.06	0.02	1.01	0.40	0.38	0.11	3.27	0.35	−0.28	−0.23	1.19	0.66
−0.07	−0.09	1.45	0.26	0.19	0.05	2.25	0.33	0.48	0.09	1.24	0.18
−0.10	−0.09	1.56	0.67	0.32	0.07	4.24	0.63				
−0.14	−0.07	0.71	0.28	0.12	0.05	2.52	0.69				
0.04	0.01	1.50	0.71	−0.02	0.02	2.05	0.35				
−0.06	−0.06	1.37	0.40	0.22	0.08	2.35	0.40				
−0.13	−0.14	1.42	0.44	0.17	0.07	1.80	0.52				

解：第1步，检验两个总体的协方差矩阵相等。程序如下。

```
A=[-0.45    -0.41    1.09    0.45    0.51    0.10    2.49    0.54
-0.56    -0.31    1.51    0.16    0.08    0.02    2.01    0.53
......
-0.13    -0.14    1.42    0.44    0.17    0.07    1.80    0.52]  % 样本数据
x=[-0.23    -0.30    0.33    0.18
0.15    0.05    2.17    0.55
-0.28    -0.23    1.19    0.66
0.48    0.09    1.24    0.18];                          % 输入原始数据和待判数据
G1=A(:,1:4);G2=A(:,5:8);                                % 输入两类总体数据
m1=mean(G1);                                            % 总体 G1 的均值向量
m2=mean(G2);                                            % 总体 G2 的均值向量
s1=cov(G1);                                             % 总体 G1 的协方差
s2=cov(G2);                                             % 总体 G2 的协方差
n1=size(G1,1);                                          % 总体 G1 的样本数
n2=size(G2,1);                                          % 总体 G2 的样本数
n=n1+n2;                                                % 两个总体合并的样本数
p=4;

s=((n1-1)*s1+(n2-1)*s2)/(n1+n2-2);                      % 计算混合样本方差
Q1=(n1-1)*(log(det(s))-log(det(s1))-p+trace(inv(s)*s1));
Q2=(n2-1)*(log(det(s))-log(det(s2))-p+trace(inv(s)*s2));  % 计算检验统计量观测值
% 判断协方差是否相等
if Q1< chi2inv(0.95,p*(p+1)/2)&&Q2< chi2inv(0.95,p*(p+1)/2)
    disp('两组数据协方差相等');
else
    disp('两组数据协方差不全相等');
end;
```

输出结果：两组数据协方差不全相等。

第2步，根据第1步结论，构造判别函数，得出判别结果。程序如下：

```
p1=n1/n;p2=n2/n;                                        % 计算先验概率
for i=1:4
    d1(i)=mahal(x(i,:),G1)-log(det(s1))-2*log(p1);
    d2(i)=mahal(x(i,:),G2)-log(det(s2))-2*log(p2);      % 计算判别函数
    if d1(i)<=d2(i)
        disp(['第',num2str(i),'个属于破产企业.']);
    else
        disp(['第',num2str(i),'个属于非破产企业.']);
    end
end
```

输出结果：

第1个属于破产企业
第2个属于非破产企业
第3个属于破产企业
第4个属于非破产企业

4.3.2 多个总体的贝叶斯判别

1. 一般讨论

设 p 维总体 G_1、G_2、…、G_k，G_j 的概率密度为 $f_j(\boldsymbol{x})$（$j=1, 2, \cdots, k$），各总体出现的先验概率为

$$p_j = P(G_j) \quad (j = 1,2,\cdots,k)$$

满足 $\sum_{j=1}^{k} p_j = 1$。又由贝叶斯公式，当出现样品 $\boldsymbol{x}$ 时，总体 G_i 的后验概率

$$P(G_i|\boldsymbol{x}) = \frac{p_i f_i(\boldsymbol{x})}{\sum_{j=1}^{k} p_j f_j(\boldsymbol{x})}$$

此时判定 $\boldsymbol{x}$ 来自后验概率最大的那个总体 G_i，这符合贝叶斯统计推断原则。贝叶斯判别准则为：若

$$P(G_i|\boldsymbol{x}) = \max_{1\leqslant j\leqslant k}\{P(G_j|\boldsymbol{x})\} \quad (i = 1,2,\cdots,k) \tag{4.3.6}$$

则判样本 $\boldsymbol{x}\in G_i$。

注：当达到最大后验概率的 G_i 不止一个时，可判为达到最大后验概率的总体的任何一个。

2. 多个正态总体的贝叶斯判别

1）当 $\boldsymbol{\Sigma}_1=\boldsymbol{\Sigma}_2=\cdots=\boldsymbol{\Sigma}_k=\boldsymbol{\Sigma}$ 时，设 $G_j\sim N_p(\boldsymbol{\mu}_j, \boldsymbol{\Sigma})$（$j=1, 2, \cdots, k$），线性判别函数为

$$W_j(\boldsymbol{x}) = \boldsymbol{a}_j^{\mathrm{T}}\boldsymbol{x} + b_j$$

其中

$$\boldsymbol{a}_j^{\mathrm{T}} = \boldsymbol{\mu}_j^{\mathrm{T}}\boldsymbol{\Sigma}^{-1}, b_j = -\frac{1}{2}\boldsymbol{\mu}_j^{\mathrm{T}}\boldsymbol{\Sigma}^{-1}\boldsymbol{\mu}_j + \ln p_j \quad (j = 1,2,\cdots,k)$$

基于误判损失相等的贝叶斯判别准则为：

$$\boldsymbol{x} \in G_i, \quad 若\ W_i(\boldsymbol{x}) = \max_{1\leqslant j\leqslant k}\{W_j(\boldsymbol{x})\} \tag{4.3.7}$$

基于后验概率的贝叶斯判别准则为：

$$\boldsymbol{x} \in G_i, \quad 若\ d_i^2(\boldsymbol{x}) = \min_{1\leqslant j\leqslant k}\{d_j^2(\boldsymbol{x})\} \tag{4.3.8}$$

其中 $d_j^2(\boldsymbol{x})=(\boldsymbol{x}-\boldsymbol{\mu}_j)^{\mathrm{T}}\boldsymbol{\Sigma}^{-1}(\boldsymbol{x}-\boldsymbol{\mu}_j)-2\ln p_j \quad (j=1, 2, \cdots, k)$

在实际问题中，由于 $\boldsymbol{\mu}_1$，$\boldsymbol{\mu}_2$，…，$\boldsymbol{\mu}_k$ 及 $\boldsymbol{\Sigma}$ 未知，可用各总体的训练样本均值 $\overline{\boldsymbol{x}}^{(1)}$，$\overline{\boldsymbol{x}}^{(2)}$，… $\overline{\boldsymbol{x}}^{(k)}$ 及 $\boldsymbol{S}$ 估计。

2）当 $\boldsymbol{\Sigma}_1$，$\boldsymbol{\Sigma}_2$，…，$\boldsymbol{\Sigma}_k$ 不全相等时，设 $G_j\sim N_p(\boldsymbol{\mu}_j, \boldsymbol{\Sigma}_j)$（$j=1, 2, \cdots, k$），则基于后验概率的贝叶斯判别准则为：

$$\boldsymbol{x} \in G_i, \quad 若\ d_i^2(\boldsymbol{x}) = \min_{1\leqslant j\leqslant k}\{d_j^2(\boldsymbol{x})\} \tag{4.3.9}$$

其中 $d_j^2(\boldsymbol{x})=(\boldsymbol{x}-\boldsymbol{\mu}_j)^{\mathrm{T}}\boldsymbol{\Sigma}_j^{-1}(\boldsymbol{x}-\boldsymbol{\mu}_j)+\ln|\boldsymbol{\Sigma}_j|-2\ln p_j$。

例 4.3.3 某医院利用心电图检测来对人群进行划分，数据见表 4-5，其中 g 指标表示的是对人群组别的划分，“$g=1$”表示健康人，“$g=2$”表示主动脉硬化患者，“$g=3$”表示冠心

病患者，其余两个指标 X_1、X_2表示测得的心电图中表明心脏功能的两项不相关的指标。某受试者心电图该两项指标的数据分别为 380.20、9.08。设先验概率按比例分配，进行贝叶斯判别，判定其归属。

表 4-5 24 人心电图数据

编号	X_1	X_2	g	编号	X_1	X_2	g
1	261.01	7.36	1	13	258.69	7.16	2
2	185.39	5.99	1	14	355.54	9.43	2
3	249.58	6.11	1	15	476.69	11.32	2
4	137.13	4.35	1	16	316.12	8.17	2
5	231.34	8.79	1	17	274.57	9.67	2
6	231.38	8.53	1	18	409.42	10.49	2
7	260.25	10.02	1	19	330.34	9.61	3
8	259.51	9.79	1	20	331.47	13.72	3
9	273.84	8.79	1	21	352.50	11.00	3
10	303.59	8.53	1	22	347.31	11.19	3
11	231.03	6.15	1	23	189.59	5.46	3
12	308.90	8.49	2	24	380.20	9.08	待判

解：编写程序如下。

```
clear
A=[261.01  7.36
185.39     5.99
……
189.59     5.46];
x=[380.20  9.08];                                    % 待判样品数据
G1=A(1:11,:);G2=A(12:18,:);G3=A(19:23,:);            % 输入三类总体数据
n1=size(G1,1);                                       % 总体 G1 的样本数
n2=size(G2,1);                                       % 总体 G2 的样本数
n3=size(G3,1);                                       % 总体 G3 的样本数
n=n1+n2+n3;                                          % 三个总体合并的样本数
k=3;                                                 % 总体个数
p=2;                                                 % 指标个数
f=p*(p+1)*(k-1)/2;                                   % 自由度
d=(2*p^2+3*p-1)*(1/(n1-1)+1/(n2-1)+1/(n3-1)-1/(n-k))/(6*(p+1)*(k-1));
p1=n1/n;p2=n2/n;p3=n3/n;
m1=mean(G1);m2=mean(G2);m3=mean(G3);
s1=cov(G1);s2=cov(G2);s3=cov(G3);                    % 计算协方差阵
s=((n1-1)*s1+(n2-1)*s2+(n3-1)*s3)/(n-k);
M=(n-k)*log(det(s))-((n1-1)*log(det(s1))+(n2-1)*log(det(s2))+(n3-1)*log(det(s3)));
T=(1-d)*M;                                           % 计算统计量观测值
C=chi2inv(0.95,f);                                   % 卡方分布的分位数
if T< C
    disp('三组数据协方差相等');
else
    disp('三组数据协方差不全相等');
end
w(1)=m1inv(s)*x'-1/2m1inv(s)*m1'+log(p1);
w(2)=m2inv(s)*x'-1/2m2inv(s)*m2'+log(p2);
w(3)=m3inv(s)*x'-1/2m3inv(s)*m3'+log(p3);           % 计算判别函数
```

```
for i=1:3
    if w(i)==max(w)
    disp(['待判样品属于第',num2str(i),'组。']);
    end;
end;
```

输出结果：

```
三组数据协方差相等
待判样品属于第2组。
```

4.3.3 平均误判率

贝叶斯判别的有效性可以通过平均误判率来确定。这里仅在对两个正态总体 G_1、G_2，且协方差矩阵相等的情况下研究平均误判率的计算。

设总体 $G_i \sim N_p(\boldsymbol{\mu}_j, \boldsymbol{\Sigma})$ $(i=1, 2)$，总体 G_1、G_2 的先验概率 $p_1=P(G_1)$，$p_2=P(G_2)$ $(p_1+p_2=1)$，两个总体 G_1、G_2 的马氏平方距离记为

$$\delta=(\boldsymbol{\mu}_1-\boldsymbol{\mu}_2)^{\mathrm{T}}\boldsymbol{\Sigma}^{-1}(\boldsymbol{\mu}_1-\boldsymbol{\mu}_2) \tag{4.3.10}$$

则基于误判损失相等时的平均误判率为

$$p^*=P(2|1)p_1+P(1|2)p_2=p_1\Phi\left(\frac{d-\frac{\delta}{2}}{\sqrt{\delta}}\right)+p_2\left[1-\Phi\left(\frac{d-\frac{\delta}{2}}{\sqrt{\delta}}\right)\right] \tag{4.3.11}$$

其中 $d=\ln p_1-\ln p_2$，$P(2|1)=\Phi\left(\frac{d-\frac{\delta}{2}}{\sqrt{\delta}}\right)$ 表示第一类误判为第二类的概率，$\Phi(\cdot)$ 为标准正态分布函数。

$\boldsymbol{\mu}_1$、$\boldsymbol{\mu}_2$、$\boldsymbol{\Sigma}$ 通常是未知的，分别以 $\overline{\boldsymbol{x}}^{(1)}$、$\overline{\boldsymbol{x}}^{(2)}$、$\boldsymbol{S}$ 估计 $\boldsymbol{\mu}_1$、$\boldsymbol{\mu}_2$、$\boldsymbol{\Sigma}$，得到 δ 的估计

$$\hat{\delta}=(\overline{\boldsymbol{x}}^{(1)}-\overline{\boldsymbol{x}}^{(2)})^{\mathrm{T}}\boldsymbol{S}^{-1}(\overline{\boldsymbol{x}}^{(1)}-\overline{\boldsymbol{x}}^{(2)})$$

这样，以 $\hat{\delta}$ 替代 δ，计算平均误判概率。

需要指出的是，从式（4.3.11）知，当总体 G_1、G_2 的马氏平方距离 δ 越大，即两总体的分离程度越大时，平均误判概率最小。推广到一般情况也成立，因此判别准则的误判率在一定程度上依赖于所考虑的各总体间的差异程度。各总体间差异越大，就越有可能建立有效的判别准则。如果各总体间差异很小，进行判别分析的意义就不大。

例 4.3.4 2011 年全国部分地区城镇居民人均年家庭收入情况见表 4-6。按四种指标分为三类，用贝叶斯判别判定青海、安徽、天津三省（市）属于哪一类，并用回代法和交叉法计算误判样本个数（假定误判损失相等）。

表 4-6 2011 年各地区城镇居民人均年家庭收入 （单位：元/人）

省（区、市）	工薪收入	经营净收入	财产性收入	转移性收入	类别
北京	9 578.85	1 363.27	1 537.01	2 256.55	1
天津	6 829.24	3 908.07	742.43	841.48	1
上海	10 493.03	876.77	1 244.05	3 439.94	1
江苏	5 969.02	3 490.26	414.30	931.37	1
浙江	6 721.32	4 981.76	555.70	811.91	1
广东	5 854.68	2 498.11	490.43	528.51	1

（续）

省（区、市）	工薪收入	经营净收入	财产性收入	转移性收入	类别
河北	3 423.95	3 006.20	206.36	483.18	2
辽宁	3 179.75	4 270.99	244.61	601.19	2
吉林	1 469.19	4 950.40	395.73	694.63	2
黑龙江	1 496.51	4 784.08	545.24	764.85	2
福建	3 889.54	4 094.78	291.47	502.75	2
山东	3 715.25	3 935.24	246.45	445.19	2
山西	2 684.87	2 140.83	170.41	605.30	3
内蒙古	1 310.86	4 217.50	337.59	775.62	3
江西	2 994.49	3 421.42	111.52	364.19	3
河南	2 523.77	3 601.12	108.14	370.99	3
湖北	2 703.05	3 731.34	84.45	379.08	3
湖南	3 240.81	2 725.20	112.19	488.86	3
广西	1 820.37	3 007.93	41.22	361.80	3
海南	2 004.63	3 826.99	85.77	528.62	3
重庆	2 894.53	2 748.25	139.67	697.96	3
四川	2 652.46	2 761.69	140.38	574.02	3
贵州	1 713.52	1 980.21	59.50	392.13	3
云南	1 138.55	2 966.18	218.99	398.27	3
西藏	1 008.03	3 142.62	113.60	640.03	3
陕西	2 395.45	2 017.20	165.27	449.95	3
甘肃	1 561.97	1 866.77	82.46	398.18	3
宁夏	2 164.24	2 730.43	116.43	398.85	3
新疆	804.73	3 887.15	147.14	603.13	3
青海	1 775.39	2 088.80	93.69	650.59	待判
安徽	2 723.17	2 986.07	105.96	417.00	待判

数据来源：《中国统计年鉴 2012》。

解：由于贝叶斯判别需要总体服从多维正态分布，所以我们首先利用 Q-Q 图检验方法对原始数据进行检验。

第 1 步，检验总体是否服从多维正态分布。程序如下：

```
clear
AA=[ 9578.85     1363.27    1537.01     2256.55
     6829.24     3908.07    742.43      841.48
     ......
     804.73      3887.15    147.14      603.13];                % 原始数据输入
x1=[ 1775.39     2088.80    93.69       650.59
     2723.17     2986.07    105.96      417.00];                % 待判样品
% 检验正态分布
m=mean(AA);s=cov(AA);
 for i=1:29
         d(i)=(AA(i,:)-m)*inv(s)*(AA(i,:)-m)';
 end
D=sort(d);
 for t=1:29
         pt=(t-0.5)/29;
         X(t)=chi2inv(pt,4);
 end
figure(1); plot(D,X,'.'),hold on,plot(1:29,1:29,'r-'); % 绘制原始数据 Q-Q 图如图 4-2 所示
title('原始数据检验');
```

从图 4-3 可知原始数据不服从多维正态分布，于是我们对原始数据进行处理，首先无量纲化，然后利用 Box-Cox 变换，对于处理后数据再次检验，结果显示检验通过（如图 4-4 所示），变换及检验程序如下：

```
% Box-Cox 变换
AB=[AA;x1]./[ones(31,1)*std([AA;x1])];                    % 无量纲化
for j=1:4
        [T(j,:),R(j,:)]=boxcox(AB(:,j));                  % Box-Cox 变换
end
AC1=T';
AC=AC1(1:29,:);                                          % 总体变换后的数据
m=mean(AC);s=cov(AC);
  for i=1:29
     d(i)=(AC(i,:)-m)*inv(s)*(AC(i,:)-m)';
  end
D1=sort(d);
  for t=1:29
     pt1=(t-0.5)/29;X1(t)=chi2inv(pt1,4);
  end
figure(2)
plot(D1,X1,'.'),hold on,plot(1:29,1:29,'r-');  % 绘制 Box-Cox 变换数据 Q-Q 图如图 4-4 所示
title('boxcox 变换后数据正态检验');
grid on
```

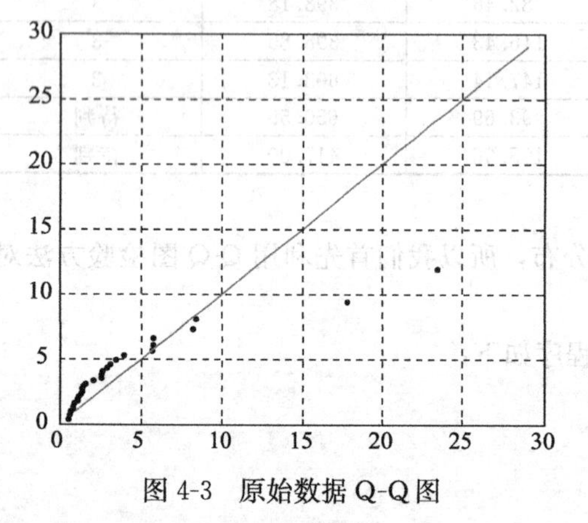

图 4-3　原始数据 Q-Q 图

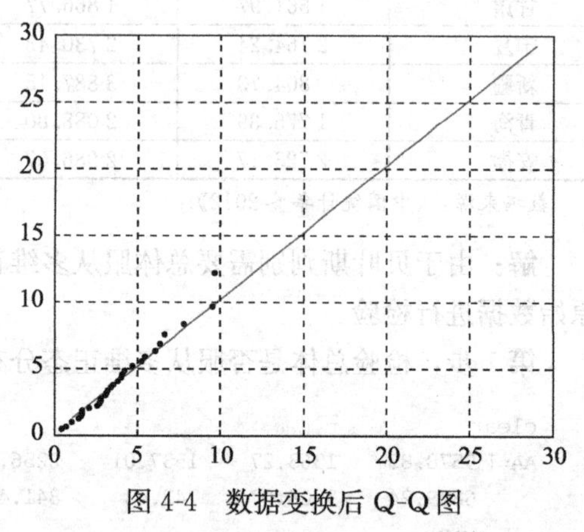

图 4-4　数据变换后 Q-Q 图

第 2 步，三个总体的协方差矩阵相等性检验，并根据检验结果，构造相应的判别函数进行判别。

```
% 对变换后的数据,检验协方差矩阵相等
G1=AC(1:6,:);G2=AC(7:12,:);G3=AC(13:29,:);              % 提取三类总体变换后的数据
x=AC1(30:31,:);                                         % 待判样品
n1=size(G1,1);                                          % 总体 G1 的样品数
n2=size(G2,1);                                          % 总体 G2 的样品数
n3=size(G3,1);                                          % 总体 G3 的样品数
n=n1+n2+n3;                                             % 三个总体合并的样品数
K=3;p=4;
f=p*(p+1)*(K-1)/2;                                      % 计算自由度
d=(2*p^2+3*p-1)*(1/(n1-1)+1/(n2-1)+1/(n3-1)-1/(n-K))/(6*(p+1)*(K-1));
p1=n1/n;p2=n2/n;p3=n3/n;
m1=mean(G1);m2=mean(G2);m3=mean(G3);
```

```
s1=cov(G1);s2=cov(G2);s3=cov(G3);                  % 计算协方差阵
s=((n1-1)*s1+(n2-1)*s2+(n3-1)*s3)/(n-K);
M=(n-K)*log(det(s))-((n1-1)*log(det(s1))+(n2-1)*log(det(s2))+(n3-1)*log(det(s3)));
T1=(1-d)*M;                                        % 计算统计量观测值
C1=chi2inv(0.95,20);                               % 计算F分布的分位数
if T1< C1
     disp('三组数据协方差相等')
     % 方差相同时的判别
     for i=1:2                                     % 基于后验概率的贝叶斯判别函数式(4.3.9)
     w(1)=(m1)*inv(s1)*[x(i,:)]'-0.5*m1*inv(s1)*m1'+log(p1);
     w(2)=(m2)*inv(s2)*[x(i,:)]'-0.5*m2*inv(s2)*m2'+log(p2);
     w(3)=(m3)*inv(s3)*[x(i,:)]'-0.5*m3*inv(s3)*m3'+log(p3);
     for j=1:3
       if w(:,j)==max(w)
           disp(['待判样品属于第',num2str(j),'类地区'])
       end
     end
   end
else
   disp('三组数据协方差不全相等')
     % 方差不同时的判别
     for i=1:2
     w(1)=(x(i,:)-m1)*inv(s1)*[x(i,:)-m1]'+log(det(s1))-2*log(p1);
     w(2)=(x(i,:)-m2)*inv(s2)*[x(i,:)-m2]'+log(det(s2))-2*log(p2);
     w(3)=(x(i,:)-m3)*inv(s3)*[x(i,:)-m3]'+log(det(s3))-2*log(p3);  % 计算判别函数
     for j=1:3
       if w(:,j)==min(w,[],2)
         disp(['待判样品属于第',num2str(j),'类地区'])
       end
     end
   end
end
```

程序输出结果：

```
待判样品属于第3类地区
待判样品属于第3类地区
```

结果表明，根据城镇居民人均年家庭收入数据判别结论为：青海、安徽均属于第三类地区。

第3步，计算回代误判率。程序如下：

```
% 计算回代误判率
N=[n1,n2,n3];N1=[0,0,0];
G={G1,G2,G3};
% n11=0; n22=0;n33=0;
for k=1:3
  for i=1:N(k)                                     % 计算判别函数
     w1(i,1)=(G{k}(i,:)-m1)* inv(s1)*[G{k}(i,:)-m1]'+log(det(s1))-2*log(p1);
     w1(i,2)=(G{k}(i,:)-m2)*inv(s2)*[G{k}(i,:)-m2]'+log(det(s2))-2*log(p2);
     w1(i,3)=(G{k}(i,:)-m3)*inv(s3)*[G{k}(i,:)-m3]'+log(det(s3))-2*log(p3);
     for j=1:3
          if w1(i,j)==min(w1(i,:))&&j~ =k
             N1(k)=N1(k)+1;                        % N1(k)表示第k(k=1,2,3)类误判的样品个数
     end
```

```
      end
    end
  end
  p00=sum(N1)/sum(N)
```

程序运行输出结果：

```
p00 =
     0.0345
```

第 4 步，计算交叉误判率。程序如下：

```
% 交叉误判率
N1t=0;N1s=0;N2t=0;N2s=0;N3t=0;N3s=0;
for k1=1:n1
  A{k1}=G1([1:k1-1,k1+1:n1],:);
  N1=length(A{k1}(:,1));
  M1{k1}=mean(A{k1},1);s11{k1}=cov(A{k1});
  S1{k1}=((N1-1)*s11{k1}+(n2-1)*s2+(n3-1)*s3)/(N1+n2+n3-K);
  P01{k1}=N1/(n-1);P02=n2/(n-1);P03=n3/(n-1);            % 计算先验概率
  MM1{k1}=(n-K-1)*log(det(S1{k1}))-((N1-1)*log(det(s11{k1}))+...
  (n2-1)*log(det(s2))+(n3-1)*log(det(s3)));
  d1=(2*p^2+3*p-1)*(1/(N1-1)+1/(n2-1)+1/(n3-1)-1/(N1+n2+n3-K))/(6*(p+1)*(K-1));
  T2{k1}=(1-d1)*MM1{k1};                                  % 协方差矩阵检验统计量
  lamd1=chi2inv(0.95,f);
  if T2{k1}< lamd1
    W1t{k1}(k1,1)=M1{k1}*inv(S1{k1})*G1(k1,:)'-1/2*M1{k1}*inv(S1{k1})*M1{k1}'+log(P01{k1});
    W1t{k1}(k1,2)=m2*inv(S1{k1})*G1(k1,:)'-1/2*m2*inv(S1{k1})*m2'+log(P02);
    W1t{k1}(k1,3)=m3*inv(S1{k1})*G1(k1,:)'-1/2*m3*inv(S1{k1})*m3'+log(P03);
    H1(k1)=find(W1t{k1}(k1,:)==max(W1t{k1}(k1,:)));
    N1t=length(find(H1~ =1&H1~ =0));
  else
    W1s{k1}(k1,1)=[G1(k1,:)-M1{k1}]*inv(s11{k1})*[G1(k1,:)-M1{k1}]'+log(det(s11{k1}))-2*log
    (P01{k1});
    W1s{k1}(k1,2)=(G1(k1,:)-m2)*inv(s2)*[G1(k1,:)-m2]'+log(det(s2))-2*log(P02);
    W1s{k1}(k1,3)=(G1(k1,:)-m3)*inv(s3)*[G1(k1,:)-m3]'+log(det(s3))-2*log(P03);
                                                          % 计算判别函数
    L1(k1)=find(W1s{k1}(k1,:)==min(W1s{k1}(k1,:)));
    N1s=length(find(L1~ =1&L1~ =0));
  end
end
N11=N1s+N1t

for k2=1:n2
CB{k2}=G2([1:k2-1,k2+1:n2],:);
   N2=length(B{k2}(:,1));
  M2{k2}=mean(B{k2},1);s22{k2}=cov(B{k2});
  S2{k2}=((n1-1)*s1+(N2-1)*s22{k2}+(n3-1)*s3)/(n1+N2+n3-K);      % 计算混合样本方差
  P01=n1/(n-1);P02=N2/(n-1);P03=n3/(n-1);                 % 计算先验概率
   MM2{k2}=(n-K-1)*log(det(S2{k2}))-((n1-1)*log(det(s1))+(N2-1)*log(det(s22{k2}))+
   (n3-1)*log(det(s3)));
  d2=(2*p^2+3*p-1)*(1/(n1-1)+1/(N2-1)+1/(n3-1)-1/(n1+N2+n3-K))/(6*(p+1)*(K-1));
  T3{k2}=(1-d2)*MM2{k2};                                  % 协方差矩阵检验统计量
  lamd2=chi2inv(0.95,f);
  if T3{k2}< lamd2
     W2t(k2,1)=m1*inv(S2{k2})*G2(k2,:)'-1/2*m1*inv(S2{k2})*m1'+log(P01);
```

```
        W2t(k2,2)=M2{k2}*inv(S2{k2})*G2(k2,:)'-1/2*M2{k2}*inv(S2{k2})*M2{k2}'+log(P02);
        W2t(k2,3)=m3*inv(S2{k2})*G2(k2,:)'-1/2*m3*inv(S2{k2})*m3'+log(P03);
        H2(k2)=find(W2t(k2,:)==max(W2t(k2,:)));
        N2t=length(find(H2~=2&H2~=0));
    else
      W2s(k2,1)=[G2(k2,:)-m1]*inv(s1)*[G2(k2,:)-m1]'+log(det(s1))-2*log(P01);
      W2s(k2,2)=(G2(k2,:)-M2{k2})*inv(s22{k2})*[G2(k2,:)-M2{k2}]'+log(det(s22{k2}))-2*log(P02);
      W2s(k2,3)=(G2(k2,:)-m3)*inv(s3)*[G2(k2,:)-m3]'+log(det(s3))-2*log(P03);
                                                                  % 计算判别函数
      L2(k2)=find(W2s(k2,:)==min(W2s(k2,:)));
      N2s=length(find(L2~=2&L2~=0));
    end
  end
  N22=N2t+N2s

  for k3=1:n3
    C{k3}=G3([1:k3-1,k3+1:n3],:);
    N3=length(C{k3}(:,1));
    M3{k3}=mean(C{k3},1);
    s33{k3}=cov(C{k3});
    S3{k3}=((n1-1)*s1+(n2-1)*s2+(N3-1)*s33{k3})/(n1+n2+N3-K);      % 计算混合样本方差
    P01=n1/(n-1);P02=n2/(n-1);P03=N3/(n-1);                          % 计算先验概率
     MM3{k3}=(n-K-1)*log(det(S3{k3}))-((n1-1)*log(det(s1))+(n2-1)*log(det(s2))+(N3-1)*
    log(det(s33{k3})));
    d3=(2*p^2+3*p-1)*(1/(n1-1)+1/(n2-1)+1/(N3-1)-1/(n1+n2+N3-K))/(6*(p+1)*(K-1));
    T4{k3}=(1-d3)*MM3{k3};                                           % 协方差矩阵检验统计量
    lamd3=chi2inv(0.95,f);
    if T4{k3}< lamd3                                                 % 计算判别函数
        W3t(k3,1)=m1*inv(S3{k3})*G3(k3,:)'-1/2*m1*inv(S3{k3})*m1'+log(P01);
        W3t(k3,2)=m2*inv(S3{k3})*G3(k3,:)'-1/2*m2*inv(S3{k3})*m2'+log(P02);
        W3t(k3,3)=M3*inv(S3{k3})*G3(k3,:)'-1/2*M3*inv(S3{k3})*M3{k3}'+log(P03);
        H3(k3)=find(W3t(k3,:)==max(W3t(k3,:)));
        N3t=length(find(H3~=3&H3~=0));
    else
        W3s(k3,1)=[G3(k3,:)-m1]*inv(s1)*[G3(k3,:)-m1]'+log(det(s1))-2*log(P01);
        W3s(k3,2)=(G3(k3,:)-m2)*inv(s2)*[G3(k3,:)-m2]'+log(det(s2))-2*log(P02);
        W3s(k3,3)=(G3(k3,:)-M3{k3})*inv(s33{k3})*[G3(k3,:)-M3{k3}]'+log(det(s33{k3}))-2*log(P03);
        L3(k3)=find(W3s(k3,:)==min(W3s(k3,:)));
        N3s=length(find(L3~=3&L3~=0));
    end
  end
  N33=N3t+N3s
  p11=(N11+N22+N33)/(n1+n2+n3)
```

输出结果：

```
p11 =
      0.3103
```

此题用贝叶斯判别结果表明，回代误判率为 0.0345，交叉误判率为 0.3103 都比较小。

4.4 K 近邻判别与支持向量机

1. K 近邻判别

K 近邻判别分析方法的基本思想是：假定有 m 个类别为 w_1，w_2，…，w_m 的样本集合，每类有标明类别的样本 N_i 个（$i=1, 2, \cdots, m$）。设样本的指标有 s 个，则样本点的指标将可以构成一个 s 维特征空间，所有的样本点在这个 s 维特征空间里都有唯一的点与它对应。则对任何一个待识别的样本 x，把它也放到这个 s 维特征空间里，通过构造一个距离公式（一般采用欧氏空间距离公式），可以找到样本 x 的 k 个近邻。又设这 n 个样本中，来自 w_1 类的样本有 n_1 个，来自 w_2 类的样本有 n_2 个，…，来自 w_m 类的样木有 n_m 个。若 k_1，k_2，…，k_m 分别是 k 个近邻中属于 w_1，w_2，…，w_m 类的样本数，则我们可定义判别函数为：

$$g_i(x) = k_i (i = 1,2,\cdots,m)$$

分类规则是，若

$$g_j(x) = \max_i \{k_i\}$$

则分类 x 属于 w_j。

在 MATLAB 软件中给出了线性判别、K 近邻判别、支持向量机的命令。所谓线性判别就是建立一个线性函数，将已知总体截然分开，对于二维总体就是找出一条直线 $ax+by+c=0$，对于三维总体就是找出一个平面 $ax+by+cz+d=0$，对于多维总体就是找出一个超平面 $a_1x_1+a_2x_2+\cdots+a_px_p+a=0$ 分离各个总体。

在 MATLAB 生物工具箱有 K 近邻判别命令为

```
class = knnclassify(sample, training, group,type)
```

其中输入 sample 是待判别的样本集合（行为样本，列为指标），training 是训练样本，即已知类别的总体集合，group 是已知类别分类结果（与 training 有相同行数），type 是判别函数的类型，主要有以下类型：'linear'、'quadratic'、'mahal'。输出 class 给出 sample 的分类结果。

例 4.4.1（信用评估的判别分析） 依据全面性、科学性、公正性、可操作性和简明性的要求，综合一些商业银行在个人信用评估中采用的评价指标，建立个人信用评价二级指标体系，其中一级指标有三个方面：个人特征、经济状况与信用记录。反映个人特征的二级指标有年龄（u_1）、婚否（u_2）、工作稳定状况（u_3）、受教育程度（u_4）；反映经济状况的二级指标有本人月收入（u_5）、家庭月收入（u_6）、金融资产收入（u_7）、固定资产状况（u_8）；反映信用记录的二级指标有是否有不良信用记录（u_9）、抵押资产（u_{10}）、贷存比（u_{11}）。对于样本各项指标的特征，采用一定评分的方法给出评分值，没有违约记为 N，违约记为 Y。假设 23 位个人信用评价结果见表 4-7，其中样品 1～12 没有违约，13～21 发生违约，将 1～20 作为训练样品，样品 21 作为检验样品，对样品 22、23 进行判别是否违约。

表 4-7 23 位个人信用评分结果

样品序号	违约与否	年龄	婚否	工作稳定程度	受教育程度	本人月收入	家庭月收入	金融资产收入	固定资产状况	不良信用记录	抵押资产	贷存比
1	N	4	4	8	7	5	3	5	5	19	10	15
2	N	6	4	4	5	4	2	2	3	9	5	10
3	N	6	4	2	10	5	3	3	3	19	8	10
4	N	4	2	8	7	5	2	2	1	9	0	5
5	N	6	4	8	7	5	3	3	5	19	8	5
6	N	1	4	6	5	4	2	4	1	19	5	15
7	N	6	4	1	1	2	1	4	3	19	10	0
8	N	6	2	4	1	3	2	5	3	9	2	5
9	N	6	4	6	7	4	2	2	5	19	0	10
10	N	4	4	6	5	2	1	4	3	19	5	10

（续）

样品序号	违约与否	年龄	婚否	工作稳定程度	受教育程度	本人月收入	家庭月收入	金融资产收入	固定资产状况	不良信用记录	抵押资产	贷存比
11	N	2	2	4	5	1	0	3	1	3	5	15
12	N	4	2	8	5	2	1	2	3	19	8	5
13	Y	1	0	4	1	0	0	2	1	0	2	0
14	Y	2	2	2	5	2	2	2	3	19	5	5
15	Y	6	4	2	5	3	2	4	1	9	10	0
16	Y	4	0	6	1	2	1	1	1	19	0	0
17	Y	1	2	8	7	4	2	0	5	9	0	10
18	Y	4	4	2	1	2	1	1	1	5	5	5
19	Y	4	4	4	1	1	0	2	1	0	2	5
20	Y	6	4	1	5	4	2	1	3	19	2	0
21	Y	2	2	4	3	1	0	3	1	3	2	5
22	?	4	2	4	7	4	3	3	5	9	10	15
23	?	6	4	6	5	4	3	2	3	9	10	10

解：编写程序如下。

```
data=[数据];                                          % 输入表 4-7 的数据
k =5;                                                 % 取 K 为 5
sample=data(21:23,:);                                 % 待判样品
training=data(1:20,:);                                % 训练样品
group=[ones(12,1);2*ones(8,1)];                       % 训练样品的分类
class = knnclassify(sample,training,group,k)          % K 近邻判别
```

程序运行的结果：

```
class=
      2
      1
      1
```

结果表明，检验样品 21 判别属于违约，与事实违约是一致的，因此判别模型合理。样品 22、23 判别属于没有违约，这说明对样品 22、23 的信用作出了评估。

2. 支持向量机

支持向量机（Support Vector Machine，SVM）是 1995 年由 Vapnik 首先提出。支持向量机是基于统计学习理论中 VC 维理论和结构风险最小化原理的一种机器学习算法。SVM 算法可有效地解决小样本、非线性及高维特征等条件下的模式识别问题。SVM 将求解的问题最终归结为一个线性约束的凸二次规划问题，求出的解是全局最优的唯一解。

生物信息工具箱中关于支持向量机的命令主要有：svmtrain（用于寻找分类器）、svmclassify（利用分类器进行分类）。

1）调用 svmtrain 的格式为：

```
[svm_struct, svIndex] = svmtrain(training, groupnames, varargin)
```

svm_struct 记录分类器信息，svIndex 为支持向量的编号；输入变量 training 为训练样本集，groupnames 为训练样本集中每一个样本的编号，varargin 是一个可变参数量，可以任意按格式输入多个参数值和命令要求。

2）调用 svmclassify 的格式为：

```
class = svmclassify(svmStruct,sample, varargin),
```

其中返回变量 outclass 是利用分类器对测试样本分类的结果，输入变量 svmStruct 为由 svmtrain 函数得到的分类器，sample 为测试样本集，varargin 意义同上。

例 4.4.2（DNA 序列分类问题） 有 20 个已知类别的人工制造的序列，其中序列标号 1～10 为 A 类，11～20 为 B 类。请从中提取特征，构造分类方法，并用这些已知类别的序列，衡量你的方法是否足够好。然后用你认为满意的方法，对另外 20 个未标明类别的人工序列（标号 21～40）进行分类，把结果用序号（按从小到大的顺序）标明它们的类别。全部序列保存于文本文件“DNAseq. txt”中，以下仅列举了部分序列，其余部分省略：

A 类：

1. aggcacggaaaaacgggaataacggaggaggacttggcacggcattacacggaggacgaggtaaaggaggcttgtctacggc cggaagtgaaggggatatgaccgcttgg
2. cggaggacaaacgggatggcggtattggaggtggcggactgttcggggaattattcggtttaaacgggacaaggaaggcggct ggaacaaccggacggtggcagcaaagga………（3~10 省略了）

B 类：

11. gttagatttaacgtttttatggaatttatggaattataaatttaaaaatttatatttttaggtaagtaatccaacgtttt tattacttttaaaattaaatatttatt………（12~20 省略了）

待判序列：

21. tttagctcagtccagctagctagtttacaatttcgacaccagtttcgcaccatcttaaatttcgatccgtaccgtaatttag cttagatttggatttaaaggatttagattga
22. tttagtacagtagctcagtccaagaacgatgtttaccgtaacgtqacgtaccgtacgctaccgttaccggattccggaaagc cgattaaggaccgatcgaaaggg ………（23~40 省略了）

解：由于已知数据集为 DNA 字符串，所以首先利用 MATLAB 将 A、B 两类 DNA 序列转化为四维向量，然后利用 MATLAB 软件中给出的线性判别、K 近邻判别、支持向量机的命令对未知样本进行判别。具体步骤如下。

第一步，建立 DNA 序列 4 种碱基对含量的百分比矩阵。

为了对 DNA 序列进行分类，我们首先对已知的两类 DNA 序列进行研究，从中找到两类序列的特征。由于在不用于编码蛋白质的序列片段中，A 和 T 的含量特别多些，于是我们利用 MATLAB 软件，通过编程计算出 A、B 两类序列中 4 种碱基对含量的百分比，对每个序列构造四维向量：

$$\boldsymbol{x}_k = (x_{k1}, x_{k2}, x_{k3}, x_{k4}) \quad (k = 1,2,\cdots,40)$$

其中，x_{ki}（i=1，2，3，4）分别表示第 k 个序列所含有的第 i 碱基对（A，T，C，G）百分比。这样，可得 DNA 序列的碱基对 A、T、C、G 含量的百分比矩阵为

$$\boldsymbol{X} = (x_{kj})_{40\times 4}$$

显然，$\boldsymbol{X}$ 矩阵的第 1、2、…、20 行表示 A、B 两类序列的碱基对 A、T、C、G 含量的百分比矩阵，$\boldsymbol{X}$ 矩阵的第 21、22、…、40 行表示待判 DNA 序列的碱基对 A、T、C、G 含量的百分比矩阵。

第二步，建立 DNA 序列特征数矩阵。

利用模糊数学中爱因斯坦和的概念，建立 DNA 序列特征数矩阵

$$\boldsymbol{Y} = (y_{kj})_{40\times 2}$$

其中 $y_{k1} = \dfrac{x_{k1} + x_{k4}}{1 + x_{k1}x_{k4}}$，$y_{k2} = \dfrac{x_{k2} + x_{k3}}{1 + x_{k2}x_{k3}}$（$k$=1，2，…，20）。这样，DNA 序列的特征只有两个指

标了，这两个指标能否较好地区分DNA序列，可通过已知的A、B两类DNA序列进行验证，在平面上以该两个指标建立坐标系，绘制A、B两类DNA序列特征数散点图，观察散点图能直观看到A、B两类确已分开（如图4-5所示），这说明特征数矩阵模型比较满意。

建立DNA序列特征数矩阵的MATLAB程序如下：

```
clear,clc
DNA1=textread('DNAseq.txt','% s',80);                        % 导入文本数据
for k=1:40
    DNA{k}=DNA1{2*k};                                         % 提取DNA样本数据
end
X1=zeros(40,4); X=zeros(40,4);
for i=1:40
      X1(i,1)=length(strfind(DNA{i},'a'));
      X1(i,2)=length(strfind(DNA{i},'t'));
      X1(i,3)=length(strfind(DNA {i},'c'));
      X1(i,4)=length(strfind(DNA {i},'g'));
      X(i,:)=X1(i,:)/length(DNA {i});                        % 每个样品中碱基对A、T、C、G的含量矩阵
end
Y=[[X(:,1)+X(:,4)]./[1+X(:,1).*X(:,4)],[X(:,2)+X(:,3)]./[1+X(:,2).*X(:,3)]];
                                                              % 建立DNA序列特征矩阵
training=Y(1:20,:);                                           % 提取A、B两类特征数矩阵
sample=Y(21:40,:);                                            % 待判类特征数矩阵
group=[ones(10,1);2*ones(10,1)];                              % A类记为1,B类记为2
subplot(1,2,1)
gscatter(Y(1:20,1),Y(1:20,2),group,'br','+o')                 % 绘制A、B类特征数据图(如图4-3a所示)
box on
subplot(1,2,2)
gscatter(Y(1:20,1),Y(1:20,2),group,'br','+o')                 % 如图4-5b所示
hold on
plot(Y(21:40,1),Y(21:40,2),'*')                               % 绘制待判样品特征数据图如图4-5b所示
legend('1','2','待判样品')
box on
```

程序输出结果得到A、B两类DNA特征数据散点图如图4-5a所示，从图可以看出，A、B两类DNA序列已经完全分离，表明模型提取的特征数能较好地对DNA序列进行分类。

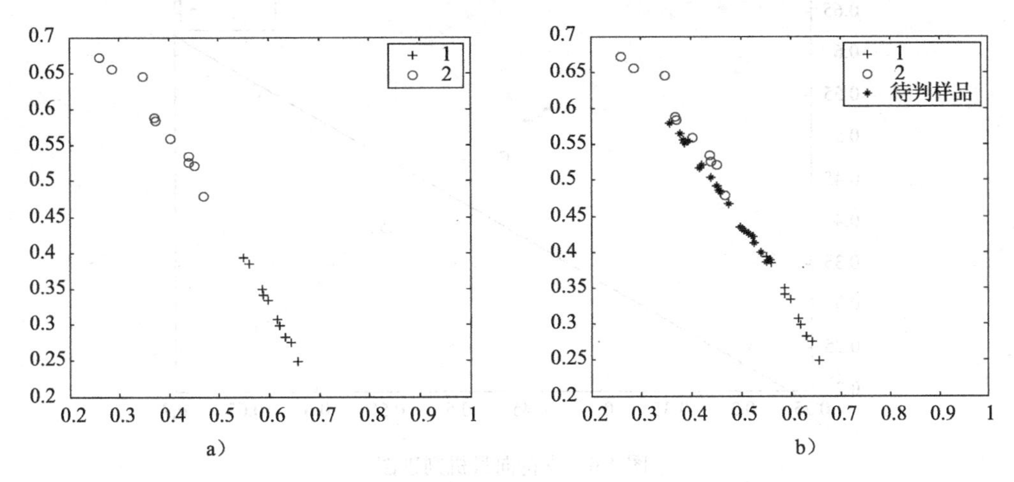

图4-5 A、B两类以及待判DNA的特征数据散点图

第三步，待判序列的分类。

依据第二步建立的 DNA 序列的特征数矩阵，选取训练样本为 A、B 两类 DNA 的特征数矩阵为 training，其中 A 类 10 个样本分组类别记为 1，B 类记为 2，待判样品的特征数矩阵为 sample，分别调用线性判别、K 近邻判别以及支持向量机判别命令，对待判样品进行分类，并比较分类结果。程序如下（接第二步的程序）：

```
class=classify(sample,training,group,'linear');               % 线性判别
La=20+find(class==1);                                        % 输出 A 类编号
Lb=20+find(class==2);                                        % 输出 B 类编号
k_class=knnclassify (sample,training,group,3);                % K=3 近邻判别
k_ca=20+find(k_class==1);                                    % 输出 A 类编号
k_cb=20+find(k_class==2);                                    % 输出 B 类编号
figure
[svmStruct svindex]=svmtrain(training,group,'showplot',true);
svm=svmclassify(svmStruct,sample);                           % 支持向量机判别
sa=20+find(svm==1);                                          % 输出 A 类编号
sb=20+find(svm==2);                                          % 输出 B 类编号
% 将判别结果列表,存入 Excel 表格中,文件名为"wlb01.xls"
Table={'classify',' ','knnclassify',' ','svmclassify'};
xlswrite('wlb01.xls',Table,'sheet1','A1')
xlswrite('wlb01.xls',La,'sheet1','A2')
xlswrite('wlb01.xls',Lb,'sheet1','B2')
xlswrite('wlb01.xls',k_ca,'sheet1','C2')
xlswrite('wlb01.xls',k_cb,'sheet1','D2')
xlswrite('wlb01.xls',sa,'sheet1','E2')
xlswrite('wlb01.xls',sb,'sheet1','F2')
```

程序运行结果结果包括一个支持向量机显示的分类效果图形（如图 4-6 所示），其中带“○”的点为支持向量机向量。对于三种不同的 MATLAB 判别分析命令，K 近邻判别与支持向量机两种方法的判别结果是一样的，结果见表 4-8。而线性判别命令输出的结果与其他两种方法结果相差一个，即 22 号样品被判为 B 类。

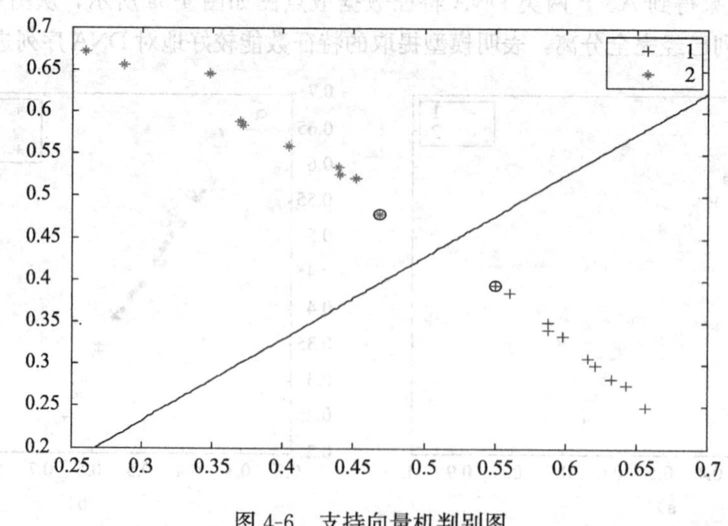

图 4-6 支持向量机判别图

表 4-8 MATLAB 工具箱中判别分析命令结果

classify		knnclassify		svmclassify	
A 类序号	B 类序号	A 类序号	B 类序号	A 类序号	B 类序号
22	21	23	21	23	21
23	24	25	22	25	22
25	26	27	24	27	24
27	28	29	26	29	26
29	30	34	28	34	28
34	31	35	30	35	30
35	32	37	31	37	31
37	33		32		32
	36		33		33
	38		36		36
	39		38		38
	40		39		39
			40		40

习 题 4

1. 已知 $\boldsymbol{X}=(X_1, X_2)^{\mathrm{T}}$ 服从二维正态分布 $N(\boldsymbol{\mu}, \boldsymbol{\Sigma})$，其中 $\boldsymbol{\mu}=\begin{pmatrix}0\\0\end{pmatrix}$，$\boldsymbol{\Sigma}=\begin{pmatrix}1 & 0.9\\0.9 & 1\end{pmatrix}$，试分别求点 $\boldsymbol{A}=(1, 1)^{\mathrm{T}}$ 和 $\boldsymbol{B}=(1, -1)^{\mathrm{T}}$ 到总体均值的马氏距离和欧式距离，并论述马氏距离的合理性。

2. 设 G_1、G_2 为两个二维总体，从中分别抽取容量为 3 的训练样本如表 4-9 所示。

表 4-9 两总体的训练样本

	x_1	x_2		x_1	x_2
G_1	3	2	G_2	6	9
	2	4		5	7
	4	7		4	8

求：①计算两总体的样本均值向量 $\bar{x}^{(1)}$、$\bar{x}^{(2)}$ 和样本协方差矩阵 $\boldsymbol{S}_1$、$\boldsymbol{S}_2$。

②假定两总体协方差矩阵相等，记为 $\boldsymbol{\Sigma}$，用 $\boldsymbol{S}_1$、$\boldsymbol{S}_2$ 联合估计 $\boldsymbol{\Sigma}$。

③建立距离判别法的判别准则。

④设有一样品 $\boldsymbol{x}_0=(x_1, x_2)^{\mathrm{T}}=(2, 7)^{\mathrm{T}}$，利用③中的判别准则判断其归属。

3. 茶是世界上最为广泛的一种饮料。特选 28 个茶叶样本研究，分别来自江西、云南、福建、广东。按随机次序测试其矿质元素 Fe、Co、Zn 的含量（单位：$\mu g \cdot g^{-1}$），测试结果如表 4-10 所示，判断四个地区（即四个总体）的协方差矩阵是否相等（$\alpha=0.05$）?

表 4-10 茶叶部分矿物质的测定结果

序号	产地	Fe	Co	Zn	序号	产地	Fe	Co	Zn
1	江西	244	0.49	48.21	5	云南	478	0.28	39.42
2	江西	141	0.56	44.47	6	云南	497	0.36	54.44
3	江西	147	0.36	43.54	7	云南	494	0.31	47.23
4	江西	147	0.18	54.28	8	云南	345	0.23	32.75

（续）

序号	产地	Fe	Co	Zn	序号	产地	Fe	Co	Zn
9	福建	188	0.14	27.22	19	福建	256	0.25	11.56
10	福建	171	0.29	11.59	20	福建	160	0.77	35.63
11	福建	199	0.12	12.94	21	福建	195	0.36	30.51
12	福建	159	0.23	11.79	22	福建	216	0.62	29.62
13	福建	176	0.38	11.11	23	福建	146	0.6	21.34
14	福建	168	0.57	9.4	24	福建	228	0.18	38.03
15	福建	153	0.2	11.42	25	福建	476	1.02	35.82
16	福建	175	0.29	14.82	26	广东	169	0.25	16.82
17	福建	245	0.24	10.29	27	广东	138	0.32	41.06
18	福建	171	0.14	10.99	28	广东	108	0.13	17.55

4. 已知两总体的概率密度分别为 $f_1(\boldsymbol{x})$ 和 $f_2(\boldsymbol{x})$，且总体的先验分布为 $p_1=0.2$，$p_2=0.8$，误判损失相等。

   ①建立贝叶斯判别准则。

   ②设有一个新样品 x_0 满足 $f_1(\boldsymbol{x}_0)=6.3$，$f_2(\boldsymbol{x}_0)=0.5$，判定 $\boldsymbol{x}_0$ 的归属。

5. 已知 8 个乳房肿瘤病灶组织的样本，其中前 3 个为良性肿瘤，后 5 个为恶性肿瘤。数据为细胞核显微图像的 5 个量化特征：细胞核直径、质地、周长、面积、光滑度。根据已知样本对未知的三个样本进行距离判别和贝叶斯判别（见表 4-11），并计算回代误判率与交叉误判率（假定误判损失相等）。

表 4-11　乳房肿瘤病灶组织的样本

序号	细胞核直径	质地	周长	面积	光滑度	类型
1	13.54	14.36	87.46	566.3	0.097 79	良性
2	13.08	15.71	85.63	520	0.107 5	良性
3	9.504	12.44	60.34	273.9	0.102 4	良性
4	17.99	10.38	122.8	1 001	0.118 4	恶性
5	20.57	17.77	132.9	1326	0.084 74	恶性
6	19.69	21.25	130	1 203	0.109 6	恶性
7	11.42	20.38	77.58	386.1	0.142 5	恶性
8	20.29	14.34	135.1	1 297	0.100 3	恶性
9	16.6	28.08	108.3	858.1	0.084 55	待定
10	20.6	29.33	140.1	1 265	0.117 8	待定
11	7.76	24.54	47.92	181	0.052 63	待定

6. 人们到医院就诊时，通常要化验一些指标来协助医生的诊断。诊断就诊人员是否患肾炎时通常要化验人体内各种元素含量。表 4-12 是确诊病例的化验结果，其中 1～30 号病例是已经确诊为肾炎病人的化验结果；31～60 号病例是已经确定为健康人的结果。试解决以下问题：①为减少化验项目，确定哪些指标对于区分健康者与肾炎患者最显著；②对表 4-13 的 30 名就诊人员的化验结果进行判别，判定他（她）们是肾炎病人还是健康人。

表 4-12　确诊病例的化验结果

病例号	Zn	Cu	Fe	Ca	Mg	K	Na
1	166	15.8	24.5	700	112	179	513
2	185	15.7	31.5	701	125	184	427
3	193	9.80	25.9	541	163	128	642

(续)

病例号	Zn	Cu	Fe	Ca	Mg	K	Na
4	159	14.2	39.7	896	99.2	239	726
5	226	16.2	23.8	606	152	70.3	218
6	171	9.29	9.29	307	187	45.5	257
7	201	13.3	26.6	551	101	49.4	141
8	147	14.5	30.0	659	102	154	680
9	172	8.85	7.86	551	75.7	98.4	318
10	156	11.5	32.5	639	107	103	552
11	132	15.9	17.7	578	92.4	1 314	1 372
12	182	11.3	11.3	767	111	264	672
13	186	9.26	37.1	958	233	73.0	347
14	162	8.23	27.1	625	108	62.4	465
15	150	6.63	21.0	627	140	179	639
16	159	10.7	11.7	612	190	98.5	390
17	117	16.1	7.04	988	95.5	136	572
18	181	10.1	4.04	1 437	184	101	542
19	146	20.7	23.8	1 232	128	150	1 092
20	42.3	10.3	9.70	629	93.7	439	888
21	28.2	12.4	53.1	370	44.1	454	852
22	154	13.8	53.3	621	105	160	723
23	179	12.2	17.9	1 139	150	45.2	218
24	13.5	3.36	16.8	135	32.6	51.6	182
25	175	5.84	24.9	807	123	55.6	126
26	113	15.8	47.3	626	53.6	168	627
27	50.5	11.6	6.30	608	58.9	58.9	139
28	78.6	14.6	9.70	421	70.8	133	464
29	90.0	3.27	8.17	622	52.3	770	852
30	178	28.8	32.4	992	112	70.2	169
31	213	19.1	36.2	2 220	249	40.0	168
32	170	13.9	29.8	1 285	226	47.9	330
33	162	13.2	19.8	1 521	166	36.2	133
34	203	13.0	90.8	1 544	162	98.90	394
35	167	13.1	14.1	2 278	212	46.3	134
36	164	12.9	18.6	2 993	197	36.3	94.5
37	167	15.0	27.0	2 056	260	64.6	237
38	158	14.4	37.0	1 025	101	44.6	72.5
39	133	22.8	31.0	1 633	401	180	899
40	156	135	322	6 747	1 090	228	810
41	169	8.00	308	1 068	99.1	53.0	289
42	247	17.3	8.65	2 554	241	77.9	373
43	166	8.10	62.8	1 233	252	134	649
44	209	6.43	86.9	2 157	288	74.0	219
45	182	6.49	61.7	3 870	432	143	367
46	235	15.6	23.4	1 806	166	68.8	188
47	173	19.1	17.0	2 497	295	65.8	287

（续）

病例号	Zn	Cu	Fe	Ca	Mg	K	Na
48	151	19.7	64.2	2 031	403	182	874
49	191	65.4	35.0	5 361	392	137	688
50	223	24.4	86.0	3 603	353	97.7	479
51	221	20.1	155	3 172	368	150	739
52	217	25.0	28.2	2 343	373	110	494
53	164	22.2	35.5	2 212	281	153	549
54	173	8.99	36.0	1 624	216	103	257
55	202	18.6	17.7	3 785	225	31.0	67.3
56	182	17.3	24.8	3 073	246	50.7	109
57	211	24.0	17.0	3 836	428	73.5	351
58	246	21.5	93.2	2 112	354	71.7	195
59	164	16.1	38.0	2 135	152	64.3	240
60	179	21.0	35.0	1 560	226	47.9	330

表 4-13 就诊人员的化验结果

病例号	Zn	Cu	Fe	Ca	Mg	K	Na
61	58.2	5.42	29.7	323	138	179	513
62	106	1.87	40.5	542	177	184	427
63	152	0.80	12.5	1 332	176	128	646
64	85.5	1.70	3.99	503	62.3	238	762.6
65	144	0.70	15.1	547	79.7	71.0	218.5
66	85.7	1.09	4.2	790	170	45.8	257.9
67	144	0.30	9.11	417	552	49.5	141.5
68	170	4.16	9.32	943	260	155	680.8
69	176	0.57	27.3	318	133	99.4	318.8
70	192	7.06	32.9	1 969	343	103	553
71	188	8.28	22.6	1 208	231	1 314	1 372
72	153	5.87	34.8	328	163	264	672.5
73	143	2.84	15.7	265	123	73.0	347.5
74	213	19.1	36.2	2 220	249	62.0	465.8
75	192	20.1	23.8	1 606	156	40.0	168
76	171	10.5	30.5	672	145	47.0	330.5
77	162	13.2	19.8	1 521	166	36.2	133
78	203	13.0	90.8	1 544	162	98.9	394.5
79	164	20.1	28.9	1 062	161	47.3	134.5
80	167	13.1	14.1	2 278	212	36.5	96.5
81	164	12.9	18.6	2 993	197	65.5	237.8
82	167	15.0	27.0	2 056	260	44.8	72.0
83	158	14.4	37.0	1 025	101	180	899.5
84	133	22.8	31.3	1 633	401	228	289
85	169	8.0	30.8	1 068	99.1	53.0	817
86	247	17.3	8.65	2 554	241	77.5	373.5

（续）

病例号	Zn	Cu	Fe	Ca	Mg	K	Na
87	185	3.90	31.3	1 211	190	134	649.8
88	209	6.43	86.9	2 157	288	74.0	219.8
89	182	6.49	61.7	3870	432	143	367.5
90	235	15.6	23.4	1 806	166	68.9	188

7. 利用中国统计年鉴选取人均国民收入 x_1、农业劳动力比重 x_2、第三产业劳动力比重 x_3、农业比较劳动力生产率 x_4、恩格尔系数 x_5、城市人口比重 x_6、人均国民收入增长率 x_7、农业收入比重 x_8、工业收入比重 x_9 作为评价指标。对我国 2001～2010 年经济发展情况作出综合评判（见表 4-14）。

表 4-14 我国 2001～2010 年统计数据

年份	x_1	x_2	x_3	x_4	x_5	x_6	x_7	x_8	x_9
2001	6 267.0	0.500 0	0.277 0	0.287 8	38.200 0	37.660 0	0.100 1	0.404 6	0.397 4
2002	6 893.70	0.500 0	0.286 0	0.274 9	37.700 0	39.090 0	0.102 0	0.414 7	0.394 2
2003	7 959.09	0.491 0	0.293 0	0.260 6	37.100 0	40.530 0	0.135 0	0.412 3	0.404 5
2004	9 400.50	0.469 0	0.306 0	0.285 6	37.700 0	41.760 0	0.180 6	0.403 8	0.407 9
2005	10 904.5	0.448 0	0.314 0	0.270 6	36.700 0	42.990 0	0.150 6	0.405 1	0.417 6
2006	12 596.6	0.426 0	0.322 0	0.260 9	35.800 0	44.340 0	0.175 7	0.409 4	0.422 1
2007	15 103.4	0.408 0	0.324 0	0.264 0	36.300 0	45.890 0	0.234 0	0.418 9	0.415 8
2008	18 366.1	0.396 0	0.332 0	0.271 0	37.900 0	46.990 0	0.183 4	0.418 2	0.414 8
2009	21 864.5	0.381 0	0.341 0	0.271 2	37.000 0	48.340 0	0.082 9	0.434 3	0.396 7
2010	26 612.2	0.367 0	0.346 0	0.275 3	35.700 0	49.950 0	0.181 2	0.431 4	0.401 0

资料来源：《中国统计年鉴 2011》。

实验 3 距离判别与贝叶斯判别分析

实验目的

1. 熟练掌握 MATLAB 软件进行距离判别与贝叶斯判别的方法与步骤。
2. 掌握判别分析的回代误判率与交叉误判率的编程。
3. 掌握贝叶斯判别的误判率的计算。

实验数据与内容

我国山区某大型化工厂，在厂区及邻近地区挑选有代表性的 15 个大气取样点，每日 4 次同时抽取大气样品，测定其中含有的 6 种气体的浓度，前后共 4 天，每个取样点每种气体实测 16 次，计算每个取样点每种气体的平均浓度，数据见表 4-15。气体数据对应的污染分类在表中最后一列。现有两个取自该地区的 4 个气体样本，气体指标如表中后 4 行所示，试解决以下问题：

①判别两类总体的协方差矩阵是否相等，然后用马氏距离判别这四种未知气体样本的污染类别，并计算回代误判率与交叉误判率；若两类总体服从正态分布，第一类与第二类的先验概率分别为 7/15、8/15，利用贝叶斯判别样本的污染分类。

②先验概率等于多少时，距离判别与贝叶斯判别相同，调整先验概率对判别结果的影响

是什么？

③对第一类与第二类的先验概率分别为7/15、8/15，计算误判概率。

表4-15 大气样品数据表

气体	氯	硫化氢	二氧化硫	碳4	环氧氯丙烷	环己烷	污染分类
1	0.056	0.084	0.031	0.038	0.008 1	0.022	1
2	0.040	0.055	0.100	0.110	0.022 0	0.007 3	1
3	0.050	0.074	0.041	0.048	0.007 1	0.020	1
4	0.045	0.050	0.110	0.100	0.025 0	0.006 3	1
5	0.038	0.130	0.079	0.170	0.058 0	0.043	2
6	0.030	0.110	0.070	0.160	0.050 0	0.046	2
7	0.034	0.095	0.058	0.160	0.200	0.029	1
8	0.030	0.090	0.068	0.180	0.220	0.039	1
9	0.084	0.066	0.029	0.320	0.012	0.041	2
10	0.085	0.076	0.019	0.300	0.010	0.040	2
11	0.064	0.072	0.020	0.250	0.028	0.038	2
12	0.054	0.065	0.022	0.280	0.021	0.040	2
13	0.048	0.089	0.062	0.260	0.038	0.036	2
14	0.045	0.092	0.072	0.200	0.035	0.032	2
15	0.069	0.087	0.027	0.050	0.089	0.021	1
样品1	0.052	0.084	0.021	0.037	0.007 1	0.022	待定
样品2	0.041	0.055	0.110	0.110	0.021 0	0.007 3	待定
样品3	0.030	0.112	0.072	0.160	0.056	0.021	待定
样品4	0.074	0.083	0.105	0.190	0.020	1.000	待定

第5章

主成分分析与典型相关分析

在多数实际问题中，往往涉及的数据是多元的统计数据，产生了各种多元统计分析方法。本章介绍主成分分析、典型相关与趋势性分析的多元统计分析方法。主成分分析是利用降维的思想，把多指标转化为少数几个综合指标的一种多元统计分析方法。典型相关分析是研究两组变量间相关关系，它能够揭示两组变量之间的内在联系，真正反映两组变量间的线性相关情况。

5.1 主成分分析

5.1.1 主成分分析的基本原理

1. 基本思想

在研究实际问题时，往往需要收集多个变量。但这样会使多个变量间存在较强的相关关系，即这些变量间存在较多的信息重复，直接利用它们进行分析，不仅模型复杂，还会因为变量间存在多重共线性而引起较大的误差。为了能够充分利用数据，通常希望用较少的新变量代替原来较多的旧变量，同时要求这些新变量尽可能反映原变量的信息，这样问题也就简单化了。

主成分分析是采取一种数学降维的方法，找出几个综合变量来代替原来众多的变量，使这些综合变量能尽可能地代表原来变量的信息量，而且彼此之间互不相关。这种将把多个变量化为少数几个互相无关的综合变量的统计分析方法就叫做主成分分析或主分量分析。

主成分分析所要做的就是设法将原来众多具有一定相关性的变量，重新组合为一组新的相互无关的综合变量来代替原来变量。通常，数学上的处理方法就是将原来的变量做线性组合。作为新的综合变量，这种组合如果不加以限制，则可以有很多。应该如何选择呢？如果将选取的第一个线性组合（即第一个综合变量）记为 Y_1，自然希望它尽可能多地反映原来变量的信息，这里“信息”用方差来测量，即希望 $\mathrm{Var}(Y_1)$ 越大，表示 Y_1 包含的信息越多。因此在所有的线性组合中所选取的 Y_1 应该是方差最大的，故称 Y_1 为第一主成分。如果第一主成分不足以代表原来 p 个变量的信息，再考虑选取 Y_2 即第二个线性组合。为了有效地反映原来信息，Y_1 已有的信息就不需要再出现在 Y_2 中，用数学语言表达就是要求 $\mathrm{Cov}(Y_1, Y_2)=0$，称 Y_2 为第二主成分，以此类推可以构造出第三、第四、…、第 p 个主成分。下面介绍这一经典做法的数学原理。

2. 主成分的数学模型

设 X_1，X_2，…，X_p 为实际问题所涉及的 p 个随机变量（可称为 p 项指标），记 $\boldsymbol{X}=(X_1, X_2, \cdots, X_p)^{\mathrm{T}}$，$\boldsymbol{E}(X)=(\boldsymbol{E}(X_1), \boldsymbol{E}(X_2), \cdots, \boldsymbol{E}(X_p))^{\mathrm{T}}$，其协方差矩阵为

$$\boldsymbol{\Sigma}=(\sigma_{ij})_p=Cov(\boldsymbol{X},\boldsymbol{X})=\boldsymbol{E}[(\boldsymbol{X}-\boldsymbol{E}(\boldsymbol{X}))(\boldsymbol{X}-\boldsymbol{E}(\boldsymbol{X}))^{\mathrm{T}}]$$

它是一个 p 阶的非负定矩阵。又设变量 X_1，X_2，…，X_p 经过线性变换后得到新的综合变量 Y_1，Y_2，…，Y_p，即

$$\begin{cases}Y_1=\boldsymbol{l}_1^{\mathrm{T}}X=l_{11}X_1+l_{12}X_2+\cdots+l_{1p}X_p\\ Y_2=\boldsymbol{l}_2^{\mathrm{T}}X=l_{21}X_1+l_{22}X_2+\cdots+l_{2p}X_p\\ \qquad\cdots\\ Y_p=\boldsymbol{l}_p^{\mathrm{T}}X=l_{p1}X_1+l_{p2}X_2+\cdots+l_{pp}X_p\end{cases}\tag{5.1.1}$$

其中系数 $\boldsymbol{l}_i=(l_{i1},\ l_{i2},\ \cdots,\ l_{ip})^{\mathrm{T}}$（$i=1,\ 2,\ \cdots,\ p$）为常数向量，要求式（5.1.1）满足以下条件：

①系数向量是单位向量，即

$$\boldsymbol{l}_i^{\mathrm{T}}\boldsymbol{l}_i=l_{i1}^2+l_{i2}^2+\cdots+l_{ip}^2=1\quad(i=1,2,\cdots,p)\tag{5.1.2}$$

②Y_i 与 $Y_j(i\neq j,\ i,\ j=1,\ 2,\ \cdots,\ p)$ 不相关，即

$$\mathrm{Cov}(Y_i,Y_j)=\mathrm{Cov}(\boldsymbol{l}_i^{\mathrm{T}}X,\boldsymbol{l}_j^{\mathrm{T}}X)=\boldsymbol{l}_i^{\mathrm{T}}\boldsymbol{\Sigma}\boldsymbol{l}_j=0\quad(i\neq j,i,j=1,2,\cdots,p)\tag{5.1.3}$$

③Y_1，Y_2，…，Y_p 的方差递减，即

$$\mathrm{Var}(Y_1)\geqslant\mathrm{Var}(Y_2)\geqslant\cdots\geqslant\mathrm{Var}(Y_p)\geqslant0\tag{5.1.4}$$

于是，称 Y_1 为第一主成分，Y_2 为第二主成分，以此类推，Y_p 为第 p 个主成分。主成分又叫主分量，系数 $\boldsymbol{l}_i$（$i=1,\ 2,\ \cdots,\ p$）称为主成分系数。

3. 主成分的求法及性质

(1) 主成分的求法

当总体 $\boldsymbol{X}=(X_1,\ X_2,\ \cdots,\ X_p)^{\mathrm{T}}$ 的协方差矩阵 $\boldsymbol{\Sigma}=(\sigma_{ij})_p$ 已知时，我们可根据下面的定理求出主成分。

定理 5.1　设协方差矩阵 $\boldsymbol{\Sigma}$ 的特征值为 $\lambda_1\geqslant\lambda_2\geqslant\cdots\geqslant\lambda_p\geqslant0$，对应的单位正交特征向量为 $\boldsymbol{e}_1$，$\boldsymbol{e}_2$，…，$\boldsymbol{e}_p$，则 $\boldsymbol{X}$ 的第 k 个主成分为

$$Y_k=\boldsymbol{e}_k^{\mathrm{T}}\boldsymbol{X}=e_{k1}X_1+e_{k2}X_2+\cdots+e_{kp}X_p\quad(k=1,2,\cdots,p)\tag{5.1.5}$$

其中 $\boldsymbol{e}_k=(e_{k1},\ e_{k2},\ \cdots,\ e_{kp})^{\mathrm{T}}$，且

$$\begin{cases}\mathrm{Var}(Y_k)=\boldsymbol{e}_k^{\mathrm{T}}\boldsymbol{\Sigma}\boldsymbol{e}_k=\lambda_k\quad(k=1,2,\cdots,p)\\ \mathrm{Cov}(Y_k,Y_j)=\boldsymbol{e}_k^{\mathrm{T}}\boldsymbol{\Sigma}\boldsymbol{e}_j=0\quad(k\neq j,k,j=1,2,\cdots,p)\end{cases}\tag{5.1.6}$$

证明：令 $\boldsymbol{P}=(\boldsymbol{e}_1,\ \boldsymbol{e}_2,\ \cdots,\ \boldsymbol{e}_p)$，则 $\boldsymbol{P}$ 为正交矩阵，且

$$\boldsymbol{P}^{\mathrm{T}}\boldsymbol{\Sigma}\boldsymbol{P}=\boldsymbol{\Lambda}=\mathrm{Diag}(\lambda_1,\lambda_2,\cdots,\lambda_p)$$

若 $Y_1=\boldsymbol{l}_1^{\mathrm{T}}\boldsymbol{X}$ 为 $\boldsymbol{X}$ 的第一主成分，其中 $\boldsymbol{l}_1^{\mathrm{T}}\boldsymbol{l}_1=1$，令

$$\boldsymbol{h}_1=(h_{11},h_{12},\cdots,h_{1p})^{\mathrm{T}}=\boldsymbol{P}^T\boldsymbol{l}_1$$

则 $\boldsymbol{h}_1^{\mathrm{T}}\boldsymbol{h}_1=1$，$\boldsymbol{l}_1=\boldsymbol{P}\boldsymbol{h}_1$，且

$$\begin{aligned}\mathrm{Var}(Y_1)&=\boldsymbol{l}_1^{\mathrm{T}}\boldsymbol{\Sigma}\boldsymbol{l}_1=\boldsymbol{h}_1^{\mathrm{T}}\boldsymbol{P}^{\mathrm{T}}\boldsymbol{\Sigma}\boldsymbol{P}\boldsymbol{h}_1=\boldsymbol{h}_1^{\mathrm{T}}\boldsymbol{\Lambda}\boldsymbol{h}_1\\&=\lambda_1h_{11}^2+\lambda_2h_{12}^2+\cdots+\lambda_ph_{1p}^2\leqslant\lambda_1\boldsymbol{h}_1^{\mathrm{T}}\boldsymbol{h}_1=\lambda_1\end{aligned}$$

并且只有当 $h_1=(1,\ 0,\ \cdots,\ 0)^{\mathrm{T}}$（标准单位向量）时等号成立，这时

$$\boldsymbol{l}_1=\boldsymbol{P}\boldsymbol{h}_1=\boldsymbol{e}_1$$

因此，$\boldsymbol{X}$ 的第一主成分为

$$Y_1=\boldsymbol{e}_1^{\mathrm{T}}X=e_{11}X_1+e_{12}X_2+\cdots+e_{1p}X_p$$

且方差 $\mathrm{Var}(Y_1)=\lambda_1$ 达到最大。

由此可知，在约束条件 $\boldsymbol{l}_1^{\mathrm{T}}\boldsymbol{l}_1=1$ 下，当 $\boldsymbol{l}_1=\boldsymbol{e}_1$ 时，$\mathrm{Var}(Y_1)$ 达到最大值 λ_1。

设 $Y_2=\boldsymbol{l}_2^{\mathrm{T}}X$ 为 $\boldsymbol{X}$ 的第二主成分，其中 $\boldsymbol{l}_2^{\mathrm{T}}\boldsymbol{l}_2=1$，且

$$\mathrm{Cov}(Y_1,Y_2)=\boldsymbol{l}_2^{\mathrm{T}}\boldsymbol{\Sigma}\boldsymbol{e}_1=\lambda_1\boldsymbol{l}_2^{\mathrm{T}}\boldsymbol{e}_1=0$$

令

$$\boldsymbol{h}_2=(h_{21},h_{22},\cdots,h_{2p})^{\mathrm{T}}=\boldsymbol{P}^{\mathrm{T}}\boldsymbol{l}_2$$

则 $\boldsymbol{h}_2^{\mathrm{T}}\boldsymbol{h}_2=1$，$\boldsymbol{l}_2=\boldsymbol{P}\boldsymbol{h}_2$，且

$$\boldsymbol{l}_2^{\mathrm{T}}\boldsymbol{e}_1=\boldsymbol{h}_2^{\mathrm{T}}\boldsymbol{P}^{\mathrm{T}}\boldsymbol{e}_1=h_{21}\boldsymbol{e}_1^{\mathrm{T}}\boldsymbol{e}_1+h_{22}\boldsymbol{e}_2^{\mathrm{T}}\boldsymbol{e}_1+\cdots+h_{2p}\boldsymbol{e}_p^{\mathrm{T}}\boldsymbol{e}_1=h_{21}=0$$

从而

$$\begin{aligned}\mathrm{Var}(Y_2)&=\boldsymbol{l}_2^{\mathrm{T}}\boldsymbol{\Sigma}\boldsymbol{l}_2=\boldsymbol{h}_2^{\mathrm{T}}\boldsymbol{P}^{\mathrm{T}}\boldsymbol{\Sigma}\boldsymbol{P}\boldsymbol{h}_2=\boldsymbol{h}_2^{\mathrm{T}}\boldsymbol{\Lambda}\boldsymbol{h}_2=\lambda_1h_{21}^2+\lambda_2h_{22}^2+\cdots+\lambda_ph_{2p}^2\\&=\lambda_2h_{22}^2+\cdots+\lambda_ph_{2p}^2\leqslant\lambda_2\boldsymbol{h}_2^{\mathrm{T}}\boldsymbol{h}_2=\lambda_2\end{aligned}$$

只有当 $\boldsymbol{h}_2=(0,1,\cdots,0)^{\mathrm{T}}$ 时等号成立，这时

$$\boldsymbol{l}_2=\boldsymbol{P}\boldsymbol{h}_2=\boldsymbol{e}_2$$

因此，$\boldsymbol{X}$ 的第二主成分为

$$Y_2=\boldsymbol{e}_2^{\mathrm{T}}\boldsymbol{X}=e_{21}X_1+e_{22}X_2+\cdots+e_{2p}X_p$$

且方差 $\mathrm{Var}(Y_2)=\lambda_2$ 达到最大。

由此可知，在满足约束条件 $\boldsymbol{l}_2^{\mathrm{T}}\boldsymbol{l}_2=1$、$\mathrm{Cov}(Y_1,Y_2)=0$ 的情况下，当 $\boldsymbol{l}_2=\boldsymbol{e}_2$ 时，$\mathrm{Var}(Y_2)$ 达到最大值 λ_2。

类似可以证明，对所有的 p 个主成分，定理结论成立，即第 k 个主成分表达式为 $Y_k=\boldsymbol{e}_k^{\mathrm{T}}\boldsymbol{X}$ $(k=1,2,\cdots,p)$，且 $\mathrm{Var}(Y_k)=\lambda_k(k=1,2,\cdots,p)$。

定理 5.1 表明，求 $\boldsymbol{X}$ 的主成分等价于求它的协方差矩阵 $\boldsymbol{\Sigma}$ 的所有特征值及相应的正交单位化特征向量。按特征值由大到小所对应的正交单位化特征向量为组合系数，X_1，X_2，…，X_p 的线性组合分别为 $\boldsymbol{X}$ 的第一、第二直至第 p 个主成分，且各主成分的方差等于相应的特征值。

(2) 主成分总方差与方差贡献率

p 个主成分总体的协方差矩阵与总方差有如下性质。

定理 5.2　若主成分总体为 $\boldsymbol{Y}=(Y_1,Y_2,\cdots,Y_p)^{\mathrm{T}}$，矩阵 $\boldsymbol{P}=(\boldsymbol{e}_1,\boldsymbol{e}_2,\cdots,\boldsymbol{e}_p)$，则 $\boldsymbol{Y}=\boldsymbol{P}^{\mathrm{T}}\boldsymbol{X}$，且 $\boldsymbol{Y}$ 的协方差矩阵

$$\boldsymbol{\Sigma}_{\mathrm{Y}}=\boldsymbol{P}^{\mathrm{T}}\boldsymbol{\Sigma}\boldsymbol{P}=\boldsymbol{\Lambda}=\mathrm{Diag}(\lambda_1,\lambda_2,\cdots,\lambda_p)$$

主成分的总方差

$$\sum_{i=1}^{p}\mathrm{Var}(Y_i)=\sum_{i=1}^{p}\mathrm{Var}(X_i)$$

证明：由式 (5.1.5)，显然有 $\boldsymbol{Y}=\boldsymbol{P}^{\mathrm{T}}\boldsymbol{X}$，此时

$$\begin{aligned}\boldsymbol{\Sigma}_{\mathrm{Y}}&=\mathrm{Cov}(\boldsymbol{Y},\boldsymbol{Y})=\mathrm{Cov}(\boldsymbol{P}^{\mathrm{T}}\boldsymbol{X},\boldsymbol{P}^{\mathrm{T}}\boldsymbol{X})=\boldsymbol{P}^{\mathrm{T}}\mathrm{Cov}(\boldsymbol{X},\boldsymbol{X})\boldsymbol{P}\\&=\boldsymbol{P}^{\mathrm{T}}\boldsymbol{\Sigma}\boldsymbol{P}=\boldsymbol{\Lambda}=\mathrm{Diag}(\lambda_1,\lambda_2,\cdots,\lambda_p)\end{aligned}$$

又由式 (5.1.6)，有

$$\sum_{k=1}^{p}\mathrm{Var}(Y_k)=\sum_{k=1}^{p}\lambda_k$$

又因为

$$\sum_{k=1}^{p}\lambda_k=\mathrm{tr}(\boldsymbol{\Sigma}_Y)=\mathrm{tr}(\boldsymbol{\Sigma})=\sum_{k=1}^{p}\mathrm{Var}(X_k)$$

所以

$$\sum_{i=1}^{p} \mathrm{Var}(Y_i) = \sum_{i=1}^{p} \mathrm{Var}(X_i)$$

推论表明：主成分可将 p 个原始变量的总方差分解为 p 个不相关变量 Y_1，Y_2，…，Y_p 的方差之和。由于 $\mathrm{Var}(Y_k)=\lambda_k(k=1,2,\cdots,p)$，因此 $\lambda_k/\sum_{k=1}^{p}\lambda_k$ 描述了第 k 个主成分提取的信息占总信息的份额。我们称

$$\frac{\mathrm{Var}(Y_k)}{\sum_{i=1}^{p}\mathrm{Var}(Y_i)} = \frac{\lambda_k}{\sum_{i=1}^{p}\lambda_i} \quad (k=1,2,\cdots,p) \tag{5.1.7}$$

为第 k 个主成分的贡献率，称前 $m(m\leqslant p)$ 个主成分的贡献率之和 $\sum_{i=1}^{m}\lambda_i/\sum_{i=1}^{p}\lambda_i$ 为累计贡献率，它表示前 $m(m\leqslant p)$ 个主成分综合提供总信息的程度。通常选取 $m(m<p)$ 个主成分使其累计贡献率达到80%以上。

在实际应用中，选择了重要的主成分后，还要注意主成分实际含义解释。主成分分析中一个很关键的问题是如何给主成分赋予新的意义、给出合理的解释。一般而言，这个解释是根据主成分表达式的系数结合定性分析来进行的。主成分是原来变量的线性组合，在这个线性组合中各变量的系数有大有小、有正有负，有的大小相当，因而不能简单地认为这个主成分是某个原变量的属性的作用，线性组合中各变量系数的绝对值大者表明该主成分主要综合了绝对值大的变量，有几个变量系数大小相当时，应认为这一主成分是这几个变量的总和，这几个变量综合在一起应赋予怎样的实际意义，这要结合具体实际问题和专业给出恰当的解释，进而才能达到深刻分析的目的。

在 MATLAB 中，运用协方差矩阵进行主成分分析的命令 pcacov 的调用格式为：

```
①PC=pcacov(V)
②[PC,latent,explained]=pcacov(V)
```

其中输入参数 V 是总体或样本的协方差矩阵或相关系数矩阵，对于 p 维总体，$\boldsymbol{V}$ 为 $p\times p$ 矩阵。输出参数：PC 为 p 个主成分的系数矩阵 $\boldsymbol{P}=(\boldsymbol{e}_1,\boldsymbol{e}_2,\cdots,\boldsymbol{e}_p)$，latent 是 $\boldsymbol{V}$ 的特征值（从大到小排列）构成的列向量，explained 表示主成分的贡献率（已转化为百分比）向量。

例 5.1.1 已知总体 $\boldsymbol{X}=(X_1,X_2,X_3)^{\mathrm{T}}$ 的协方差矩阵为

$$\boldsymbol{\Sigma} = \begin{pmatrix} 2 & 2 & -2 \\ 2 & 5 & -4 \\ -2 & -4 & 5 \end{pmatrix}$$

求 $\boldsymbol{X}$ 的各主成分以及各主成分的贡献率。

解： 因为已知总体的协方差矩阵，所以可调用主成分分析的命令 pcacov，程序如下。

```
clear
S=[2,2,-2;2,5,-4;-2,-4,5];                  % S表示总体的协方差矩阵Σ
[PC,lat,explained]=pcacov(S)                % 总体主成分分析
```

程序输出结果：

```
PC= -0.3333      0           0.9428
    -0.6667      0.7071     -0.2357
     0.6667      0.7071      0.2357          % 主成分变换矩阵 P
```

```
lat =
      10.0000
       1.0000
       1.0000                                        % 主成分方差向量
explained =
           83.3333
            8.3333
            8.3333                                   % 各主成分贡献率向量
```

由程序的输出结果以及式（5.1.5）知，总体 $\boldsymbol{X}$ 的主成分为

$$\begin{cases} Y_1 = -0.3333X_1 - 0.6667X_2 + 0.6667X_3 \\ Y_2 = 0X_1 + 0.7071X_2 + 0.7071X_3 \\ Y_3 = 0.9428X_1 - 0.2357X_2 + 0.2357X_3 \end{cases}$$

各主成分方差为

$$\mathrm{Var}(Y_1) = \lambda_1 = 10,\quad \mathrm{Var}(Y_2) = \lambda_2 = 1,\quad \mathrm{Var}(Y_3) = \lambda_3 = 1,$$

第一主成分的贡献率

$$\frac{\lambda_1}{\lambda_1 + \lambda_2 + \lambda_3} = 83.3333\%$$

第一、二主成分的累计贡献率为

$$\frac{\lambda_1 + \lambda_2}{\lambda_1 + \lambda_2 + \lambda_3} = 83.3333\% + 8.3333\% = 91.6666\%$$

因此，若用前两个主成分代替原来三个变量，则累计贡献率超过 90%，或者说其信息损失为 8.3333%，不足 8.4%，这是很小的。

（3）主成分 Y_i 与变量 X_j 的相关系数

定理 5.3 设 $\boldsymbol{Y}=(Y_1, Y_2, \cdots, Y_p)^{\mathrm{T}}$ 为总体 $\boldsymbol{X}=(X_1, X_2, \cdots, X_p)^{\mathrm{T}}$ 的主成分向量，则主成分 Y_i 与变量 X_j 的相关系数

$$\rho_{Y_iX_j} = \frac{\sqrt{\lambda_i}}{\sqrt{\sigma_{jj}}} e_{ij}\quad (i,j = 1,2,\cdots,p) \tag{5.1.8}$$

证明： 由定理 5.1 及其推论，因为 $\boldsymbol{Y}=\boldsymbol{P}^{\mathrm{T}}\boldsymbol{X}$，所以 $\boldsymbol{X}=\boldsymbol{P}\boldsymbol{Y}$，从而

$$X_j = e_{1j}Y_1 + e_{2j}Y_2 + \cdots + e_{pj}Y_p$$

于是

$$\mathrm{Cov}(Y_i, X_j) = \mathrm{Cov}(Y_i, \sum_{i=1}^{p} e_{ij}Y_i) = \lambda_i e_{ij}$$

所以 Y_i 与 X_j 的相关系数为

$$\rho_{Y_iX_j} = \frac{\mathrm{cov}(Y_i, X_j)}{\sqrt{\mathrm{Var}(Y_i)}\sqrt{\mathrm{Var}(X_j)}} = \frac{\lambda_i e_{ij}}{\sqrt{\lambda_i}\sqrt{\sigma_{jj}}} = \frac{\sqrt{\lambda_i}}{\sqrt{\sigma_{jj}}} e_{ij}$$

显然，Y_i 与 X_j 的相关系数反映了主成分 Y_i 与原变量的关联程度，它与 X_j 标准差成反比，与主成分的标准差成正比。

若记矩阵 $\boldsymbol{\Sigma}_{YX}=(\rho_{Y_iX_j})_p$，则由代数学可以证明

$$\boldsymbol{\Sigma}_{YX} = (\rho_{Y_iX_j})_p = [\mathrm{Diag}(\boldsymbol{\Sigma})]^{-1/2}\boldsymbol{P}\boldsymbol{\Lambda}^{1/2} \tag{5.1.9}$$

其中 $[\mathrm{Diag}(\boldsymbol{\Sigma})]$ 表示协方差矩阵的主对角线元组成的对角矩阵，$\boldsymbol{P}$ 是主成分矩阵，$\boldsymbol{\Lambda}$ 是特征值对角矩阵。

例 5.1.2（续例 5.1.1） 求主成分 Y_i 与变量 X_j 的相关系数。

解： 由例5.1.1的条件与结果，根据式（5.1.9），可编写MATLAB程序如下。

```
clear
S=[2,2,-2;2,5,-4;-2,-4,5];                      % S表示总体的协方差矩阵Σ
[PC,lat,explained]=pcacov(S);                   % 总体主成分分析
S1=diag(diag(S));                               % 协方差矩阵的主对角线元组成的对角矩阵
SYX=inv(sqrt(S1))*PC*sqrt(diag(lat));           % 按式(5.1.9)式计算
SYX
```

程序输出结果：

```
SYX =
   -0.7454          0          0.6667
   -0.9428     0.3162         -0.1054
    0.9428     0.3162          0.1054
```

所以，SYX的第一列元素依次为 Y_1 与 X_1、X_2、X_3 的相关系数，即 $\rho_{Y_1X_1}=-0.7454$，$\rho_{Y_1X_2}=-0.9428$，$\rho_{Y_1X_3}=0.9428$，其余各列的元素含义类推。结果表明 Y_1 与 X_2、X_3 高度相关，而 $\rho_{Y_1X_2}=0$，即 Y_2 与 X_1 不相关，等等。

4. **标准化变量的主成分**

在解决实际问题的过程中，经常遇到不同的变量指标有不同的量纲，有时会导致各变量指标取值的分散程度较大，这样在计算协方差矩阵时，会出现总体方差受某个方差较大的变量控制，可能造成不合理的结果。为了消除量纲的影响，通常对变量进行标准化，即令

$$X_i^*=\frac{X_i-\mu_i}{\sqrt{\sigma_{ii}}}\quad(i=1,2,\cdots,p)\tag{5.1.10}$$

其中 $\mu_i=EX_i,\sigma_{ii}=\mathrm{Var}(X_i)$，这时 $\boldsymbol{X}^*=(X_1^*,X_2^*,\cdots,X_p^*)^{\mathrm{T}}$ 的协方差矩阵 $\boldsymbol{\Sigma}^*=\mathrm{Cov}(\boldsymbol{X}^*,\boldsymbol{X}^*)$ 是 $\boldsymbol{X}=(X_1,X_2,\cdots,X_p)^{\mathrm{T}}$ 的相关系数矩阵 $\boldsymbol{\rho}=(\rho_{ij})_p$，即 $\boldsymbol{\Sigma}^*=\boldsymbol{\rho}$，其中

$$\rho_{ij}=\frac{\mathrm{Cov}(X_i,X_j)}{\sqrt{\sigma_{ii}\sigma_{jj}}}$$

且 $\boldsymbol{X}$ 的协方差矩阵与 $\boldsymbol{X}^*$ 的协方差矩阵存在关系

$$\boldsymbol{\Sigma}=\boldsymbol{D}\boldsymbol{\Sigma}^*\boldsymbol{D}^{\mathrm{T}}\tag{5.1.11}$$

其中 $\boldsymbol{D}=\mathrm{diag}(\sqrt{\sigma_{11}},\sqrt{\sigma_{22}},\cdots,\sqrt{\sigma_{pp}})$。

计算标准化变量的主成分公式为：

$$Y_i^*=(\boldsymbol{e}_i^*)^{\mathrm{T}}\boldsymbol{X}^*=e_{i1}^*X_1^*+e_{i2}^*X_2^*+\cdots+e_{ip}^*X_p^*\quad(i=1,2,\cdots,p)\tag{5.1.12}$$

其中 $\boldsymbol{X}^*$ 是标准化以后的数据，$(\boldsymbol{e}_i^*)^{\mathrm{T}}$ 是相关系数矩阵的特征值对应的特征向量。

标准化变量的主成分具有以下性质。

性质1 总体方差和等于向量的维数，即

$$\sum_{i=1}^{p}\mathrm{Var}(Y_i^*)=\sum_{i=1}^{p}\mathrm{Var}(X_i^*)=\sum_{i=1}^{p}\lambda_i^*=p$$

其中 λ_i^*（$i=1,2,\cdots,p$）是相关系数矩阵 $\boldsymbol{\rho}$ 的特征值。

性质2 标准化变量的第 i 个主成分的贡献率为

$$\lambda_i^*/p,\quad i=1,2,\cdots,p$$

标准化变量的前 m 个主成分的累积贡献率为

$$\sum_{i=1}^{m}\lambda_i^*/p$$

性质 3 主成分 Y_i^* 与标准化数据 X_j^* 的相关系数为

$$\rho(Y_i^*, X_j^*) = \sqrt{\lambda_i^*} e_{ij}^*$$

值得注意的是，同一个总体分别从协方差矩阵和相关系数矩阵出发进行主成分分析，所得的主成分的贡献率可以不同。

例 5.1.3 设总体 $\boldsymbol{X}=(X_1, X_2, X_3)^{\mathrm{T}}$ 的协方差矩阵为例 5.1.1 所给，其标准化总体 $\boldsymbol{X}^*=(X_1^*, X_2^*, X_3^*)^{\mathrm{T}}$，求 $\boldsymbol{X}^*$ 的协方差矩阵 $\boldsymbol{\Sigma}^*$（即 $\boldsymbol{X}$ 的相关系数矩阵 $\boldsymbol{\rho}$），并从 $\boldsymbol{\Sigma}^*$ 出发作主成分分析。

解： 因为协方差矩阵 $\boldsymbol{\Sigma}=(\sigma_{ij})_p$ 主对角线上的元素 $\sigma_{ii}=\mathrm{Var}(X_i)$，所以 $\sigma_{11}=\mathrm{Var}(X_1)=2$，$\sigma_{22}=\mathrm{Var}(X_2)=5$，$\sigma_{33}=\mathrm{Var}(X_3)=5$，故矩阵 $\boldsymbol{D}=\mathrm{diag}(\sqrt{2}, \sqrt{5}, \sqrt{5})$，由式（5.1.11），可求出 $\boldsymbol{\Sigma}^*=\boldsymbol{D}^{-1}\boldsymbol{\Sigma}(\boldsymbol{D}^{-1})^{\mathrm{T}}$，编写程序如下。

```
clear
S=[2,2,-2;2,5,-4;-2,-4,5];                    % 总体 X 的协方差矩阵
Dinv=diag(1./sqrt(diag(S)));                  % D 矩阵的逆矩阵
S11=Dinv*S*Dinv';                             % 总体 X 的相关系数矩阵
[C,lam,explained]=pcacov(S11)                 % 主成分分析
SYX11=C*diag(sqrt(lam))                       % 主成分与标准化变量间的相关系数矩阵
```

程序运行结果如下：

```
C =
   0.5439          0.8391           0
   0.5933         -0.3846      0.7071
  -0.5933          0.3846      0.7071
lam =
    2.3798
    0.4202
    0.2000
explained =
    79.3265
    14.0068
     6.6667
SYX11 =
   0.8391      0.5439         0
   0.9153     -0.2493    0.3162
  -0.9153      0.2493    0.3162
```

结果表明，标准化的总体 $\boldsymbol{X}^*$ 的主成分为

$$\begin{cases} Y_1^* = 0.5439X_1^* + 0.5933X_2^* - 0.5933X_3^* \\ Y_2^* = 0.8391X_1^* - 0.3846X_2^* + 0.3846X_3^* \\ Y_3^* = 0X_1^* + 0.7071X_2^* + 0.7071X_3^* \end{cases}$$

各主成分方差为

$\mathrm{Var}(Y_1^*)=\lambda_1^*=2.3798$，$\mathrm{Var}(Y_2^*)=\lambda_2^*=0.4202$，$\mathrm{Var}(Y_3^*)=\lambda_3^*=0.2000$

第一主成分的贡献率

$$\frac{\lambda_1^*}{\sum_{k=1}^{3}\lambda_k^*} = \frac{2.3798}{3} = 79.3265\%$$

相比未标准化之前的贡献率有下降。第一、二主成分的累计贡献率为 79.326 5%＋14.006 8%＝93.333%。Y_1^* 与 X_1^* 的相关系数为 0.839 1，Y_1^* 与 X_2^* 的相关系数为 0.915 3，

Y_1^* 与 X_3^* 的相关系数为-0.9153。

5.1.2 样本主成分分析

实际问题中，总体 $\boldsymbol{X}=(X_1, X_2, \cdots, X_p)^{\mathrm{T}}$ 的协方差矩阵 $\boldsymbol{\Sigma}$ 一般是未知的，具有的资料只是来自于 $\boldsymbol{X}$ 的一个容量为 n 的样本观测数据。设

$$\boldsymbol{x}_i=(x_{i1},x_{i2},\cdots,x_{ip})^{\mathrm{T}}\quad (i=1,2,\cdots,n)$$

为取自总体 $\boldsymbol{X}=(X_1, X_2, \cdots, X_p)^{\mathrm{T}}$ 的一个容量为 n 的简单随机样本，由第 2 章知样本协方差矩阵及样本相关矩阵分别为

$$\boldsymbol{S}=(s_{ij})_{p\times p}=\frac{1}{n-1}\sum_{k=1}^{n}(\boldsymbol{x}_k-\overline{\boldsymbol{x}})(\boldsymbol{x}_k-\overline{\boldsymbol{x}})^{\mathrm{T}}$$

$$\boldsymbol{R}=(r_{ij})_{p\times p}=\left(\frac{s_{ij}}{\sqrt{s_{ii}s_{jj}}}\right)$$

其中 $\overline{\boldsymbol{x}}=(\overline{x}_1,\overline{x}_2,\cdots,\overline{x}_p)^{\mathrm{T}}$，$\overline{x}_j=\frac{1}{n}\sum_{i=1}^{n}x_{ij}$，$s_{jk}=\frac{1}{n-1}\sum_{i=1}^{n}(x_{ij}-\overline{x}_j)(x_{ik}-\overline{x}_k)$ $(j, k=1, 2, \cdots, p)$，分别以 $\boldsymbol{S}$ 和 $\boldsymbol{R}$ 作为总体 $\boldsymbol{\Sigma}$ 和 $\boldsymbol{\rho}$ 的估计，然后按总体主成分分析的方法对样本作主成分分析。

关于样本主成分，有如下结论。

设 $\boldsymbol{S}_{p\times p}$ 为样本协方差矩阵，其特征值 $\hat{\lambda}_1\geqslant\hat{\lambda}_2\geqslant\cdots\geqslant\hat{\lambda}_p\geqslant 0$，相应的单位正交化特征向量 $\hat{\boldsymbol{e}}_1$，$\hat{\boldsymbol{e}}_2$，$\cdots$，$\hat{\boldsymbol{e}}_p$，第 k 个样本主成分表为

$$y_k=\hat{\boldsymbol{e}}_k^{\mathrm{T}}\boldsymbol{x}=\hat{\boldsymbol{e}}_{k1}x_1+\hat{\boldsymbol{e}}_{k2}x_2+\cdots+\hat{\boldsymbol{e}}_{kp}x_p$$

当依次代入观测值 $\boldsymbol{x}_i=(x_{i1}, x_{i2}, \cdots, x_{ip})^{\mathrm{T}}$ $(i=1, 2, \cdots, n)$ 时，便得到第 k 个样本主成分 y_k 的 n 个观测值

$$y_{1k},y_{2k},\cdots,y_{nk}$$

称其为第 k 个样本主成分的得分。这时 y_k 的样本方差 $\mathrm{Var}(y_k)$、y_k 与 y_j 的协方差 $\mathrm{Cov}(y_j, y_k)$、样本总方差为 $\sum_{k=1}^{p}\mathrm{Var}(y_k)$ 为

$$\begin{cases}\mathrm{Var}(y_k)=\hat{\boldsymbol{e}}_k^{\mathrm{T}}\boldsymbol{S}\,\hat{\boldsymbol{e}}_k=\hat{\lambda}_k & (k=1,2,\cdots,p)\\ \mathrm{Cov}(y_j,y_k)=\hat{\boldsymbol{e}}_j^{\mathrm{T}}\boldsymbol{S}\,\hat{\boldsymbol{e}}_k=0 & (k\neq j)\\ \sum_{k=1}^{p}\mathrm{Var}(y_k)=\sum_{k=1}^{p}s_{kk}=\sum_{k=1}^{p}\hat{\lambda}_k\end{cases}\tag{5.1.13}$$

第 k 个主成分 Y_k 的贡献率为 $\hat{\lambda}_k/\sum_{i=1}^{p}\hat{\lambda}_i$，前 m 个样本主成分的累计贡献率为 $\sum_{k=1}^{m}\hat{\lambda}_k/\sum_{i=1}^{p}\hat{\lambda}_i$。

同总体主成分分析一样，为了消除量纲的影响，可利用第 2 章介绍的方法对样本进行标准化，即令

$$\boldsymbol{x}_i^*=\left(\frac{x_{i1}-\overline{x}_1}{\sqrt{s_{11}}},\frac{x_{i2}-\overline{x}_2}{\sqrt{s_{22}}},\cdots,\frac{x_{ip}-\overline{x}_p}{\sqrt{s_{pp}}}\right)^{\mathrm{T}}\quad (i=1,2,\cdots,n)\tag{5.1.14}$$

则标准化的样本数据的协方差矩阵也即原样本的相关系数矩阵，由样本相关系数矩阵出发作主成分分析即可。

在 MATLAB 中，运用样本数据矩阵进行主成分分析的命令为 princomp，调用格式为：

```
①PC=princomp(X)
②[PC,SCORE,latent,tsquare]=princomp(X)
```

其中输入参数 X 是 $n\times p$ 阶的样本观测值矩阵，每一行对应一个观测（样品），每一列对应一

个变量。输出参数：**PC** 为 p 个主成分的系数矩阵 $\hat{\boldsymbol{P}}=(\hat{\boldsymbol{e}}_1,\ \hat{\boldsymbol{e}}_2,\ \cdots,\ \hat{\boldsymbol{e}}_p)$；SCORE 是 n 个样品的 p 个主成分得分矩阵，它的每一行对应一个观测值，每一列对应一个主成分，第 i 行第 j 列元素是第 i 个样品的第 j 个主成分的得分；latent 是样本的协方差矩阵的特征值构成的向量，特征值由大到小排列；tsquare 是每个观测样品的霍特林（Hotelling）T^2 统计量，它是 n 个元素的列向量，第 i 个元素描述第 i 个样品与数据集合（样本观测矩阵）的中心之间的距离，可用来求远离中心的极端数据。

第 i 个样品的霍特林（Hotelling）T^2 统计量定义为

$$T_i^2=\sum_{j=1}^{p}\frac{y_{ij}^2}{\lambda_j}\quad(i=1,2,\cdots,n)$$

其中 λ_j 是样本协方差矩阵的特征值，y_{ij} 是第 i 个样品第 j 个主成分的得分。

值得注意的是，princomp 函数对样本数据进行了中心化处理，即把 $\boldsymbol{X}$ 中的每一个元素减去其所在列的均值，输出的得分是中心化的主成分得分。

综上，由样本观测数据矩阵进行主成分分析的步骤为：

第一步，对原始数据进行标准化处理。

第二步，计算样本相关系数矩阵。

第三步，求相关系数矩阵的特征值和相应的特征向量。

第四步，选择重要的主成分，并写出主成分表达式。

第五步，计算主成分得分。

第六步，依据主成分得分的数据，进行进一步的统计分析。

例 5.1.4　对 10 名男中学生的身高（X_1）、胸围（X_2）和体重（X_3）进行测量，测得数据见表 5-1，对其作主成分分析。

表 5-1　10 名男中学生的身高、胸围及体重数据

序号	身高 x_{i1}(cm)	胸围 x_{i2}(cm)	体重 x_{i3}(kg)
1	149.5	69.5	38.5
2	162.5	77	55.5
3	162.7	78.5	50.8
4	162.2	87.5	65.5
5	156.5	74.5	49.0
6	156.1	74.5	45.5
7	172.0	76.5	51.0
8	173.2	81.5	59.5
9	159.5	74.5	43.5
10	157.7	79	53.5

解：令 $\boldsymbol{X}=(X_1,\ X_2,\ X_3)$ 表示总体，则表 5-1 中的数据可认为来自总体的样本，由样本主成分分析法，程序如下。

```
clear
X=[149.5 69.5 38.5;162.5 77 55.5;162.7 78.5 50.8;162.2 87.5 65.5;156.5 74.5 49.0;156.1 74.5
45.5;172.0 76.5 51.0;173.2 81.5 59.5;159.5 74.5 43.5;157.7 79 53.5];      % 输入样本数据
[P,SCORE,latent]=princomp(X)                                               % 主成分分析
c_rate=cumsum(latent)./sum(latent)                                         % 主成分贡献率
```

程序运行结果：

```
P =
    0.5592     0.8277     -0.0480
    0.4213    -0.3335     -0.8434
    0.7140    -0.4514      0.5352         % 正交单位化特征向量
SCORE =                                   % 主成分的得分矩阵
  -18.9124    -1.3282     -0.3265
    3.6551    -0.7431     -2.4753
    1.0428     1.0437      1.3146
   15.0513    -9.0068      1.0143
   -5.3944    -1.9415     -1.3930
   -8.1172    -0.6927      0.4608
    5.5432     9.3178     -0.0332
   14.3900     4.8068     -0.3075
   -7.6442     3.0242      1.6942
    0.3856    -4.4801      0.0516
latent=                                   % 特征值
    110.0041
    25.3245
    1.5680
c_rate =                                  % 主成分的累计贡献率
   0.8036
   0.9885
   1.0000
```

结果表明，第一主成分的贡献率为0.803 6=80.36%，第一、二主成分的累计贡献率为0.988 5=98.85%，实际应用中可只取前两个主成分，前两个主成分的表达式为

$$y_1 = 0.559\,2x_1 + 0.421\,3x_2 + 0.714\,0x_3$$

$$y_2 = 0.827\,7x_1 - 0.335x_2 - 0.451\,4x_3$$

其中（x_1，x_2，x_3）是（X_1，X_2，X_3）的样本。

第一主成分y_1是身高值x_1、胸围值x_2和体重值x_3的加权和，当一个学生的y_1值较大时，可以推断他较高或较胖或又高又胖。反之，当一个学生比较魁梧时，所对应的y_1值一般也较大，故第一主成分是反映学生身材是否魁梧的综合指标，我们一般称之为“大小”因子。而在第二主成分y_2的表达式中，身高x_1前的系数为正，而胸围x_2和体重x_3前的系数为负。当一个学生的y_2值较大时，说明x_1的值较大，而x_2、x_3的值相对较小，即该生较高且瘦。反之，瘦高型学生的y_2值会较大，故y_2是反映学生体型特征的综合指标，我们一般称之为“形状”因子。

例5.1.5 根据调查分析，影响我国粮食安全生产的主要因素有以下几个方面：有效灌溉面积（X_1）、粮食播种面积（X_2）、成灾面积（X_3）、财政投入（X_4）、农业劳动力（X_5）、农村用电量（X_6）、农业机械总动力（X_7）及农业化肥施用量（X_8），具体数据见表5-2。试对粮食安全生产因素作主成分分析。

表5-2 影响我国粮食安全生产的主要因素

年份	有效灌溉面积（万公顷）	粮食播种面积（万公顷）	成灾面积（万公顷）	财政投入（万元）	农业劳动力（万人）	农村用电量（万千瓦）	农机总动力（万千瓦）	化肥施用量（万千克）
1990	4 740.31	11 346.60	178.20	221.76	33 336.00	844.50	28 707.70	647.58
1991	4 782.21	11 231.40	278.10	243.55	34 186.30	963.20	29 388.60	701.28
1992	4 859.01	11 056.00	259.00	269.04	34 037.00	1 106.90	30 308.40	732.55

（续）

年份	有效灌溉面积（万公顷）	粮食播种面积（万公顷）	成灾面积（万公顷）	财政投入（万元）	农业劳动力（万人）	农村用电量（万千瓦）	农机总动力（万千瓦）	化肥施用量（万千克）
1993	4 872.79	11 050.90	231.30	323.42	33 258.20	1 244.80	31 816.60	787.98
1994	4 875.91	10 854.40	313.80	399.70	32 690.30	1 473.90	33 802.50	829.53
1995	4 928.12	11 006.00	222.70	430.22	32 335.00	1 655.70	36 118.10	898.40
1996	5 038.14	11 254.80	212.30	510.07	32 260.40	1 812.70	38 546.90	957.00
1997	5 123.85	11 291.20	303.10	560.77	32 434.90	1 980.10	42 015.60	995.23
1998	5 229.56	11 378.70	251.80	626.02	32 626.40	2 042.10	45 207.70	1 020.88
1999	5 315.80	11 316.10	267.30	677.46	32 911.80	2 173.40	48 996.10	1 031.08
2000	5 382.00	10 846.30	343.70	766.89	32 798.00	2 421.30	52 573.60	1 036.63
2001	5 424.90	10 608.00	317.90	917.96	32 451.00	2 610.80	55 172.10	1 063.28
2002	5 435.50	10 389.10	271.60	1 102.70	31 991.00	2 993.40	57 929.90	1 083.08
2003	5 401.42	9 941.00	325.20	1 134.86	31 259.60	3 432.90	60 386.50	1 102.90
2004	5 447.80	10 160.60	163.00	1 693.79	30 596.00	3 933.00	64 027.90	1 157.30
2005	5 502.93	10 427.80	199.70	1 792.40	29 975.50	4 375.70	68 397.80	1 191.45
2006	5 575.05	10 495.80	246.30	2 161.35	28 886.35	4 895.80	72 522.10	1 231.90
2007	5 651.83	10 563.80	250.60	3 404.70	22 543.4	5 509.90	76 589.60	1 276.70
2008	5 847.17	10 679.30	222.80	4 544.01	20 078.6	5 713.20	82 190.41	1 309.19

资料来源：国家统计局（中国统计年鉴 2008）。

解：由于各个指标的单位不同，且各指标的方差相差很大，所以首先对样本数据进行无量纲的变换，变换方法是用采用标准化方法。然后对标准化的样本数据进行主成分分析。程序如下：

```
% 将表 5-2 中各指标的观测值作为矩阵 X 输入，省略号表示书写时数据省略了
X=[4740.31, 11346.60, 178.20, 221.76, 33336.00, 844.50, 28707.70, 647.58;
……
5847.17, 10679.30, 222.80, 4544.01, 20078.6, 5713.20, 82190.41,1309.19];
X1=zscore(X);                     % 按式(5.1.10)对样本数据标准化
[pc,SC,latent]=princomp(X1);      % 主成分分析，pc 是特征向量矩阵，SC 得分矩阵，latent 特征值
tents=sum(latent);                % 特征值总和即总方差
c_rate =cumsum(tent/tents);       % 主成分累计贡献率
```

程序运行结果：

```
pc =                                  % 正交单位化特征向量
   0.3933   -0.1518   -0.0544    0.3944    0.5494    0.3701   -0.1396    0.4533
  -0.2821    0.3173   -0.7669    0.4403    0.0325   -0.1907   -0.0141   -0.0121
  -0.0479   -0.8701   -0.4379   -0.1998   -0.0337   -0.0838    0.0257   -0.0115
   0.3856    0.1952   -0.2572   -0.3364    0.2998    0.0210    0.7181   -0.1668
  -0.3605   -0.2487    0.3850    0.4799    0.2640   -0.3102    0.5109   -0.0512
   0.4083    0.0358    0.0265   -0.0014   -0.2123   -0.7233    0.0088    0.5128
   0.4070   -0.0643    0.0422    0.1814    0.2707   -0.3433   -0.3636   -0.6872
   0.3905   -0.1175   -0.0151    0.4841   -0.6466    0.2861    0.2659   -0.1692
tent=                                 % 特征值
   5.9106
   1.1327
   0.6118
   0.2842
```

```
        0.0347
        0.0216
        0.0039
        0.0005
c_rate =                                  % 样本主成分的累计贡献率
        0.7388
        0.8804
        0.9569
        0.9924
        0.9968
        0.9995
        0.9999
        1.0000
```

结果表明，第一、二主成分的累计贡献率为0.880 4=88.04%。前两个主成分（系数保留两位小数）：

$$y_1 = \boldsymbol{e}_1^{\mathrm{T}} X^*$$

$$= 0.39x_1^* - 0.28x_2^* - 0.05x_3^* + 0.39x_4^* - 0.36x_5^* + 0.41x_6^* + 0.41x_7^* + 0.39x_8^*$$

$$y_2 = \boldsymbol{e}_2^{\mathrm{T}} X^*$$

$$= -0.15x_1^* + 0.32x_2^* - 0.87x_3^* + 0.20x_4^* - 0.25x_5^* + 0.04x_6^* - 0.06x_7^* - 0.12x_8^*$$

其中 x_i^*（i=1，2，…，8）由式（5.1.14）定义。

第一主成分 y_1 中 x_k^*（k=1，4，6，7，8）的系数大于0，依据 x_k^*（k=1，4，6，7，8）表示的指标，可总结出第一主成分 y_1 反映了我国在农业生产基础设施投入情况。同理，第二主成分 y_2 反映了我国粮食生产抗灾能力与劳动力情况。

需要指出的是，关于主成分的实际意义要结合具体问题和有关的专业知识才能给出合理的解释。虽然利用主成分本身可对研究的问题在一定程度上作分析，但主成分分析往往并不是最终目的，通常是利用主成分综合原始数据的信息，达到降低原始数据维数的目的，进而利用少数几个主成分的得分为新数据，对其再作进一步分析，如基于主成分的回归分析、聚类分析等。

5.2 主成分分析的应用

主成分分析的应用范围非常广泛，诸如投资组合风险管理、企业效益的综合评价、图像特征识别、机械加工或传感器故障检测、灾害损失分析等。将主成分分析与聚类分析、判别分析以及回归分析方法相结合，还可以解决更多实际问题。

5.2.1 主成分分析用于综合评价

在实际问题中，往往会遇到综合评价问题，这一问题的特点是：①有一个或多个评价对象；②有多个评价指标；③根据多指标信息计算一个综合指标，依据综合指标值大小对评价对象优劣程度进行排序。

应用主成分分析，进行综合评价的一般步骤：

1）若各指标的属性不同（成本型、利润型、适度型），则将原始数据矩阵 $\boldsymbol{A}$ 统一趋势化，得到属性一致的指标矩阵 $\boldsymbol{B}$（具体过程参见2.3节）。

2）计算 $\boldsymbol{B}$ 的协方差矩阵 $\boldsymbol{\Sigma}$，或相关系数矩阵 $\boldsymbol{R}$（当 $\boldsymbol{B}$ 的量纲不同，或 $\boldsymbol{\Sigma}$ 矩阵主对角元素

差距过大时，用相关系数矩阵 $\boldsymbol{R}$）。

3）计算 $\boldsymbol{\Sigma}$ 或 $\boldsymbol{R}$ 的特征值与相应的特征向量。

4）根据特征值计算累计贡献率，确定主成分的个数，而特征向量 $\boldsymbol{V}$ 就是主成分的系数向量。

5）计算主成分的数值（即主成分得分）。若利用协方差矩阵 $\boldsymbol{\Sigma}$ 计算特征值与特征向量，则主成分得分为

$$F=\left(\boldsymbol{B}-\frac{1}{n}\boldsymbol{LB}\right)\boldsymbol{V}$$

其中 $\boldsymbol{L}$ 为数 1 矩阵，n 为 $\boldsymbol{B}$ 矩阵的行数。

若利用相关系数矩阵 $\boldsymbol{R}$ 计算特征值与特征向量，则主成分得分为：

$$F=\boldsymbol{B}^{*}\boldsymbol{V}$$

其中，$\boldsymbol{V}$ 是特征向量矩阵，$\boldsymbol{B}^{*}$ 是将矩阵 $\boldsymbol{B}$ 标准化以后的矩阵（即 zscore（$\boldsymbol{B}$））

6）计算综合评价值，进行排序。若 $\boldsymbol{A}$ 为效益型矩阵，则评价值越大排名越靠前；若 $\boldsymbol{A}$ 为成本型矩阵，则评价值越小排名越靠前。

通常计算综合评价值的公式为

$$Z=\boldsymbol{FW}$$

其中 $\boldsymbol{F}$ 是主成分得分矩阵，$\boldsymbol{W}$ 是将特征值归一化后得到的权向量。

例 5.2.1　根据《2015 年安徽统计年鉴》中表 13-19 各市全部规模以上工业企业主要经济指标，选择工业总产值现价（x_1）、当年价工业销售产值（x_2），流动资产年平均余额（x_3），固定资产净值年平均余额（x_4），主营业务收入（x_5），利润总额（x_6）等六项指标进行主成分分析，表 5-3 列出了安徽省各市全部规模以上工业企业主要经济指标的统计数据，试给出各市的排名。

表 5-3　2014 年各市全部规模以上工业企业主要经济指标　（单位：亿元）

地区	x_1	x_2	x_3	x_4	x_5	x_6
合肥市	8 589.4	8 306.64	3 225.16	2 175.64	8 196.1	471.48
淮北市	1 816.45	1 787.41	708.88	867.88	2 209.24	56.73
亳州市	844.41	820.13	258.18	254.99	798.09	65.36
宿州市	1 424.57	1 409.93	268.74	336.61	1 392.27	58.16
蚌埠市	2 215.54	2 138.37	572.69	387.01	1 971.21	64.51
阜阳市	1 681.71	1 627.8	459.83	383.81	1 582.78	78.21
淮南市	953.92	938.06	526.29	1 443.43	952.35	−9.22
滁州市	2 279.22	2 230.14	764.05	600.52	2 221.93	239.4
六安市	1 751.02	1 697.65	494.53	460.59	1 572.72	80.94
马鞍山市	2 560.21	2 509.71	947.14	929.84	2 556.55	97.96
芜湖市	5 454.16	5 340.36	2 267.7	1 431.29	5 117.49	306.83
宣城市	1 705.52	1 672.06	585	376.59	1 640.09	119.84
铜陵市	1 911.76	1 879.79	834.47	519.86	2 490.82	36.76
池州市	655.82	636.68	206.05	265.67	640.15	52.68
安庆市	3 011.46	2 963.62	685.63	625.48	2 960.32	199.35
黄山市	565.45	547.11	202.58	108.2	536.25	24.62

解：首先根据相关系数矩阵对指标变量筛选，将相关系数接近于1的两个变量剔除一个，然后根据保留下来的变量的观测样本矩阵进行分析。程序如下：

```
clear
A=[data];                    % 原指标变量的观测矩阵
R=corrcoef(A);               % 计算相关系数矩阵
```

输出结果为：

```
R =
    1.0000    0.9999    0.9781    0.8181    0.9942    0.9320
    0.9999    1.0000    0.9783    0.8186    0.9945    0.9324
    0.9781    0.9783    1.0000    0.8701    0.9795    0.8917
    0.8181    0.8186    0.8701    1.0000    0.8238    0.6860
    0.9942    0.9945    0.9795    0.8238    1.0000    0.9137
    0.9320    0.9324    0.8917    0.6860    0.9137    1.0000
```

相关系数矩阵中 $r_{12}=r_{21}=0.9999$，很接近于1，指标 x_1、x_2 几乎线性相关，保留其中的一个指标，比如保留 x_2，接下来根据保留下来的指标变量进行综合评价。程序如下：

```
A1=A(:,2:6)./[ones(16,1)*std(A(:,2:6))];    % 剔除A的第一列即剔除了x1后,数据标准化
[v,d]=eig(corrcoef(A1));
w=sum(d)/sum(sum(d));                       % 计算贡献率
F=[A1-ones(16,1)*mean(A1)]*v(:,5);          % 计算主成分得分
[F1,I1]=sort(F,'descend');                  % I1给出各名次的序号
[F2,I2]=sort(I1);                           % F2是城市编号,I2按城市编号顺序列出各市排名
```

程序运行的结果，整理如表5-4与表5-5所示。

表5-4 特征值、特征向量及贡献率

特征值	特征向量					贡献率
4.5656	(0.4637	0.4629	0.4099	0.4625	0.4344)	0.9131
0.3334	(−0.1547	0.0566	0.8141	−0.1105	−0.5458)	0.0667
0.0780	(0.2680	0.3107	−0.3867	0.4269	−0.7070)	0.0156
0.0188	(−0.3485	0.8282	−0.1397	−0.4117	0.0597)	0.0038
0.0042	(0.7535	−0.0007	−0.0122	−0.6497	−0.1003)	0.0008

表5-5 各市第一主成分得分排名

编号	地区	得分	排名	编号	地区	得分	排名
1	合肥市	7.2177	1	9	六安市	−0.85772	11
2	淮北市	−0.38112	6	10	马鞍山市	0.29942	4
3	亳州市	−1.7117	14	11	芜湖市	3.7464	2
4	宿州市	−1.2983	13	12	宣城市	−0.74343	8
5	蚌埠市	−0.63981	9	13	铜陵市	−0.5083	7
6	阜阳市	−0.96243	12	14	池州市	−1.8848	15
7	淮南市	−0.93923	10	15	安庆市	0.56157	3
8	滁州市	0.24205	5	16	黄山市	−2.1403	16

结果表明，排在前三的城市为合肥市、芜湖市与安庆市，排在最后三名的是亳州市、池州市与黄山市。

5.2.2　主成分分析用于分类

利用主成分分析可以计算出主成分的得分，如果主成分的贡献率较大，则其提取了原始数据的主要信息，因此可以利用主成分分析进行分类。

例 5.2.2　绘制例 4.1.2 中蠓虫原始数据图与主成分得分数据图。

解：作图程序如下。

```
clear
apf=[1.14,1.78;1.18,1.96;1.20,1.86;1.26,2.;1.28,2;1.30,1.96];
af=[1.24,1.72;1.36,1.74;1.38,1.64;1.38,1.82;1.38,1.90;1.40,1.70;1.48,1.82;1.54,1.82;1.56,2.
08];
x=[1.24,1.8;1.28,1.84; 1.4,2.04];                          % 输入原始数据
subplot(2,1,1)
plot(apf(:,1),apf(:,2),'*',af(:,1),af(:,2),'or',x(:,1),x(:,2),'p')
                                                           % 原始数据图形
[c1,s1,l1,t1]= princomp([apf;af;x]);                       % 计算主成分得分 s1
subplot(2,1,2),
plot(1:6,s1(1:6,2),'*')
hold on
plot(7:15,s1(7:15,2),'or')
hold on
plot(16:18,s1(16:18,2),'p')
legend('apf','af','x')                                     % 主成分得分图形
hold on
plot(0:18,0*ones(1,19),'-')                                % 画直线
```

从图 5-1a 可以看出，原始数据的图形中不同蠓虫触长与翅长两个指标无法做到楚汉分明，但是图 5-1b 主成分得分的图形则显示 Af 类蠓虫的第一个主成分小于 Apf 的得分，且基本小于零；未知的三个蠓虫第一主成分的得分大于 Af 而小于 Apf。以此为判断依据，可以得到与第 4 章马氏距离判别同样的结果。

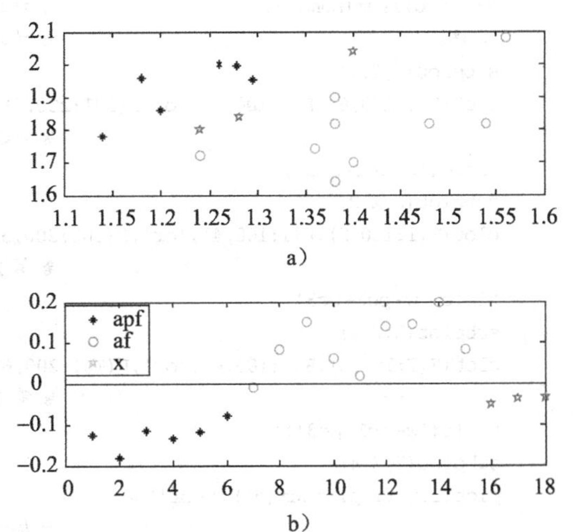

图 5-1　蠓虫原始数据图与主成分得分数据图

由于例 4.1.2 蠓虫的原始数据是二维向量，可以作出图形，如果原始数据维数大于 3，借助主成分分析，我们可以选取 2～3 个主成分，作出主成分得分的散点图。

例 5.2.3　瑞士银行纸币数据保存在 Excel 文件“SwissBankNotes. xls”中，文件内容为 200×6 的矩阵，其中 100 行是真纸币数据，100 行是假币数据。六项指标为：纸币长度，左、右侧纸币高度，上、下图廓内骨架距离以及对角线长度，分别用 X_1，X_2，…，X_6 表示。①利用协方差矩阵进行主成分分析，此时可否利用第一主成分得分进行排名？②利用 $\boldsymbol{R}$ 矩阵进行主成分分析，此时可否利用第一主成分得分进行排名？③选择两个主成分的得分作出平面图形，能否从图形上分辨真假纸币？

解：①首先输入原始数据，然后利用协方差矩阵进行主成分分析，程序如下。

```
a=[data];                                   % 输入原始数据
[M,N]=size(a);
[v,d]=eig(cov(a));                          % 样本协方差矩阵的特征值
```

输出结果显示最大特征值对应的不是正向量，所以不能用第一主成分得分进行排名。

②利用 ***R*** 矩阵进行主成分分析，程序如下。

```
a=[data];                                   % 输入原始数据
[M,N]=size(a);                              % 计算原始数据维数
for i=1:N
  for j=1:N
    R(i,j)=2*dot(a(:,i),a(:,j))./[sum(a(:,i).^2)+sum(a(:,j).^2)];
                                            % 计算 R 矩阵
  end
end
[v,d]=eig(R);                               % R 矩阵的特征值与特征向量
q=sum(d)/sum(sum(d));                       % 计算贡献率
```

输出结果显示最大特征值对应的是正向量，且其贡献率达到60%，所以可以用第一主成分得分进行排名。

③分别选择第一、第二两个主成分，第二、第三主成分以及第一、第三两个主成分的得分作出平面图形，程序如下。

```
a=[data];                                   % 输入原始数据
[M,N]=size(a);
[v,d]=eig(cov(a));                          % 样本协方差矩阵的特征值
q=sum(d)/sum(sum(d));                       % 计算贡献率
F=a*v;                                      % 计算主成分得分
subplot(2,2,1)
plot(F(1:100,6),F(1:100,5),'o',F(101:200,6),F(101:200,5),'+')
                                            % 第 1、2 两个主成分
title('w-pc1-pc2')
subplot(2,2,2)
plot(F(1:100,5),F(1:100,4),'or',F(101:200,5),F(101:200,4),'+')
                                            % 第 2、3 两个主成分
title('w-pc2-pc3')
subplot(2,2,3)
plot(F(1:100,6),F(1:100,4),'or',F(101:200,6),F(101:200,4),'+')
                                            % 第 1、3 两个主成分
title('w-pc1-pc3')
subplot(2,2,4)
plot(1:6,fliplr(sum(d)),'-or')
                                            % 从大到小特征值
legend('eigenvalues ')
title('从大到小特征值')
```

输出图5-2。从图5-2可以看出，根据第一、第二两个主成分以及第一、第三两个主成分的得分作出的平面图形还可以区分真假纸币，而根据第二、第三主成分的得分作出的图形（图5-2b）则呈现出混乱现象。为了使得从图形上更好地区别真假纸币，我们可以计算加权主成分得分，将上面程序中计算主成分得分的命令行“F=a＊v”改写成：

```
w=q/sum(q);                                 % 计算权向量
F=[a.*(ones(M,1)*w)]*v;                     % 计算加权主成分得分
```

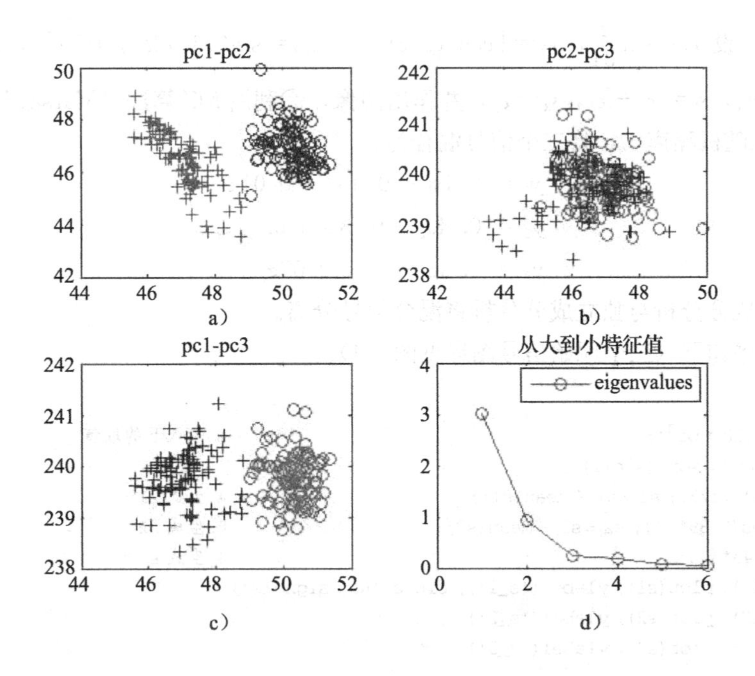

图 5-2 瑞士银行纸币主成分图形

绘图命令如 “title (pc1-pc2)” 改写成 “title (w-pc1-pc2)”，加了字符 “w-”，此时输出图形如图 5-3 所示，其效果明显优于图 5-2。

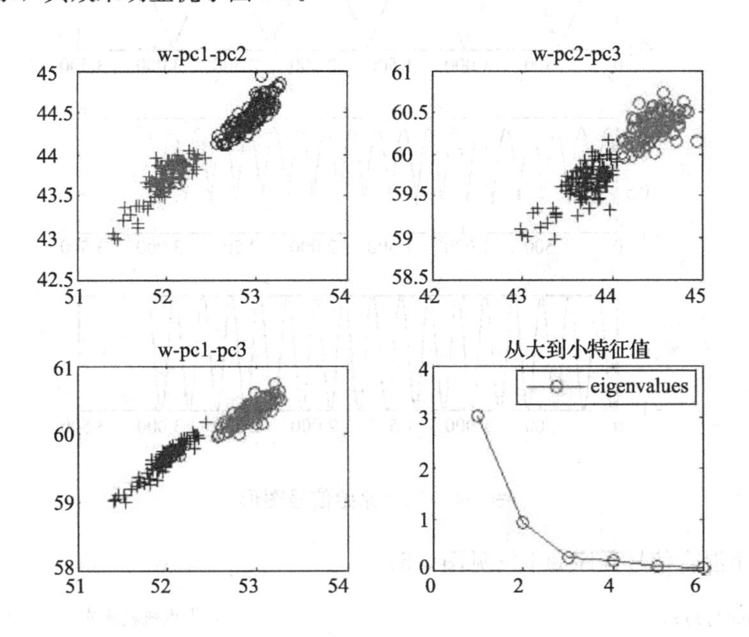

图 5-3 瑞士银行纸币加权主成分图形

5.2.3 主成分分析用于信号分离

在电波、声波信号传输过程中由于各种干扰较多，给实际数据带来了一定的噪声污染，主成分分析利用真实信号在混合信号中占主导地位的特性，可以进行信号分离与提取。

例 5.2.4　设 $x_1=\sin\frac{t}{31}$，$x_2=|\cos(1.89t)|$，$x_3=\sin(3.43t)$，$t\in[1,10\pi]$，①构造信号 $s_1=x_1-\bar{x}_1$，$s_2=x_2-\bar{x}_2$，$s_3=x_3$，并作出图像；②利用MZ算法（Marsaglia's Ziggurat algorithm）生成随机噪声 z_t，将三个信号混合为：

$$y_1=0.1s_1+0.8s_2+0.01z_t$$
$$y_2=0.4s_1+0.3s_2+0.01z_t$$
$$y_3=0.1s_1+s_3+0.02z_t$$

③使用主成分分析与独立成分分析将混合信号分离。

解：①程序如下（三个原始信号图形见图5-4）。

```
clear
i =[1:0.01:10 * pi]';                                   % 输入 t 的取值
[dummy index] =sort(sin(i));
s1(index,1) =i/31; s1 =s1 - mean(s1);                   % 生成 s1
s2 =abs(cos(1.89*i)); s2 =s2 - mean(s2);                % 生成 s2
s3 =sin(3.43*i);                                        % 生成 s3
subplot(311), plot(s1), ylabel('s_1'), title('Raw signals')
subplot(312), plot(s2), ylabel('s_2')
subplot(313), plot(s3), ylabel('s_3')
```

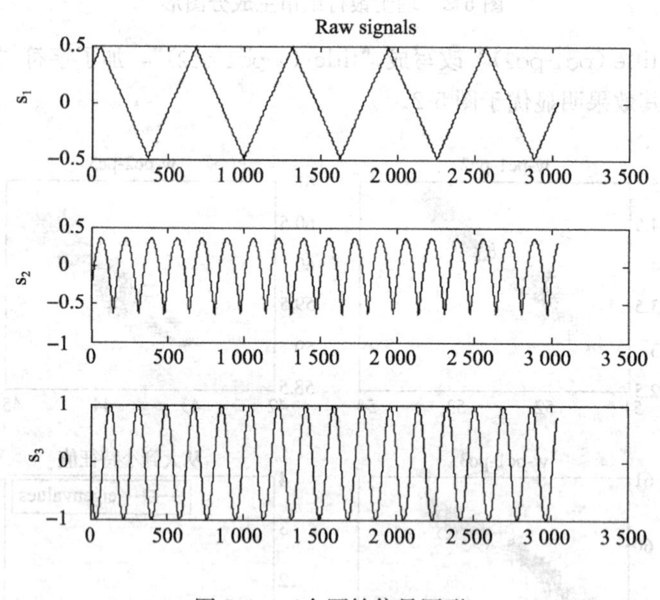

图5-4　三个原始信号图形

②生成三个混合信号程序如下（见图5-5）。

```
randn('state',1);                                        % 生成随机噪声
y1=0.1*s1 +0.8*s2 +0.01*randn(length(i),1);              % 生成混合信号 y1
y2=0.4*s1 +0.3*s2 +0.01*randn(length(i),1);              % 生成混合信号 y2
y3=0.1*s1 +s3+0.02*randn(length(i),1);                   % 生成混合信号 y3
y=[y1,y2,y3];
subplot(311), plot(y(:,1)), ylabel('y_1'), title('Mixed signals')
subplot(312), plot(y(:,2)), ylabel('y_2')
subplot(313), plot(y(:,3)), ylabel('y_3')
```

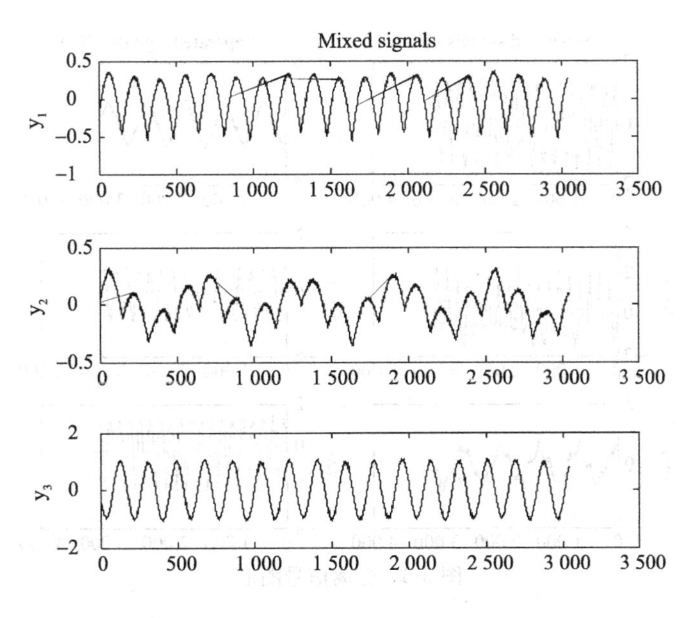

图 5-5　混合信号图形

③分离信号程序（见图 5-6）。

```
%% 主成分分析
[coeff, score,latent] =princomp(y)
sPCA=score;
sPCA=sPCA./repmat(std(sPCA),length(sPCA),1);
subplot(3,2,1)
plot(sPCA(:,1))
ylabel('s_{PCA1}'), title('Separated signals - PCA')
subplot(3,2,3)
plot(sPCA(:,2)), ylabel('s_{PCA2}')
subplot(3,2,5)
plot(sPCA(:,3)), ylabel('s_{PCA3}')
% 独立成分分析
rand('state',1);
div=0;
B=orth(rand(3, 3)-0.5);
BOld =zeros(size(B));
while (1 -div) > eps
  B=B*real(inv(B'*B)^(1/2));
  div=min(abs(diag(B'*BOld)));
  BOld=B;
  B=(sPCA'*(sPCA*B).^3)/length(sPCA)-3*B;
  sICA=sPCA*B;
end
subplot(3,2,2)
plot(sICA(:,1)), ylabel('s_{ICA1}'), title('Separated signals - ICA')
subplot(3,2,4)
plot(sICA(:,2)), ylabel('s_{ICA2}')
subplot(3,2,6)
plot(sICA(:,3)), ylabel('s_{ICA3}')
```

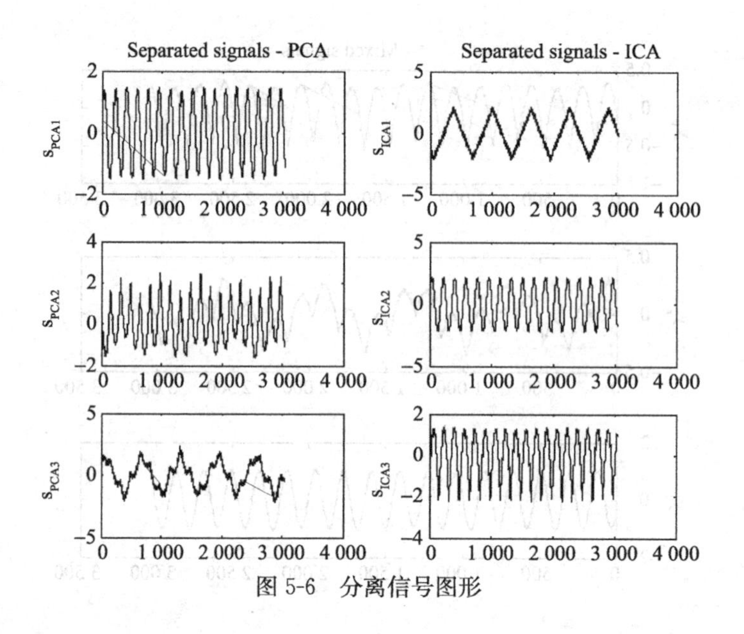

图 5-6　分离信号图形

5.3　典型相关分析

在对经济和管理问题的研究中，不仅经常需要考查两个变量之间的相关程度，而且还经常需要考查多个变量与多个变量之间即两组变量之间的相关性。比如工厂管理人员需要了解原料的主要质量指标 X_1，X_2，…，X_p 与产品的主要质量指标 Y_1，Y_2，…Y_q 之间的相关性，以便提高产品质量；医生要根据病人的一组体检化验指标与一些疾病之间的相关性，以便确定治疗方法等。典型相关分析就是测度两组变量之间相关程度的一种多维统计方法，它是两个随机变量之间的相关性在两组变量之下的推广。

5.3.1　典型相关分析的基本原理

对于两组随机变量（X_1，X_2，…，X_p）和（Y_1，Y_2，…，Y_q），像主成分分析那样，考虑（X_1，X_2，…，X_p）一个线性组合 U 及（Y_1，Y_2，…，Y_q）的一个线性组合 V，希望找到 U 和 V 之间有最大可能的相关系数，以充分反映两组变量间的关系。这样就把研究两组随机变量间相关关系的问题转化为研究两个随机变量间的相关关系。如果一对变量（U，V）还不能完全刻画两组变量间的相关关系时，可以继续找第二对变量，希望这对变量在与第一对变量（U，V）不相关的情况下也具有尽可能大的相关系数，直到找不到相关变量对时为止。这便引导出典型相关变量的概念。

1. 总体典型相关变量

设有两组随机向量 $\boldsymbol{X}=(X_1, X_2, \cdots, X_p)^{\mathrm{T}}$，$\boldsymbol{Y}=(Y_1, Y_2, \cdots, Y_q)^{\mathrm{T}}$（$p\leqslant q$），将两组合并成一组向量 $(\boldsymbol{X}^{\mathrm{T}}, \boldsymbol{Y}^{\mathrm{T}})=(X_1, X_2, \cdots, X_p, Y_1, Y_2, \cdots, Y_q)^{\mathrm{T}}$，其协方差矩阵为

$$\boldsymbol{\Sigma}=\begin{pmatrix}\boldsymbol{\Sigma}_{11} & \boldsymbol{\Sigma}_{12}\\ \boldsymbol{\Sigma}_{21} & \boldsymbol{\Sigma}_{22}\end{pmatrix} \tag{5.3.1}$$

其中 $\boldsymbol{\Sigma}_{11}=\mathrm{Cov}(\boldsymbol{X}, \boldsymbol{X})$，$\boldsymbol{\Sigma}_{22}=\mathrm{Cov}(\boldsymbol{Y}, \boldsymbol{Y})$，$\boldsymbol{\Sigma}_{12}=\boldsymbol{\Sigma}_{21}^{\mathrm{T}}=\mathrm{Cov}(\boldsymbol{X}, \boldsymbol{Y})$。

根据典型相关思想，问题是要寻找 $\boldsymbol{X}=(X_1, X_2, \cdots, X_p)^{\mathrm{T}}$，$\boldsymbol{Y}=(Y_1, Y_2, \cdots, Y_q)^{\mathrm{T}}$（$p\leqslant q$）的线性组合

$$U_1 = \boldsymbol{a}_1^{\mathrm{T}}\boldsymbol{X} = a_{11}X_1 + a_{12}X_2 + \cdots + a_{1p}X_p$$
$$V_1 = \boldsymbol{b}_1^{\mathrm{T}}\boldsymbol{Y} = b_{11}Y_1 + b_{12}Y_2 + \cdots + b_{1q}Y_q$$

使 U_1、V_1 的相关系数 ρ（U_1，V_1）达到最大，这里 $\boldsymbol{a}_1^{\mathrm{T}}=(a_{11}, a_{12}, \cdots, a_{1p})$，$\boldsymbol{b}_1^{\mathrm{T}}=(b_{11}, b_{12}, \cdots, b_{1q})$。

由式（5.3.1），$\mathrm{Var}(U_1)=\boldsymbol{a}_1^{\mathrm{T}}\boldsymbol{\Sigma}_{11}\boldsymbol{a}_1$，$\mathrm{Var}(V_1)=\boldsymbol{b}_1^{\mathrm{T}}\boldsymbol{\Sigma}_{22}\boldsymbol{b}_1$，$\mathrm{Cov}(U_1,V_1)=\boldsymbol{a}_1^{\mathrm{T}}\boldsymbol{\Sigma}_{12}\boldsymbol{b}_1$，所以 U_1、V_1 的相关系数为

$$\rho_{U_1V_1} = \frac{\boldsymbol{a}_1^{\mathrm{T}}\boldsymbol{\Sigma}_{12}\boldsymbol{b}_1}{\sqrt{\boldsymbol{a}_1^{\mathrm{T}}\boldsymbol{\Sigma}_{11}\boldsymbol{a}_1}\sqrt{\boldsymbol{b}_1^{\mathrm{T}}\boldsymbol{\Sigma}_{22}\boldsymbol{b}_1}} \tag{5.3.2}$$

又由于相关系数与量纲无关，因此可设约束条件

$$\boldsymbol{a}_1^{\mathrm{T}}\boldsymbol{\Sigma}_{11}\boldsymbol{a}_1 = \boldsymbol{b}_1^{\mathrm{T}}\boldsymbol{\Sigma}_{22}\boldsymbol{b}_1 = 1 \tag{5.3.3}$$

满足约束条件（5.3.3）的相关系数 $\rho(U_1, V_1)$ 的最大值称为第一典型相关系数，U_1、V_1 称为第一对典型变量。

如果 U_1、V_1 还不足以反映 $\boldsymbol{X}$、$\boldsymbol{Y}$ 之间的相关性，还可构造第二对线性组合：

$$U_2 = \boldsymbol{a}_2^{\mathrm{T}}\boldsymbol{X} = a_{21}X_1 + a_{22}X_2 + \cdots + a_{2p}X_p$$
$$V_2 = \boldsymbol{b}_2^{\mathrm{T}}\boldsymbol{Y} = b_{21}Y_1 + b_{22}Y_2 + \cdots + b_{2q}Y_q$$

使得（U_1，V_1）与（U_2，V_2）不相关，即

$$\mathrm{Cov}(U_1,U_2) = \mathrm{Cov}(U_1,V_2) = \mathrm{Cov}(U_2,V_1) = \mathrm{Cov}(V_1,V_2) = 0$$

在约束条件 $\mathrm{Var}(U_1)=\mathrm{Var}(V_1)=\mathrm{Var}(U_2)=\mathrm{Var}(V_2)=1$ 下，求 $\boldsymbol{a}_2$、$\boldsymbol{b}_2$ 使得

$$\rho_{U_2V_2} = \boldsymbol{a}_2^{\mathrm{T}}\boldsymbol{\Sigma}_{12}\boldsymbol{b}_2$$

取得最大值，此时称 $\rho_{U_2V_2}=\boldsymbol{a}_2^{\mathrm{T}}\boldsymbol{\Sigma}_{12}\boldsymbol{b}_2$ 为第二典型相关系数，U_2、V_2 为第二对典型相关变量。

一般地，若前 $k-1$ 对典型变量还不足以反映 $\boldsymbol{X}$、$\boldsymbol{Y}$ 之间的相关性，还可构造第 k 对线性组合：

$$U_k = \boldsymbol{a}_k^{\mathrm{T}}\boldsymbol{X} = a_{k1}X_1 + a_{k2}X_2 + \cdots + a_{kp}X_p$$
$$V_k = \boldsymbol{b}_k^{\mathrm{T}}\boldsymbol{Y} = b_{k1}Y_1 + b_{k2}Y_2 + \cdots + b_{kq}Y_q$$

在约束条件

$$\mathrm{Var}(U_k) = \mathrm{Var}(V_k) = 1$$
$$\mathrm{Cov}(U_k,U_j) = \mathrm{Cov}(U_k,V_j) = \mathrm{Cov}(V_k,U_j) = \mathrm{Cov}(V_k,V_j) = 0 \quad (1 \leqslant j < k)$$

下，求 $\boldsymbol{a}_k$、$\boldsymbol{b}_k$ 使得 $\rho_{U_kV_k}=\boldsymbol{a}_k^{\mathrm{T}}\Sigma_{12}\boldsymbol{b}_k$ 取得最大值。如此确定的（U_k，V_k）称为 $\boldsymbol{X}$、$\boldsymbol{Y}$ 的第 k 对典型变量，相应的 $\rho_{U_kV_k}$ 称为第 k 个典型相关系数。

2. 总体典型变量与典型相关系数的计算方法

①计算矩阵 $[\boldsymbol{X}^{\mathrm{T}}, \boldsymbol{Y}^{\mathrm{T}}]^{\mathrm{T}}$ 的协方差矩阵或相关系数矩阵

$$\boldsymbol{\Sigma} = \begin{bmatrix} \boldsymbol{\Sigma}_{11} & \boldsymbol{\Sigma}_{12} \\ \boldsymbol{\Sigma}_{21} & \boldsymbol{\Sigma}_{22} \end{bmatrix}, \quad \boldsymbol{R} = \begin{bmatrix} \boldsymbol{R}_{11} & \boldsymbol{R}_{12} \\ \boldsymbol{R}_{21} & \boldsymbol{R}_{22} \end{bmatrix}$$

②令

$$\boldsymbol{A} = (\boldsymbol{\Sigma}_{11})^{-1/2}\boldsymbol{\Sigma}_{12}(\boldsymbol{\Sigma}_{22})^{-1}\boldsymbol{\Sigma}_{21}(\boldsymbol{\Sigma}_{11})^{-1/2}, \quad \boldsymbol{B} = (\boldsymbol{\Sigma}_{22})^{-1/2}\boldsymbol{\Sigma}_{21}(\boldsymbol{\Sigma}_{11})^{-1}\boldsymbol{\Sigma}_{12}(\boldsymbol{\Sigma}_{22})^{-1/2}$$

或

$$\boldsymbol{A} = (\boldsymbol{R}_{11})^{-1/2}\boldsymbol{R}_{12}(\boldsymbol{R}_{22})^{-1}\boldsymbol{R}_{21}(\boldsymbol{R}_{11})^{-1/2}, \quad \boldsymbol{B} = (\boldsymbol{R}_{22})^{-1/2}\boldsymbol{R}_{21}(\boldsymbol{R}_{11})^{-1}\boldsymbol{R}_{12}(\boldsymbol{R}_{22})^{-1/2}$$

求 $\boldsymbol{A}$、$\boldsymbol{B}$ 的特征值 ρ_1^2，ρ_2^2，…，ρ_p^2 以及对应的正交单位特征向量 $\boldsymbol{e}_k$、$\boldsymbol{f}_k$（$k=1, 2, \cdots, p$）；

③$\boldsymbol{X}$、$\boldsymbol{Y}$ 的第 k 对典型相关变量为

$$\begin{cases} U_k = \boldsymbol{a}_k^{\mathrm{T}}\boldsymbol{X} = \boldsymbol{e}_k^{\mathrm{T}}\boldsymbol{\Sigma}_{11}^{-0.5}\boldsymbol{X} \\ \boldsymbol{V}_k = \boldsymbol{b}_k^{\mathrm{T}}\boldsymbol{X} = \boldsymbol{f}_k^{\mathrm{T}}\boldsymbol{\Sigma}_{22}^{-0.5}\boldsymbol{Y} \end{cases} \quad (k=1,2,\cdots,p)$$

其中$\boldsymbol{\Sigma}_{11}^{-0.5}$、$\boldsymbol{\Sigma}_{22}^{-0.5}$分别为$\boldsymbol{\Sigma}_{11}$、$\boldsymbol{\Sigma}_{22}$的平方根矩阵的逆矩阵。

④$\boldsymbol{X}$、$\boldsymbol{Y}$的第k对典型相关变量的相关系数为

$$\rho_k = \boldsymbol{a}_k^{\mathrm{T}}\boldsymbol{\Sigma}_{12}\boldsymbol{b}_k \quad (k=1,2,\cdots,p)$$

以上过程的MATLAB实现程序如下。

```
% 输入协方差矩阵
X=[data];                                   % 输入协方差矩阵 X
p=c1;                                       % c1 表示 X 向量的维数
q=c2;                                       % c2 表示 Y 向量的维数
R11=X(1:p,1:p);                             % 读取 Σ11
R12=X(1:p,p+1:p+q);                         % 读取 Σ12
R21=X(p+1:p+q,1:p);                         % 读取 Σ21
R22=X(p+1:p+q,p+1:p+q);                     % 读取 Σ22
[v1,d1]=eig(R11);                           % 计算 R11 的特征值与单位正交向量
[v2,d2]=eig(R22);                           % 计算 R22 的特征值与单位正交向量
p1=inv(v1*sqrt(d1)*v1');
p2=inv(v2*sqrt(d2)*v2');                    % p1、p2 表示 Σ11、Σ22的平方根矩阵的逆 Σ11^-0.5、Σ22^-0.5
A=p1*R12*inv(R22)*R21*p1;                   % 计算矩阵 A
B=p2*R21*inv(R11)*R12*p2;                   % 计算矩阵 B
[va,da]=eig(A),                             % 计算 A 的特征值与特征向量
[vb,db]=eig(B),                             % 计算 B 的特征值与特征向量
A1=p1*va,                                   % 计算典型相关变量 U 的系数
B1=p2*vb,                                   % 计算典型相关变量 V 的系数
r=sqrt(sum(da)),                            % 计算典型相关系数
```

根据程序的输出结果写出典型相关变量与典型相关系数。

例 5.3.1　设样本的相关系数矩阵为

$$\boldsymbol{R}=\begin{pmatrix} \boldsymbol{R}_{11} & \boldsymbol{R}_{12} \\ \boldsymbol{R}_{21} & \boldsymbol{R}_{22} \end{pmatrix}=\left(\begin{array}{cc:cc} 1 & 0.505 & 0.569 & 0.602 \\ 0.505 & 1 & 0.422 & 0.467 \\ \hdashline 0.569 & 0.422 & 1 & 0.926 \\ 0.602 & 0.467 & 0.926 & 1 \end{array}\right)$$

计算典型相关系数与典型相关变量。

解： 已知相关系数矩阵$\boldsymbol{R}$，且$p=2$，$q=2$，计算程序如下。

```
clear
X=[1,0.505, 0.569,0.602;0.505,1, 0.422,0.467; 0.569,0.422, 1,0.926; 0.602,0.467, 0.926,1];
p=2;
q=2;
R11=X(1:p,1:p);
R12=X(1:p,p+1:p+q);
R21=X(p+1:p+q,1:p);
R22=X(p+1:p+q,p+1:p+q);
[v1,d1]=eig(R11);                           % 计算 R11 的特征值与单位正交向量
[v2,d2]=eig(R22);                           % 计算 R22 的特征值与单位正交向量
p1=inv(v1*sqrt(d1)*v1');
p2=inv(v2*sqrt(d2)*v2');
A=p1*R12*inv(R22)*R21*p1;                   % 计算矩阵 A
B=p2*R21*inv(R11)*R12*p2;                   % 计算矩阵 B
[va,da]=eig(A);
```

```
[vb,db]=eig(B);
A1=p1*va                                % 计算典型相关变量U的系数
B1=p2*vb                                % 计算典型相关变量V的系数
r=sqrt(sum(da))                         % 计算典型相关系数
```

输出结果为：

```
A1 =  0.7808     -0.8560
      0.3445      1.1062
B1 = -2.6482     -0.0603
      2.4749     -0.9439
r =   0.6311      0.0568
```

结果表明，第一典型变量为

$$\begin{cases} U_1 = 0.780\,8X_1 + 0.344\,5X_2 \\ V_1 = -0.060\,3Y_1 - 0.943\,9Y_2 \end{cases}$$

第一典型相关系数为 $\rho_{U_1V_1}=0.6311$，第二典型变量为

$$\begin{cases} U_2 = -0.856\,0X_1 + 1.160\,2X_2 \\ V_2 = -2.648\,2Y_1 + 2.474\,9Y_2 \end{cases}$$

第二典型相关系数为 $\rho_{U_2V_2}=0.056\,8$。

注：由于 eig（B）输出的特征值从小到大排列，故 V_1 的系数是 B_1 的第 2 列，V_2 的系数是 B_1 的第 1 列。

5.3.2　样本的典型变量与典型相关系数

在实际问题中，$(\boldsymbol{X}^{\mathrm{T}}, \boldsymbol{Y}^{\mathrm{T}})^{\mathrm{T}}$ 的协方差矩阵 $\boldsymbol{\Sigma}$（或相关系数矩阵 $\boldsymbol{R}$）一般是未知的，我们所具有的资料通常是关于 $\boldsymbol{X}$ 和 $\boldsymbol{Y}$ 的 n 组观测数据：

$$\boldsymbol{X}_i = (x_{i1}, x_{i2}, \cdots, x_{in})^{\mathrm{T}} \quad (i = 1,2,\cdots,p,)$$

$$\boldsymbol{Y}_j = (y_{j1}, y_{j2}, \cdots, y_{jn})^{\mathrm{T}} \quad (j = 1,2,\cdots,q)$$

同主成分分析一样，利用这些观测数据的样本协方差矩阵或相关系数矩阵

$$\boldsymbol{S} = \begin{pmatrix} \boldsymbol{S}_{11} & \boldsymbol{S}_{12} \\ \boldsymbol{S}_{21} & \boldsymbol{S}_{22} \end{pmatrix} \text{或} \boldsymbol{R} = \begin{pmatrix} \boldsymbol{R}_{11} & \boldsymbol{R}_{12} \\ \boldsymbol{R}_{21} & \boldsymbol{R}_{22} \end{pmatrix}$$

作为 $\boldsymbol{\Sigma}$ 或 ρ 的估计，其中

$$S_{11} = \frac{1}{n-1}\sum_{i=1}^{n}(\boldsymbol{X}_i - \overline{\boldsymbol{X}})(\boldsymbol{X}_i - \overline{\boldsymbol{X}})^{\mathrm{T}}, \quad \boldsymbol{S}_{22} = \frac{1}{n-1}\sum_{i=1}^{n}(\boldsymbol{Y}_i - \overline{\boldsymbol{Y}})(\boldsymbol{Y}_i - \overline{\boldsymbol{Y}})^{\mathrm{T}}$$

$$S_{12} = \frac{1}{n-1}\sum_{i=1}^{n}(\boldsymbol{X}_i - \overline{\boldsymbol{X}})(\boldsymbol{Y}_i - \overline{\boldsymbol{Y}})^{\mathrm{T}}, \quad \boldsymbol{S}_{21} = \boldsymbol{S}_{12}^{\mathrm{T}}$$

以 $\boldsymbol{S}$ 代替 $\boldsymbol{\Sigma}$ 或 $\boldsymbol{R}$ 代替 ρ 所求得的典型变量和典型相关系数分别称为样本典型变量和样本典型相关系数。此时样本典型变量和典型相关系数计算方法同总体典型变量和典型相关系数的计算方法一样。

在 MATLAB 中，样本典型相关分析的命令为 canoncorr，其调用格式为：

```
[A,B,r,U,V,stats] = canoncorr(X,Y)
```

其中输入 X 表示第一组向量的观测矩阵，Y 表示第二组向量的观测矩阵，输出 A、B 是典型相关变量的系数矩阵；r 表示典型相关系数；U、V 表示典型相关变量的得分；输出 stats 包括 wilks、chisq 及 F 统计量以及相应的概率。

例 5.3.2 某康复俱乐部对 20 名中年人测量了三项生理指标：体重（weight）、腰围（waist）、脉搏（pulse）和三项训练指标：引体向上（chins）、起坐次数（situps）、跳跃次数（jumps）。其数据列于表 5-6。试分析这两组变量间的相关性。

表 5-6 某康复俱乐部测量的生理指标和训练指标

Obs	weight	waist	pulse	chins	situps	jumps	Obs	weight	waist	pulse	chins	situps	jumps
1	191	36	50	5	162	60	11	169	34	50	17	120	38
2	189	37	52	2	110	60	12	166	33	52	13	210	115
3	193	38	58	12	101	101	13	154	34	64	14	215	105
4	162	35	62	12	105	37	14	247	46	50	1	50	50
5	189	35	46	13	155	58	15	193	36	46	6	70	31
6	182	36	56	4	101	42	16	202	37	62	12	210	120
7	211	38	56	8	101	38	17	176	37	54	4	60	25
8	167	34	60	6	125	40	18	157	32	52	11	230	80
9	176	31	74	15	200	40	19	156	33	54	15	225	73
10	154	33	56	17	251	250	20	138	33	68	2	110	43

解： 三项生理指标作为第一组向量 $\boldsymbol{X}$，三项训练指标作为第二组向量 $\boldsymbol{Y}$，表 5-6 中的数据作为样本数据，调用典型相关分析命令。程序如下。

```
DATA=[……];                % 将表 5-6 中的数据输入 DATA
X=DATA(:,1:3);            % 第一组向量观测值
Y=DATA(:,4:6);            % 第二组向量观测值
[A,B,r,U,V,stats] =canoncorr(X,Y);
A,B,r
```

输出结果为：

```
A =
    -0.0314   -0.0763    0.0077
     0.4932    0.3687   -0.1580
    -0.0082   -0.0321   -0.1457
B =
    -0.0661   -0.0710    0.2453
    -0.0168    0.0020   -0.0198
     0.0140    0.0207    0.0082
r =
     0.7956    0.2006    0.0726
```

结果表明，第一典型变量为

$$\begin{cases} U_1 = -0.0314X_1 + 0.4932X_2 - 0.0082X_3 \\ V_1 = -0.0661Y_1 - 0.0168Y_2 + 0.0140Y_3 \end{cases}$$

第一典型相关系数为 $\rho_{U_1V_1} = 0.7956$。

5.3.3 典型相关系数的显著性检验

典型相关分析是否恰当，应该取决于两组原变量之间是否相关，如果两组变量之间毫无相关性可言，则不应该作典型相关分析。用样本来估计总体的典型相关系数是否有误，需要进行检验。

1. 检验方法

设总体 $\boldsymbol{X}$、$\boldsymbol{Y}$ 的各对典型相关系数为 $\rho_1 \geqslant \rho_2 \geqslant \cdots \geqslant \rho_p \geqslant 0$，首先提出检验的原假设与备择假设

$$H_0^{(1)}:\rho_1=0 \leftrightarrow H_1^{(1)}:\rho_1\neq 0$$

若不能拒绝原假设，则 $\rho_1=\rho_2=\cdots=\rho_p=0$，此时不能作典型相关分析；若拒绝 $H_0^{(1)}$，继续如下检验

$$H_0^{(2)}:\rho_2=0 \leftrightarrow H_1^{(2)}:\rho_2\neq 0$$

若不能拒绝 $H_0^{(2)}$，表明只有第一对典型变量显著相关外，其余变量均不显著，实际应用时只需要考虑第一对典型变量；若拒绝 $H_0^{(2)}$，则需检验 ρ_3 是否为零，以此类推，若假设 $\rho_{k-1}=0$被拒绝，则检验

$$H_0^{(k)}:\rho_k=0 \leftrightarrow H_1^{(k)}:\rho_k\neq 0$$

若不能拒绝 $H_0^{(k)}$，则只需考虑前 $k-1$ 对典型相关变量，否则继续检验，直至检验 ρ_p 是否为零。

在总体服从 $p+q$ 维正态分布条件下，可用如下似然比统计量进行检验

$$T_k=-[n-(p+q+3)/2]\ln\Lambda_k\sim\chi^2(d_{1k})$$

其中 $\Lambda_k=\prod_{j=k}^{p}(1-\hat{\rho}_j^2),d_{1k}=(p-k+1)(q-k+1)$,对于给定的 α，计算概率

$$p_k=P_{H_0}(T_k\geqslant t_k)=P(\chi^2(d_{1k})\geqslant t_k)$$

若 $p_k<\alpha$，即认为第 k 对典型变量显著相关。上述检验依次对 $k=1,2,\cdots,p$ 进行，若对某个 k 检验概率首次大于α，则检验停止，即认为只有前 $k-1$ 对典型变量显著相关。

2. 典型相关分析检验的 MATLAB 实现

设 $\boldsymbol{X}=(x_{ij})_{n\times p}$，$\boldsymbol{Y}=(y_{ik})_{n\times q}$是取自总体的观测数据，利用 MATLAB 软件进行典型相关分析的步骤如下：

1）输入数据并计算协方差矩阵或相关系数矩阵。

```
a=[X,Y];                          % 此前 X、Y 的数据应该已经输入
[n,m]=size(a);
S=cov(a);                         % 协方差矩阵
R=corref(a);                      % 相关系数矩阵
```

2）计算典型相关系数。

```
R1=inv(R(1:p,1:p))*R(1:p,p+1:p+q)*inv(R(p+1:p+q, p+1:p+q))*R(p+1:p+q,1:p);
d=sort(eig(R1),'descend');
xgxs=sqrt(d);
```

3）计算典型相关向量。

```
X=X./[ones(n,1)*std(X)];
Y=Y./[ones(n,1)*std(Y)];
[A,B]=canoncorr(X,Y);
U=(X-ones(n,1)*mean(X))*A
V=(Y-ones(n,1)*mean(Y))*B
```

4）典型相关系数的显著性检验。

```
D=1-d;
f1=fliplr(D');                    % 矩阵左右翻转
f2=cumprod(f1);                   % 向量累积乘积
k=1:p;
d1k=(p-k+1).*(q-k+1);
Qk=-[n-0.5*(p+q+3)].*(log(fliplr(f2)));
GL=1-chi2cdf(Qk,d1k);
```

5.3.4 典型相关分析实例

例 5.3.3 选取1980～2008年安徽省人均粮食总产量（吨/人）、人均农业总产值（亿元/万人）、人均粮食播种面积（千公顷/万人）、人均农业机械总动力（千瓦/人）、单位面积化肥施用（万吨/千公顷）、人均受灾面积（千公顷/万人）以及农业生产资料价格指数指标，分别记为：x_1、x_2、x_3、y_1、y_2、y_3、y_4，见表5-7。解答以下问题：①对安徽省粮食生产进行主成分分析，在此基础上给出适当的分类；②对安徽省粮食生产影响因素进行典型相关分析。

表5-7 1980～2008年安徽省粮食产出及影响因素数据

年份	x_1	x_2	x_3	y_1	y_2	y_3	y_4
1980	0.870 4	0.041 1	4.633 2	0.397 9	0.007 1	0.262 8	102.1
1981	1.053 8	0.056 8	4.566 4	0.392 9	0.009 1	0.613 0	101.7
1982	1.081 8	0.058 6	4.480 8	0.404 7	0.011 4	0.234 9	101.3
1983	1.089 8	0.060 4	4.260 0	0.414 7	0.011 5	0.133 9	102.8
1984	1.157 6	0.066 4	4.187 2	0.419 1	0.012 7	0.403 6	107.0
1985	1.098 3	0.073 6	4.147 0	0.422 3	0.013 9	0.213 1	101.7
1986	1.164 9	0.081 7	4.008 9	0.450 3	0.014 1	0.361 7	102.1
1987	1.167 0	0.090 2	4.022 6	0.497 8	0.014 4	0.289 5	112.8
1988	1.066 1	0.099 2	3.769 6	0.529 7	0.015 5	0.689 4	118.6
1989	1.088 0	0.106 0	3.696 9	0.549 2	0.016 7	0.333 3	121.7
1990	1.095 0	0.113 4	3.612 3	0.568 0	0.017 4	0.482 1	103.9
1991	0.741 0	0.087 4	3.472 0	0.584 7	0.017 6	0.457 6	102.3
1992	0.962 8	0.107 8	3.352 7	0.597 0	0.019 1	0.375 4	102.5
1993	1.037 4	0.142 7	3.303 0	0.620 3	0.021 5	0.571 7	112.9
1994	0.928 6	0.199 5	3.249 9	0.662 1	0.023 0	0.162 6	122.8
1995	1.023 3	0.246 1	3.222 8	0.708 3	0.024 3	0.363 7	128.0
1996	1.031 2	0.261 1	3.193 0	0.770 2	0.029 7	0.226 1	107.2
1997	1.047 8	0.262 1	3.155 0	0.837 3	0.028 5	0.224 7	98.9
1998	0.953 3	0.250 1	3.151 5	0.937 1	0.029 6	0.142 4	94.8
1999	1.017 2	0.259 4	3.150 2	1.015 4	0.029 8	0.333 6	95.3
2000	0.883 6	0.241 4	3.008 8	1.063 6	0.030 1	0.347 0	98.2
2001	0.886 2	0.243 8	2.919 1	1.121 7	0.031 8	0.262 8	97.9
2002	0.973 1	0.250 7	2.958 0	1.186 8	0.032 2	0.613 0	99.9
2003	0.773 9	0.215 9	2.943 8	1.238 7	0.033 4	0.234 9	100.2
2004	0.942 4	0.289 3	2.965 6	1.300 1	0.032 2	0.133 9	112.0
2005	0.886 4	0.278 5	2.978 8	1.355 4	0.032 6	0.403 6	108.3
2006	0.958 4	0.304 0	2.948 7	1.420 4	0.033 4	0.213 1	100.0
2007	0.967 8	0.351 6	2.953 4	1.512 8	0.034 5	0.361 7	106.8
2008	0.996 9	0.395 0	2.957 0	1.585 2	0.034 3	0.289 5	123.9

资料来源：1980～2004年数据由《安徽五十年》有关数据整理得到，2005～2008年数据来源于《安徽统计年鉴》。

解：①设原始数据矩阵为

$$\boldsymbol{a}=(a_{ij})_{29\times 7}$$

对 $\boldsymbol{a}$ 进行标准化的无量纲变换，得到矩阵

$$\boldsymbol{b}=(b_{ij})_{29\times 7}$$

其中 $b_{ij}=a_{ij}/s_j,s_j=\sqrt{\frac{1}{28}\sum_{i=1}^{29}(a_{ij}-\bar{a}_j)^2},\bar{a}_j=\frac{1}{29}\sum_{i=1}^{29}a_{ij}\quad(j=1,2,\cdots,7)$

由于原始数据的协方差矩阵与相关系数矩阵得到的最大特征值对应的特征向量不是正向量，所以我们采用 $\boldsymbol{R}$ 矩阵进行主成分分析。由 $\boldsymbol{R}$ 矩阵的定义

$$\boldsymbol{R}=(r_{ij})_{7\times 7},r_{ij}=\frac{2\sum_{k=1}^{29}b_{ki}b_{kj}}{\sum_{k=1}^{29}b_{ki}^2+\sum_{k=1}^{29}b_{kj}^2}$$

实对称矩阵 $\boldsymbol{R}$ 的特征值与对应的特征向量见表 5-8。

表 5-8　特征值、特征向量及贡献率

特征值	特征向量	贡献率	累积贡献率
4.832 9	(0.348 9，0.381 4，0.385 1，0.404 4，0.419 5，0.381 3，0.315 5)	0.690 4	0.690 4
1.662 9	(0.492 3，−0.372 8，0.345 2，−0.332 6，−0.268 1，−0.209 5，0.524 4)	0.237 6	0.938 0
0.313 2	(0.088 0，0.390 0，−0.248 8，0.224 5，0.132 6，−0.806 3，0.245 3)	0.044 7	0.972 7
0.133 0	(−0.022 3，−0.097 8，0.705 0，0.027 5，0.200 9，−0.392 6，−0.545 6)	0.019 0	0.991 7
0.034 8	(−0.124 6，−0.661 2，−0.192 8，0.142 0，0.673 0，−0.069 2，0.179 3)	0.005 0	0.996 7
0.014 0	(0.134 5，0.310 1，−0.102 5，−0.791 9，0.491 1，0.033 3，−0.076 7)	0.002 0	0.998 7
0.009 2	(0.770 8，−0.142 9，−0.357 5，0.165 7，−0.004 8，0.024 9，−0.479 2)	0.001 3	1

由于第一、第二主成分累积贡献率达到 93.8%，故选择两个主成分计算主成分得分：

$$F_1=0.348\,9b_1+0.381\,4b_2+0.385\,1b_3+0.404\,4b_4+0.419\,5b_5+0.381\,3b_6+0.315\,5b_7$$

$$F_2=0.492\,3b_1-0.372\,8b_2+0.345\,2b_3-0.332\,6b_4-0.268\,1b_5-0.209\,5b_6+0.524\,4b_7$$

根据主成分得分，安徽省农业生产分为三阶段：1980～1987，1988～1995，1996～2008，如图 5-7 所示。

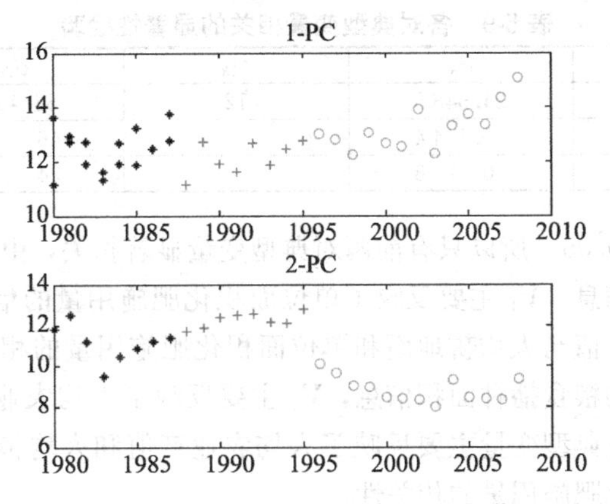

图 5-7　安徽省农业生产主成分得分图

②为了分析影响安徽省粮食生产的因素，令 $\boldsymbol{X}=(b_1,b_2,b_3)$，$\boldsymbol{Y}=(b_4,b_5,b_6,b_7)$ 首先计算 $[\boldsymbol{X},\boldsymbol{Y}]$ 的协方差矩阵

$$\boldsymbol{\Sigma}=\begin{pmatrix}\boldsymbol{\Sigma}_{11}\boldsymbol{\Sigma}_{12}\\\boldsymbol{\Sigma}_{21}\boldsymbol{\Sigma}_{22}\end{pmatrix}$$

$$=\begin{pmatrix}1.0000 & -0.3581 & 0.5002 & -0.4859 & -0.4722 & 0.1114 & 0.2002\\-0.3581 & 1.0000 & -0.8769 & 0.9265 & 0.9527 & -0.2320 & 0.1000\\0.5002 & -0.8769 & 1.0000 & -0.8370 & -0.9523 & 0.1034 & -0.0545\\-0.4859 & 0.9265 & -0.8370 & 1.0000 & 0.9318 & -0.1670 & -0.0274\\-0.4722 & 0.9527 & -0.9523 & 0.9318 & 1.0000 & -0.2029 & -0.0456\\0.1114 & -0.2320 & 0.1034 & -0.1670 & -0.2029 & 1.0000 & 0.1159\\0.2002 & 0.1000 & -0.0545 & -0.0274 & -0.0456 & 0.1159 & 1.0000\end{pmatrix}$$

其次令

$$\boldsymbol{A}=(\boldsymbol{\Sigma}_{11})^{-1/2}\boldsymbol{\Sigma}_{12}(\boldsymbol{\Sigma}_{22})^{-1}\boldsymbol{\Sigma}_{21}(\boldsymbol{\Sigma}_{11})^{-1/2},\quad \boldsymbol{B}=(\boldsymbol{\Sigma}_{22})^{-1/2}\boldsymbol{\Sigma}_{21}(\boldsymbol{\Sigma}_{11})^{-1}\boldsymbol{\Sigma}_{12}(\boldsymbol{\Sigma}_{22})^{-1/2}$$

求 $\boldsymbol{A}$、$\boldsymbol{B}$ 的特征值 ρ_1^2、ρ_2^2、ρ_3^2 以及对应的正交单位特征向量 $\boldsymbol{e}_k$、$\boldsymbol{f}_k(k=1,2,3)$，得到 $\boldsymbol{X}$、$\boldsymbol{Y}$ 的 3 对典型相关变量为

$$U_1=0.0038x_1-0.5102x_2+0.5203x_3$$
$$V_1=0.0646y_1-1.0609y_2-0.0160y_3-0.1240y_4$$
$$U_2=0.6432x_1-1.9126x_2-2.2055x_3$$
$$V_2=-2.4950y_1+2.3885y_2+0.4842y_3+0.0694y_4$$
$$U_3=-0.9858x_1-0.7600x_2-0.3043x_3$$
$$V_3=0.0807y_1+0.0516y_2+0.2698y_3-0.9879y_4$$

典型相关系数为

$$\rho_1=0.9915,\rho_2=0.6771,\rho_3=0.2671$$

最后对典型相关系数进行检验（$\alpha=0.05$）

$$H_0^{(1)}:\rho_1=0\leftrightarrow H_1^{(1)}:\rho_1\neq 0$$
$$H_0^{(2)}:\rho_2=0\leftrightarrow H_1^{(2)}:\rho_2\neq 0$$
$$H_0^{(3)}:\rho_3=0\leftrightarrow H_1^{(3)}:\rho_3\neq 0$$

检验结果见表 5-9。

表 5-9　各对典型变量相关的显著性检验

k	Λ_k	F_k	d_{1k}	d_{2k}	p_k
1	0.0085	24.6485	12	58.4980	0
2	0.5029	3.1444	6	46	0.0113
3	0.9287	0.9218	2	24	0.3936

因为 $p_3=0.3936>0.05$，所以只有前两对典型变量显著相关，由于 U_1 主要反映了人均农业产值与人均耕地面积信息，V_1 主要反映了单位面积化肥施用量的信息，因此第一对典型变量主要反映了人均农业产值与人均耕地面和单位面积化肥施用量的相关性；同理，U_2 主要提取人均农业总产值和人均粮食播种面积信息，V_2 主要反映了人均农业机械总动力和单位面积化肥施用。因此，第二对典型变量主要反映了人均农业产值和人均粮食播种面积与人均农业机械总动力、单位面积化肥施用量的相关性。

实例的 MATLAB 程序如下。

```
% 首先输入原始数据(表 5-7 中数据作为 data 放入矩阵 a)
a=[data];
```

```
[n,m]=size(a);
% 主成分分析程序
b=a./(ones(n,1)*std(a));
for i=1:m,
    for j=1:m
    C(i,j)=[2*dot(b(:,i),b(:,j))]./[sum(b(:,i).^2)+sum(b(:,j).^2)];
    end
end
[v,d]=eig(C);
F=b*v;
% 分类程序
[c1,u1,obj_fcn]=fcm(b,3);
f1=sort(u1);
[f1,I1]=sort(u1);
d1=find(I1(3,:)==1);
d2=find(I1(3,:)==2);
d3=find(I1(3,:)==3);
subplot(211),plot(1980:1987,F(d1,7),'*'),
hold on, plot(1988:1995,F(d2,7),'+'),
hold on, plot(1996:2008,F(d3,7),'or'),title('1-PC')
subplot(212),
plot(1980:1987,F(d1,6),'*'),
hold on,  plot(1988:1995,F(d2,6),'+'),
hold on,  plot(1996:2008,F(d3,6),'or'),title('2-PC')
% 典型相关分析程序
R=cov(b);
p=3;q=m-p;
X=b(:,1:p);
Y=b(:,p+1:m);
[A,B,r,U,V,stats] =canoncorr(X,Y);
```

例 5.3.4　一国经济发展与该国的能源消耗存在相关关系。我国从 1995 到 2014 年 20 年间，产业经济增长和能源消耗情况见表 5-10，其中产业产值单位为亿元，能源消费总量单位为万吨标准煤。求产业经济增长情况和能源消耗情况之间的典型相关系数与典型相关变量。

表 5-10　产业经济生产总值和能源消耗情况

年份	第一产业总值	第三产业总值	工业总值	建筑业总值	能源消总值	占能源消费的比重（%）			
						煤炭	石油	天然气	其他能源
1995	12020	20 573.6	24 887.2	3 728.8	131 176	74.6	17.5	1.8	6.1
1996	13 877.8	24 028.7	29 372.7	4 387.4	135 192	73.5	18.7	1.8	6
1997	14 264.6	27 810.9	32 837.7	4 621.6	135 909	71.4	20.4	1.8	6.4
1998	14 618	31 456.8	33 931.9	4 985.8	136 184	70.9	20.8	1.8	6.5
1999	14 548.1	34 812	35 770.3	5 172.1	140 569	70.6	21.5	2	5.9
2000	14 716.2	39 734.1	39 931.8	5 522.3	146 964	68.5	22	2.2	7.3
2001	15 501.2	45 507.2	43 469.8	5 931.7	155 547	68	21.2	2.4	8.4
2002	16 188.6	51 189	47 310.7	6 465.5	169 577	68.5	21	2.3	8.2
2003	16 968.3	57 475.6	54 805.8	7 490.8	197 083	70.2	20.1	2.3	7.4
2004	20 901.8	66 282.8	65 044.2	8 694.3	23 0281	70.2	19.9	2.3	7.6
2005	21 803.5	76 964.9	77 034.4	10 367.3	261 369	72.4	17.8	2.4	7.4
2006	23 313	91 180.1	91 078.8	12 408.6	286 467	72.4	17.5	2.7	7.4
2007	27 783	115 090.9	110 253.9	15 296.5	311 442	72.5	17	3	7.5
2008	32 747	135 906.9	129 929.1	18 743.2	320 611	71.5	16.7	3.4	8.4

（续）

年份	第一产业总值	第三产业总值	工业总值	建筑业总值	能源消总值	占能源消费的比重（%）			
						煤炭	石油	天然气	其他能源
2009	34 154	153 625.1	135 849	22 601.1	336 126	71.6	16.4	3.5	8.5
2010	39 354.6	180 743.4	162 376.4	27 177.6	360 648	69.2	17.4	4	9.4
2011	46 153.3	214 579.9	191 570.8	32 840	387 043	70.2	16.8	4.6	8.4
2012	50 892.7	243 030	204 539.5	36 804.8	402 138	68.5	17	4.8	9.7
2013	55 321.7	275 887	217 263.9	40 807.3	416 913	67.4	17.1	5.3	10.2
2014	58 336.1	306 038.2	228 122.9	44 789.6	426 000	66	17.1	5.7	11.2

数据来源：《2015年中国统计年鉴》。

解：用 $x1$、$x2$、$x3$、$x4$ 分别表示第一产业生产总值、第三产业生产总值、工业生产总值、建筑业生产总值，用 $y1$、$y2$、$y3$、$y4$ 分别表示煤炭消耗量、石油消耗量、天然气消耗量、其他能源消耗量。已知能源消费总量与能源消费构成，可计算各种能源的消费量。这样，产业经济发展情况数据矩阵 $\boldsymbol{X}=[x1\ x2\ x3\ x4]$ 与能源消耗情况数据矩阵 $\boldsymbol{Y}=[y1\ y2\ y3\ y4]$ 就已知。编写程序如下：

```
clear
data=[……]                                        % 表5-10中的数据
X1=data(:,1:4);                                  % 提取生产总值数据
Y1=repmat(data(:,5),1,4).*data(:,6:9);           % 提取能源消费数据
X=zscore(X1);Y=zscore(Y1);                       % 数据标准化
[A,B,r,U,V,stats]=canoncorr(X,Y)                 % 典型相关分析
```

程序运行结果：

```
A =
     0.0311     1.0291     1.8799   -23.4960
    -0.9984    -0.0899   -18.7873     3.2091
    -0.1370    -7.8415     3.7250     7.1501
     0.1037     6.8820    13.2364    13.1636
B =
     0.0497    -2.1346     3.3427     3.6565
    -0.0684    -1.2711    -2.1132    -7.3548
    -0.8208     2.2035     5.0820    -3.3274
    -0.1619     1.0322    -6.2391     7.0297
r =
     0.9996     0.9393     0.6539     0.1100
stats =
      Wilks: [5.5540e-05 0.0666 0.5654 0.9879]
        df1: [16 9 4 1]
        df2: [37.2982 31.7892 28 15]
          F: [55.2756 7.2201 2.3090 0.1836]
         pF: [4.7372e-21 1.2382e-05 0.0827 0.6744]
      chisq: [142.0770 39.2865 8.3438 0.1943]
     pChisq: [2.8232e-22 1.0228e-05 0.0798 0.6594]
        dfe: [16 9 4 1]
          p: [2.8232e-22 1.0228e-05 0.0798 0.6594]
```

结果表明，第一典型变量为

$$\begin{cases}U_1=0.031\,1X_1-0.998\,4X_2-0.137X_3+0.103\,7X_4\\V_1=0.049\,7Y_1-0.068\,4Y_2-0.820\,8Y_3-0.161\,9Y_4\end{cases}$$

第一典型相关系数为 $\rho_{U_1V_1}=0.9996$。同理，由 **A**、**B** 矩阵的第二列可写出第二典型变量及其典型相关系数。两个组的典型变量取值的散点图如图 5-8、图 5-9 所示。

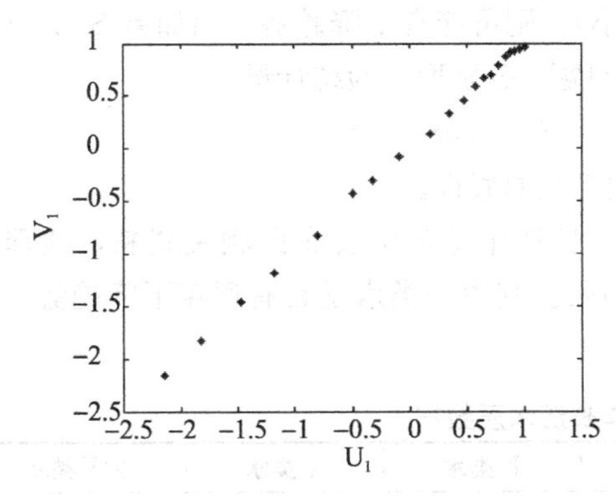

图 5-8　第一典型变量散点图

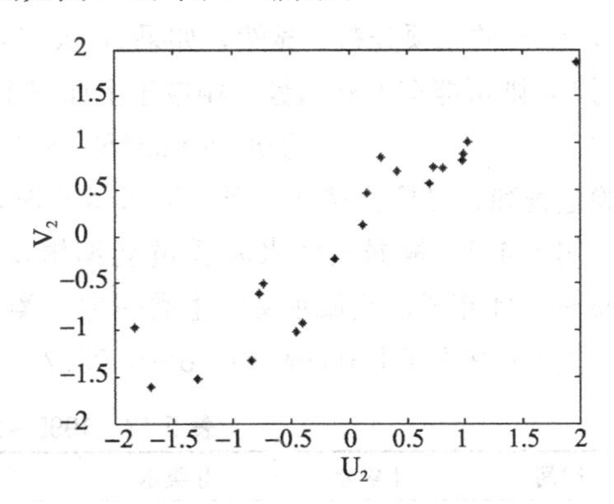

图 5-9　第二典型变量散点图

典型变量相关的显著性检验结果见表 5-11。

表 5-11　各对典型变量相关的显著性检验

k	Λ_k	F_k	d_{1k}	d_{2k}	p_k
1	0.0	55.275 6	16	37.298 2	0
2	0.066 6	7.220 1	9	31.789 2	0.0
3	0.565 4	2.309 0	4	28	0.079 8
4	0.987 9	0.183 8	1	15	0.659 4

由于 $p_1\approx0<0.05$，$p_2\approx0<0.05$，故前两典型变量显著相关。两典型变量的经济意义请读者解释。

5.4　趋势性与属性相关分析应用实例

在各种统计结果中，特别是涉及经济、人口、环境、卫生等随着时间变化的统计数据，人们往往关心变化的趋势，比如：收入是否下降了，环境是否变坏了，气候是否变暖了等问题。在大数据背景下，人们经常研究各种变量之间的关联性分析。为此，本节介绍 Cox 和 Stuart 提出的趋势检验、属性相关分析应用实例。

5.4.1　Cox-Stuart 趋势检验

假设有 n 个数据 x_1，x_2，…，x_n，我们想看是否随着下标有上升或下降的趋势，换句话说，就是下列三个检验问题之一：

①H_0：无趋势↔H_1：有升或降的趋势

②H_0：无上升趋势↔H_1：有上升趋势

③H_0：无下降趋势↔H_1：有下降趋势

把每一个观察值和相隔大约 $n/2$ 的另一个观察值配对比较；因此大约有 $n/2$ 个对子。然后看增长的对子和减少的对子各有多少来判断总的趋势。具体做法为：取 x_i 和 x_{i+c} 组成一对 (x_i, x_{i+c})。这里

$$c=\begin{cases}n/2 & \text{如果 } n \text{ 是偶数}\\(n+1)/2 & \text{如果 } n \text{ 是奇数}\end{cases}\tag{5.4.1}$$

当 n 是偶数时，共有 $n'=c$ 对，而 n 是奇数时，共有 $n'=c-1$ 对。

令 $D_i=x_i-x_{i+c}$，S^+ 为 D_i 中正号的数目，而 S^- 为负号的数目。当没有趋势时，S^+、S^- 为 $p=0.5$ 的二项分布。显然，如果 S^+ 大（或 S^- 小），则可能有下降趋势，而如果 S^- 大（或 S^+ 小），则可能有上升趋势。相应于上面三个检验问题，分别取检验统计量

$$①K=\min(S^+,S^-)\quad ②K=S^+\quad ③K=S^-$$

检验过程和符号检验完全一样。当 K 太小时，我们拒绝原假设。

例 5.4.1 根据长江水利委员会编辑出版的《长江年鉴》中公布的相关资料，整理出 1995～2004 年长江流域水文年Ⅰ类～劣Ⅴ类水质河长。其中一类水是否有逐年下降趋势，劣 5 类水是否有逐年上升的趋势（$\alpha=0.05$）?

表 5-12 1995～2004 年长江水质数据

时间	Ⅰ类水	Ⅱ类水	Ⅲ类水	Ⅳ类水	Ⅴ类水	劣Ⅴ类水
1995	25.8	42.6	24.7	3.9	3.0	0
1996	15.3	20.2	49.8	9.7	1.9	3.1
1997	12.2	24.9	43.6	13.3	2.6	3.4
1998	11.5	24.1	52.8	8.3	1.7	1.6
1999	5.2	39.8	35.2	9.5	6.2	4.1
2000	5.6	32.8	35.6	16.6	4.4	5.3
2001	5.9	33.1	34.7	14.0	5.5	6.8
2002	4.4	44.0	28.3	10.0	3.2	10.0
2003	4.7	41.5	31.3	6.4	5.8	10.3
2004	1.2	26.9	39.9	14.8	5.9	11.3

解：此处 $n=10$，于是 $c=5$，共有 $n'=n-c=5$ 个对子，首先考虑一类水

$$(x_{1995},x_{2000}),(x_{1996},x_{2001}),(x_{1997},x_{2002}),(x_{1998},x_{2003}),(x_{1999},x_{2004})$$

$$H_0:\text{没有减少趋势}\Leftrightarrow H_1:\text{有减少趋势}$$

用每一对的两元素差

$$D_j=x_j-x_{j+5}$$

的符号来衡量增减，令 S^+ 为正的 D_j 的数目，而令 S^- 为负的 D_j 的数目；由于在没有趋势的零假设下统计量应服从二项分布 $b(n', 0.5)$，对于 $\alpha=0.05$，得到统计量的观测值 $S^-=0$，于是由

$$P(S^-\leqslant s^-)=P(S^-\leqslant 0)=1/2^5=0.0313<\alpha$$

可知应拒绝原假设，即认为长江一类水有逐年下降的趋势。

对于劣Ⅴ类水，给出假设为：

$$H_0:\text{没有增加趋势}\Leftrightarrow H_1:\text{有增加趋势}$$

由于 D_j 为：-5.3000，-3.7000，-6.6000，-8.7000，-7.2000。于是得到统计量的观测值 $s^+=0$，由

$$P(S^+\leqslant s^+)=P(S^+\leqslant 0)=1/2^5=0.0313<\alpha$$

可知应拒绝原假设，即认为长江劣Ⅴ类水有逐年增加的趋势。

5.4.2 属性数据分析

在现实生活中，我们经常遇到有关属性数据分析的问题，即判断两个或多个属性变量之

间是否独立的问题，如吸烟与患肺癌是否有关、色盲与性别是否有关、上网时间与学习成绩是否有关等等。解决这类问题常用到建立列联表，利用 χ^2 统计量作显著性检验来完成。

1. 列联表与卡方统计量

列联表是由两个以上的属性变量进行交叉分类的频数分布表。

设二维随机变量（X,Y），X 可能取值为 $x_1, x_2, \cdots, x_k$，Y 可能取值为 $y_1, y_2, \cdots, y_s$。从总体抽取容量为 n 的样本，事件 $(X=x_i, Y=y_j)$ 发生的频率为 $n_{ij}(i=1,2,\cdots,k, j=1,2,\cdots,s)$，记 $n_{i\cdot}=\sum_{j=1}^{s} n_{ij}$，$n_{\cdot j}=\sum_{i=1}^{k} n_{ij}$，则有 $n=\sum_{i=1}^{k}\sum_{j=1}^{s} n_{ij}=\sum_{i=1}^{k} n_{i\cdot}=\sum_{j=1}^{s} n_{\cdot j}$，将这些数据排列成如表 5-13 所示 $k\times s$ 列联表。

表 5-13　交叉二维列联表

X \ Y	y_1	y_2	$\cdots$	y_s	$n_{i\cdot}$
x_1	n_{11}	n_{12}	$\cdots$	n_{1s}	$n_{1\cdot}$
x_2	n_{21}	n_{22}	$\cdots$	n_{2s}	$n_{2\cdot}$
$\cdots$	$\cdots$	$\cdots$	$\cdots$	$\cdots$	$\cdots$
x_k	n_{k1}	n_{k2}	$\cdots$	n_{ks}	$n_{k\cdot}$
$n_{\cdot j}$	$n_{\cdot 1}$	$n_{\cdot 2}$	$\cdots$	$n_{\cdot s}$	n

我们可以证明，统计量

$$\chi^2=\sum_{i=1}^{k}\sum_{j=1}^{s}(n_{ij}-e_{ij})^2/e_{ij}\sim\chi^2((k-1)(s-1)) \tag{5.4.2}$$

其中 $e_{ij}=n_{i\cdot}n_{\cdot j}/n$

给定显著水平 α，拒绝域为

$$\chi^2>\chi^2_{1-\alpha}((k-1)(s-1)) \tag{5.4.3}$$

2. 属性变量的关联性分析

对于不同的属性变量，从列联表中可以得到它们联合分布的信息。但有时还想知道形成列联表的行和列变量间是否有某种关联性，即一个变量取不同数值时，另一个变量的分布是否有显著的不同，这就是属性变量关联性分析的内容。

属性变量关联性检验的假设为：

H_0：变量之间无关联性↔H_1：变量之间有关联性

由于变量之间无关联性说明变量互相独立，所以原假设和备择假设可以写为：

H_0：变量之间独立↔H_1：变量之间不独立

例 5.4.2　一种原料来自三个不同的地区，原料质量被分成三个不同等级。从这批原料中随机抽取 500 件进行检验，得样本数据如表 5-14 所列，要求检验地区与原料质量之间有无相关关系。

表 5-14　原料抽样数据

地区 \ 级别	一级	二级	三级	合计
地区 1	52	64	24	140
地区 2	60	59	52	171
地区 3	50	65	74	189
合计	162	188	150	500

解：利用式（5.4.2）计算卡方统计量得到：$\chi^2=19.8225$，对于 $\alpha=0.05$，查表得到 $\chi^2_{1-\alpha}(4)=9.4877$，由于 $\chi^2=19.8225>\chi^2_{1-\alpha}(4)=9.4877$，根据式（5.4.3）可知拒绝原假设，即认为检验地区与原料质量之间有一定的关联性。为确定关联性的大小，可以计算 V 相关系

数$V=\sqrt{\frac{\chi^2}{n(L-1)}}$，其中$L$是列联表行数和列数中较小者。由于$V=\sqrt{\frac{19.8225}{500\times(3-1)}}=0.1408$，计算结果表明："地区"与"原料质量"之间低度相关。MATLAB程序如下：

```
clear
A=[52  64  24  140;60  59  52  171;50  65  74  189;162  188  150  500];
eij=[A(end,1:end-1)*A(1,end)/A(end,end);A(end,1:end-1)*A(2,end)/A(end,end);A(end,1:
end-1)*A(3,end)/A(end,end)];
rij=(A(1:end-1,1:end-1)-eij).^2./eij;
chi2=sum(sum(rij))    % 卡方统计量
V=sqrt(chi2/500/2)    % V相关系数
```

习 题 5

1. 设随机向量$\boldsymbol{X}=(X_1, X_2, X_3)^{\mathrm{T}}$的协方差与相关系数矩阵分别为

$$\boldsymbol{\Sigma}=\begin{pmatrix}1 & 4\\4 & 25\end{pmatrix},\quad \boldsymbol{R}=\begin{pmatrix}1 & 0.8\\0.8 & 1\end{pmatrix}$$

分别从$\boldsymbol{\Sigma}$、$\boldsymbol{R}$出发，求$\boldsymbol{X}$的各主成分以及各主成分的贡献率并比较差异情况。

2. 设$\boldsymbol{A}=(a_1\quad a_2\quad\cdots\quad a_6)=\begin{bmatrix}a_{11} & a_{12} & \cdots & a_{16}\\a_{21} & a_{22} & \cdots & a_{26}\\\vdots & \vdots & & \vdots\\a_{51} & a_{52} & \cdots & a_{56}\end{bmatrix}$，表示某球队参加5场比赛的技术统计，其中$a_1$表示一攻得分，$a_2$表示快攻得分，$a_3$表示拦网得分，$a_4$表示失误次数，$a_5$表示发球得分，$a_6$表示一传到位率。根据以上资料进行主成分分析时，请回答以下问题：

①原始数据是否需要进行处理？若需处理写出处理的方法（计算公式）；

②利用协方差矩阵和相关系数矩阵计算主成分得分时有何不同？

③进行主成分分析时，特征值的作用是什么？特征向量的意义是什么？

④选择主成分个数的依据是什么？

⑤如下两个主成分主要反映哪些指标的作用？给主成分起一个恰当的指标名称。

$$F_2=0.4773a_1+0.6364a_2-0.0796a_3-0.1591a_4+0.5569a_5+0.1591a_6$$

$$F_1=0.1504a_1+0.1504a_2+0.6015a_3+0.15701a_4-0.0752a_5+0.52641a_6$$

3. 根据安徽省各地市经济指标数据，解答以下问题：

表5-15 安徽省各市"三资"工业企业主要经济指标（2007年）

地区	工业总产值	资产合计	工业增加值	实收资本	长期负债	业务收入	业务成本	利润
合肥	491.70	380.31	158.39	121.54	22.74	439.65	344.44	17.43
淮北	21.12	30.55	6.40	12.40	3.31	21.17	17.71	2.03
亳州	1.71	2.35	0.57	0.68	0.13	1.48	1.36	−0.03
宿州	9.83	9.05	3.13	3.43	0.64	8.76	7.81	0.54
蚌埠	64.06	77.86	20.63	30.37	5.96	63.57	52.15	4.71
阜阳	30.38	46.90	9.19	9.83	17.87	28.24	21.90	3.80
淮南	31.20	70.07	8.93	18.88	33.05	31.17	26.50	2.84
滁州	79.18	62.09	20.78	24.47	3.51	71.29	59.07	6.78
六安	47.81	40.14	17.50	9.52	4.14	45.70	34.73	4.47
马鞍山	104.69	78.95	29.61	25.96	5.39	98.08	84.81	3.81

（续）

地区	工业总产值	资产合计	工业增加值	实收资本	长期负债	业务收入	业务成本	利润
巢湖	21.07	17.83	6.21	6.22	1.90	20.24	16.46	1.09
芜湖	214.19	146.78	65.16	41.62	4.39	194.98	171.98	11.05
宣城	31.16	27.56	8.80	9.44	1.47	28.83	25.22	1.05
铜陵	12.79	14.16	3.66	4.07	1.57	11.95	10.24	0.73
池州	6.45	5.37	2.39	2.20	0.40	5.97	4.79	0.52
安庆	39.43	44.60	15.17	15.72	3.27	36.03	27.87	3.48
黄山	5.02	3.62	1.63	1.42	0.53	4.45	4.04	0.02

资料来源：《安徽统计年鉴 2008》。

①利用主成分分析对 2007 年安徽省 17 个地市的经济发展进行分析，给出排名；②此时能否只用第一主成分进行排名？为什么？

4. 根据 1998 年部分地区洪灾损失数据，进行主成分分析哪些省受灾较轻、受灾最重的是哪三个省。其中 $x_1 \sim x_{12}$ 分别为：受灾、成灾、绝收面积、受灾/万人次、成灾/万人次、死亡/人、伤病/人、紧急转移/人、倒塌房屋/万间、损坏房屋/万间、死亡大牲畜/万头、直接经济损失/亿元。

表 5-16　1998 年部分地区洪灾损失指标数据

地区	x_1	x_2	x_3	x_4	x_5	x_6	x_7	x_8	x_9	x_{10}	x_{11}	x_{12}
蒙	130.4	107.7	64.8	448.0	375.0	147.0	105 476.0	97.7	37.0	59.0	36.0	164.0
吉	109.7	64.7	26.7	306.1	214.5	7.0	311 000.0	98.3	56.0	63.2	14.8	140.0
黑	242.9	160.6	93.7	581.0	521.0	2.0	316 844.0	156.4	82.0	75.0	16.1	218.0
皖	199.6	130.8	57.1	1 562.0	1 012.8	93.0	262 461.0	100.4	26.9	49.3	1.0	130.5
闽	69.7	23.7	4.4	597.5	455.8	146.0	8 402.0	195.3	68.9	167.8	100.0	87.9
赣	241.6	193.6	87.8	2 381.0	1 702.6	237.0	126 505.0	304.6	117.9	168.2	50.7	434.2
鄂	254.0	169.0	44.5	1 939.0	1 534.7	353.0	891 200.0	247.4	86.9	241.2	27.0	357.0
湘	213.0	141.3	39.9	2 178.0	1 652.4	854.0	224 400.0	350.8	93.9	224.5	83.9	422.8
贵	79.3	54.8	28.2	1 378.5	992.8	315.0	38 000.0	81.1	10.7	76.3	6.6	114.9
川	128.2	75.4	16.9	1 757.9	1 044.3	581.0	14 806.0	37.0	21.2	43.1	13.1	74.7
渝	65.3	49.4	6.7	904.0	668.2	304.0	21 715.0	39.1	17.1	27.1	4.5	55.5
滇	39.9	16.1	3.5	462.7	52.8	166.0	235.0	7.6	10.4	14.8	1.5	23.1
陕	40.8	26.2	4.8	650.0	475.0	215.0	3 069.0	12.7	9.9	24.6	1.8	43.0

资料来源：李琼、周建中，改进主成分分析法在洪灾损失评估中的应用，水电能源科学，2010，28（3）。

5. 已知二维随机向量 $\boldsymbol{X}^{(1)}$、$\boldsymbol{X}^{(2)}$ 的均值向量为（-3，2），（0，1），协方差矩阵为

$$\boldsymbol{\Sigma}=\begin{pmatrix}\boldsymbol{\Sigma}_{11} & \boldsymbol{\Sigma}_{12}\\ \boldsymbol{\Sigma}_{21} & \boldsymbol{\Sigma}_{22}\end{pmatrix}=\begin{pmatrix}8 & 2 & 3 & 1\\ 2 & 5 & -1 & 3\\ 3 & -1 & 6 & -2\\ 1 & 3 & -2 & 7\end{pmatrix}$$

①计算典型相关系数 ρ_1、ρ_2；② 确定典型相关变量（U_1，V_1），（U_2，V_2）。

6. 利用主成分分析研究我国各地区农村能源消费因素分析，其中 $x1$ 为农村地区 GDP，$x2$ 为农村人口总数，$x3$ 为农村居民人均纯收入，$x4$ 为乡村从业人员，$x5$ 为万元 GDP 能耗，$x6$ 为农村社会固定资产投资，$x7$ 为居民消费水平指数，$x8$ 为原材料、燃料、动力价格指数，$x9$ 为农村居民人均生活消费支出。

表 5-17 2012 年我国各省（区、市）农村能源消费各影响因素指标数据

省（区、市）	x_1	x_2	x_3	x_4	x_5	x_6	x_7	x_8	x_9
北京	81 658	279	14 735.7	338.26	0.46	59.09	96.8	100.6	11 077.7
天津	85 213	264	12 321.2	193.45	0.71	26.98	110.2	102.2	6 725.4
河北	33 969	3 939	7 119.7	3 003.83	1.3	609.07	120.5	104.9	4 711.2
山西	31 357	1 808	5 601.4	1 129.53	1.76	235.37	113.5	103.3	4 587
内蒙古	57 974	1 077	6 641.6	732.24	1.41	112.19	117.6	104.7	5 507.7
辽宁	50 760	1 576	8 296.5	1 223.08	1.1	294.83	107.4	104.4	5 406.4
吉林	38 460	1 281	7 510	748.5	0.92	215.06	120.9	103	5 305.8
黑龙江	32 819	1 668	7 590.7	989.17	1.04	317.46	115	102.3	5 333.6
上海	82 560	251	16 053.8	188.32	0.62	2.15	114.3	101.8	11 049.3
江苏	62 290	3 009	10 805	2 652.65	0.6	379.16	115.9	102.1	8 094.6
浙江	59 249	2 060	13 070.7	2 370.79	0.59	533.63	113.6	103.3	9 965.1
安徽	25 659	3 294	6 232.2	3 085.09	0.75	447.82	113.3	102.6	4 957.3
福建	47 377	1 559	8 778.6	1 417.67	0.64	233.8	106.2	103.9	6 540.9
江西	26 150	2 437	6 891.6	1 784.93	0.65	333.67	115.3	102.8	4 659.9
山东	47 335	4 727	8 342.1	4 083.54	0.86	842.29	122.5	103.2	5 900.6
河南	28 661	5 579	6 604	4 911.16	0.9	834.63	114.9	104.3	4 320
湖北	34 197	2 773	6 897.9	2 203.02	0.91	361.95	18.8	103.3	5 010.7
湖南	29 880	3 621	6 567.1	3 168.85	0.89	473.17	110.5	106.2	5 179.4
广东	50 807	3 519	9 371.7	3 499.88	0.56	470.04	114.1	103.7	6 725.6
广西	25 326	2 703	5 231.3	2 406.67	0.8	409.76	112.4	99.7	4 210.9
海南	28 898	434	6 446	292.14	0.69	58.09	124.3	103.5	4 166.1
重庆	34 500	1 313	6 480.4	1 369.98	0.95	106.42	119.4	103.6	4 502.1
四川	26 133	4 683	6 128.6	3 947.71	1	534.48	117.2	105.2	4 675.5
贵州	16 413	2 256	4 145.4	2 115.46	1.71	209.45	111.5	103.9	3 455.8
云南	19 265	2 927	4 722	2 190.92	1.16	258.25	121.6	104.1	3 999.9
西藏	20 077	234	4 904.3	126.08	1.1	250	108.1	106.2	2 741.6
陕西	33 464	1 972	5 027.9	1 468.57	0.85	322.1	113.7	104.7	4 491.7
甘肃	19 595	1 612	3 909.4	1 119.95	1.4	95.71	127.2	103.4	3 664.9
青海	29 522	306	4 608.5	203.01	2.08	69.66	120.1	105	4 536.8
宁夏	33 043	321	5 410	218.57	2.28	55.6	118.3	104.2	4 726.6
新疆	30 087	1 247	5 442.2	502.42	1.63	187.16	109.7	103.7	4 397.8

资料来源：2012 年中国能源统计年鉴和中国农村统计年鉴。

7. 根据各地区科技投入与产出数据，其中，科技投入评价指标为第一组指标（X），包括 R&D 经费占 GDP 比例得分（X_1）、科研经费和事业费占财政支出比例得分（X_2）、大型企业开发支出占销售收入比例得分（X_3）、每个科技人员平均经费得分（X_4）、企业资金与政府资金比例得分（X_5）。科技产出评价指标为第二组指标（Y），包括千名科技人员发表的论文数得分（Y_1）、科技效率系数（Y_2）、万人专利申请量得分（Y_3）、专利授权量占申请量比例得分（Y_4）、各省专利占全国份额得分（Y_5）、发明专利占授权专利比例得分（Y_6）。请进行主成分分析与典型相关分析研究。

表 5-18　科技投入与科技产出指标数据

省（区、市）	X_1	X_2	X_3	X_4	X_5	Y_1	Y_2	Y_3	Y_4	Y_5	Y_6
北京	100	43.33	66.11	87.52	3.34	100	99	100	63.8	46.34	92.31
天津	56.95	31.38	45.34	37.43	29.46	41.84	23.14	31.09	94.92	13.05	65.11
河北	15.59	28.33	38.53	26.72	52.45	9.04	10.94	9.05	43.96	21.7	31.53
山西	28.73	19.76	37.12	10.97	18.22	9.47	12.93	5.49	45.3	6.73	76.3
内蒙古	24.28	12.48	32.56	15.08	15.99	3.53	15.14	7.06	14.8	5.13	32.32
辽宁	43.71	41.32	53.28	30.45	43.52	20.97	10.75	23.69	57.56	36.54	54.56
吉林	46.61	100	33.66	22.8	21.68	50.74	25.49	11.66	18.66	9.41	53.12
黑龙江	24.29	31.57	26.45	19.96	20.14	19.3	14.78	13.01	49.05	17.9	24.61
上海	62.08	13.01	93.15	100	50.88	60.82	43.29	41.51	92.72	26.24	50.99
江苏	31.15	35.79	61.45	38.8	68.24	34.09	22.54	13.86	74.16	41.25	39.11
浙江	12.44	37.65	29.58	56.2	54.96	52	25.33	27.05	55.86	44.11	22.09
安徽	16.9	12.04	56.6	19.12	43.42	35.6	21.07	3.59	36.43	8.82	32.6
福建	0.07	37	67.48	39.48	38.58	29.7	19.13	17.28	58.29	21.5	16.97
江西	14.79	5.7	45.94	2.87	49.15	2.97	10.7	5.29	41.58	8.46	44.72
山东	17.06	31.26	57.4	27.53	100	10.06	0	13.77	33.43	40.49	36.09
河南	26.01	19.71	39.41	12.18	39.82	4.87	2.56	5.37	23.2	17.14	34.57
湖北	45.75	18.2	55.18	29.75	22.56	29.04	17.78	6.74	37.66	14.46	45.14
湖南	30.4	18.05	47.6	20.07	27.71	24.14	16.13	8.46	29.15	18.53	54.11
广东	27.51	36.47	48.02	66.96	74.67	20.91	13.32	35.21	75.31	99.99	7.47
广西	15.95	15.04	38.78	19.1	44.2	3.88	14.85	4.93	58.6	9.77	40.31
海南	18.13	5.46	0	18.31	5.09	1.56	18.81	9.27	29.84	2.27	6.54
四川	54.9	28.74	87.12	24.52	15.95	17.64	3.48	6.15	63.73	22.13	53.58
贵州	23.66	18.02	42.96	0	18.94	2.1	13.69	3.36	27.32	4.64	29.19
云南	36.9	21.78	18.2	28.96	12.29	13.64	16.44	4.42	99.99	9.95	31.59
陕西	72.25	23.23	99.96	24.97	5.85	31.1	19.18	9.11	62.06	13.13	45.06
甘肃	54.39	22.52	54.04	10.5	24.9	32.94	19.88	3.45	66.2	4.05	100.03
青海	90.86	8.33	51.63	4.35	28.53	0.65	17.22	4.25	27.87	0.72	97.58
宁夏	34.87	27.37	48.54	28.24	41	0	18.2	5.67	44.22	1.11	0
新疆	19.41	19.4	45.43	25.99	0	3.39	16.19	8.27	20.31	4.51	46.65

数据来源：李健宁，潘苏东，科技投入与科技产出的典型相关分析研究，山西大学，2003，132-137。

8. 中国粮食产量与相关因素数据见表 5-19，试利用典型相关分析方法分析影响中国粮食产量的相关因素。

表 5-19　1996～2013 年中国粮食产量和 5 个影响因素数据资料

年份	粮食产量（万吨）	播种面积（千公顷）	受灾面积（千公顷）	有效灌溉面积（千公顷）	农用化肥施用折纯量（万吨）	农村用电量（亿千瓦小时）
1996	50 453.50	112 547.92	46 991	50 381.60	3 827.90	1 812.72
1997	49 417.10	112 912.10	53 427	51 238.50	3 980.70	1 980.10
1998	51 229.53	113 787.40	50 145	52 295.60	4 083.69	2 042.15
1999	50 838.58	113 160.98	49 980	53 158.41	4 124.32	2 173.45
2000	46 217.52	108 462.54	54 688	53 820.33	4 146.41	2 421.30
2001	45 263.67	106 080.03	52 215	54 249.39	4 253.76	2 610.78

（续）

年份	粮食产量（万吨）	播种面积（千公顷）	受灾面积（千公顷）	有效灌溉面积（千公顷）	农用化肥施用折纯量（万吨）	农村用电量（亿千瓦小时）
2002	45 705.75	103 890.83	46 946	54 354.85	4 339.39	2 993.40
2003	43 069.53	99 410.37	54 506	54 014.23	4 411.56	3 432.92
2004	46 946.95	101 606.03	37 106	54 478.42	4 636.58	3 933.03
2005	48 402.19	104 278.38	38 818	55 029.34	4 766.22	4 375.70
2006	49 804.23	104 957.70	41 091	55 750.50	4 927.69	4 895.82
2007	50 160.28	105 638.36	48 992	56 518.34	5 107.83	5 509.93
2008	52 870.92	106 792.65	39 990	58 471.68	5 239.02	5 713.15
2009	53 082.08	108 985.75	47 214	59 261.45	5 404.35	6 104.44
2010	54 647.71	109 876.09	37 426	60 347.70	5 561.68	6 632.35
2011	57 120.85	110 573.02	32 471	61 681.56	5 704.24	7 139.62
2012	58 957.97	111 204.59	24 960	63 036.43	5 838.85	7 508.46
2013	60 193.84	111 955.56	31 350	63 350.60	5 911.86	8 549.52

数据来源：《中国统计年鉴2014》。

9. 对于三个地区的120名随机样本对四种牙膏品牌的使用情况见表5-20所示，分析不同品牌牙膏在不同地区是否有关联性。

表5-20 三个地区牙膏品牌使用状况

品牌＼地区	地区1	地区2	地区3	合计
A	5	5	30	40
B	5	25	5	35
C	15	5	5	25
D	15	5	0	20
合计	40	40	40	120

数据来源：余锦华、杨维权，多元统计分析与应用，中山大学出版社，2005。

实验4 主成分分析与典型相关分析

实验目的

1. 熟练掌握利用MATLAB进行主成分分析的计算步骤。
2. 掌握选择主成分个数的原则以及利用特征值建立权向量的方法。
3. 能根据主成分的数学公式，针对实际问题给出主成分的合理解释。
4. 掌握典型相关分析的方法。

实验数据与内容

1. 主成分分析实验

实验数据见表5-21。

表 5-21　各地区国有控股工业企业主要指标（2014 年）

省（区、市）	利润总额/亿元	总资产贡献率（%）	资产负债率（%）	流动资产周转次数/（次/年）	工业成本费用利润率（%）	人均主营业务收入（万元/人）
北京	937.27	6.92	50.83	1.41	8.72	223.22
天津	680.84	11.28	65.67	1.93	7.64	217.96
河北	216.38	6.77	65.67	2.25	1.92	121.76
山西	113.17	5.07	74.09	1.63	1.08	86.74
内蒙古	214.96	6.27	66.29	1.44	3.72	119.77
辽宁	175.5	7.78	66.8	1.8	1.41	123.99
吉林	701.43	18.15	61.32	2.33	8.21	156.04
黑龙江	632.48	17.76	56.7	1.91	11.35	88.26
上海	1 408.88	17.51	45.45	1.99	11.02	324.31
江苏	842.5	12.73	60.68	2.31	5.72	206.72
浙江	543.24	14.87	56.17	3.11	6.16	283.78
安徽	318.05	8.83	64.16	2.25	3.43	113.84
福建	222.98	11	62.37	2.56	5.03	193.55
江西	252.73	12.53	63.49	2.62	4.23	171.09
山东	1 209.38	12.29	63.9	2.4	5.68	142.81
河南	279.68	9.28	66.29	2.17	2.57	88.88
湖北	702.36	13.42	59.3	2.2	6.31	147.55
湖南	288.5	15.52	62.79	1.88	4.54	115.72
广东	1 081.26	15.61	58.78	2.55	6.46	221.26
广西	209.92	14.67	66.29	2.46	3.91	157.16
海南	70.23	14.24	48.77	2.34	23.79	134.54
重庆	338.01	11.55	66.96	1.92	7.01	121.12
四川	484.94	8.13	65.7	1.68	5.13	112.16
贵州	317.31	12.47	66.47	1.54	9.51	85.11
云南	312.03	14.5	62.28	2.07	5.88	140.67
西藏	−4.66	−0.26	35.16	0.52	−8.02	46.47
陕西	1 152.26	13.96	59.04	1.8	12.02	120.2
甘肃	172.66	9.77	65.64	2.55	2.45	162.16
青海	84.64	7.44	69.51	1.63	7.51	93.95
宁夏	56.76	7.85	67.03	2.24	3.84	120.75
新疆	492.32	13.49	59.07	2.65	9.74	142.76

数据来源：《2015 年中国统计年鉴》。

①根据指标的属性将原始数据统一趋势化。

②利用协方差、相关系数矩阵进行主成分分析，可否只用第一主成分排名？

③构造新的实对称矩阵，使得可以只用第一主成分排名。

④排名的结果是否合理？为什么？

2. 典型相关分析实验

为研究空气温度与土壤温度的关系，考虑如下 6 个变量：X_1（日最高土壤温度）、X_2（日最低土壤温度）、X_3（日土壤温度曲线积分值）、Y_1（日最高气温）、Y_2（日最低气温）、Y_3（日气温曲线积分值），共观测了 46 天，数据见表 5-22，令 $\boldsymbol{X}=(X_1, X_2, X_3)^{\mathrm{T}}$，$\boldsymbol{Y}=(Y_1, Y_2, Y_3)^{\mathrm{T}}$，对 $\boldsymbol{X}$、$\boldsymbol{Y}$ 做典型相关分析。

表 5-22 日土壤温度与日气温数据

序号	x_1	x_2	x_3	y_1	y_2	y_3
1	85	59	151	84	65	147
2	86	61	159	84	65	149
3	83	64	152	79	66	142
4	83	65	158	81	67	147
5	88	69	180	84	68	167
6	77	67	147	74	66	131
7	78	69	159	73	66	131
8	84	68	159	75	67	134
9	89	71	195	84	68	161
10	91	76	206	86	72	169
11	91	76	206	88	73	176
12	94	76	211	90	74	187
13	94	75	211	88	72	171
14	92	70	201	58	72	171
15	87	68	167	81	69	154
16	83	68	162	79	68	149
17	87	66	173	84	69	160
18	87	68	177	84	70	160
19	88	70	169	84	70	168
20	83	66	170	77	67	147
21	92	67	196	87	67	166
22	92	72	199	89	69	171
23	94	72	204	89	72	180
24	92	73	201	93	72	186
25	93	72	206	93	74	188
26	94	72	208	94	75	199
27	95	73	214	93	74	193
28	95	70	210	93	74	196
29	95	71	207	96	75	198
30	95	69	202	95	76	202
31	96	69	173	84	73	173
32	91	69	168	91	71	170
33	89	70	189	88	72	179
34	95	71	210	89	72	179
35	96	73	208	91	72	182
36	97	75	215	92	74	196
37	96	69	198	94	75	192
38	95	67	196	96	75	195
39	94	75	211	93	76	198
40	92	73	198	88	74	188
41	90	74	197	88	74	178
42	94	70	205	91	72	175
43	95	71	209	92	72	190
44	96	72	208	92	73	189
45	95	71	208	94	75	194
46	96	71	208	96	76	202

数据来源：梅长林、范金成，数据分析方法，2006。

第 6 章

聚 类 分 析

聚类分析是研究样品或指标分类问题的一种多元统计方法，是应用较为广泛的统计分析技术。通过聚类分析，可以将性质相近的个体归为一类，性质差异较大的个体属于不同的类，使得类内个体具有较高的同质性，类间个体具有较高的异质性。本章介绍谱系聚类、K 均值聚类、模糊 C 均值聚类和模糊减法聚类方法以及它们的 MATLAB 实现。

6.1 距离聚类

6.1.1 聚类的思想

在社会经济领域中存在着大量分类问题，比如对我国多个省、市、自治区规模以上工业企业经济效益进行分析，一般不是逐个省市自治区去分析，较好的做法是选取能反映企业经济效益的代表性指标，如百元固定资产实现利税、资金利税率、产值利税率、百元销售收入实现利润、全员劳动生产率等，根据这些指标对各个省、市、自治区进行分类，然后根据分类结果对企业经济效益进行综合评价，就易于得出科学的分析结论。又比如，对某些大城市的物价指数进行考察，而物价指数很多，有农业生产资料价格指数、服务项目价格指数、食品消费价格指数、建筑材料及五金电料零售价格指数等。由于要考察的物价指数很多，通常先对这些物价指数进行分类。总之，需要分类的问题很多，因此聚类分析这个有用的数学工具越来越受到人们的重视，它在许多领域中都得到了广泛的应用。

聚类问题的一般提法是：设有 n 个样品的 p 维的观测数据组成一个观测矩阵 $\boldsymbol{X}$，即

$$\boldsymbol{X}=\begin{pmatrix} x_{11} & x_{12} & \cdots & x_{1p} \\ x_{21} & x_{22} & \cdots & x_{2p} \\ \vdots & \vdots & & \vdots \\ x_{n1} & x_{n2} & \cdots & x_{np} \end{pmatrix} \tag{6.1.1}$$

其中每一行表示一个样品，每一列表示一个指标变量，x_{ij} 表示第 i 个样品的第 j 项指标的观测值，要根据观测值对样品或指标进行分类。分类的思想是：在样品之间定义距离，在指标之间定义相似系数。样品距离表明样品之间的相似度，指标之间的相似系数刻画指标之间的相似度。将样品（或变量）按相似度大小逐一归类，关系密切的聚集到较小的一类，关系疏远的聚集到较大的一类，直到所有的样品（或变量）都聚集完毕。上述思想正是聚类分析的基本思想。

值得注意的是，第 4 章介绍的判别分析和聚类分析是两种不同目的的分类方法，它们所起的作用是不同的。判别分析方法假定组（或类）已事先分好，判别新样品应归属哪一组，对组的事先划分有时也可以通过聚类分析得到。聚类分析方法是按样品（或变量）的数据特

征，倾向于把相似的样品（或变量）分在同一类中，把不相似的样品（或变量）分在不同类中。

6.1.2 样品间的距离

1. 距离的定义

设有 n 个样品的 p 维观测数据为

$$\boldsymbol{x}_i = (x_{i1}, x_{i2}, \cdots, x_{ip})^{\mathrm{T}} \quad (i = 1, 2, \cdots, n) \tag{6.1.2}$$

显然，$\boldsymbol{x}_i$ 是式（6.1.1）矩阵 $\boldsymbol{X}$ 的第 i 行。这时，每个样品可看成 p 维空间的一个点，也即一个 p 维向量，任意两个向量 $\boldsymbol{x}_i$ 和 $\boldsymbol{x}_j$ 之间的距离记为 $d(\boldsymbol{x}_i,\ \boldsymbol{x}_j)$ 或 d_{ij}，满足以下的条件：

①非负性：任意两个向量间的距离非负，即 $d(\boldsymbol{x}_i,\ \boldsymbol{x}_j) \geqslant 0$，且 $d(\boldsymbol{x}_i,\ \boldsymbol{x}_j)=0$ 当且仅当 $\boldsymbol{x}_i=\boldsymbol{x}_j$

②对称性：$d(\boldsymbol{x}_i, \boldsymbol{x}_j) = d(\boldsymbol{x}_j, \boldsymbol{x}_i)$

③三角不等式：$d(\boldsymbol{x}_i, \boldsymbol{x}_j) = d(\boldsymbol{x}_i, \boldsymbol{x}_k) + d(\boldsymbol{x}_k, \boldsymbol{x}_j)$

下面给出聚类分析中几种常用的距离定义。

1）欧氏距离

$$d(\boldsymbol{x}_i, \boldsymbol{x}_j) = \left[\sum_{k=1}^{p} (x_{ik} - x_{jk})^2\right]^{\frac{1}{2}} \tag{6.1.3}$$

当 $p=2$ 或 3 时，欧氏距离就是二维或三维空间中的两点之间的距离。

2）绝对距离

$$d(\boldsymbol{x}_i, \boldsymbol{x}_j) = \sum_{k=1}^{p} | x_{ik} - x_{jk} | \tag{6.1.4}$$

3）明可夫斯基（Minkowski）距离

$$d(\boldsymbol{x}_i, \boldsymbol{x}_j) = \left[\sum_{k=1}^{p} | x_{ik} - x_{jk} |^m\right]^{1/m}, \text{其中 } m(m>0) \text{ 为常数} \tag{6.1.5}$$

4）切比雪夫（Chebyshev）距离

$$d(\boldsymbol{x}_i, \boldsymbol{x}_j) = \max_{1 \leqslant k \leqslant p} | x_{ik} - x_{jk} | \tag{6.1.6}$$

5）方差加权距离

$$d(\boldsymbol{x}_i, \boldsymbol{x}_j) = \left[\sum_{k=1}^{p} (x_{ik} - x_{jk})^2 / s_k^2\right]^{1/2} \tag{6.1.7}$$

其中 $s_k^2 = \dfrac{1}{n-1}\sum_{j=1}^{n} (x_{jk} - \bar{x}_k)^2$，$\bar{x}_k = \dfrac{1}{n}\sum_{j=1}^{n} x_{jk}$。

6）马氏（Mahalanobis）距离

$$d(\boldsymbol{x}_i, \boldsymbol{x}_j) = (\boldsymbol{x}_i - \boldsymbol{x}_j)^{\mathrm{T}} \boldsymbol{\Sigma}^{-1} (\boldsymbol{x}_i - \boldsymbol{x}_j) \tag{6.1.8}$$

其中 $\boldsymbol{\Sigma}$ 为样品 $\boldsymbol{x}_1$，$\boldsymbol{x}_2$，…，$\boldsymbol{x}_n$ 算得的协方差矩阵

$$\boldsymbol{\Sigma} = \frac{1}{n-1}\sum_{i=1}^{n} (\boldsymbol{x}_i - \bar{\boldsymbol{x}})(\boldsymbol{x}_i - \bar{\boldsymbol{x}})^{\mathrm{T}}, \quad \bar{\boldsymbol{x}} = \frac{1}{n}\sum_{i=1}^{n} \boldsymbol{x}_i$$

由式（6.1.3）～（6.1.6）定义的距离，当各个分量为不同性质的量时，“距离”的大小与指标的单位有关，选取不同的指标单位距离大小可能不同，这对聚类的结果也会产生影响。而由式（6.1.7）～（6.1.8）定义的距离不受量纲的影响，与原始数据的测量单位无关。

根据以上六种距离的定义，不论哪一种，如果记 $d_{ij}=d(\boldsymbol{x}_i,\ \boldsymbol{x}_j)$，$\boldsymbol{D}=(d_{ij})_{n\times n}$，则矩阵

$$D=(d_{ij})_{n\times n}=\begin{pmatrix}0 & d_{12} & \cdots & d_{1n}\\ d_{21} & 0 & \cdots & d_{2n}\\ \vdots & \vdots & & \vdots\\ d_{n1} & d_{n2} & \cdots & 0\end{pmatrix} \tag{6.1.9}$$

称为样品间的距离矩阵。显然，$\boldsymbol{D}$ 为对称矩阵，且主对角线上元素全为 0。

2. 计算距离的 MATLAB 命令

在 MATLAB 中，计算距离的命令是 pdist，调用格式为：

```
d=pdist(X,distance)
```

输入参数 X 是式（6.1.1）表示的观测矩阵，即 X 的每行为样品的 p 维观测数据，每列为指标（变量）观测数据，可选项 distance 是距离的类型。若省略 distance，则默认距离类型欧氏距离。输出 d 是一个行向量，向量的长度为 $(n-1)n/2$，其中 n 是样本的容量，d 的元素分别为个体 $(1,2),(1,3),\cdots,(1,n),(2,3),\cdots,(2,n),\cdots,(n-1,n)$ 之间的距离。

可选项 distance 有：'euclidean'（欧氏距离）、'cityblock'（绝对距离）、'minkowski'（明氏距离）（$m=2$）、'chebychev'（切氏距离）、'seuclidean'（方差加权距离）、'mahalanobis'（马氏距离）。

为了得到式（6.1.9）的距离矩阵 $\boldsymbol{D}$，可调用 MATLAB 命令

```
D=squareform(d)
```

在 MATLAB 中，还有一个计算双组样品两两样品之间的距离命令 pdist2，调用格式为：

```
D = pdist2(X,Y)
D = pdist2(X,Y,distance)
D = pdist2(X,Y,'minkowski',m)     % 其中 m 为大于 0 的常数
```

当输入参数 Y=X 时，即 D = pdist2(X，X)，此时输出式（6.1.9）距离矩阵 $\boldsymbol{D}$。

例 6.1.1 2008 年我国 5 省（区、市）城镇居民人均年家庭收入见表 6-1，为了研究表中 5 个省（区、市）的城镇居民收入差异，需要利用统计资料对其进行分类，指标变量有 4 个，试求各省（区、市）之间的距离矩阵（分别按 6 种距离的定义计算）。

表 6-1 5 省（区、市）城镇居民人均家庭收入

省（区、市）	工薪收入（元/人）	经营净收入（元/人）	财产性收入（元/人）	转移性收入（元/人）
北京	18 738.96	778.36	452.75	7 707.87
上海	21 791.11	1 399.14	369.12	6 199.77
安徽	9 302.38	959.43	293.92	3 603.72
陕西	8 354.63	638.76	65.33	2 610.61
新疆	9 422.22	938.15	141.75	1 976.49

解： 编写程序如下。

```
clear
X=[18738.96    778.36    452.75    7707.87
   21791.11    1399.14   369.12    6199.77
   9302.38     959.43    293.92    3603.72
   8354.63     638.76    65.33     2610.61
   9422.22     938.15    141.75    1976.49];
d1=pdist(X);              % 计算出 X 各行之间的欧氏距离
```

为了得到距离矩阵，键入命令：

```
D1= squareform(d1);         % 将行向量 d1 转变成一个方阵
```

输出结果为：

```
D1= 1.0e+004 *
      0          0.3462     1.0293     1.1575     1.0944
      0.3462     0          1.2763     1.3932     1.3080
      1.0293     1.2763     0          0.1428     0.1639
      1.1575     1.3932     0.1428     0          0.1280
      1.0944     1.3080     0.1639     0.1280     0
```

矩阵 $\boldsymbol{D}$ 中第 i 行 j 列的元素表示 $\boldsymbol{X}$ 中的第 i 个样品与第 j 个样品之间的欧氏距离。如矩阵 $\boldsymbol{D}$ 中的第 3 行第 2 列为 12 763，表示上海与陕西的欧氏距离为 12 763，其余类推。

若想得到距离矩阵的下三角部分矩阵，可调用命令：

```
D0=tril(squareform(d1))              % 提取方阵 squareform(d1)的下三角部分
```

输出结果为：

```
D0 = 1.0e+04 *
      0          0          0          0          0
      0.3462     0          0          0          0
      1.0293     1.2763     0          0          0
      1.1575     1.3932     0.1428     0          0
      1.0944     1.3080     0.1639     0.1280     0
d2=pdist(X,'cityblock');                % 计算绝对距离
D2=squareform(d2)                       % 将行向量 d2 转换成方阵形式
```

输出结果为：

```
D2 = 1.0e+004 *
           0     0.5265     1.3881     1.6009     1.5519
      0.5265     0          1.5600     1.8090     1.7281
      1.3881     1.5600     0          0.2490     0.1921
      1.6009     1.8090     0.2490     0          0.2078
      1.5519     1.7281     0.1921     0.2078     0
d3=pdist(X,'minkowski',3);      D3=squareform(d3)      % 计算明氏距离,取 m= 3
d4=pdist(X,'chebychev');        D4=squareform(d4)      % 计算切氏距离
d5=pdist(X,'seuclidean');       D5=squareform(d5)      % 计算方差加权距离
d6=pdist(X,'mahalanobis');      D6=squareform(d6)      % 计算马氏距离
```

在计算距离时，若距离与量纲有关，则可先对数据进行预处理以消除量纲的影响。如按式（2.1.23）、（2.1.24）将样品观测矩阵 $\boldsymbol{X}$ 标准化，调用 MATLAB 中的命令

```
Z = zscore(X)
```

输出 Z 为 X 的标准化矩阵，再计算 Z 矩阵的距离矩阵。

有了距离矩阵 $\boldsymbol{D}$ 就可以实现样品的聚类了，样品聚类通常称为 Q 型聚类。

6.1.3 变量间的相似系数

聚类分析不仅可以对样品进行分类，而且可以对指标变量进行分类，在对变量进行分类时，常常采用相似系数来度量指标变量之间的相似性。

对 p 个指标变量进行聚类时，用相似系数来衡量指标变量之间的相似度（关联度），若用 $c_{\alpha\beta}$ 来衡量指标变量 $\boldsymbol{\alpha}$、$\boldsymbol{\beta}$ 间的相似系数，则应满足：

① $|c_{\boldsymbol{\alpha\beta}}| \leqslant 1$ 且 $c_{\boldsymbol{\alpha\alpha}} = 1$

② $c_{\boldsymbol{\alpha\beta}} = \pm 1$ 当且仅当 $\boldsymbol{\alpha} = a\boldsymbol{\beta}$（$a \neq 0$ 常数）

③ $c_{\boldsymbol{\alpha\beta}} = c_{\boldsymbol{\beta\alpha}}$

相似系数中最常用的是相关系数与夹角余弦。

在式（6.1.1）中，设第 k 个指标变量 $\boldsymbol{\alpha}$（即矩阵的第 k 列）与第 l 个指标变量 $\boldsymbol{\beta}$（即矩阵的第 l 列）的观测值分别为：

$$\boldsymbol{\alpha} = (x_{1k}, x_{2k}, \cdots, x_{nk})^{\mathrm{T}}, \quad \boldsymbol{\beta} = (x_{1l}, x_{2l}, \cdots, x_{nl})^{\mathrm{T}} \quad (1 \leqslant k \leqslant p, 1 \leqslant l \leqslant p)$$

则 $\boldsymbol{\alpha}$ 与 $\boldsymbol{\beta}$ 的相关系数定义为

$$r_{kl} = \frac{\sum_{i=1}^{n}(x_{ik} - \bar{x}_{\boldsymbol{\alpha}})(x_{il} - \bar{x}_{\boldsymbol{\beta}})}{\sqrt{\sum_{i=1}^{n}(x_{ik} - \bar{x}_{\boldsymbol{\alpha}})^2 \sum_{i=1}^{n}(x_{il} - \bar{x}_{\boldsymbol{\beta}})^2}} \tag{6.1.10}$$

其中 $\bar{x}_{\boldsymbol{\alpha}} = \frac{1}{n}\sum_{i=1}^{n} x_{ik}, \bar{x}_{\boldsymbol{\beta}} = \frac{1}{n}\sum_{i=1}^{n} x_{il}$

$\boldsymbol{\alpha}$ 与 $\boldsymbol{\beta}$ 的夹角余弦定义为

$$c_{\boldsymbol{\alpha\beta}} = \frac{\sum_{i=1}^{n} x_{ik}x_{il}}{\sqrt{\sum_{i=1}^{n} x_{ik}^2 \sum_{i=1}^{n} x_{il}^2}} = \frac{[\boldsymbol{\alpha}, \boldsymbol{\beta}]}{\|\boldsymbol{\alpha}\| \cdot \|\boldsymbol{\beta}\|} \tag{6.1.11}$$

p 个指标变量间的相似系数矩阵为 p 阶矩阵，记为 $\boldsymbol{C}$，即

$$\boldsymbol{C} = \begin{pmatrix} 1 & c_{12} & \cdots & c_{1p} \\ c_{21} & 1 & \cdots & c_{2p} \\ \vdots & \vdots & & \\ c_{p1} & c_{p2} & \cdots & 1 \end{pmatrix} \tag{6.1.12}$$

显然，相似系数矩阵可以是相关系数矩阵，也可以是夹角余弦矩阵。对变量聚类通常称为 R 型聚类。R 型聚类分析的起点是相似系数矩阵 $\boldsymbol{C}$。

在 MATLAB 中，计算相关系数矩阵命令为 corrcoef，调用格式为：

```
R=corrcoef (x);
```

计算夹角余弦矩阵命令

```
C=1-pdist(x', 'cosine')
```

或写程序为

```
x1=normc(x);                % 将 x 的各列化为单位向量
C=x1'* x1                   % 计算夹角余弦
```

例 6.1.2 计算例 6.1.1 中各指标变量间的相关系数与夹角余弦矩阵。

解： 编写程序如下。

```
X=[…];                      % 与例 6.1.1 数据相同
R=corrcoef (X);             % 指标之间的相关系数
```

输出结果：

```
R =
    1.0000    0.6183    0.8138    0.8931
    0.6183    1.0000    0.4287    0.2927
    0.8138    0.4287    1.0000    0.9235
    0.8931    0.2927    0.9235    1.0000
x1=normc(X);              % 将 X 的各列化为单位向量
C=x1'* x1                 % 计算夹角余弦
```

输出结果：

```
C =
    1.0000    0.9536    0.9609    0.9797
    0.9536    1.0000    0.9026    0.8990
    0.9609    0.9026    1.0000    0.9833
    0.9797    0.8990    0.9833    1.0000
```

依据相关系数矩阵 $\boldsymbol{R}$ 或夹角余弦矩阵 $\boldsymbol{C}$ 可以实现指标变量聚类分析。

6.1.4　类间距离与递推公式

如样本之间的距离可以有不同的定义方法一样，类与类之间的距离也有各种定义。类与类之间用不同的方法定义距离，就产生了不同的系统聚类方法。常用有六种系统聚类方法，即最短距离法、最长距离法、重心距离法、类平均法、离差平方和法。

1. 类间距离定义

以下用 d_{ij} 表示两个样品 $\boldsymbol{x}_i$、$\boldsymbol{x}_j$ 之间的距离，用 D_{pq} 表示两个类 G_p 与 G_q 之间的距离，n_p、n_q 表示两个类中含的样品个数。

1）最短距离

$$D_{pq} = \min_{x_i \in G_p, x_j \in G_q} d_{ij} \tag{6.1.13}$$

即两类间距离定义为两类最近样本的距离。

2）最长距离

$$D_{pq} = \max_{x_i \in G_p, x_j \in G_q} d_{ij} \tag{6.1.14}$$

即两类间距离定义为两类最远样本的距离。

3）类平均距离

$$D_{pq}^2 = \frac{1}{n_p n_q} \sum_{x_i \in G_p} \sum_{x_j \in G_j} d_{ij}^2 \tag{6.1.15}$$

即两类之间的距离平方为这两类元素两两之间距离平方的平均。

4）重心距离

$$D_{pq} = d(\bar{\boldsymbol{x}}_p, \bar{\boldsymbol{x}}_q) = \sqrt{(\bar{\boldsymbol{x}}_p - \bar{\boldsymbol{x}}_q)^{\mathrm{T}}(\bar{\boldsymbol{x}}_p - \bar{\boldsymbol{x}}_q)} \tag{6.1.16}$$

其中 $\bar{\boldsymbol{x}}_p$、$\bar{\boldsymbol{x}}_q$ 分别是 G_p、G_q 的重心，这是用两类重心之间的欧氏距离作为类间距离。

5）离差平方和距离（ward）

$$D_{pq}^2 = \frac{n_p n_q}{n_p + n_q} (\bar{\boldsymbol{x}}_p - \bar{\boldsymbol{x}}_q)^{\mathrm{T}}(\bar{\boldsymbol{x}}_p - \bar{\boldsymbol{x}}_q) \tag{6.1.17}$$

显然，离差平方和距离与重心距离的平方成正比。

2. 类间距离递推公式

设聚类的某一步将两类 G_p、G_q 合并成新的一类 G_r，则 G_r 包含了 $n_r = n_p + n_q$ 个样品，且任一

类 G_k 与 G_r 的距离有如下式（6.1.18）～（6.1.20）的递推公式：

1）最短距离

$$D_{kr} = \min_{x_i \in G_k, x_j \in G_r} d_{ij} = \min\{D_{kp}, D_{kq}\} \tag{6.1.18}$$

2）最长距离

$$D_{kr} = \max_{x_i \in G_k, x_j \in G_r} d_{ij} = \max\{D_{kp}, D_{kq}\} \tag{6.1.19}$$

3）类平均距离

$$D_{rk} = \frac{n_p}{n_r} D_{pk} + \frac{n_q}{n_r} D_{qk} \tag{6.1.20}$$

显然，G_k 与 G_r 之间类平均距离是 G_k 与 G_p 类平均距离与 G_k 与 G_q 类平均距离的加权平均。

4）重心距离

$$D_{kr}^2 = \frac{n_p}{n_r} D_{pk}^2 + \frac{n_q}{n_r} D_{qk}^2 - \frac{n_p}{n_r}\frac{n_q}{n_r} D_{pq}^2 \tag{6.1.21}$$

5）离差平方和距离

$$D_{kr}^2 = \frac{n_p + n_k}{n_r + n_k} D_{pk}^2 + \frac{n_q + n_k}{n_r + n_k} D_{qk}^2 - \frac{n_k}{n_r + n_k} D_{pq}^2 \tag{6.1.22}$$

当采用欧氏距离时，1967 年由兰斯（Lance）和威廉姆斯（Williams）将上述递推公式统一起来，得到

$$D_{kr}^2 = \alpha_p D_{kp}^2 + \alpha_q D_{kq}^2 + \beta D_{pq}^2 + \gamma |D_{kp}^2 - D_{kq}^2| \tag{6.1.23}$$

其中参数 α_p、α_q、β、γ 对不同的方法有不同的取值。表 6-2 列出上述八种方法中参数的取值。

表 6-2 五种不同计算类间距离的统一表达式的参数取值

方法	α_p	α_q	β	γ
最近距离法	1/2	1/2	0	−1/2
最远距离法	1/2	1/2	0	1/2
重心法	n_p/n_r	n_q/n_r	$-n_p n_q/n_r^2$	0
类平均法	n_p/n_r	n_q/n_r	0	0
最小方差法	$(n_k+n_p)/(n_k+n_r)$	$(n_k+n_q)/(n_k+n_r)$	$-n_k/(n_k+n_r)$	0

6.2 谱系聚类

6.2.1 谱系聚类的思想

谱系聚类法是目前应用比较广泛的一种聚类方法。谱系聚类是根据生物分类学的思想对研究对象进行分类的方法。在生物分类学中，分类的单位是：界、门、纲、目、科、属、种，其中种是分类的基本单位，分类单位越小，它所包含的生物就越少，生物之间的共同特征就越多。利用这种思想，谱系聚类首先将每个样品看成一类，然后把最相似（距离最近或相似系数最大）的样品聚集为小类，再把已聚合的小类按各类之间的相似性（用类间距离度量）进行再聚合，随着相似性的减弱，最后将一切子类都聚为一大类，从而得到一个按相似性大小聚结起来的谱系图。

6.2.2 谱系聚类的步骤

谱系聚类的步骤如下：

①n个样品各自为一类，即有n个类，计算不同个体之间的距离：

$$\boldsymbol{D}_0=\begin{pmatrix}0 & d_{12} & \cdots & d_{1n}\\ d_{21} & 0 & \cdots & d_{2n}\\ \vdots & \vdots & & \vdots\\ d_{n1} & d_{n2} & \cdots & 0\end{pmatrix}$$

②在$\boldsymbol{D}_0$的非主对角线上找最小值，记为D_{pq}，将G_p、G_q合并成一个新类$G_r=(G_p，G_q)$，在$\boldsymbol{D}_0$中去掉G_p、G_q所在的两行、两列，再加上新类G_r与其余各类之间的距离，得到一个新的矩阵$\boldsymbol{D}_1$。

③再从$\boldsymbol{D}_1$出发重复步骤2，得到矩阵$\boldsymbol{D}_2$，依次重复此步骤，直到所有个体聚为一个大类为止。

④在合并时标明合并个体的编号以及合并时的水平，同时绘制聚类谱系图。

例 6.2.1 从例计 6.1.1 计算得到的样品间的欧氏距离矩阵出发，分别用最短距离与最长距离方法进行谱系聚类。

解：我们用1、2、3、4、5分别表示北京、上海、安徽、陕西和新疆，将欧氏距离矩阵除以10^4，记为$\boldsymbol{D}_0$。

$$\boldsymbol{D}_0=\begin{matrix} & \{1\} & \{2\} & \{3\} & \{4\} & \{5\}\\ \{1\} & 0 & & & & \\ \{2\} & 0.3462 & 0 & & & \\ \{3\} & 1.0293 & 1.2763 & 0 & & \\ \{4\} & 1.1575 & 1.3932 & 0.1428 & 0 & \\ \{5\} & 1.0944 & 1.3080 & 0.1639 & 0.1280 & 0\end{matrix}$$

1）最短距离法。将各个样品看成一类，即$G_i=\{i\}$，$i=1，2，3，4，5$，从$\boldsymbol{D}_0$可以看出各类中距离最短的是$d_{54}=0.1280$，因此将G_4、G_5在0.1280水平上合成一个新类$G_6=\{4，5\}$，计算G_6与G_1、G_2、G_3之间的最短距离，得

$$D_{61}=\min\{d_{41},d_{51}\}=1.0944$$
$$D_{62}=\min\{d_{42},d_{52}\}=1.3080$$
$$D_{63}=\min\{d_{43},d_{53}\}=0.1428$$

将计算结果作为第一列，从$\boldsymbol{D}_0$中去掉第4、5行与第4、5列，剩余元素作为其余各列得到$\boldsymbol{D}_1$。

$$\boldsymbol{D}_1=\begin{matrix} & \{4,5\} & \{1\} & \{2\} & \{3\}\\ \{4,5\} & 0 & & & \\ \{1\} & 1.0944 & 0 & & \\ \{2\} & 1.3080 & 0.3462 & 0 & \\ \{3\} & 0.1428 & 1.0293 & 1.2763 & 0\end{matrix}$$

从$\boldsymbol{D}_1$可以看到G_6与G_3的距离最小，因此在0.1428的水平上将G_6与G_3合成一类G_7，即$G_7=\{3，4，5\}$，计算G_7与G_1、G_2之间的最短距离，得

$$D_{71}=\min\{D_{61},d_{31}\}=1.0293$$
$$D_{72}=\min\{D_{62},d_{32}\}=1.2763$$

将计算结果作为第一列，从 $\boldsymbol{D}_1$ 中划掉｛4，5｝与｛3｝所在的行与列，剩余元素作为其他列得

$$\boldsymbol{D}_2=\begin{array}{c} \\ \{3,4,5\} \\ \{1\} \\ \{2\} \end{array}\begin{array}{c} \begin{array}{ccc}\{3,4,5\} & \{1\} & \{2\}\end{array} \\ \begin{pmatrix} 0 & & \\ 1.0293 & 0 & \\ 1.2763 & 0.3462 & 0 \end{pmatrix}\end{array}$$

从 $\boldsymbol{D}_2$ 可以看出 G_1、G_2 最接近，在0.3462的水平上合并成一类 G_8，至此只剩下两类 G_7、G_8，它们之间的距离为1.0293，故在此水平上将 G_7、G_8 合成一类，包含了全部的五个样品。

2）最长距离法。

$$\boldsymbol{D}_0=\begin{array}{c} \\ \{1\} \\ \{2\} \\ \{3\} \\ \{4\} \\ \{5\} \end{array}\begin{array}{c} \begin{array}{ccccc}\{1\} & \{2\} & \{3\} & \{4\} & \{5\}\end{array} \\ \begin{pmatrix} 0 & & & & \\ 0.3462 & 0 & & & \\ 1.0293 & 1.2763 & 0 & & \\ 1.1575 & 1.3932 & 0.1428 & 0 & \\ 1.0944 & 1.3080 & 0.1639 & 0.1280 & 0 \end{pmatrix}\end{array}$$

非对角线上最小元素为0.1280，在此水平上 $G_6=\{4,5\}$，计算 G_6 与 G_1、G_2、G_3 之间的最长距离，得

$$D_{61}=\max\{d_{41},d_{51}\}=1.1575$$
$$D_{62}=\max\{d_{42},d_{52}\}=1.3932$$
$$D_{63}=\max\{d_{43},d_{53}\}=0.1639$$

将计算结果作为第一列，从 $\boldsymbol{D}_0$ 中去掉第4、5行与第4、5列，剩余元素作为其余各列得到 $\boldsymbol{D}_1$。

$$\boldsymbol{D}_1=\begin{array}{c} \\ \{4,5\} \\ \{1\} \\ \{2\} \\ \{3\} \end{array}\begin{array}{c} \begin{array}{cccc}\{4,5\} & \{1\} & \{2\} & \{3\}\end{array} \\ \begin{pmatrix} 0 & & & \\ 1.1575 & 0 & & \\ 1.3932 & 0.3462 & 0 & \\ 0.1639 & 1.0293 & 1.2763 & 0 \end{pmatrix}\end{array}$$

从 $\boldsymbol{D}_1$ 可以看出 G_6 与 G_3 的距离最小，因此在0.1639的水平上将 G_6 与 G_3 合成一类 G_7，即 $G_7=\{3,4,5\}$，计算 G_7 与 G_1、G_2 之间的最长距离，得

$$D_{71}=\max\{D_{61},d_{31}\}=1.1575$$
$$D_{72}=\max\{D_{62},d_{32}\}=1.3932$$

将计算结果作为第一列，从 $\boldsymbol{D}_1$ 中划掉｛3，4｝与｛5｝所在的行与列，剩余元素作为其他列得

$$\boldsymbol{D}_2=\begin{array}{c} \\ \{3,4,5\} \\ \{1\} \\ \{2\} \end{array}\begin{array}{c} \begin{array}{ccc}\{3,4,5\} & \{1\} & \{2\}\end{array} \\ \begin{pmatrix} 0 & & \\ 1.1575 & 0 & \\ 1.3932 & 0.3462 & 0 \end{pmatrix}\end{array}$$

从 $\boldsymbol{D}_2$ 可以看出 G_1、G_2 最接近，在0.3462的水平上合并成一类 G_8，至此只剩下两类 G_7、G_8，

它们之间的最长距离为 1.393 2，故在此水平上将 G_7、G_8 合成一类，包含了全部的五个样品。

6.2.3　谱系聚类的 MATLAB 实现

MATLAB 中有多个函数命令实现聚类分析的计算功能，经常综合使用的函数命令如下。

1）创建谱系聚类树命令 linkage，其调用格式为：

```
Z = linkage (Y,method)
```

输入 Y 是式（6.1.9）表示的距离矩阵，可选项 Method 为聚类方法。若省略 Method，则默认为最短距离法。输出 Z 是一个矩阵（$N-1$ 行，3 列）（称为聚类树），Z 的第一列和第二列均为正整数，第 3 列表示聚类的水平，每一行表示在相同的聚类水平上将个体合并成新的一类，每生成一个新的类，其编号将在现有基础上增加 1。

可选项 Method 有：'single'（最短距离法）（可默认）、'complete'（最长距离法）、'average'（类平均距离法）、'weighted'（加权平均距离法）、'centroid'（重心距离法）、'ward'（离差平方和距离法）。

2）绘制聚类的谱系图命令 dendrogram，其调用格式为：

```
H=dendrogram(Z,N)
```

输入 Z 是由 linkage（）生成的聚类树，N 是样本容量。输出 H 是聚类的谱系图，每两类通过线段连接，高度表示类间距离。此命令作出 N 个样本的图形，缺省时默认为 30。

3）输出聚类结果命令 cluster，其调用格式为：

```
T=cluster(Z,k)
```

输入 Z 是由 linkage 命令生成的（$N-1$）行 3 列的矩阵，N 是样本容量，k 是分类数目。输出 T 是一个列向量（N 行 1 列），每一个元素均为正整数，且最大的数不超过 k，第 i 行的数字 1 表示第 i 个个体属于第 1 类。

如果遇到大样本数据，为了便于得到每一类样本的编号，可以利用如下命令：

```
find(T==1)                    % 找出属于第 1 类的样品编号
```

例 6.2.2　利用 MATLAB 对例 6.1.1 中的 5 个省（市、区）进行聚类分析。

解： 程序如下。

```
% 输入样本数据
clear
x=[18738.96   778.36  452.75   7707.87;
   21791.11  1399.14  369.12   6199.77;
    9302.38   959.43  293.92   3603.72;
    8354.63   638.76   65.33   2610.61;
    9422.22   938.15  141.75   1976.49];
d=pdist(x);                   % 欧氏距离
z1=linkage(d)                 % 类间距离为最短距离
H=dendrogram(z1)              % 绘制聚类谱系图
xlabel('样品'),ylabel('类间距离')
```

输出结果为：

```
z1 =
1.0e+004 *
```

```
0.0004     0.0005     0.1280       % 在 1280 的水平,G4、G5 合成一类为 G6
0.0003     0.0006     0.1428       % 在 1428 的水平,G6、G3 合成一类为 G7
0.0001     0.0002     0.3462       % 在 3462 的水平,G1、G2 合成一类为 G8
0.0007     0.0008     1.0293       % 在 10293 的水平,G7、G8 合成一类
```

输出图形如图 6-1 所示。

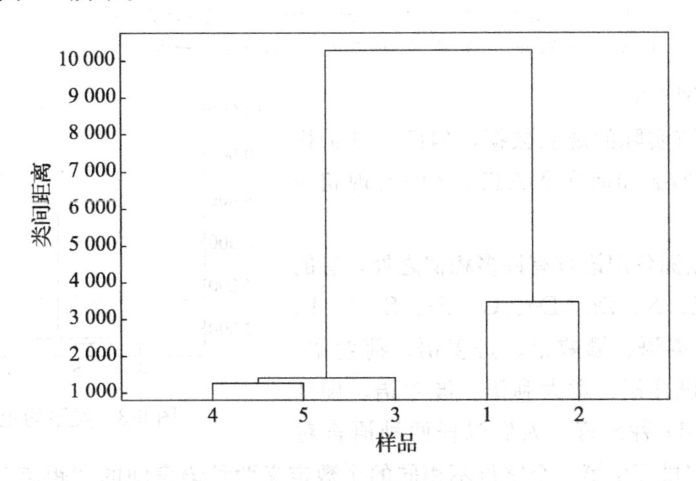

图 6-1　最短距离聚类图

```
z2=linkage(d,'complete')                 % 选择类间距离为最长距离时
H2=dendrogram(z2)                        % 作聚类谱系图
xlabel('样品'),ylabel('类间距离')
```

输出结果为：

```
z2 =
1.0e+004 *
    0.0004     0.0005     0.1280       % 在 1280 的水平,G4、G5 合成一类为 G6
    0.0003     0.0006     0.1639       % 在 1639 的水平,G6、G3 合成一类为 G7
    0.0001     0.0002     0.3462       % 在 3462 的水平,G1、G2 合成一类为 G8
    0.0007     0.0008     1.3932       % 在 13932 的水平,G7、G8 合成一类
```

输出图形如图 6-2 所示。

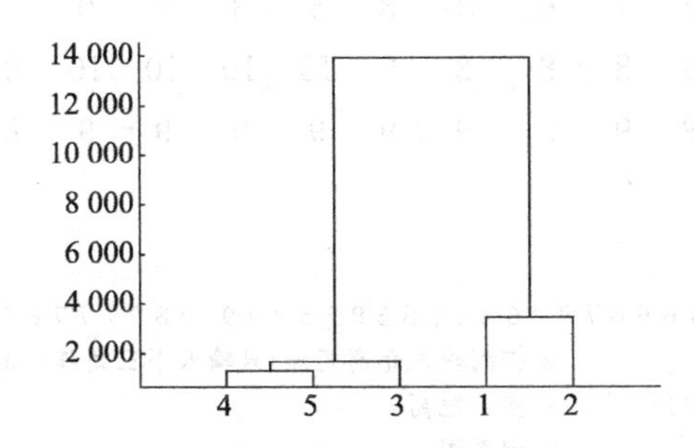

图 6-2　最长距离聚类图

```
z3=linkage(d,'average')                  % 选择类间距离为类平均距离时
H3=dendrogram(z3)                        % 作谱系聚类图
xlabel('样品'),ylabel('类间距离')
```

输出结果为：

```
z3=
1.0e+004*
    0.0004      0.0005      0.1280      % 在 1280 的水平,G4、G5 合成一类为 G6
    0.0003      0.0006      0.1533      % 在 1533 的水平,G6、G3 合成一类为 G7
    0.0001      0.0002      0.3462      % 在 3462 的水平,G1、G2 合成一类为 G8
    0.0007      0.0008      1.2098      % 在 12098 的水平,G7、G8 合成一类
```

输出图形如图 6-3 所示。

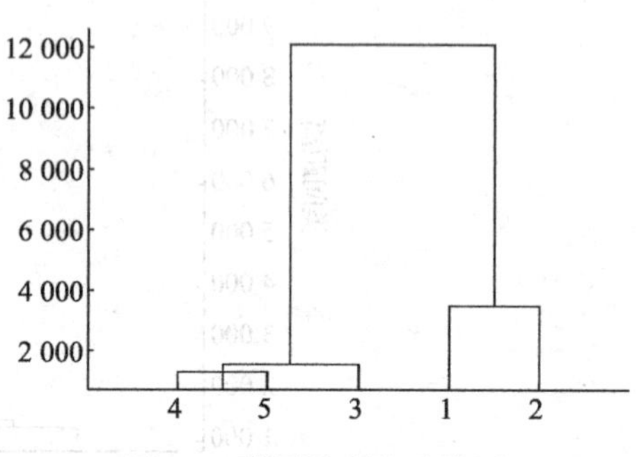

图 6-3　类平均距离聚类图

若我们不知道实际的观测数据，但已经知道样品之间的距离，那么如何在 MATLAB 中实现相应的聚类？

例 6.2.3　欧洲各国语言有许多相似之处，有的十分相近，以 E、N、Da、Du、G、Fr、S、I、P、H、Fi 分别表示英语、挪威语、丹麦语、荷兰语、德语、法语、西班牙语、意大利语、波兰语、匈牙利语和芬兰语等 11 种语言。人们以任两种语言对 1～10 这十个数字拼写中第一个字母不相同的个数定义两种语言间的“距离”，这种距离是广义距离。例如英语和挪威语只有数字 1 和 8 的第一个字母不同，故这两种语言间的距离定义为 2。这样得到 11 种语言间的距离矩阵如下：

	E	N	Da	Du	G	Fr	S	I	P	H	Fi
E	0										
N	2	0									
Da	2	1	0								
Du	7	5	6	0							
G	6	4	5	5	0						
Fr	6	6	6	9	7	0					
S	6	6	5	9	7	2	0				
I	6	6	5	9	7	1	1	0			
P	7	7	6	10	8	5	3	4	0		
H	9	8	8	8	9	10	10	10	10	0	
Fi	9	9	9	9	9	9	9	9	9	8	0

解：程序如下。

```
clear
d=[2 2 7 6 6 6 6 7 9 9 1 5 4 6 6 6 7 8 9 6 5 6 5 5 6 8 9 5 9 9 9 10 8 9 7 7 7 8 9 9 2 1 5 10 9 13 10 9 4 10 9 10 9
8];                                  % 按列输入距离矩阵(只输入下三角阵中的非零元素)
z4=linkage(d, 'centroid');           % 重心距离
H2=dendrogram(z4)                    % 谱系图
z5=linkage(d,'ward');                % 离差平方和距离
figure(2)
H3=dendrogram(z5)                    % 谱系图
```

输出图形如图 6-4 和图 6-5 所示。

例 6.2.4　RA Fisher 在 1936 年发表的 Iris 数据中，研究某植物的萼片长、宽及花瓣长、

宽。记$x1$为萼片长、$x2$为萼片宽、$x3$为花瓣长、$x4$为花瓣宽。Iris数据保存在MATLAB的系统文件fisheriris. mat中，用meas存储了取自三个总类$G1$、$G2$和$G3$，每一类取50个样本。试利用谱系聚类对Iris数据进行聚类。

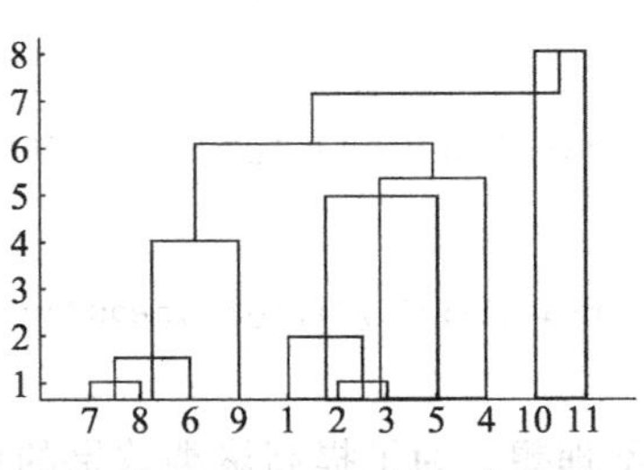

图6-4 重心距离的谱系聚类图图

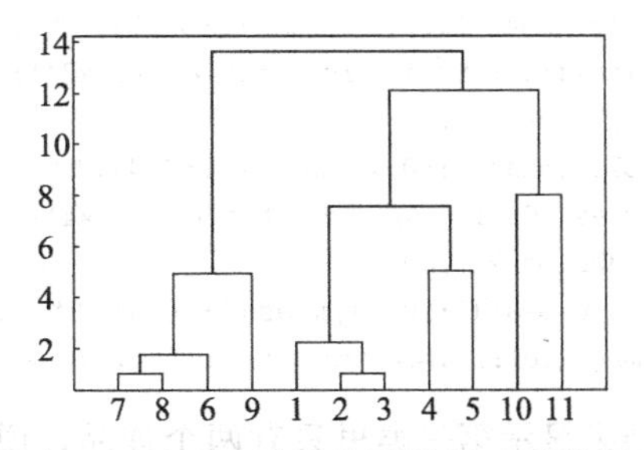

图6-5 离差平方和距离的谱系聚类图

解：从MATLAB系统中导入样本数据的命令为“load fisheriris”。程序如下。

```
clear
load  fisheriris          % 导入萼片的相关数据,
d=pdist(meas)             % 计算欧氏距离
z1=linkage(d)             % 类间为最短距离
T=cluster(z1,3)           % 分为 3 类
g1=find(T==1)             % 第一类里的样品编号
g2=find(T==2)             % 第二类里的样品编号
g3=find(T==3)             % 第三类里的样品编号
% 绘制原数据的两两指标、三个总类散点图,如图 6-6 所示。
```

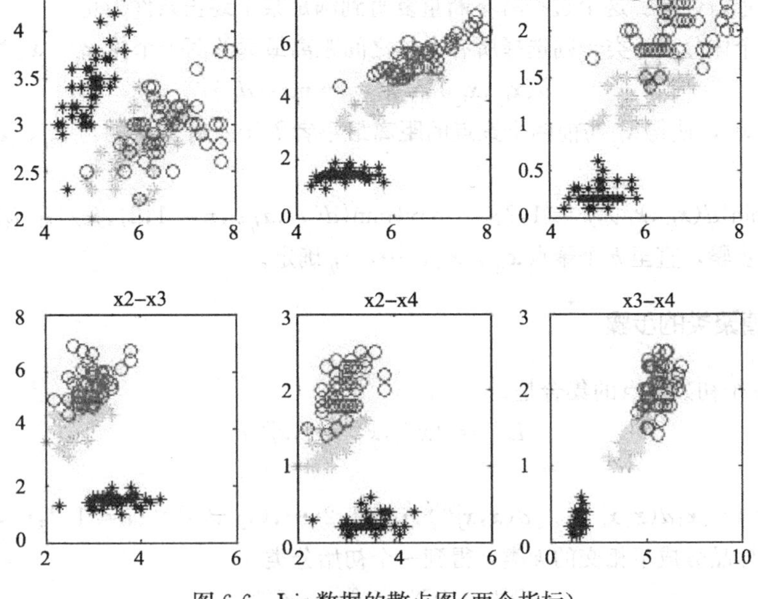

图6-6 Iris数据的散点图(两个指标)

```
subplot(2,3,1)
plot(meas(1:50,1),meas(1:50,2),'*',meas(51:100,1),meas(51:100,2),'g*',meas(101:150,1),
meas(101:150,2),'ro');title('x1-x2');
subplot(2,3,2)
plot(meas(1:50,1),meas(1:50,3),'*',meas(51:100,1),meas(51:100,3),'g*',meas(101:150,1),
meas(101:150,3),'ro');title('x1-x3');
```

```
subplot(2,3,3)
plot(meas(1:50,1),meas(1:50,4),'*',meas(51:100,1),meas(51:100,4),'g*',meas(101:150,1),
meas(101:150,4),'ro');title('x1-x4');
subplot(2,3,4)
plot(meas(1:50,2),meas(1:50,3),'*',meas(51:100,2),meas(51:100,3),'g*',meas(101:150,2),
meas(101:150,3),'ro');title('x2-x3');
subplot(2,3,5)
plot(meas(1:50,2),meas(1:50,4),'*',meas(51:100,2),meas(51:100,4),'g*',meas(101:150,2),
meas(101:150,4),'ro');title('x2-x4')
subplot(2,3,6)
plot(meas(1:50,3),meas(1:50,4),'*',meas(51:100,3),meas(51:100,4),'g*',meas(101:150,3),
meas(101:150,4),'ro');title('x3-x4')
```

结果显示第一类里只有两个样品，说明聚类效果不理想。为了提高聚类效果的优良性，我们将运用K均值聚类和模糊C均值聚类对其进行再讨论。

同理可作两两指标经聚类分类后的数据散点图。从图形也可知聚类效果不理想。

6.3 K均值聚类

6.3.1 K均值聚类的思想

K均值聚类算法是先随机选取 K 个对象作为初始的聚类中心，然后计算每个对象与各个种子聚类中心之间的距离，把每个对象分配给距离它最近的聚类中心。聚类中心以及分配给它们的对象就代表一个聚类。一旦全部对象都被分配了，每个聚类的聚类中心会根据聚类中现有的对象被重新计算。这个过程将不断重复直到满足某个终止条件为止。

若将 n 个个体分成 k 类，则选择所有个体之间距离最远的两个个体 $\boldsymbol{x}_{i_1}$、$\boldsymbol{x}_{i_2}$ 为聚点，即

$$d(\boldsymbol{x}_{i_1},\boldsymbol{x}_{i_2}) = d_{i_1 i_2} = \max\{d_{ij}\}$$

然后确定聚点 $\boldsymbol{x}_{i_3}$，使得 $\boldsymbol{x}_{i_3}$ 与前两个聚点的距离最小者等于所有其余的与 $\boldsymbol{x}_{i_1}$、$\boldsymbol{x}_{i_2}$ 的较小距离中最大的，即

$$\min\{d(\boldsymbol{x}_{i_3},\boldsymbol{x}_{i_r}),r=1,2\} = \max\{\min\{d(x_j,x_{i_r}),r=1,2\},j\neq i_1,i_2\}$$

重复上述步骤，直至 k 个聚点 $\boldsymbol{x}_{i_1}$，$\boldsymbol{x}_{i_2}$，…，$\boldsymbol{x}_{i_k}$ 确定。

6.3.2 K均值聚类的步骤

1）设第 k 个初始聚点的集合是

$$L^{(0)} = \{\boldsymbol{x}_1^{(0)},\boldsymbol{x}_2^{(0)},\cdots,\boldsymbol{x}_k^{(0)}\}$$

记

$$G_i^{(0)} = \{\boldsymbol{x}:d(\boldsymbol{x},\boldsymbol{x}_i^{(0)})\leqslant d(\boldsymbol{x},\boldsymbol{x}_j^{(0)}),j=1,2,\cdots,k,j\neq i\}\quad(i=1,2,\cdots,k)$$

于是，将样品分成不相交的 k 类，得到一个初始分类

$$G^{(0)} = \{G_1^{(0)},G_2^{(0)},\cdots,G_k^{(0)}\}$$

2）从初始类 $G^{(0)}$ 开始计算新的聚点集合 $L^{(1)}$，计算

$$\boldsymbol{x}_i^{(1)} = \frac{1}{n_i}\sum_{x_l\in G_i^{(0)}}\boldsymbol{x}_l\quad(i=1,2\cdots,k)$$

其中 n_i 是类 $G^{(0)}$ 中的样品数，得到一个新的集合

$$L^{(1)} = \{x_1^{(1)},x_2^{(1)},\cdots,x_k^{(1)}\}$$

从 $L^{(1)}$ 开始再进行分类，记

$$G_i^{(1)} = \{\boldsymbol{x}: d(\boldsymbol{x},\boldsymbol{x}_i^{(1)}) \leqslant d(\boldsymbol{x},\boldsymbol{x}_j^{(1)}), j=1,2,\cdots,k, j\neq i\} \quad (i=1,2,\cdots,k)$$

得到一个新的类

$$G^{(1)} = \{G_1^{(1)}, G_2^{(1)}, \cdots, G_k^{(1)}\},$$

3）重复上述步骤 m 次，得

$$G^{(m)} = \{G_1^{(m)}, G_2^{(m)}, \cdots, G_k^{(m)}\}$$

其中 $\boldsymbol{x}_i^{(m)}$ 是类 $G_i^{(m-1)}$ 的重心，$\boldsymbol{x}_i^{(m)}$ 不一定是样品。当 m 逐渐增大时，分类趋于稳定。同时 $\boldsymbol{x}_i^{(m)}$ 可以近似地看作 $G_i^{(m)}$ 的重心，即 $\boldsymbol{x}_i^{(m+1)} \approx \boldsymbol{x}_i^{(m)}$，$G_i^{(m+1)} \approx G_i^{(m)}$，此时结束计算。实际计算时，若对某一个 m，

$$G^{(m+1)} = \{G_1^{(m+1)}, G_2^{(m+1)}, \cdots, G_k^{(m+1)}\}$$

与

$$G^{(m)} = \{G_1^{(m)}, G_2^{(m)}, \cdots, G_k^{(m)}\}$$

相同，则结束计算。

6.3.3 K均值聚类的MATLAB实现

MATLAB中实现K均值聚类的命令是kmeans，其调用格式为：

```
IDX = kmeans(X, K)
```

功能是将原始数据矩阵X聚成K类，使得样本到类重心距离和最小，使用欧氏平方距离。其中输入X为原始观测数据，行为个体，列为指标。输出IDX为 N 行1列的列向量，包含每个样品属于哪一类的信息，类似于Cluster的输出结果。

例6.3.1 从12个不同地区测得了某树种的平均发芽率 x_1 与发芽势 x_2，数据见表6-3。采用欧氏距离，将这12个地区以树种发芽情况按K均值聚类法聚为2类。

表6-3 12个地区某树种发芽情况

地区	1	2	3	4	5	6	7	8	9	10	11	12
x_1	0.707	0.600	0.693	0.717	0.688	0.533	0.877	0.513	0.815	0.633	0.740	0.777
x_2	0.385	0.433	0.505	0.343	0.605	0.380	0.713	0.353	0.675	0.465	0.580	0.723

解：利用MATLAB软件中的命令kmeans，可以实现K均值聚类。

```
y=[.707  .6  .693  .717  .688  .533  .877  .513  .815  .633  .74  .777;…
   .385  .433  .505 .343 .605 .38  .713  .353  .675  .465  .58  .723];
x=y';                        % 矩阵 x 的行为个体,列为指标
[a,b]=kmeans(x,2)            % 分为 2 类,输出 a 为聚类的结果,b 为聚类重心, 每一行表示一个类的重心
```

输出结果：

```
a =
     2
     2
     2
     2
     1
     2
     1
     2
     1
```

```
      2
      1
      1
b =
    0.7794    0.6592
    0.6280    0.4091
% 提取样品
x1=x(find(a==1),:)                          % 提取第 1 类里的样品
x2=x(find(a==2),:)                          % 提取第 2 类里的样品
x1 =
    0.6880    0.6050
    0.8770    0.7130
    0.8150    0.6750
    0.7400    0.5800
    0.7770    0.7230
x2 =
    0.7070    0.3850
    0.6000    0.4330
    0.6930    0.5050
    0.7170    0.3430
    0.5330    0.3800
    0.5130    0.3530
    0.6330    0.4650
sd1=std(x1)
sd2=std(x2)                                 % 分别计算第 1 类和第 2 类的标准差
sd1 = 0.0719    0.0641
sd2 = 0.0831    0.0603
plot(x(a==1,1),x(a==1,2),'r.',x(a==2,1),x(a==2,2),'b.')    % 作出聚类的散点图
```

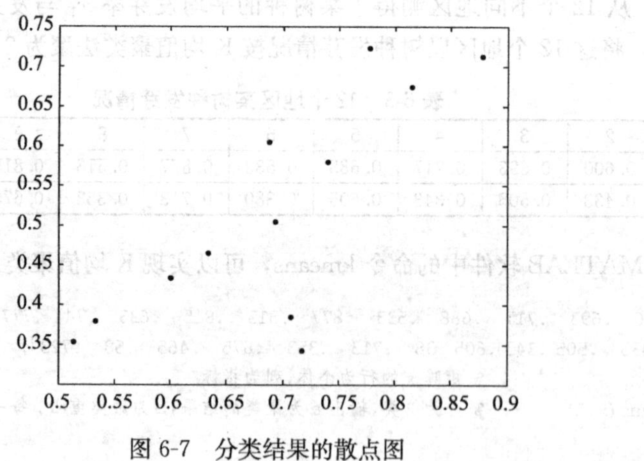

图 6-7 分类结果的散点图

例 6.3.2 （续例 6.1.1） 利用 K 均值聚类对 5 个省（区、市）进行聚类分析。

解：

```
x=[…]                                       % 输入数据,行为个体,列为指标
[a,b]=kmeans(x,3)                           % 分为 3 类
```

输出结果：

```
a =
  1
```

```
  1
  2
  3
  3
b = 1.0e+004 *
    2.0265    0.1089    0.0411    0.6954
    0.9302    0.0959    0.0294    0.3604
    0.8888    0.0788    0.0104    0.2294
```

说明北京和上海为一类，安徽为一类，陕西和新疆为一类。

例 6.3.3（续例 6.2.4） 利用 K 均值聚类法对 Fisher 的 Iris 数据分为 3 类。

解：

```
load fisheriris
[a b]=kmeans(meas,3)
```

输出结果：

```
a =
1    1    1    1    1    1    1    1    1    1…
1    1    1    1    1    1    1    1    1    1…
1    1    1    1    1    1    1    1    1    1…
1    1    1    1    1    1    1    1    1    1…
1    1    1    1    1    1    1    1    1    1…
3    3    2    3    3    3    3    3    3    3…
3    3    3    3    3    3    3    3    3    3…
3    3    3    3    3    3    3    2    3    3…
3    3    3    3    3    3    3    3    3    3…
3    3    3    3    3    3    3    3    3    3…
2    3    2    2    2    2    3    2    2    2…
2    2    2    3    3    2    2    2    2    3…
2    3    2    3    2    2    3    3    2    2…
2    2    2    3    2    2    2    2    3    2…
2    2    3    2    2    2    3    2    2    3
b =
    5.0060    3.4280    1.4620    0.2460
    6.8500    3.0737    5.7421    2.0711
    5.9016    2.7484    4.3935    1.4339
n1=length(find(a==1))        % 第 1 类的样品数
n2=length(find(a==2))        % 第 2 类的样品数
n3=length(find(a==3))        % 第 3 类的样品数
n1=50, n2=38, n3=62
```

由此可见，K 均值聚类的效果比谱系聚类效果好，但与实际的分类情况相比，K 均值聚类的结果依然不甚理想。

6.4 模糊均值聚类

本节我们将简述两种常用的模糊聚类方法：模糊 C 均值聚类和模糊减法聚类。

6.4.1 模糊 C 均值聚类

1. 模糊 C 均值聚类的基本思想

传统的聚类分析是一种硬划分，它把每个待辨识的对象严格地划分到某个类中，具有非此即彼的性质，因此这种分类的类别界限是分明的。而实际上大多数对象并没有严格的属性，它们在性态和类属方面存在着中介性，适合进行软划分。给定数据集：$\boldsymbol{X}=\{\boldsymbol{x}_1,\boldsymbol{x}_2,\cdots,\boldsymbol{x}_n\}$，其中每个样本包含 s 个属性。模糊聚类就是将 $\boldsymbol{X}$ 划分为 c 类$(2\leqslant c\leqslant n)$，$\boldsymbol{V}=\{\boldsymbol{v}_1,\boldsymbol{v}_2,\cdots\boldsymbol{v}_c\}$ 是 c 个 聚类中心。在模糊划分中，每一个样本不能严格地划分为某一类，而是以一定的隶属度属于某一类。

模糊 C 均值聚类通过优化目标函数得到每个样本点对所有类中心的隶属度，然后根据最大隶属原则确定每个样本点的所属类别。

2. 模糊 C 均值聚类的原理

设 $\boldsymbol{X}=\{\boldsymbol{x}_1,\boldsymbol{x}_2,\cdots,\boldsymbol{x}_n\}\subset R^s$ 为样品集，n 为样本容量。将 $\boldsymbol{X}$ 表示成如下 c 个不相交集合的并：

$$\boldsymbol{X}=X_1\cup X_2\cup\cdots\cup X_c \text{ 且 } X_i\cap X_j=\varnothing\quad(i\neq j)$$

令

$$u_{ij}=\begin{cases}1 & \boldsymbol{x}_j\in X_i\\ 0 & \boldsymbol{x}_j\notin X_i\end{cases}\quad(j=1,2,\cdots,n;i=1,2,\cdots,c)$$

则 u_{ij} 表示第 j 个样品属于第 i 个中心的隶属度。称矩阵 $\boldsymbol{U}=(u_{ij})$ 为隶属度矩阵。

注意到上述定义的隶属度矩阵其每列之和为 1，因此可以按此约束条件进一步推广隶属度矩阵，由此即形成了模糊聚类的想法。我们将隶属度矩阵定义为：

$$\sum_{i=1}^{c}u_{ij}=1,\quad u_{ij}\geqslant 0$$

通过求解如下优化问题：

$$\text{Minimize } J_m(\boldsymbol{U},\boldsymbol{V})=\sum_{j=1}^{n}\sum_{i=1}^{c}u_{ij}^m\|\boldsymbol{x}_j-\boldsymbol{v}_i\|^2 \tag{6.4.1}$$

其中 $\boldsymbol{V}=\{\boldsymbol{v}_1,\boldsymbol{v}_2,\cdots,\boldsymbol{v}_c\}\subset R^s(1<c<n)$ 是聚类中心，$m(m>1)$ 是加权指数，m 的取值能够影响聚类的效果，我们得到一个最终的隶属度矩阵及聚类中心，新的隶属度矩阵的每一列之和为 1，第 j 列（$1\leqslant j\leqslant n$）的最大元素所对应的行标 $i(1\leqslant i\leqslant c)$ 表明第 j 个个体以更高的可能性属于第 i 类。

初始聚类中心及隶属度矩阵为

$$v_i=\frac{\sum_{j=1}^{n}(u_{ij})^m\boldsymbol{x}_j}{\sum_{j=1}^{n}(u_{ij})^m}\quad(1\leqslant i\leqslant c) \tag{6.4.2}$$

$$u_{ij}=\left[\sum_{k=1}^{c}\left(\frac{\|\boldsymbol{x}_j-\boldsymbol{v}_i\|^2}{\|\boldsymbol{x}_j-\boldsymbol{v}_k\|^2}\right)^{1/(m-1)}\right]^{-1}\quad(1\leqslant i\leqslant c,1\leqslant j\leqslant n) \tag{6.4.3}$$

将式（6.4.3）再代入到式（6.4.2）重复此过程，直到误差落在控制范围之内。

步骤如下：

1）预先给定分类数 c（如何选择合适的分类数将在聚类的有效性详细讨论）和加权指数 m，初始化隶属度矩阵 $\boldsymbol{U}=(u_{ij})$ 使得 $\sum_{i=1}^{c}u_{ij}=1$。

2）用式（6.4.2）计算聚类中心 $\boldsymbol{v}_i$，$(i=1,2,\cdots,c)$

3）根据式（6.4.3）计算新的隶属度矩阵。

4）若 $J_m(\boldsymbol{U},\boldsymbol{V})$ 小于预先给定的正数 ε，则聚类过程结束；否则，转到步骤 2)。

3. MATLAB 实现

MATLAB 实现模糊 C 均值聚类的命令是 fcm，其调用格式为：

```
[center, U, obj_fcn] = fcm(data, n_cluster)
```

输入 data 为原始观测数据，行为个体，列为指标，n _ cluster 为预先给定的聚类数。输出 center 是一个 n _ cluster 行 p 列的矩阵，每 i 行表示第 i 类的重心。

U 是隶属度矩阵（n_cluster 行 N 列），每列的元素这和均为 1，$\boldsymbol{U}(i, j)$ 表示第 j 个个体属于第 i 列的隶属度。obj _ fcn 是一个列向量，在每次计算过程中均使用式（6.4.1）。

例 6.4.1 用模糊 C 均值聚类法对 Fisher 的 Iris 数据进行分类。

解：

```
load fisheriris                            % 导入 iris 数据
[center u]=fcm(meas,3);                    % meas 为 150 行 4 列的 3 个总体的观测数据
index1 =find(u(1,:) == max(u))             % 寻找属于第一类的样品
index2 =find(u(2,:) == max(u))             % 寻找属于第二类的样品
index3 =find(u(3,:) == max(u))             % 寻找属于第三类的样品
index1=
52  54  55  56  57  58  59  60  61  62  63  64  65  66  67  68  69  70  71  72  73  74  75
76  77  79  80  81  82  83  84  85  86  87  88  89  90  91  92  93  94
95  96  97  98  99  100  102  107  114  120  122  124  127  128  134  139  143  147  150
index2 =51  53  78  101  103  104  105  106  108  109  110  111  112  113  115  116  117
118  119  121  123  125  126  129  130  131  132  133  135  136  137  138  140  141  142
144  145  146  148  149
index3 =1  2  3  4  5  6  7  8  9  10  11  12  13  14  15  16  17  18  19  20
21  22  23  24  25  26  27  28  29  30  31  32  33  34  35  3637  38  39  40  41
42  43  44  45  46  47  48  49  50
```

从聚类的结果来看，只有第三类与预先给定的完全一致，其余两类均与实际的分类情况相差较大，因此误判率较高，误判率为 16/150＝0.106 7。

上述例子使用的距离均为欧氏距离，加权指数 $m=2$，对于例 6.4.1， 若选择 $m=3$，则误判率为 15/150＝0.1。只需要将原程序中的命令［center u］＝fcm(x，3）修改为［center u］＝fcm(x，3，3）即可。

例 6.4.2（续例 6.1.1） 并利用模糊 C 均值聚类对 5 个省（市）进行聚类分析。

解：

```
x=[…]                                      % 输入数据,行为个体,列为指标
[center u]=fcm(x,3);                       % x为5行4列的观测数据
index1 =find(u(1,:) == max(u))             % 寻找属于第一类的样品
index2 =find(u(2,:) == max(u))             % 寻找属于第二类的样品
index3 =find(u(3,:) == max(u))             % 寻找属于第三类的样品
```

输出结果：

```
index1 =    2
index2 =    3    4    5
index3 =    1
```

根据输出的结果可以给出聚类的结论：上海和北京各自为一类，安徽、陕西和新疆为一类，这个聚类结果与例 6.2.6 利用 K 均值聚类结果有所差异。

6.4.2 模糊减法聚类

1. 思想

模糊 C 均值聚类的前提条件是需要知道分类数 c，如果对于分类数没有什么先验信息，那

么我们就可以运用模糊减法聚类以确定相应的分类数和聚类中心，相应地该聚类数及聚类中心可以应用到模糊C均值聚类，因此，模糊减法聚类可以看作模糊C均值聚类的前期工作。

模糊减法聚类是一种用来估计一组数据中的聚类个数以及聚类中心位置的快速的单次算法。减法聚类方法将每个数据点作为可能的数据中心，并根据各个数据点周围的数据点密度来计算该点作为聚类中心的可能性。若某个数据点周围具有最高的数据点密度，则可以选取作为聚类中心，在选出第一个聚类中心后，从剩余的可能作为聚类中心的其余点中，继续采用同样的方法选择下一个聚类中心。该过程一致持续到所有剩余的数据点作为聚类中心的可能性低于某一阈值时结束。

2. 步骤

设 $\boldsymbol{X}=\{\boldsymbol{x}_1,\boldsymbol{x}_2,\cdots,\boldsymbol{x}_n\}\subset R^s$ 为样品集，n 为样本容量。模糊减法聚类认为每个样品均为潜在的聚类中心，令 $d(\boldsymbol{v}_i,\boldsymbol{x}_j)^2=\|\boldsymbol{v}_i-\boldsymbol{x}_j\|^2$ 表示聚类中心 $\boldsymbol{v}_i$ 与样品 $\boldsymbol{x}_j$ 之间欧氏距离平方，在 $\boldsymbol{v}_i$ 处的爬山函数（mountain function）定义为

$$M(\boldsymbol{v}_i)=\sum_{j=1}^{n}\mathrm{e}^{-\alpha\|\boldsymbol{v}_i-\boldsymbol{x}_j\|^2}$$

其中 α 是一个正常数。爬山函数的取值越大，说明聚类中心 $\boldsymbol{v}_i$ 与样品的距离越小，因此，我们选择那些能够使得爬山函数取得较大值的 $\boldsymbol{v}_i$ 作为聚类中心。

令 M_1^* 是爬山函数的最大值，即 $M_1^*=\max(M(\boldsymbol{v}_i))$，同时令 M_1^* 对应的中心为 $\boldsymbol{v}_1^*$，于是，v_1^* 为第一个聚类中心，为了寻找其他聚类中心，有必要消除 $\boldsymbol{v}_1^*$ 对聚类的影响，因此，考虑如下函数

$$\hat{M}^j(\boldsymbol{v}_i)=\hat{M}^{j-1}(\boldsymbol{v}_i)-\hat{M}_{j-1}^*(\boldsymbol{v}_i)\mathrm{e}^{-\beta\|\boldsymbol{v}_i-\boldsymbol{v}_{j-1}^*\|^2}$$

其中，$\hat{M}^j(v_i)$ 为新的爬山函数，$\hat{M}^{j-1}(\boldsymbol{v}_i)$ 为上一步的爬山函数，$\hat{M}_{j-1}^*(v_i)$ 是$\hat{M}^{j-1}(v_i)$ 的最大值，v_{j-1}^*是新的聚类中心，β是一个正常数。

由于爬山法的计算量较大，Chiu 对上述的爬山函数进行改进，定义一个新的爬山函数，

$$M(\boldsymbol{x}_i)=\sum_{j=1}^{n}\mathrm{e}^{-\alpha\|\boldsymbol{x}_i-\boldsymbol{x}_j\|^2}$$

其中 α 是一个正常数。

令 M_1^* 是爬山函数的最大值，即 $M_1^*=\max(M(\boldsymbol{x}_i))$，同时令 M_1^* 对应的点为 $\boldsymbol{x}_1^*$，于是，$\boldsymbol{x}_1^*$ 为第一个聚类中心，为了寻找其他聚类中心，有必要消除 x_1^* 对聚类的影响，因此，考虑如下函数

$$\hat{M}^j(\boldsymbol{x}_i)=\hat{M}^{j-1}(\boldsymbol{x}_i)-\hat{M}_{j-1}^*(\boldsymbol{x}_i)\mathrm{e}^{-\beta\|\boldsymbol{x}_i-\boldsymbol{x}_{j-1}^*\|^2}$$

其中，$\hat{M}^j(\boldsymbol{x}_i)$ 为新的爬山函数，$\hat{M}^{j-1}(\boldsymbol{x}_i)$ 为上一步的爬山函数，$\hat{M}_{j-1}^*(\boldsymbol{x}_i)$ 是$\hat{M}^{j-1}(\boldsymbol{x}_i)$ 的最大值，$\boldsymbol{x}_{j-1}^*$是新的聚类中心，β是一个正常数。

3. MATLAB 实现

MATLAB 中模糊减法聚类的命令是 subclust，调用格式为：

```
C=subclust (X,RADII)
```

其中输入参数 X 为原始观测数据，其行为个体列为指标。RADII 为介于 0、1 之间的数，通常为 0.2～0.5 之间，值越小，聚类中心的容量就越大。

输出 C 为运用模糊减法的聚类中心的估计。

例 6.4.3 用模糊减法聚类法确定 Iris 数据的聚类中心。

解： 我们取 RADII=0.6

```
load fisheriris                                          % 导入 iris 数据
c=subclust(meas,0.6)
c=
    6.0000    2.9000    4.5000    1.5000
    5.0000    3.4000    1.5000    0.2000
    6.8000    3.0000    5.5000    2.1000
```

从输出结果我们可以看到，可能的分类数为 3，输出矩阵的每一行表示相应类别的中心。

例 6.4.4 随机生成三维空间中位于立方体 $(-1, 1)\times(-1, 1)\times(-1, 1)$ 内的 200 个点，用减法聚类方法分类，找到聚类中心及影响范围。

解： 程序如下。

```
rand('slate',0)                                   % 保持程序每次运行生成的随机数不变
x=rands(200,3);                                   % 随机生成三维空间中 200 个点
[C,S]=subclust(x,[0.5 0.5 0.5],[],[1.5 0.5 0.15 0]);  % 减法聚类方法分类
plot(0,0);
hold on;
plot3(C(:,1),C(:,2),C(:,3),'ko','markersize',15,'linewidth',2);    % 绘出聚类中心
hold on;
plot3(x(:,1),x(:,2),x(:,3),'r* ');               % 绘出数据点
view(3)
```

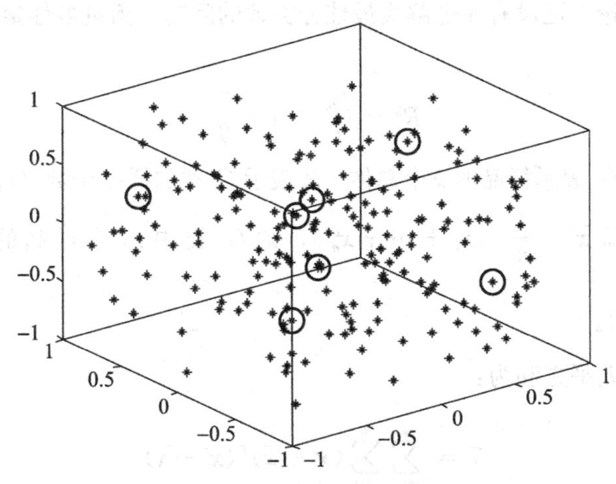

图 6-8 减法聚类输出空间聚类中心

6.5 聚类的有效性

6.5.1 谱系聚类的有效性

考虑到样品之间可以定义不同的距离，而且类间也可以定义不同的距离，那么一个自然会产生的问题是：哪一种组合使得聚类效果最好？这就需要讨论 cophenet 相关系数。聚类树的 cophenet 距离与生成该聚类树的原始距离之间的线性相关系数定义为聚类树的 cophenet 相关，因此，它度量了个体间的不相似性，若该系数越接近于 1，则聚类效果越好。

在 MATLAB 中计算 cophenet 相关系数的命令为 R=cophenet（z，d），其中，z 是用某种

类间距离 linkage 后的结果，d 是样品之间的某种距离。

例 6.5.1（续例 6.1.1） 2008 年我国 5 省（市）城镇居民人均年家庭收入如表 6-1，在进行谱系聚类时，选择哪种类间距离最好？

解：以样品间的距离为欧氏距离为例，考虑类间的五种不同距离。

最短距离： z1= linkage(d)

最长距离： z2= linkage(d, 'complete')

类平均距离：z3= linkage(d, 'average')

重心距离： z4= linkage(d, 'centroid')

离差平方和：z5= linkage(d, 'ward')

其中 d=pdist(x)，x 为原始矩阵。

```
R=[cophenet(z1,d),cophenet(z2,d),cophenet(z3,d),cophenet(z4,d),cophenet(z5,d)]
% 计算 cophenet 相关系数
```

输出结果如下：

```
R =
0.9809    0.9811    0.9812    0.9812    0.9803
```

R 的最大值为 0.9812，类平均距离和重心距离的组合效果最好。如果我们要找到最理想的分类方法，可以对每一种样品之间的距离，都计算上述的复合相关系数，这样就可以找到最理想的样品距离与对应的类间距离。

到目前为止，理论上还没有完全解决最佳分类数的问题，衡量最佳聚类数的准则有：

1）R^2 统计量

$$R_k^2 = \frac{B_k}{T} = 1 - \frac{P_k}{T} \tag{6.5.1}$$

用 G_1，G_2，…，G_k 表示样品的 k 个总体，n_t 表示 G_t 类的样品个数（$n_1+n_2+\ldots+n_k=n$），$\overline{x}^t$ 表示 G_t 的重心，即 $\overline{\boldsymbol{x}}^t=\frac{1}{n_t}(\boldsymbol{x}_1^t+\cdots+\boldsymbol{x}_{n_t}^t)$，则 G_t 类中 n_t 个样品的离差平方和 $W_t = \sum_{i=1}^{n_t}(\boldsymbol{x}_i^t-\overline{\boldsymbol{x}}^t)^{\mathrm{T}}(\boldsymbol{x}_i^t-\overline{\boldsymbol{x}}^t)$。

所有样品的总离差平方和为：

$$T=\sum_{t=1}^{k}\sum_{i=1}^{n_t}(\boldsymbol{x}_i^t-\overline{\boldsymbol{x}})^{\mathrm{T}}(\boldsymbol{x}_i^t-\overline{\boldsymbol{x}})$$

$$\overline{\boldsymbol{x}}=\frac{1}{n}(\boldsymbol{x}_1+\boldsymbol{x}_2+\cdots+\boldsymbol{x}_n)$$

T 可以分解为：

$$\begin{aligned} T &= \sum_{t=1}^{k}\sum_{i=1}^{n_t}(\boldsymbol{x}_i^t-\overline{\boldsymbol{x}}^t+\overline{\boldsymbol{x}}^t-\overline{\boldsymbol{x}})^{\mathrm{T}}(\boldsymbol{x}_i^t-\overline{\boldsymbol{x}}^t+\overline{\boldsymbol{x}}^t-\overline{\boldsymbol{x}}) \\ &= \sum_{t=1}^{k}W_t+\sum_{t=1}^{k}\sum_{i=1}^{n_t}n_t(\overline{\boldsymbol{x}}^t-\overline{\boldsymbol{x}})^{\mathrm{T}}(\overline{\boldsymbol{x}}^t-\overline{\boldsymbol{x}}) = P_k+B_k \end{aligned}$$

令 $R_k^2=\frac{B_k}{T}=1-\frac{P_k}{T}$，$R_k^2$ 值越大表明 k 个类的类间偏差平方和的总和 B_k 在总离差平方和 T 中所占的比例越大，因此能够很好地将 k 个类分开。

2）伪F统计量

$$F=\frac{(T-P_k)/(k-1)}{P_k/(n-k)}=\frac{B_k}{P_k}\frac{n-k}{k-1} \tag{6.5.2}$$

伪F统计量用于评价分为k类的效果。伪F统计量的值越大，表示这n个样品可显著地分为k类。

例6.5.2 试利用R^2和伪F统计量确定Iris data的分类数。

解：程序如下。

```
clear all,clc
load fisheriris
x=meas;                                  % Iris数据
[n,p]=size(x);
kmax=n-1;
format long
pm=   zeros(kmax,1);
pm(1)=1;                                 % 使输出结果能直观地表示最大聚类数,注意到聚类数从2开始
for k=2:kmax
    d=pdist(x);
    z1=linkage(d,'complete');
    julei=cluster(z1,k);
    for t=1:k
        index_t=find(julei==t);
        size_t=length(index_t);
        a=x(index_t,:);                  % 属于t类的个体
        pm(k)=sum((size_t-1)*var(a))+pm(k);
    end
end
Tm=sum(kmax*var(x));
bm=Tm-pm;
F=zeros(kmax,1);
for kk=2:kmax
    F(kk)=bm(kk)/pm(kk)*(n-kk)/(kk-1);
end
R=1-pm./Tm;
figure()
plot((2:20),R(2:20),'*');xlabel('分类数');ylabel('R2值');
figure()
plot((2:20),F(2:20),'*') ;xlabel('分类数');ylabel('F值');
```

从图6-9我们可以看到，当聚类数从2到3时，相应的R^2值变化非常大，而对于其他情形，R^2的值则变化比较缓慢，因此，我们可以认为最佳聚类数等于3。

从图6-10我们可以看到，当聚类数从2到3时，相应的F统计量变化非常大，而对于其他情形，F统计量则变化比较缓慢，因此，我们可以认为最佳聚类数等于3。这个结果与基于R^2统计量的结果类似。

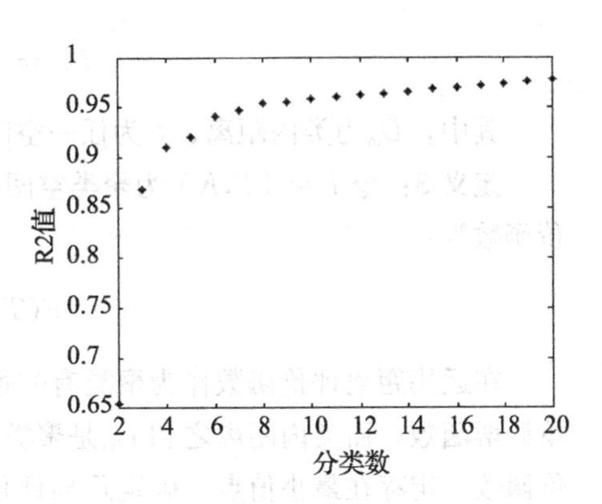

图6-9 聚类数与R^2统计量

6.5.2 K均值聚类的有效性

K均值聚类确定最佳聚类数的基本算法思想是：

针对具体的数据集，在确定的聚类数搜索范围内，运行聚类算法产生不同聚类数目的聚类结果，选择合适的有效性指标对聚类结果进行评估，根据评估结果确定最佳聚类数。

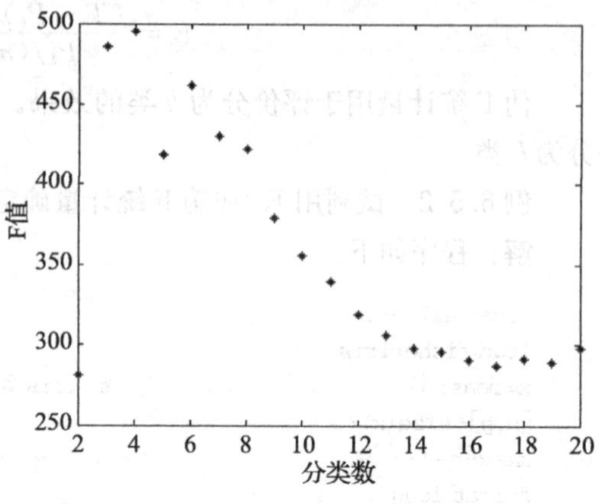

图 6-10 聚类数与伪 F 统计量

一般来说，一个好的聚类划分应尽可能反映数据集的内在结构，使得类内样本尽可能相似，类间样本尽可能相异。从距离这个角度考虑，就是使类内距离代数和最小而类间距离代数和最大，此时对应的聚类数最优。鉴于这种基本规则，本书构造了基于欧式距离的距离评价函数作为一种新的聚类有效性指标，该指标可以对 K 均值算法的聚类效果和最佳聚类数 K 进行判别。

根据空间聚类算法的一般规则，类的划分应该使得同一类的内部相似度最大、差异度最小，类与类之间的相似度最小、差异度最大，即任一空间对象与该对象所属的类的中心之间的距离比该对象到任何其他类的几何中心的距离都小，此时聚类准则函数收敛。

$$E=\sqrt{\sum_{i=1}^{k}\sum_{p\in C_i}(|p-m_i|)^2} \tag{6.5.3}$$

这里，E 是所有研究对象的误差平方总和，p 为研究数据对象，m_i 是类 C_i 的平均值。

基于上述基本思想，本书构造距离评价函数，并以距离评价函数最小为准则确定最佳聚类数 K，该算法对实际问题的解决具有指导作用。

设研究样本数据集合：$T=\{m_1,m_2,\cdots,m_n\}$，聚类个数为 K。

定义 1：令 $I=\{T,K\}$ 为聚类空间，类间距离为所有聚类中心（类内样本均值）到全域中心（全体样本的均值）的欧氏距离之和：

$$D_{\text{out}}=\sqrt{\sum_{i=1}^{k}|m_i-m|^2} \tag{6.5.4}$$

其中，D_{out}为类间距离、m 为样本均值、m_i 为类 C_i 中所有样本的均值。

定义 2：令 $I=\{T,K\}$ 为聚类空间，类内距离为所有类内部距离的总和，类内距离是指每个类内所有对象到类中心的欧式距离之和：

$$D_{\text{in}}=\sqrt{\sum_{i=1}^{k}\sum_{p\in C_i}|p-m_i|^2} \tag{6.5.5}$$

其中，D_{in}为类内距离、p 为任一空间对象、m_i 为类 C_i 中所有样本的均值。

定义 3：令 $I=\{T,K\}$ 为聚类空间当 D_{out} 近似等于 D_{in}时，聚类数最佳，因此定义距离评价函数为：

$$F(T,K)=\left|\frac{D_{\text{out}}}{D_{\text{in}}}-1\right| \tag{6.5.6}$$

在运用距离评价函数作为聚类有效性检验函数时，由于类间距离之和 D_{out}是聚类数 K 的单调增函数，而类内距离之和 D_{in}是聚类数 K 的单调减函数，故由式（6.5.6）确定的距离评价函数一定存在最小值点。确定距离评价函数最小准则，即当距离评价函数达到最小时，空间的聚类结果为最优，故 K 的最优选择为：

$$\underset{i}{\text{Min}}\{F(T,K)\} \quad (K=1,2,3,\cdots,n) \tag{6.5.7}$$

为了证实距离评价函数的有效性，我们采用已知类别的经典花蕾数据。花蕾标准数据是Fisher在聚类分析这个领域的经典数据，该数据是鸢尾属植物3个不同品种花的形状（萼片长度、萼片宽度、花瓣长度、花瓣宽度）的150个四维数据。（数据来源于MATLAB数据库）

根据经验规则，花蕾标准数据聚类数K的取值分别为$K=2$，3，…，12。为此，利用式（6.5.6）借助MATLAB软件编程，得到不同聚类数K下的F（T，K）值见表6-4。

表6-4 花蕾数据F（T，K）值对应表

聚类数K	2	3	4	5	6	7	8	9	10	11	12
$F(T,K)$	0.6469	0.1840	1.2909	2.1698	2.2060	10.4227	5.9887	7.7450	9.7621	13.4451	12.7510

根据准则式（6.5.7）可知，花蕾数据的最佳聚类数$K=3$，与已知的聚类数相符，说明准则函数$F(T,K)$是有效的。$F(T,K)$随聚类数K变化的趋势图如图6-11所示。

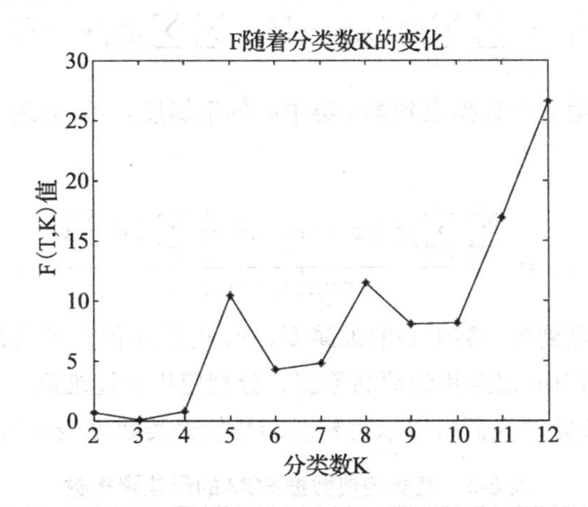

图6-11 花蕾数据K均值最佳聚类数

以上最佳聚类数的MATLAB程序如下：

```
load  fisheriris      % 导入萼片的相关数据
X=meas;               % 提取花蕾数据
q=2:12;
for i=1:length(q)
    [IDX,C,sumd,D] = kmeans(X,q(i));
    m=mean(X);
    a(i)=sum(dist(C,m'));
    b(i)=(sumd(i)).^0.5;
end
F=abs(a./b-1);
plot(q,F,'-*');title('F随着分类数k的变化'); xlabel('分类数k'); ylabel('F(T,K)值');
```

6.5.3 模糊聚类的有效性

模糊C均值聚类时需要预先给定分类数，如何确定最优的分类数，这就是聚类有效性所研究的内容。关于这方面的研究，现在依然是一个热点问题。至今为止，仍然没有一个最优的标准，只能是在相应的准则下最优，相关工作可以参考本书的参考文献。

对于二维数据，我们或许可以根据其平面图像大致看出分为几类合适，可对于高维数据，此方法就失效了，因此有必要给出一些判别准则。比较有名的判别准则有：

1）Bezdek 提出的准则

$$V_{PE}=-\frac{1}{n}\sum_{i=1}^{c}\sum_{j=1}^{n}\mu_{ij}\ln(\mu_{ij}) \tag{6.5.8}$$

其中 μ_{ij} 表示第 k 个数据点到第 i 类中心的隶属度，且 V_{PE} 的最小值点对应最佳聚类数。

2）Xie and Beni（XB）的准则

$$V_{XB}=\frac{\sum_{i=1}^{c}\sum_{j=1}^{n}\mu_{ij}^{2}\|\boldsymbol{x}_j-\boldsymbol{v}_i\|^2}{n\min_{i\neq j}\|\boldsymbol{v}_j-\boldsymbol{v}_i\|^2} \tag{6.5.9}$$

$\min\limits_{2\leqslant c\leqslant n-1} V_{XB}$ 对应的 c^* 即为最优聚类数。

3）Kuyama & Sugeno 的准则

$$V_{FS}=\sum_{i=1}^{c}\sum_{j=1}^{n}\mu_{ij}^{m}\|\boldsymbol{x}_j-\boldsymbol{v}_i\|^2-\sum_{i=1}^{c}\sum_{j=1}^{n}\mu_{ij}^{m}\|\boldsymbol{v}_i-\bar{\boldsymbol{v}}\|^2 \tag{6.5.10}$$

其中 $\bar{\boldsymbol{v}}=\sum_{j=1}^{n}\boldsymbol{x}_j$，$\mu_{ij}$ 表示第 j 个数据点到第 i 类中心的隶属度，V_{FS} 的最小值点对应最佳聚类数。

4）Kwon 的准则

$$V_{k}=\frac{\sum_{i=1}^{c}\sum_{j=1}^{n}\mu_{ij}^{2}\|\boldsymbol{x}_j-\boldsymbol{v}_i\|^2+\frac{1}{c}\sum_{i=1}^{c}\|\boldsymbol{v}_j-\bar{\boldsymbol{v}}\|^2}{\min_{i\neq k}\|\boldsymbol{v}_i-\boldsymbol{v}_k\|^2}, \tag{6.5.11}$$

其中 μ_{ij} 表示第 j 个数据点到第 i 类中心的隶属度，V_k 的最小值点即为最佳聚类数。

例 6.5.3　对经典的 Iris 数据和葡萄酒数据，分别应用上述准则，确定最佳聚类数。

解：利用 MATLAB 软件我们可以求得相应的最佳聚类数见表 6-5。

表 6-5　两类经典数据 FCM 的最佳聚类数

m	准则函数	花蕾聚类数	葡萄酒聚类数	m	准则函数	花蕾聚类数	葡萄酒聚类数
1.5	V_{PE}	2	2	2.1	V_{PE}	2	2
	V_{XB}	2	2		V_{XB}	2	2
	V_{FS}	5	7		V_{FS}	5	6
	V_K	2	2		V_K	2	2
2	V_{PE}	2	2	2.5	V_{PE}	2	2
	V_{XB}	2	2		V_{XB}	2	2
	V_{FS}	5	11		V_{FS}	5	4
	V_K	2	2		V_K	2	2

习　题　6

1. 根据安徽省 2008 年各地市的森林资源（见表 6-6），求解以下问题：①在进行谱系聚类时，选择合适的类间距离，进而确定最优分类数，作出谱系聚类图。②在进行模糊 C 均值聚类时，确定最优的分类数，并分析所得的结果。③比较谱系聚类和模糊 C 均值聚类的结果，看看有什么异同。

表 6-6　安徽省各市森林资源情况（2014 年）

地区	林业用地面积（千公顷）	森林面积（千公顷）	森林覆盖率（%）	活立木总蓄积量（万立方米）	森林蓄积量（万立方米）
合肥市	149.05	127.33	11.13	1 329.08	1 002.75
淮北市	57.25	50.19	18.31	337.3	275.95

（续）

地区	林业用地面积（千公顷）	森林面积（千公顷）	森林覆盖率（%）	活立木总蓄积量（万立方米）	森林蓄积量（万立方米）
亳州市	150.93	141.65	16.62	1 188.95	908.3
宿州市	279.7	255.23	25.68	1 534.4	1 266.15
蚌埠市	118.19	101.09	16.99	797.73	697.46
阜阳市	189	184.89	18.27	1 225.6	1 078.16
淮南市	31.37	24.27	9.39	278.74	229.39
滁州市	233.84	192.92	14.27	1 608.17	1 091.94
六安市	738.26	704.34	38.28	3513.36	3 229.06
马鞍山市	75.09	62.32	15.39	332.15	276.64
芜湖市	134.34	102.82	17.06	533.95	438.07
宣城市	760.53	711.55	57.79	3 011.54	2 936.15
铜陵市	39.87	33.79	31.93	161.39	142.2
池州市	556.03	500.65	59.61	2 921.23	2 814.5
安庆市	619	575.71	37.38	3 057.64	2 842.54
黄山市	825.95	796.76	82.32	4 742.09	4 718.16

数据来源：《2015年安徽统计年鉴》。

2. 各地区2010年消费性支出数据见表6-7，先利用主成分分析给各地区的消费进行排名，然后利用K均值聚类方法对各地区进行分类；最后分析主成分排名结果与聚类分析结果是否一致以及原因。

表6-7 各地区消费性支出数据

省（区、市）	食品	衣着	居住	家庭设备用品及服务	医疗保健	交通和通信	教育文化娱乐服务	其他商品和服务
北京	6 392.90	2 087.91	1 577.35	1 377.77	1 327.22	3 420.91	2 901.93	848.49
天津	5 940.44	1 567.58	1 615.57	1 119.93	1 275.64	2 454.38	1 899.50	688.73
河北	3 335.23	1 225.94	1 344.47	693.56	923.83	1 398.35	1 001.01	395.93
山西	3 052.57	1 205.89	1 245.00	612.59	774.89	1 340.90	1 229.68	331.14
内蒙古	4 211.48	2 203.59	1 384.45	948.87	1 126.03	1 768.65	1 641.17	710.37
辽宁	4 658.00	1 586.81	1 314.79	785.67	1 079.81	1 773.26	1 495.90	585.78
吉林	3 767.85	1 570.68	1 344.41	710.28	1 171.25	1 363.91	1 244.56	506.09
黑龙江	3 784.72	1 608.37	1 128.14	618.76	948.44	1 191.31	1 001.48	402.69
上海	7 776.98	1 794.06	2 166.22	1 800.19	1 005.54	4 076.46	3 363.25	1 217.70
江苏	5 243.14	1 465.54	1 234.05	1 026.32	805.73	1 935.07	2 133.25	514.41
浙江	6 118.46	1 802.29	1 418.00	916.16	1 033.70	3 437.15	2 586.09	546.36
安徽	4 369.63	1 225.56	1 229.64	678.75	737.05	1 356.57	1 479.75	435.62
福建	5 790.72	1 281.25	1 606.27	972.24	617.36	2 196.88	1 786.00	499.30
江西	4 195.38	1 138.84	1 109.82	854.60	524.22	1 270.28	1 179.89	345.66
山东	4 205.88	1 745.20	1 408.64	915.00	885.79	2 140.42	1 401.77	415.55
河南	3 575.75	1 444.63	1 080.10	866.72	941.32	1 374.76	1 137.16	418.04
湖北	4 429.30	1 415.68	1 187.54	867.33	709.58	1 205.48	1 263.16	372.90
湖南	4 322.09	1 277.47	1 182.33	903.81	776.85	1 541.40	1 418.85	402.52
广东	6 746.62	1 230.72	1 925.21	1 208.03	929.50	3 419.74	2 375.96	653.76
广西	4 372.75	926.42	1 166.85	853.59	625.45	1 973.04	1 243.71	328.27

（续）

省（区、市）	食品	衣着	居住	家庭设备用品及服务	医疗保健	交通和通信	教育文化娱乐服务	其他商品和服务
海南	4 895.96	636.14	1 103.76	616.33	579.89	1 805.11	1 004.62	284.90
重庆	5 012.56	1 697.55	1 275.96	1 072.38	1 021.48	1 384.28	1 408.02	462.79
四川	4 779.60	1 259.49	1 126.65	876.34	661.03	1 674.14	1 224.73	503.11
贵州	4 013.67	1 102.41	890.75	673.33	546.84	1 270.49	1 254.56	306.24
云南	4 593.49	1 158.82	835.45	509.41	637.89	2 039.67	1 014.40	284.95
西藏	4 847.58	1 158.60	726.59	376.43	385.63	1 230.94	477.95	481.82
陕西	4 381.40	1 428.20	1 126.92	723.73	935.38	1 194.77	1 595.80	435.67
甘肃	3 702.18	1 255.69	910.34	597.72	828.57	1 076.63	1 136.70	387.53
青海	3 784.81	1 185.56	923.52	644.01	718.78	1 116.56	908.07	332.49
宁夏	3 768.09	1 417.47	1 181.71	716.22	890.05	1 574.57	1 286.20	500.12
新疆	3 694.81	1 513.42	898.38	669.87	708.16	1 255.87	1 012.37	444.20

数据来源：《中国统计年鉴 2011》。

3. 表 6-8 给出了 2009 年我国 31 个省（区、市）城镇居民人均消费品支出数的数据资料，其中 x_1 表示人均食品消费、x_2 表示衣着消费、x_3 表示家庭设备用品及服务消费、x_4 表示医疗保健消费、x_5 表示交通和通信消费、x_6 表示教育文化娱乐服务消费、x_7 表示居住消费、x_8 表示其他商品和服务消费。利用谱系聚类方法和模糊 C 均值聚类方法分析此数据，并对所得结果进行经济分析，同时讨论最值聚类数。

表 6-8　城镇居民人均消费品支出

省（区、市）	x_1	x_2	x_3	x_4	x_5	x_6	x_7	x_8
北京	5 936.11	1 795.68	1 290.22	1 225.68	1 389.45	2 787.85	2 654.98	833.32
天津	5 404.53	1 362.56	1 505.70	911.92	1 273.38	1 968.37	1 740.85	634.05
河北	3 250.77	1 190.19	1 142.83	628.49	971.29	1 151.15	982.21	361.83
山西	3 071.93	1 162.00	1 319.45	563.82	789.92	1 095.77	1 070.60	281.61
内蒙古	3 772.63	1 857.19	1 246.21	797.77	992.73	1 557.03	1 504.36	641.96
辽宁	4 680.85	1 338.84	1 293.00	607.51	1 018.44	1 493.17	1 283.68	609.09
吉林	3 637.32	1 419.12	1 394.94	543.69	1 120.40	1 305.45	1 028.06	465.42
黑龙江	3 397.41	1 403.72	1 026.77	547.87	978.79	922.77	956.85	395.41
上海	7 344.83	1 593.08	1 913.22	1 365.39	1 002.14	3 498.65	3 138.98	1 136.06
江苏	5 773.67	1 297.95	1 148.85	923.32	808.37	1 721.87	1 968.03	510.94
浙江	5 604.72	1 614.66	1 485.90	828.96	984.62	3 290.63	2 295.32	578.67
安徽	4 051.40	1 080.06	1 219.83	589.73	716.87	1 013.38	1 225.36	337.36
福建	5 336.36	1 171.88	1 394.91	859.06	591.50	1 993.77	1 504.96	598.13
江西	3 881.56	1 053.01	935.44	761.85	550.25	1 145.16	1 066.94	345.78
山东	3 954.34	1 548.75	1 280.04	885.04	885.16	1 719.68	1 332.97	406.75
河南	3 272.75	1 270.74	1 004.37	684.79	875.52	1 033.99	1 048.14	376.70
湖北	4 160.51	1 210.32	999.49	759.24	694.61	953.69	1 208.46	307.75
湖南	4 174.55	1 146.25	1 074.69	798.40	784.66	1 233.82	1 207.72	408.14
广东	6 225.22	1 064.33	1 814.00	1 052.57	925.62	2 979.88	2 168.88	627.01
广西	4 129.55	855.60	1 021.11	754.79	538.17	1 598.68	1 111.13	343.33

（续）

省（区、市）	x_1	x_2	x_3	x_4	x_5	x_6	x_7	x_8
海南	4 507.81	581.66	1 000.32	585.72	604.15	1 548.76	961.95	296.28
重庆	4 576.23	1 503.49	1 120.60	1 043.06	982.73	1 189.03	1 351.90	377.02
四川	4 391.73	1 178.38	973.02	679.16	648.31	1 416.49	1 150.73	422.38
贵州	3 755.61	1 012.14	747.57	589.35	535.43	983.13	1 146.35	278.71
云南	4 460.58	1 102.14	943.67	393.22	708.78	1 587.19	798.69	207.53
西藏	4 581.60	1 086.42	689.76	256.86	352.31	1 062.83	465.84	438.68
陕西	3 988.57	1 209.96	1 018.23	683.51	863.36	1 071.48	1 430.22	440.35
甘肃	3 359.30	1 169.70	801.21	559.06	746.77	894.35	1 025.47	344.95
青海	3 548.85	1 043.40	790.50	505.32	701.37	975.91	889.32	331.86
宁夏	3 432.23	1 260.58	1 128.12	636.88	921.86	1 363.63	1 075.88	460.82
新疆	3 386.33	1 357.05	856.78	552.50	684.01	1 198.65	855.53	436.70

数据来源：《2010 中国统计年鉴》。

4. 国内外 31 名优秀男子百米成绩 $\boldsymbol{Y}$（单位：s）与起跑后分段的速度（单位：m/s）见表 6-9，其中：加速段（0～30m）、途中跑加速段（30～50m）、途中跑最大速度段（50～80m）、终点跑段（80～100m）的速度分别记为 X_1、X_2、X_3、X_4，表中 N 为运动员编号。根据运动员分段速度数据进行聚类分析，将 31 名运动员归为两类，分析结果是否使得 10s 以内的运动员分在一起；10s 以外的运动员归为一类。

表 6-9 国内外 31 名优秀男子百米成绩（9.79～10.24s）与四个分段的数据

N	Y	X_1	X_2	X_3	X_4	N	Y	X_1	X_2	X_3	X_4
1	9.86	8.48	11.57	11.9	11.56	17	9.97	8.67	11.37	11.5	11.18
2	9.88	8.63	11.43	11.67	11.37	18	9.83	8.68	11.44	11.74	11.63
3	9.91	8.55	11.43	11.58	11.3	19	9.93	8.46	11.44	11.74	11.77
4	9.92	8.57	11.5	11.67	11.24	20	9.84	8.42	11.57	12	11.63
5	9.95	8.56	11.37	11.63	11.3	21	10.12	8.47	11.3	11.28	11.11
6	9.96	8.67	11.44	11.45	11.11	22	10.14	8.51	11.18	11.32	10.93
7	9.79	8.61	11.76	11.9	11.3	23	10.04	8.38	11.37	11.58	11.36
8	9.92	8.42	11.43	11.85	11.49	24	10.11	8.38	11.3	11.4	11.24
9	9.97	8.41	11.5	11.71	11.43	25	10.11	8.53	11.44	11.28	10.87
10	9.99	8.47	11.43	11.62	11.36	26	10.02	8.67	11.18	11.45	11.2
11	9.86	8.64	11.43	11.72	11.63	27	10.04	8.54	11.24	11.49	11.24
12	9.91	8.64	11.63	11.72	11.3	28	10.07	8.61	11.18	11.36	11.18
13	9.94	8.61	11.5	11.58	11.24	29	10.24	8.51	11.11	11.32	10.75
14	9.95	8.61	11.43	11.58	11.3	30	10.02	8.57	11.37	11.45	10.99
15	9.8	8.65	11.5	11.81	11.7	31	10.1	8.47	11.37	11.45	11
16	9.84	8.77	11.5	11.67	11.5						

数据来源：谢慧松，国内外百米速度与成绩的多元回归分析，北京体育大学学报，2006（6）。

实验 5 聚类方法与聚类有效性

实验目的

1. 熟练掌握应用 MATLAB 软件计算谱系聚类与 K 均值聚类的命令。
2. 熟练掌握模糊 C 均值聚类与模糊减法聚类的 MATLAB 实现。
3. 掌握最优聚类数的理论及其实现。

实验数据与内容

2014 年我国城镇居民分地区人均可支配收入来源见表 6-10，利用该表的数据解答以下问题：

表 6-10　城镇居民人均收入　　（单位：元/人）

省（区、市）	工薪收入	经营净收入	财产性收入	转移性收入
北京	27 554.9	1 452.2	7 000.9	8 480.6
天津	17163	2 875.6	2 781.7	6 012
河北	9 829.3	2 681.4	1 138.5	2 998.2
山西	10 168.3	2 593.1	935.5	2 841.4
内蒙古	10 904	5 104.3	1 202.8	3 348.3
辽宁	12 082.5	4 062.6	1 478.2	5 196.8
吉林	8 289.3	4 835.1	754.2	3 641.8
黑龙江	8 794.9	4 208.9	973.1	3 427.5
上海	28 752.5	1 376.4	6 504.1	9 332.8
江苏	15 706.7	4 421.3	2 299.9	4 744.8
浙江	19 068.8	5 958.9	3 586.2	4 043.6
安徽	9 068.5	3 937.9	904.5	2 884.7
福建	13 658.5	4 593.2	2 238.6	2 840.5
江西	9 386.1	3 106.3	1 242.7	2 999.1
山东	12 044.4	4 708.3	1 314.9	2 796.7
河南	7 963	3 854.1	863.2	3 014.9
湖北	9 094.2	4 216	1 079.4	3 893.5
湖南	8 930.8	3 605.8	1 293.6	3 791.4
广东	18 439.3	3 458.1	2 376.2	1 411.3
广西	7 305	3 782.7	1 003.9	3 465.5
海南	9 854.2	3 929.9	1 253.9	2 438.5
重庆	9 888.7	2 981	1 256.2	4 225.9
四川	7 932.1	3 459.1	918.5	3 439.4
贵州	6 336.2	2 833.1	672.5	2 529.2
云南	6 309	3 743.4	1 450	2 269.8
西藏	5 212.8	3 503.8	453.6	1 560
陕西	8 848.9	2 404.4	1 033.4	3 550.1
甘肃	6 414.6	2 346.3	872.2	2 551.6
青海	8 291.7	2 397.4	699.3	2 985.6
宁夏	9 612.7	3 161	589.9	2 543.2
新疆	7 810.1	3 997.2	673.6	2 615.8

数据来源：《2015 年中国统计年鉴》。

①计算各样品间的欧氏距离、马氏距离和加权平方距离。

②运用谱系聚类法进行聚类，包括确定最优聚类数，选择合适的类间距离，同时作出谱系图。

③运用 K 均值聚类法进行聚类，并建立最佳聚类数公式。

④运用模糊 C 均值聚类，并建立最佳聚类数公式。

⑤综合分析以上不同的聚类法所得的聚类结果，能得到什么样的结论。

第 7 章

数值模拟分析

数值模拟以计算机为工具，通过数值计算和图像显示的方法，达到对工程数学问题和物理问题乃至自然界各类问题研究的目的。数值模拟技术在电子信号、图像识别、金融数据分析等领域有着广泛的应用。本章主要介绍随机数值的模拟方法以及利用BP神经网络进行模式识别与预测的方法。

7.1 蒙特卡罗方法与应用

7.1.1 蒙特卡罗方法的基本思想

蒙特卡罗方法又称统计试验方法，它是一种采用统计抽样理论近似求解数学问题和物理问题的方法。它既可以用来研究概率问题，也可用来求解非概率问题。为使读者了解为什么可以用概率统计的方法来解决数学计算问题，从而抓住蒙特卡罗方法的思想实质，我们着重从求解非概率问题中选取一些简单而富有启发性的例子加以说明。

利用蒙特卡罗方法解决数学分析问题，基本的想法是首先建立与描述该问题有相似性的概率模型。利用这种相似性把这概率模型的某些特征（如随机事件的概率或随机变量的平均值等）与数学问题的解答（如积分值等）联系起来，然后对模型进行随机模拟或统计抽样，再利用所得结果求出这些特征的统计估计值作为原来的分析问题的近似解。

例如，考虑积分

$$I=\int_0^1 f(x)\mathrm{d}x$$

假设当 $0\leqslant x\leqslant 1$ 时 $0\leqslant f(x)\leqslant 1$，这时积分 I 等于由曲线 $y=f(x)$、Ox 轴、Oy 轴以及直线 $x=1$ 围成的区域 G 的面积（如图 7-1 所示）。为求此面积，我们设想在正方形 $\{0\leqslant x\leqslant 1, \leqslant y\leqslant 1\}$ 内随机地投掷一个点，落点的两个坐标是相互独立且在区间（0，1）上的均匀分布（即每点都具有等可能性）。那么这个落点在曲线 $y=f(x)$ 以下的区域 G 内的概率 p 显然等于该区域的面积 I。若以（X，Y）表示正方形内的任一点的坐标，如果我们用某种方法得到均匀分布的独立变量 X 及 Y 的 n 个样本值，对（X，Y）的每一取样值（x_i，y_i）$(i=1, 2, \cdots, n)$ 检查 y_i 与 $f(x_i)$ 是否满足不等式

$$y_i < f(x_i) \tag{7.1.1}$$

如果式（7.1.1）成立，说明点（x_i，y_i）落在区域 G 内（如图 7-1 中的点（x_1，y_1）），否则落在区域 G 外（如图 7-1 中的点（x_2，y_2））。设满足不等式（7.1.1）的点数为 m，则由大数定律知，当 n 足够大时频率近似于点落在区域 G 内概率 p，亦即

$$I=\int_0^1 f(x)\mathrm{d}x\approx\frac{m}{n} \tag{7.1.2}$$

我们还可以利用随机变量的平均值（数学期望）来计算积分 I。设随机变量 X 在区间 (0，1)上服从均匀分布，$Y=f(X)$，则由期望的计算公式知

$$E(Y)=E(f(X))=\int_0^1 f(x)\mathrm{d}x=I$$

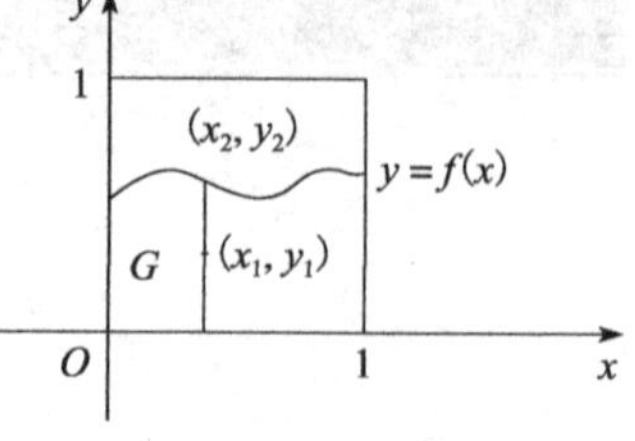

图 7-1　区域 G 示意图

如果我们用某种方法得到均匀分布的变量 X 的 n 个样本值 $x_i(i=1, 2, \cdots, n)$，计算变量 Y 的 n 个样本值 $y_i=f(x_i)$，则由大数定律知

$$E(Y)\approx\frac{1}{n}\sum_{i=1}^{n}y_i=\frac{1}{n}\sum_{i=1}^{n}f(x_i)$$

亦即

$$I=\int_0^1 f(x)\mathrm{d}x\approx\frac{1}{n}\sum_{i=1}^{n}f(x_i) \tag{7.1.3}$$

由以上求解过程可以看出，当所求问题的解是某个事件的概率，或者是某个随机变量的数学期望，或者是与概率、数学期望有关的量时，通过某种试验的方法，得出该事件发生的频率，或者该随机变量若干个具体观察值的算术平均值，通过它得到问题的近似解。

7.1.2　随机数的产生与 MATLAB 的伪随机数

在上面的积分计算中，要求获得在区间（0，1）上均匀分布的随机变量 X 的一系列取样值。一般地，利用蒙特卡罗方法作各种类型数值计算时，同样也必须找出模拟随机变量或随机过程的现实，为此就需要所谓随机数。最常用的随机数是在区间（0，1）上均匀分布的随机数，可以证明任意其他分布律的随机数可以利用均匀分布的随机数来产生。随机数的生成通常有两种方法：一是依赖一些专用的电子元件发出随机信号，这种方法又称为物理生成法；二是通过数学的算法，仿照随机数的发生的规律计算出随机数。目前，许多计算机系统都有随机数生成函数，调用它们便可生成需要的随机数。计算程序产生的随机数不是真正的随机数，它们是确定的，但看上去是随机的，且能通过一些随机性的检验，故常称为伪随机数。表 7-1 列出了 MATLAB 中的随机数生成函数及使用说明。

表 7-1　常见分布中随机数的生成函数

随机数名称	命令调用格式	参数说明
区间（0，1）上均匀分布	Y=rand(m，n)	生成区间（0，1）上的均匀分布随机数
二项分布	Y=binornd(N，p，m，n)	生成参数为 N，p 的 m 行 n 列的 $m\times n$ 个二项分布随机数
几何分布	Y=geornd(p，m，n)	生成参数为 p 的 m 行 n 列的 $m\times n$ 个几何分布随机数
泊松分布	Y=poissrnd(λ，m，n)	生成参数为 λ 的 m 行 n 列的 $m\times n$ 个泊松分布随机数
均匀分布	Y=unifrnd(a，b，m，n)	生成区间（a，b）上的 m 行 n 列的 $m\times n$ 个均匀分布随机数
指数分布	Y=exprnd(λ，m，n)	生成参数为 λ 的 m 行 n 列的 $m\times n$ 个指数分布随机数
正态分布	Y=normrnd(μ，σ，m，n)	生成参数为 μ，σ 的 m 行 n 列的 $m\times n$ 个正态分布随机数
t 分布	Y=trnd(k，m，n)	生成自由度为 k 的 m 行 n 列的 $m\times n$ 个 t 分布随机数
χ^2 分布	Y=chi2rnd(k，m，n)	生成自由度为 k 的 m 行 n 列的 $m\times n$ 个卡方分布随机数
对数正态分布	R=lognrnd(μ，σ，m，n)	生成参数为 μ，σ 的 $m\times n$ 个对数正态分布随机数
β 分布	R=betarnd(A，B，m，n)	生成参数为 A，B 的 $m\times n$ 个 β 分布随机数

7.1.3　蒙特卡罗方法应用实例

1. 圆周率的模拟

例 7.1.1　用蒙特卡罗方法模拟求圆周率 π 的近似值。

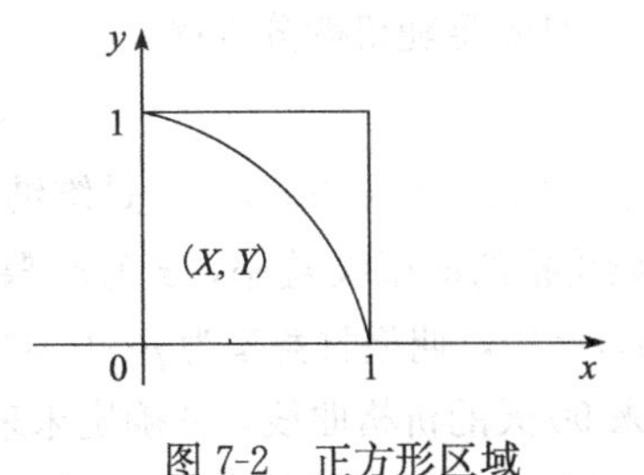

图 7-2　正方形区域

解：（频率法）设二维随机变量（X，Y）在正方形区域 $\{0\leqslant x\leqslant 1，0\leqslant y\leqslant 1\}$ 内服从均匀分布，如图 7-2 所示，则（X，Y）落在单位圆内的概率为

$$p=P\{X^2+Y^2\leqslant 1\}=\frac{\pi}{4}$$

产生均匀分布的独立变量 X 及 Y 的 n 个样本值，对（X，Y）的每一取样值（x_i，y_i）（$i=1，2，\cdots，n$）检查随机数是否满足：$x_i^2+y_i^2\leqslant 1$（相当于第 i 个随机点落在 1/4 圆内）。若有 k 个点落在 1/4 圆内，则随机事件“点落入 1/4 圆内”的频率为 k/n。根据大数定律，$p=\frac{\pi}{4}\approx\frac{k}{n}$，所以，

$$\pi\approx\frac{4k}{n}$$

在 MATLAB 中编程模拟计算得：$\pi\approx 3.1417$。

程序如下：

```
k=0;                        % k表示随机点落在1/4圆内的计数
for j=1:100000              % 样本个数取为N= 100000
a=rand(1,2);                % 生成区间(0,1)上的均匀分布随机数作取样值
if a(1)^2+a(2)^2<=1         % 检查随机数是否满足:x_i^2+ y_i^2≤1
k=k+1;
end
end
PI=4*k/j                    % 计算π的近似值
```

注：由于是模拟计算，所以当读者将程序再运行时所得的结果不一定是 3.1417。

（平均值法）因为 $\int_0^1\sqrt{1-x^2}\,\mathrm{d}x=\frac{\pi}{4}$，令

$$f(x)=\sqrt{1-x^2}$$

所以当随机变量 X 在区间［0，1］上服从均匀分布时，

$$\frac{\pi}{4}=\int_0^1\sqrt{1-x^2}\,\mathrm{d}x=E(f(X))$$

产生 X 的均匀分布的 n 个样本值 x_i（$i=1，2，\cdots，n$），由式（7.1.3）

$$\pi=4E(f(X))\approx\frac{4}{n}\sum_{i=1}^{n}\sqrt{1-x_i^2}$$

在 MATLAB 中编程模拟计算得：$\pi\approx 3.1413$。

程序如下：

```
x=rand(1,100000);           % 生成区间(0,1)上的均匀分布随机数 100000 个
y=sqrt(1-x.^2);             % 计算 f(x_i)= √(1- x_i^2)
PI=4*mean(y)                % 计算 π 的近似值
```

从模拟的结果看，模拟值与真实值很接近。

2. 资产价格的模拟

例 7.1.2 （股票价格变化的模拟）假设股票在 t（单位：天）时刻的价格为 $S(t)$（单位：元），且满足随机微分方程

$$dS(t) = S(t)[\mu dt + \sigma dZ(t)] \tag{7.1.4}$$

其中 $dZ(t) = \varepsilon\sqrt{dt}$，$Z(t)$ 是维纳过程或称布朗运动（Brownian motion），$\varepsilon \sim N(0, 1)$，μ 为股票价格的期望收益率，σ 为股票价格的波动率。又假设股票在 $t=t_0$ 时刻的价格为 $S_0 = S(t_0)=20$，期望收益率为 $\mu=0.031$（单位：元/年），波动率 $\sigma=0.6$，试用蒙特卡罗方法模拟未来 90 天的价格曲线，并确定未来第 90 天股票价格的分布图。

解：MATLAB 脚本程序如下。

```
clear
dt=1/365.0;                                % 一天的年单位时间
S0=20;                                     % 股票在初始时刻的价格
r=0.031;                                   % 程序中假设的期望收益率
sigma=0.6;                                 % 波动率σ= 0.6
expTerm=r*dt;                              % 漂移项μdt
stddev=sigma*sqrt(dt);                     % 波动项σdz(t)
nDays1=90;                                 % 要模拟的总天数
for nDays=1:nDays1                         % nDays 表示时刻 t
nTrials=10000;                             % 模拟次数
    for j=1:nTrials
        n = randn(1,nDays);                % 生成 nDays 个标准正态分布随机数
        S=S0;
        for i=1:nDays
            dS = S*(expTerm+stddev*n(i));  % 模拟计算股票价格的增量
            S=S+dS;                        % 计算股票价格
        end
    S1(nDays,j)=S;                         % 将每天的股票模拟价格数据记录在 S1 中
    end
end
S2=mean(S1');                              % 计算每天模拟的股票价格的均值,作为价格的估值
plot(S2','-o')                             % 90 天期间股票价格估值的曲线图
hist(S1(90,:)(,0:.5:65)                    % 第 90 天的股票价格模拟的直方图
```

输出图形如图 7-3 和图 7-4 所示。

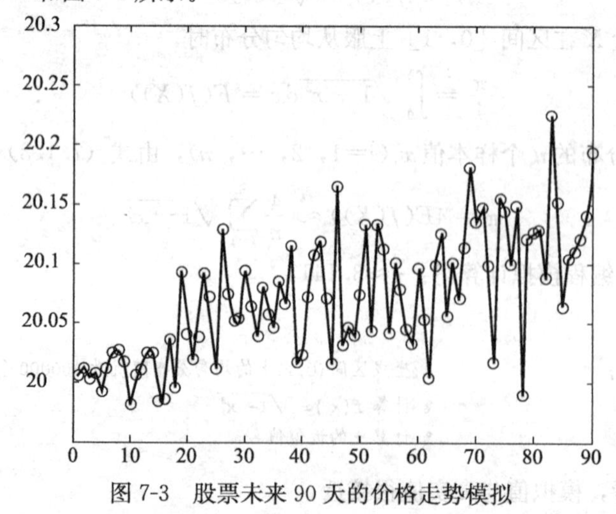

图 7-3　股票未来 90 天的价格走势模拟

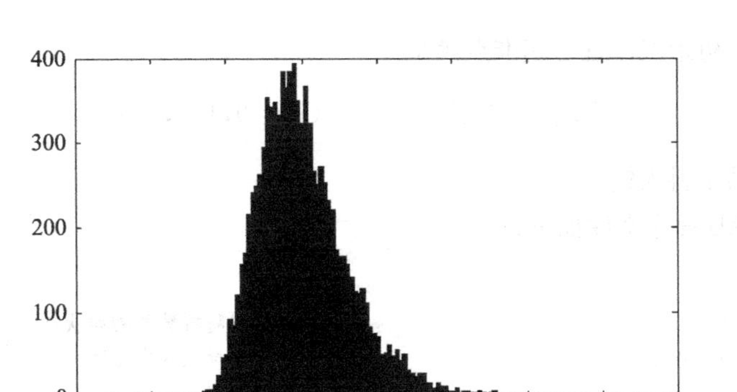

图 7-4　股票第 90 天的价格模拟直方图

3. 马尔科夫链的模拟

例 7.1.3　（稳态马尔科夫链的模拟）考虑 101×101 个点构成的正方形区域（如图 7-5 所示），定义其上的整数点组成的集合

$$A=\{(i,j)\mid i=1,2,\cdots,100;j=1,2,\cdots,100\}$$

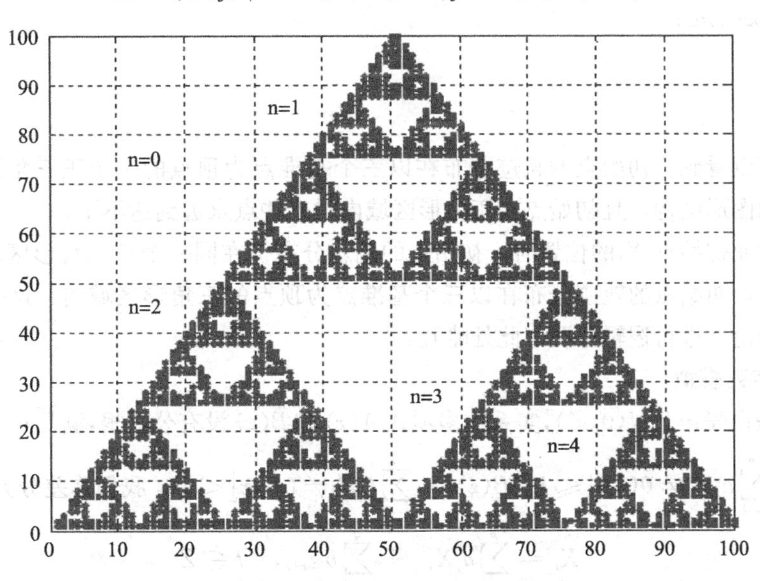

图 7-5　马尔科夫链的初始点的轨迹

选取初始点 $X_0=(10,\ 80)$，按照如下步骤生成马尔科夫链：①选择基准点（0，0），（100，0），（50，100）；②随机选择一个基准点，计算初始点与该基准点的中点坐标并作为新的初始点；③重复步骤①和②。基准点的集合记为

$$R=\{(0,0),(100,0),(50,100)\}$$

令 $\{r_n|n=0,\ 1,\ 2,\ \cdots\}$ 表示第 n 步选择的基准点，则 $\{r_n\}$ 的状态空间为 R，其一步转移概率为

$$p_{ij}=P\{r_{n+1}=r_j\,|\,r_n=r_i\}=\frac{1}{3} \tag{7.1.5}$$

即 $\{r_n\}$ 是马尔科夫链。又设 $\{X_n=(x_n,\ y_n)\,|\,(x_n,\ y_n)\in A\}$ 表示第 n 步的初始点位置（$n=0,\ 1,\ 2,\ 3,\ \cdots$），要求：①模拟 $X_n=(x_n,\ y_n)$ 的轨迹；②改变初始点 X_0 的位置，观察轨迹的变化；③改变基准点的位置，观察轨迹的变化。

解：依题意，初始点位置与基准点满足

$$X_{n+1} = \frac{1}{2}(X_n + r_n) \quad (n = 0,1,2,\cdots) \tag{7.1.6}$$

其中$\{r_n\}$是马尔科夫链。

编写 MATLAB 程序文件如下：

```
clear all
rand('state',0)                              % 返回生成随机数的初始状态
R=[0,100,50;0,0,100];                        % 基准点坐标或状态空间
x0=[10 80]';                                 % 设置初始点
plot(x0(1) ,x0(2),'.')                       % 输出初始点图形
axis([0 100 0 100])                          % 纵横坐标范围
hold on
xn_1=x0;
for n=1:10000                                % 选择初始点的次数为 10000 次
    j=floor(3*rand(1,1)+1);                  % 随机选择三个基准点中的一个
    xn(:,n)=round(0.5*(R(:,j)+xn_1));        % 按式(7.1.6)生成新的初始点
    plot(xn(1,:),xn(2,:),'.')                % 输出新的初始点图形
    xn_1=xn(:,n);
end
grid
hold off
```

从图形可以看到：初始点的轨迹分布在以三个基准点为顶点的一个正三角形区域内，形成一个稳定的图形结构，且初始点在正方形区域内对有些点永远到达不了。

当我们改变初始点 X_0的位置时，初始点的轨迹分布仍在同一个正三角形区域内。当我们改变基准点时，初始点的轨迹分布在以三个基准点为顶点的三角形区域内。这一现象的模拟结果可以从理论上进行逻辑证明（此处略）。

4. 时间序列模拟

设$\{\varepsilon_t\}$是白噪声$WN(0,\sigma^2)$，实系数多项式$A(z)$和$B(z)$没有公共根，满足$b_0=1, a_p b_q \neq 0$，$A(z) = 1 - \sum_{j=1}^{p} a_j z^j \neq 0(|z| \leqslant 1), B(z) = \sum_{j=0}^{q} b_j z^j \neq 0(|z| < 1)$，我们称差分方程

$$X_t = \sum_{j=1}^{p} a_j X_{t-j} + \sum_{j=0}^{q} b_j \varepsilon_{t-j}, \quad t \in Z$$

是一个自回归滑动平均模型，简称为 ARMA(p, q) 模型。称平稳序列$\{X_t\}$为 ARMA(p, q)序列。其中 p、q 是正整数，Z 是整数集合。

ARMA(p, q) 序列$\{X_t\}$的自协方差函数可以由 Wold 系数$\{\psi_j\}$表示：

$$\gamma_k = \sigma^2 \sum_{j=0}^{\infty} \psi_j \psi_{j+k}, \quad k \geqslant 0 \tag{7.1.7}$$

其中系数$\{\psi_j\}$采用如下递推方法：

$$\psi_j = \begin{cases} 1 & j = 0 \\ b_j + \sum_{k=1}^{p} a_k \psi_{j-k} & j = 1,2,\cdots \end{cases}$$

且规定：当 $j>q$ 时，$b_j=0$；当 $j<0$ 时，$\psi_j=0$。

ARMA(p, q) 序列有谱密度：

$$f(\lambda)=\frac{1}{2\pi}\sum_{k=-\infty}^{\infty}\gamma_k e^{-ik\lambda}=\frac{\sigma^2}{2\pi}\left|\frac{B(e^{i\lambda})}{A(e^{i\lambda})}\right|^2 \tag{7.1.8}$$

如果平稳序列$\{X_t\}$的N个样本观测值为

$$x_1,x_2,\cdots,x_N$$

序列$\{X_t\}$的样本自协方差为

$$\hat{\gamma}_k=\frac{1}{N}\sum_{j=1}^{N-k}(x_j-\overline{x}_N)(x_{j+k}-\overline{x}_N)\quad(0\leqslant k\leqslant N-1) \tag{7.1.9}$$

它是$\{X_t\}$的自协方差函数$\gamma_k=\mathrm{Cov}(X_1, X_{k+1})$的点估计，且$\{X_t\}$的谱密度估计为

$$\hat{f}(\lambda)=\frac{1}{2\pi}\sum_{k=-\infty}^{\infty}\hat{\gamma}_k e^{-ik\lambda} \tag{7.1.10}$$

例7.1.4 设$\{\varepsilon_t\}$是标准正态白噪声，序列$\{X_t, t\in Z\}$满足：

$$X_t=0.9X_{t-1}+1.4X_{t-2}+0.7X_{t-3}+0.6X_{t-4}+\varepsilon_t+0.5\varepsilon_{t-1}-0.4\varepsilon_{t-2} \tag{7.1.11}$$

①计算$\{X_t\}$的自协方差函数并画图形；②求谱密度函数并画图形；③模拟X_t的300个观测值，求出样本的自协方差函数，由模拟样本估计谱密度，将估计谱密度与真实谱密度函数作比较。

解： 容易验证$\{X_t\}$是ARMA(4, 2)序列，且实系数多项式

$$A(z)=1-0.9z+1.4z^2+0.7z^3+0.6z^4\neq 0,\quad |z|\leqslant 1$$
$$B(z)=1+0.5z-0.4z^2\neq 0,\quad |z|<1$$

由于$\{\varepsilon_t\}$是标准正态白噪声，因此$\sigma^2=1$。由式（7.1.8）得谱密度函数

$$f(\lambda)=\frac{1}{2\pi}\left|\frac{1+0.5e^{i\lambda}-0.4e^{2i\lambda}}{1-0.9e^{i\lambda}+1.4e^{2i\lambda}+0.7e^{3i\lambda}+0.6e^{4i\lambda}}\right|^2$$

①计算$\{X_t\}$自协方差函数$\{\gamma_k: 0\leqslant k\leqslant 23\}$的程序如下。

```
建立M文件:liti7_1_4
a=[-0.9,-1.4,-0.7,-0.6];                          % 输入自回归部分的系数
b=[0.5,-0.4];                                     % 输入移动部分的系数
% 计算Wold系数
c(1)=1;                                           % 用c数组记录Wold系数
c(2)=b(1)+a(1);
c(3)=b(2)+a(1)*c(2)+a(2)* c(1);
c(4)=a(1)*c(3)+a(2)*c(2)+a(3)*c(1);
c(5)=a(1)*c(4)+a(2)*c(3)+a(3)*c(2)+a(4)*c(1);
for k=1:1000
c(5+k)=a(1)*c(4+k)+a(2)*c(3+k)+a(3)*c(2+k)+a(4)*c(1+k);
end
% 计算理论自协方差函数
for m=0:23                                        % m表示自协方差函数的自变量
    h=0;
    for k=1:980
        h= h+c(k)*c(k+m);                         % 计算自协方差函数
    end
    d(m+1)=h;                                     % 向量d表示自协方差函数的值向量
end
d                                                 % 输出自协方差函数值
plot(d)                                           % 绘制自协方差函数图形
grid on
```

输出$\{X_t\}$的前24个自协方差函数值$\{\gamma_k: 0\leqslant k\leqslant 23\}$如下（横向读）：

6.6708	-1.5078	-4.5792	2.4672	1.2433	-0.4630	-0.3035	-1.4293
1.2894	1.3309	-1.8203	-0.2699	1.0861	-0.1239	-0.1279	-0.3097
-0.1071	0.6939	-0.1810	-0.5477	0.3249	0.1848	-0.1292	-0.0412

序列式（7.1.11）的自协方差函数$\{\gamma_k\}$图形如图 7-6 所示。

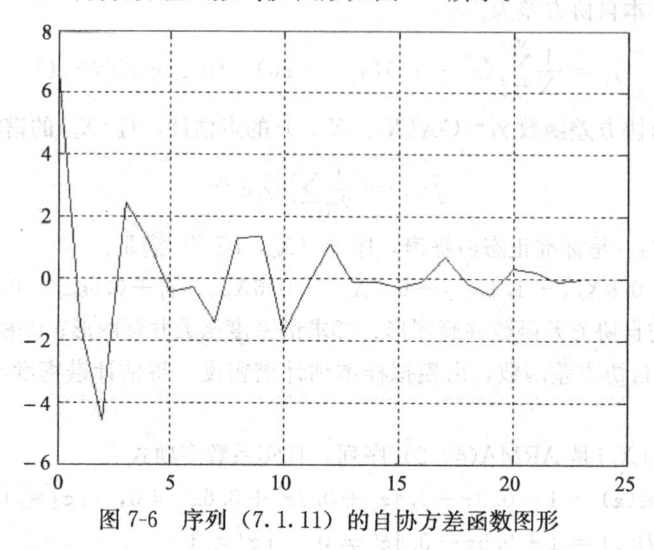

图 7-6 序列（7.1.11）的自协方差函数图形

②谱密度函数图形程序：

```
b=[0.5,- 0.4];
sgm=1;
a=[-0.9,-1.4,-0.7,-0.6];
t=0:0.02:pi;
a1=abs(1+b(1)*exp(i*t)+b(2)*exp(2*i*t));      % 式(7.1.8)中的|A(z)|
a2=abs(1-a(1)*exp(i*t)-a(2)*exp(2*i*t)-a(3)*exp(3*i*t)-a(4)*exp(4*i*t));
                                               % |B(e^iλ)|
ft=sgm*(a1./a2).^2/2/pi;                       % 式(7.1.8)
plot(t,ft)                                     % 绘图
grid on
```

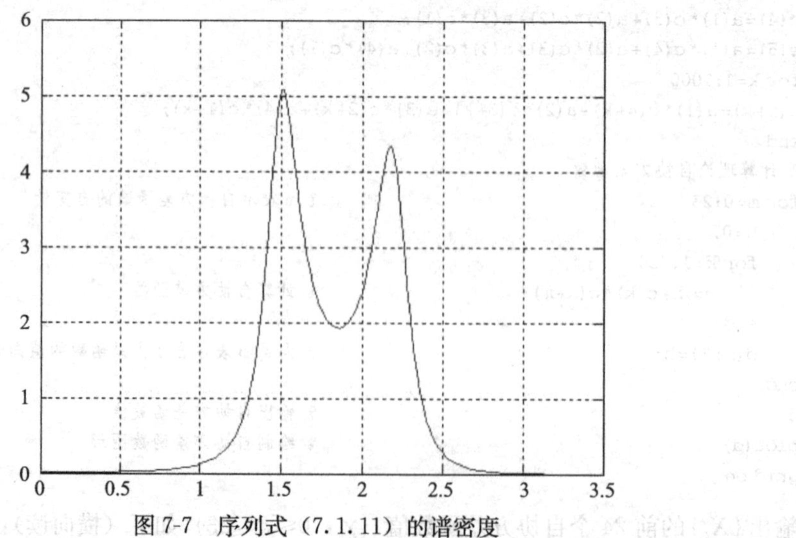

图 7-7 序列式（7.1.11）的谱密度

谱密度的图形有两个峰值，说明这个平稳序列有两个频率成分。

③模拟序列式（7.1.11）的 300 个观测值，并求出样本自协方差函数与谱密度函数的估计。编写程序并保存名为：liti7_1_4_3.m 的 m 文件。

```
% 模拟样本 liti7_1_4_3
a=[-0.9,-1.4,-0.7,-0.6];                     % 输入自回归部分的系数
b=[0.5,-0.4];                                % 输入移动部分的系数
for h1=1:1000                                % 模拟生成序列式(7.1.11)的数据 1000 次
  xt= randn(1,364);                          % 模拟白噪声过程的 364 个观测值,其中 4 个作为初始值
  yt(h1,1)=0;  yt(h1,2)=0; yt(h1,3)=0; yt(h1,4)=0;        % 给序列赋初值
  for k=1:360
    yt(h1,k+4)=sum(a.*yt(h1,[k+3:-1:k]))+sum([1,b].*xt([k+4:-1:k+2]));  % 模拟序列数据
  end
  rt1(h1,:)=autocorr(yt(h1,[65:364]),24);                  % 自相关系数
  rt2(h1,:)=std(yt(h1,[65:364]))^2* rt1(h1,:);             % 自协方差函数
end
figure
myt=mean(yt(:,[65:364]));                    % 1000 次模拟的平均值作为序列的样本值
plot(myt)                                    % 样本散点图
figure
rt=mean(rt2);                                % 1000 次模拟样本值的自协方差函数平均值
plot(rt([1:24]))                             % 绘制模拟样本自协方差函数图形
gtext('模拟样本自协方差函数')
grid on
% 在命令窗口中输入以下命令用于作出理论自协方差函数图形
hold on                                      % 保持图形窗口
liti7_1_4                                    % 调用文件 liti7_1_4.m 绘制理论自协方差函数图形
```

程序运行输出结果如图 7-8 和图 7-9 所示。

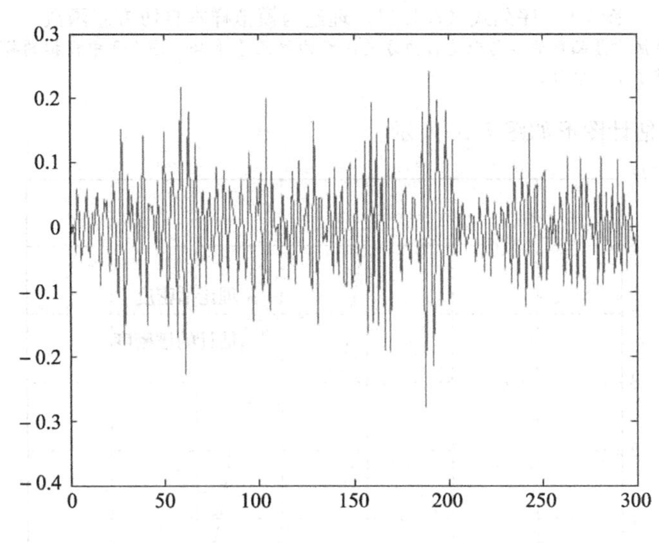

图 7-8　序列式（7.1.11）的 300 个模拟值
（ave=−9.8818e−004，std=0.0810）

在 MATLAB 命令窗口中打开 liti7_1_4_3.m 文件，并输入如下程序。

```
% 谱密度的估计
liti7_1_4_3                                  % 打开 liti7_1_4_3.m 文件
```

```
t=0:0.02:pi;                                          % 谱密度的自变量取值
for j=1:length(t)
    f(j)=sum(rt([1:25]).*exp(i*(0:24)*t(j)))+sum(rt([2:25]).*exp(-i*(1:24)*t(j)));
    f(j)=f(j)/2/pi;                                   % 由式(7.1.10)计算谱密度的估计值
end
figure
plot(t,f, 'r')                                        % 绘模拟样本的谱密度的图形
grid on
% 在命令窗口中输入以下命令,用于理论谱密度与模拟样本的谱密度的图形比较
hold on
liti7_1_4_2                                           % 调用理论谱密度的图形
```

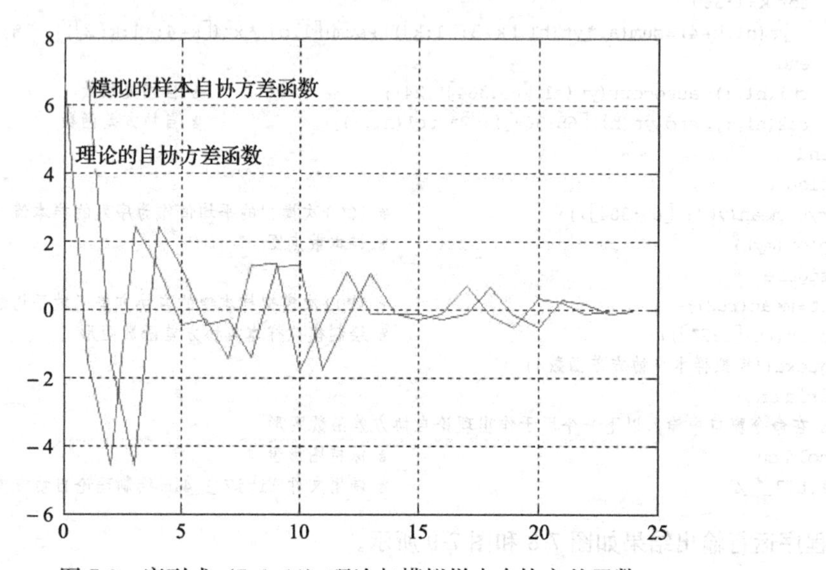

图 7-9 序列式（7.1.11）理论与模拟样本自协方差函数

注：由于模拟的自协方差函数曲线与理论自协方差函数曲线几乎重合，图 7-9 中模拟的样本自协方差函数曲线向右平移了 1 个单位。

输出谱密度的估计图形如图 7-10 所示。

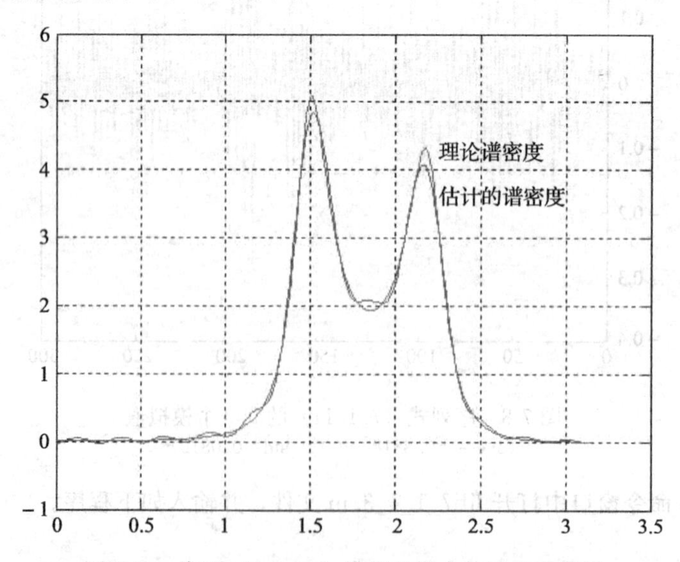

图 7-10 序列（7.1.11）模拟的样本估计的谱密度

图7-10还同时画出了原谱密度，从图形上看，原谱密度与模拟的谱密度非常接近。这说明用MATLAB进行模拟分析往往会取得很好的效果。

7.2　BP神经网络及应用

7.2.1　人工神经元及人工神经元网络

人工神经元网络是由大量的人工神经元经广泛互连形成的人工网络，用以模拟人类神经系统的结构和功能。

1. **人工神经元的结构**

人工神经元是对生物神经元的抽象与模拟。所谓抽象是从数学角度而言的，所谓模拟是从其结构和功能而言的。1943年，心理学家麦克洛奇（W. McMulloch）和数理逻辑学家皮茨（W. Pitts）根据生物神经元的功能和结构，提出了一个将神经元看作二进制阈值元件的简单模型，即M-P模型，如图7-11所示。

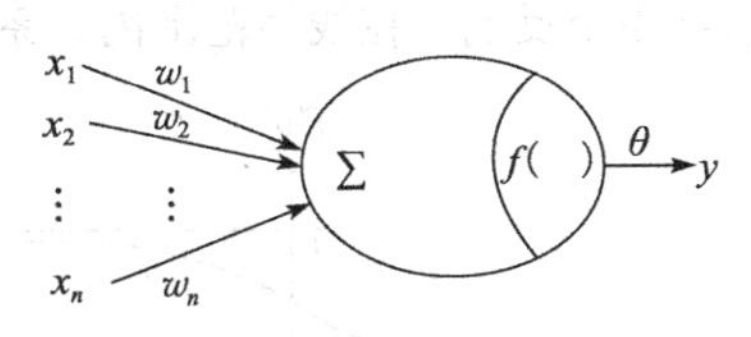

图7-11　M-P神经元模型

在图7-11中，x_1，x_2，…，x_n 表示某一神经元的 n 个输入；w_i 表示第 i 个输入的连接强度，称为连接权值；θ 为神经元的阈值；y 为神经元的输出。可以看出，人工神经元是一个具有多输入、单输出的非线性器件。它的输入为

$$\sum_{i=1}^{n} w_i x_i \tag{7.2.1}$$

输出为

$$y = f(\sigma) = f\left(\sum_{i=1}^{n} w_i x_i - \theta\right) \tag{7.2.2}$$

其中 f 称为神经元功能函数或激活函数。

2. **常用的人工神经元模型**

功能函数 f 是表示神经元输入与输出之间关系的函数，根据功能函数的不同，可以得到不同的神经元模型。常用的神经元模型有以下几种。

（1）阈值型（Threshold）

这种模型的神经元没有内部状态，作用函数 f 是一个阶跃函数，它表示激活值 σ 和输出之间的关系，如图7-12所示。

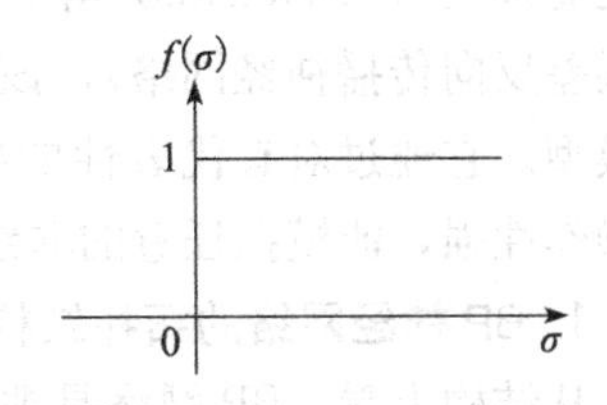

图7-12　阈值型神经元的输入/输出特性

阈值型神经元是一种最简单的人工神经元，也就是我们前面提到的M-P模型。这是一种二值型神经元，其输出状态取值1或0，分别代表神经元的兴奋和抑制状态。某一时刻，神经元的状态由功能函数 f 来决定。当激活值 $\sigma>0$ 时，即神经元输入的加权总和超过给定的阈值时，该神经元被激活，进入兴奋状态，其状态 $f(\sigma)$ 为1；否则，当 $\sigma<0$ 时，即神经元输入的加权总和不超过给定的阈值时，该神经元不被激活，其状态 $f(\sigma)$ 为0。

（2）分段线性强饱和型（Linear Saturation）

这种模型又称为伪线性，其输入/输出之间在一定范围内满足线性关系，一直延续到输出

为最大值 1 为止。但当达到最大值后，输出就不再增大。如图 7-13 所示。

（3）S 型（Sibmoid）

这是一种连续的神经元模型，其输出函数也是一个有最大输出值的非线性函数，其输出值是在某个范围内连续取值的，输入输出特性常用指数、对数或双曲正切等 S 形函数表示。它反映的是神经元的饱和特性，如图 7-14 所示。

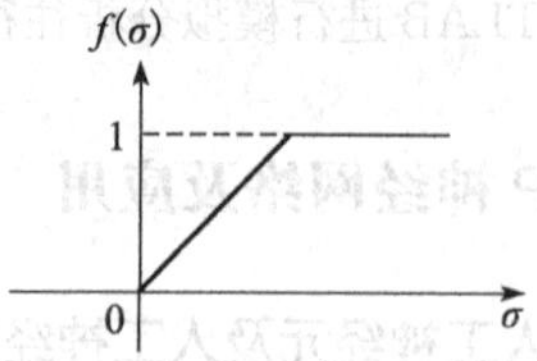

图 7-13 线性饱和型神经元的输入/输出特性

（4）子阈累积型（Subthreshold Summation）

这种类型的作用函数也是一个非线性函数，当产生的激活值超过 T 值时，该神经元被激活产生个反响。在线性范围内，系统的反响是线性的，如图 7-15 所示。

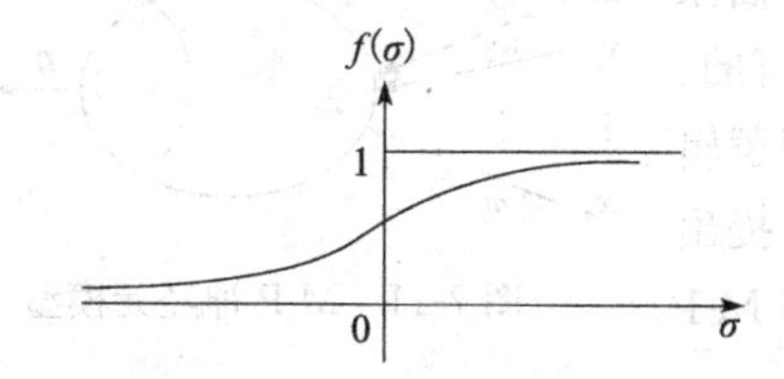

图 7-14 S 形神经元的输入/输出特性

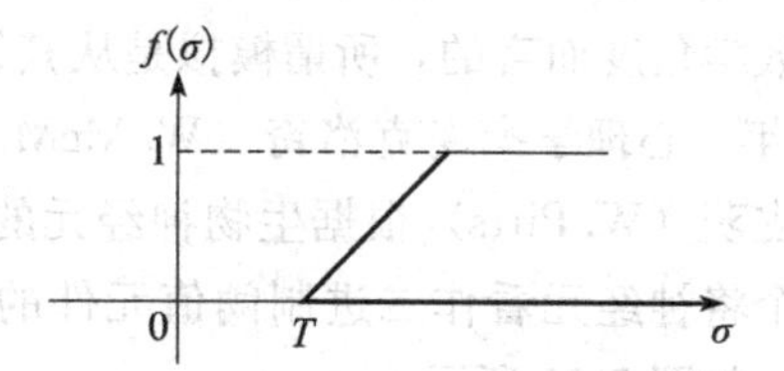

图 7-15 子阈累积型神经元的输入/输出特性

3. 人工神经网络

人工神经网络是一种应用类似于大脑神经突触联接的结构进行信息处理的数学模型。在工程与学术界也常直接简称为神经网络或类神经网络。神经网络是一种运算模型，由大量的节点（或称神经元，或单元）相互联结构成。每个节点代表一种特定的输出函数，称为激励函数（activation function）。每两个节点间的连接都代表一个对于通过该连接信号的加权值，称之为权重（weight），这相当于人工神经网络的记忆。网络的输出则依网络的连接方式，权重值和激励函数的不同而不同。而网络自身通常都是对自然界某种算法或者函数的逼近，也可能是对一种逻辑策略的表达。

7.2.2 BP 神经网络

在神经网络中，最具代表性和应用最广泛的是美国加州大学的鲁梅尔哈特（Rumelhart）和麦克莱兰（Meclelland）等人于 1985 年提出的 BP（Bake-Propagation）神经网络（多层前馈式误差反向传播神经网络），该模型是一种有监督学习模型，具有很强的自组织、自适应能力的模型。它通过对有代表性的样本的学习训练后能掌握研究系统的本质特性，且结构简单、可操作性强，能模拟任意的非线性输入输出关系。

1. BP 神经网络的拓扑结构

从结构上看，BP 网络是典型的多层网络，它不仅有输入层节点、输出层节点，而且有一层或多层隐含节点。在 BP 网络中，层与层之间多采用全互连方式，但同一层的节点之间不存在相互连接。一个三层 BP 网络的结构如图 7-16 所示。

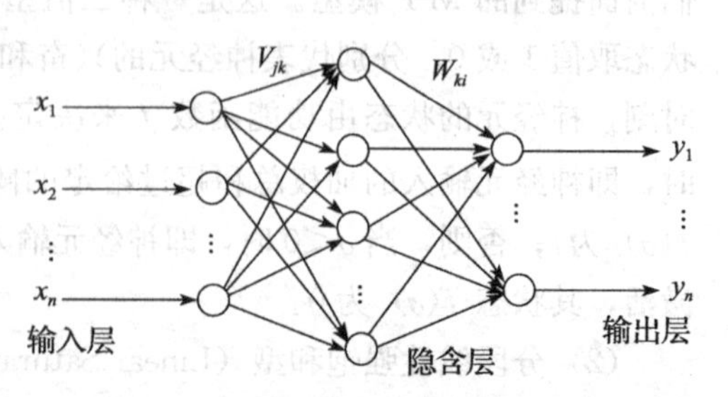

图 7-16 BP 网络的拓扑结构示意图

2. BP 神经网络模型权值问题的数学描述

假设取得 N 个样本 $\{\boldsymbol{y}(t), \boldsymbol{x}(t); t=1, 2, \cdots, N\}$，其中 $\boldsymbol{y}$ 是 n 维向量，$\boldsymbol{x}$ 是 m 维向量，

当第 t 个样本 $\boldsymbol{x}(t)=(x_1(t),x_2(t),\cdots,x_m(t))$ 的数据输入网络时，网络相应的输出记为 $\hat{y}(t)=(\hat{y}_1(t),\hat{y}_2(t),\cdots,\hat{y}_n(t))$；隐含单元的状态记为 $H_k(t)(k=1,2,\cdots,q)$；从输入层到隐含层的权值记为 $V_{jk}(j=1,2,\cdots,m;k=1,2,\cdots,q)$；从隐含层到输出层之间的权值记为 $W_{ki}(k=1,2,\cdots,q;i=1,2,\cdots,n)$；隐含层的传递函数为 $g(\cdot)$，输出层的传递函数为 $f(\cdot)$，则隐含层节点的输出为（将阈值写入求和项中）：

$$H_k(t)=g\Big(\sum_{j=0}^{m}V_{jk}x_j(t)\Big)\quad(k=1,2,\cdots,q)\tag{7.2.3}$$

输出层节点的输出为：

$$\hat{y}_i(t)=f\Big(\sum_{k=0}^{q}W_{ki}H_k(t)\Big)=f\Big(\sum_{k=0}^{q}W_{ki}g\Big(\sum_{j=0}^{m}V_{jk}x_j(t)\Big)\Big)\quad(i=1,2,\cdots,n)\tag{7.2.4}$$

显然，对任何一组确定的输入，输出是所有权 $\{V_{jk},W_{ki}\}$ 的函数。确定权值的目标是确定适当的权 $w=\{V_{jk},W_{ki}\}$，使得网络的输出与系统的实际输出（或理想输出）误差最小。这归结为最优化问题，即确定适当的权 w，使

$$\begin{aligned}E(w)&=\frac{1}{2}\sum_{i,t}(y_i(t)-\hat{y}_i(t))^2\\&=\frac{1}{2}\sum_{i,t}\Big[y_i(t)-f\Big(\sum_{k=0}^{q}W_{ki}g\Big(\sum_{j=0}^{m}V_{jk}x_j(t)\Big)\Big)\Big]^2\end{aligned}\tag{7.2.5}$$

达到极小。

对于权 w 来说，$E(w)$ 是一个连续可微的非线性函数，其极值一定存在，应用 BP 算法可以求解这一问题，下面介绍这一算法。

3. BP 算法原理

BP 算法是一种梯度法，也称为最速下降法，是一种迭代算法。其基本想法是：从一个初始点 w_0 出发，计算在 w_0 点的负梯度方向 $-\nabla E(w_0)$，只要 $\nabla E(w_0)\neq 0$，就可沿着该方向移动一小段距离，达到一个新的点 $w_1=w_0-\eta\nabla E(w_0)$，$\eta(\eta>0)$ 是参数，只要 η 足够的小，一定能保证 $E(w_1)<E(w_0)$。不断重复这一过程，一定能达到 $E(w)$ 的一个极小值。

对于神经网络来说，BP 算法由数据流的前向计算（正向传播）和误差信号的反向传播两个过程构成。正向传播时，传播方向为输入层→隐含层→输出层，每层神经元的状态只影响下一层神经元。若在输出层得不到期望的输出，则转向误差信号的反向传播流程。通过这两个过程的交替进行，在权向量空间执行误差函数梯度下降策略，动态迭代搜索一组权向量，使网络误差函数达到最小值，从而完成信息提取和记忆过程。

对于隐含单元到输出单元的权 W_{ki}，最速下降法给出每一步的修正量是

$$\Delta W_{ki}=-\eta\frac{\partial E}{\partial W_{ki}}=\eta\sum_t\delta_i(t)H_k(t),\quad 其中\ \delta_i(t)=g(h_i(t))[y_i(t)-\hat{y}_i(t)]$$

对于输入单元到隐含单元的权 V_{jk}，修正量是

$$\Delta V_{jk}=-\eta\frac{\partial E}{\partial V_{jk}}=\eta\sum_t\delta_j(t)x_k(t),\quad 其中\ \delta_j(t)=g(h_j(t))\sum_i\delta_i(t)W_{ki}$$

具体的算法：

1）初始化网络及学习参数，即将隐含层和输出层各节点的连接权值、神经元阈值赋予[−1，1]区间的一个随机数。

2）提供训练模式，即从训练模式集合中选出一个训练模式，将其输入模式和期望输出送入网络。

3）正向传播过程，即对给定的输入模式，从第一隐含层开始，计算网络的输出模式，并把得到的输入模式与期望模式比较，若有误差，则执行第 4）步，否则，返回第 2）步，提供下一个训练模式。

4）反向传播过程，即从输出层反向计算到第一隐含层，按以下方式逐层修正各单元的连接权值：

①计算同一层单元的误差 δ_k。

②按下式修正连接权值和阈值：

$$w_{jk}(t+1) = w_{jk}(t) + \Delta w_{jk}(t)$$

对阈值，可按照连接权值的学习方式进行，只是要把阈值设想为神经元的连接权值，并假定其输入信号总是为单位值 1 即可。

反复执行上述修正过程，直到满足期望的输出模式为止。

5）返回第 2）步，对训练模式集中的每一个训练模式重复第 2)～3）步，直到训练模式集中的每一个训练模式都满足期望输出为止。

7.2.3 MATLAB 神经网络工具箱

MATLAB 神经网络工具箱提供了生成新网络函数、训练函数、学习函数、性能函数、预处理与后处理函数、仿真函数等。

表 7-2 神经网络工具箱函数

函数类型	函数名称	功能
生成网络函数	newcf	生成一个前向层叠 BP 网络
	newelm	生成一个 ElmanBP 网络
	newff	生成一个前馈 BP 网络
	newfftd	生成前馈输入延时 BP 网络
	newhop	生成一个 Hopfield 回归网络
	newrb	设计一个径向基网络
训练函数	trainb	权重偏执学习规则成批训练
	trainbfg	BFGS 类牛顿回传
	trainbr	贝叶斯规范化
	traingdm	带动量回传的梯度递减
	trainlm	Levenberg-Marquardt 算法
性能函数	mae	平均绝对误差性能函数
	mse	均方差性能函数
	sse	误差平方和性能函数
学习函数	learncon	公平偏执学习函数
	learngd	梯度下降权重学习函数
	learngdm	梯度下降动量权重学习函数
	learnsom	自组织映射权重学习函数
预处理与后处理函数	premnmx	规范化数据到区间［－1，1］
	prestd	标准化数据（均值＝0，方差＝1）
	prepca	对输入数据进行主成分分析
	postmnmx	Premnmx 的反函数

（续）

函数类型	函数名称	功能
传递函数	logsic	对数S型传递函数
	poslin	正线性传递分派函数
	purelin	线性传递函数
	tansig	双曲正切S型传递函数

以下重点介绍几个函数的用法，其余的请读者参考MATLAB的在线帮助。

1）创建BP网络命令newff，其调用格式为：

```
net=newff(PR,[S1,S2,…,SN1],{TF1,TF2,…,TFN1},BTF,BLF,PF)
```

其中，PR表示由每个输入向量的最大最小值构成的$R\times 2$阶矩阵（R是输入向量的维数）；Si表示第i层网络的神经元个数（$i=1$，2，…，$N-1$）；TFi表示第i层网络的传递函数，默认为“tansig”，可选用的传递函数有“tansig”、“logsig”或“purelin”；BTF表示字符串变量，为网络的训练函数名，可在如下函数中选择：traingd、traingdm、traingdx、trainbfg、trainlm等，缺省为trainlm；BLF表示字符串变量，为网络的学习函数名，缺省为learngdm；BF表示字符串变量，为网络的性能函数，缺省为均方差“mse”。

2）神经网络进行初始化命令int，调用格式为：

```
NET=int(net)
```

其中，NET返回参数，表示已经初始化后的神经网络；net待初始化的神经网络。NET为net经过一定的初始化修正而成。修正后，前者的权值和阀值都发生了改变。

3）神经网络训练命令train，其调用格式为：

```
[net,tr,Y,E,Pf,Af]=train(NET,p,t,Pi,Ai,)
```

其中，NET为由newff产生的要训练的网络；p和t分别为输入输出矩阵；Pi为初始的输入延迟，默认为0；Ai为初始的层次延迟，默认为0；net为修正后的网络，tr为训练的记录（训练步数epoch和性能perf）；Y为函数返回值，神经网络输出信号；E为函数返回值，神经网络误差；Pf为最终输入延迟；Af为最终层延迟。

train根据在newff函数中确定的训练函数来训练，不同的训练函数对应不同的训练算法，如表7-3所示。

表7-3　训练算法列表

函数	训练算法	备注
traingd	最速梯度下降算法	收敛速度慢，网络易陷于局部极小，学习过程常发生振荡
traingdm	有动量的梯度下降算法	收敛速度快于traingd
traingdx	学习率可变的BP算法	收敛速度快于traingd，仅用于批量模式训练
trainrp	弹性BP算法	用于批量模式训练，收敛速度快，数据占用存储空间小
traincgf	Fletcher-Reeves变梯度算法	是一种数据占用存储空间最小的变梯度算法，且速度通常比traingdx快得多，在连接权的数量很多时，时常选用该算法
traincgp	Polak-Ribiére变梯度算法	存储空间略大于traincgp，但对有些问题有较快的收敛速度
traincgb	Powell-Beale变梯度算法	性能略好于traincgp，但存储空间较之略大
trainscg	固定变比的变梯度算法	比其他变梯度算法需要更多迭代次数，但无需在迭代中进行线性搜索使每次迭代的计算量大大减小，存储空间与traincgf近似

（续）

函数	训练算法	备注
trainbfg	BFGS 拟牛顿算法	每次迭代过程所需的计算量和存储空间大于变梯度算法，数据存储量近似于 Hessian 矩阵，对规模较小的网络更有效
trainoss	变梯度法与拟牛顿法的折中算法	根据一步割线法更新权重和偏置值
trainlm	Levenberg-Marquardt 算法	对中等规模的前馈网络（多达数百个连接权）的最快速算法
trainbr	贝叶斯归一化法	可使网络具有较强的泛化能力，避免了以尝试的方法去决定最佳网络规模的大小

4）均方误差性能函数 mse，调用格式为：

```
Perf=mse(e,net,pp)
```

其中，e 为误差向量矩阵（或向量）；net 为待评定的神经网络；pp 为性能参数，可忽略。

7.2.4　BP 神经网络应用实例

1. 基于 MATLAB 的 BP 神经网络判别

基于 MATLAB模式识别的基本步骤如下：

①原始数据预处理，使用［Y，PS］＝mapminmax(X，YMIN，YMAX）将数据 ***X*** 规范化到［YMIN，YMAX］区间，系统默认规范到［－1，1］区间。（注：在较早期的 MATLAB 版本中使用命令 premnmx(***X***）归一化数据。）

②建立初始网络。

③利用数据对网络进行训练。注意要正确地选择输入层、隐含层以及输出层函数。

④对判别对象进行仿真识别

```
[Y,Pf,Af,E,perf] = sim(net,P, T,Pi,Ai)
```

其中，输入参数 net 为使用的网络；P 为输入矩阵（判别对象）；T 为网络标靶；Pi 为初始输入延迟条件，仅当输入有延迟时使用，默认为 0；Ai 为网络层初始延迟条件，默认为 0；输出参数 Y 为网络输出；Pf 为输入向量最终延迟条件；Af 为网络层最终延迟条件；E 为网络误差；perf 为网络的性能（每一次训练的误差）。

例 7.2.1　已知 9 个湖泊的水质观测值（见表 7-4）和湖泊水质的评价标准（见表 7-5），利用 BP 神经网络进行判别。

表 7-4　全国 9 个主要湖泊评价参数的实测数据

指标	总磷(mg/L)	总氮(mg/L)	耗氧量(mg/L)	生物量（mg/L)	透明度(m)
青海湖	20	220	1.40	14.6	4.50
太湖	20	900	2.83	100.0	0.5
呼伦湖	80	130	8.29	11.6	0.5
洪泽湖	100	460	5.5	11.5	0.3
巢湖	30	1 670	6.26	25.3	0.25
滇池	20	230	10.13	189.2	0.5
武汉东湖	105	2 000	10.7	1 913.7	0.4
杭州西湖	130	760	10.3	6 920	0.35
洱海	34	490	2.11	22.3	3.3

数据来源：韩涛等．基于 MATLAB 的神经网络在湖泊富营养化评价中的应用，水资源保护，Vol.21，2005(1)。

表 7-5 湖泊水质评价标准

评价参数	总磷（mg/L）	总氮（mg/L）	耗氧量（mg/L）	生物量（mg/L）	透明度（m）
极贫营养	<1	<20	<0.09	<4	>37.0
贫营养	4	60	0.36	15	12.0
中营养	23	310	1.80	50	2.4
富营养	110	1 200	7.10	100	0.55
极富营养	>660	>4 600	>27.10	>1 000	<0.17

解：我们将极贫营养至极富营养5个等级的标靶向量（即期望输出向量）分别设置为：$(1, 0, 0, 0, 0)^T$、$(0, 1, 0, 0, 0)^T$、$(0, 0, 1, 0, 0)^T$、$(0, 0, 0, 1, 0)^T$、$(0, 0, 0, 0, 1)^T$。程序如下：

```
clear
A1=[20,220,1.40,14.6,4.50;20,900,2.83,100.0,0.5;80,130,8.29,11.6,0.5;
100,460,5.5,11.5,0.3; 30,1670,6.26,25.3,0.25;20,230,10.13,189.2,0.5;
105,2000,10.7,1913.7,0.4;130,760,10.3,6920,0.35;34,490,2.11,22.3,3.3];
                                                 % 输入数据
p1=[1, 20, 0.09, 4,37; 4, 60, 0.36, 15, 12; 23, 310, 1.8, 50, 2.4;
110, 1200, 7.10, 100, 0.55; 660, 4600, 27.1, 1000, 0.17];
                                                 % 初始化数据
[p,minp1,maxp1]=premnmx (p1');
[A,minA1,maxA1]=premnmx (A1') ;                  % 将原始数据变换到[-1,1]
net=newff(minmax(p),[8,5],{'tansig','logsig'},'traincgb','learngdm','mse');
                                                 % 建立网络
                                                 % 设置参数
net=init(net);                                   % 初始化网络
net.trainParam.epochs=500;                       % 最大训练步数
net.trainParam.goal=0.01;                        % 训练目标误差
net.trainParam.show=10;                          % 每10轮显示一次
net.trainParam.lr=0.05;                          % 学习速度
net.trainParam.min_grad=1e-5;                    % 训练中最小允许梯度值
net=train(net,p,eye(5));                         % 网络训练
y=sim(net,A)                                     % 模拟仿真
```

程序运行结果（注意：每一次仿真的结果可能不同！）

```
y=
0.98  0.00  0.00  0.00  0.00  0.00  0.00  0.00  0.85
0.09  0.02  0.02  0.00  0.00  0.02  0.00  0.01  0.18
0.00  0.00  0.00  0.00  0.00  0.00  0.00  0.00  0.00
0.00  0.99  0.99  0.99  0.87  0.98  0.04  0.02  0.00
0.00  0.00  0.00  0.00  0.12  0.00  1.00  1.00  0.00
```

结果表明：y的第1、9列是青海湖与洱海仿真的结果，因为$y(1, 1)=0.98$，$y(1, 9)=0.85$，所以青海湖与洱海属于极贫营养湖泊；y的第2、3、4、5列是太湖、呼伦湖、洪泽湖、巢湖、滇池仿真的结果，表明它们属于富营养湖泊；y的第6、7列是武汉东湖、杭州西湖仿真的结果，这两个湖属于极富营养湖泊。

例7.2.2 在MATLAB的自带的Isir数据文件fisheriris.mat中，用变量meas存储了三类样本数据，每类50个样品共计150个，样品为4维向量。又在每类中选25个样品，将总的样品分为两组，每组75个样品，将一组作为训练样品，另一组作为仿真样品，建立神经网络模型，对仿真样品进行分类，并计算分类的正确率。

解：分别用 1、2、3 表示每类样品所属的类别，输出向量为（1，0，0）、（0，1，0）、（0，0，1）。程序如下：

```
clear,clc
load fisheriris                                    % 载入 fisheriris 数据
x=meas';                                           % 150 个样品数据,每一行为一个样品
class=[ones(1,25),2*ones(1,25),3*ones(1,25)];
                                                   % 第一组数据的类别号
s = length( class);
output=zeros(s,3);                                 % 此循环构造标靶矩阵
for i=1:s
    output(i,class(i))=1;                          % 将样品对应的类别用(1,0,0)、(0,1,0)、(0,0,1)表示
end
x1=x(:,[1:25,51:75,101:125]);                      % 第一组样品数据,用于训练网络
x2=x(:,[26:50,76:100,126:150]);                    % 第二组样品数据,用于测试网络
[input,mp1]=mapminmax(x1);                         % 数据变换到[- 1,1]
net = newff(minmax(input),output',[10 3],{ 'logsig' 'purelin' } , 'traingdx' ) ;
                                                   % 建立网络
net=init(net);                                     % 初始化网络
net.trainparam.show = 50 ;                         % 每 50 轮显示一次
net.trainparam.epochs = 500 ;                      % 最大训练步数
net.trainparam.goal = 0.01 ;                       % 训练目标误差
net.trainParam.lr = 0.01;                          % 学习速度
net=train(net,input,output');                      % 开始训练
test_Input=mapminmax(x2,mp1);                      % 第二组样品数据变换
Y=sim(net,test_Input);                             % 开始仿真
[s1,s2]=size(Y);
hitNum = 0;
for i = 1:s2                                       % 此循环统计测试样品分类的正确率
    [m , Index] = max( Y(:,i));
    if( Index == class(i))
    hitNum = hitNum + 1;                           % 分类正确的样品数
    end
end
sprintf('识别率是% 3.3f% % ',100 * hitNum/s2)
                                                   % 显示识别率
```

程序运行的结果：

```
ans =
识别率是 96.000%
```

结果表明，建立的神经网络模型能很好地识别样品的类别。

2. 基于 MATLAB 的 BP 神经网络预测

利用神经网络进行预测的基本思路如下：

①对于时间序列 X_1，X_2，…，X_n，利用递推方法构造输入与输出，例如：

输入 X_1，X_2，X_3，…，X_m ⇒输出 X_2，X_3，X_4，…，X_{m+1}

输入 X_2，X_3，X_4，…，X_{m+1}⇒输出 X_3，X_4，X_5，…，X_{m+2}

输入 X_{n-m+1}，X_{n-m+2}，X_{n-m+3}，…，X_n ⇒输出 X_{n-m+2}，X_{n-m+3}，X_{n-m+4}，…，X_{n+1}

②选择合适的网络进行训练，从而进行预测。

上述思路构造的网络适用于每次预测一个，类似地可以构造每次预测 k 个的递推公式。

神经网络预测流程图如图 7-17 所示：

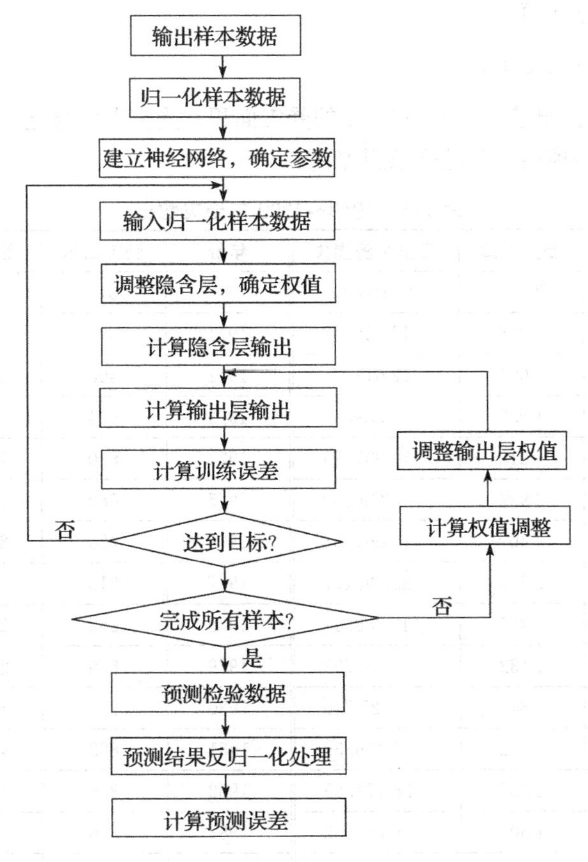

图 7-17　神经网络预测流程图

基于 MATLAB 软件神经网络预测步骤如下：

①原始数据预处理：

```
[pn1, minpn,maxpn]=premnmx(pn);
[Tn1,minTn,maxTn]=premnmx(Tn');
```

其中，pn 是原始数据，Tn 是原始数据的期望输出（即标靶）。

②初始化网络：

```
net=newff(minmax(pn1),[16,1],{'tansig','purelin'},'trainlm','learngdm');
```

③设置网络参数：

```
net.trainParam.epochs=2500;          % 最大步长
net.trainParam.goal=0.001;           % 精度
net.trainParam.show=10;              % 显示两次间隔间的次数
net.trainParam.lr=0.08;              % 学习率
net.trainParam.mc=0.6;               % 动量因子
```

④对网络进行训练：

```
net=train(net,pn1,Tn1);
```

⑤原始数据用网络进行仿真：

```
rn1=sim(net,pn1);
```

⑥将仿真后的数据还原：

```
y=postmnmx(rn1,minTn,maxTn)
```

例 7.2.3 表 7-6 给出了 1949～1990 年的受灾面积、受灾人口与直接经济损失数据，试建立受灾面积的神经网络模型，并进行预测评判。

表 7-6 1949～1990 年受灾数据

年份	受灾面积	受灾人口	直接经济损失	年份	受灾面积	受灾人口	直接经济损失
1949	928.2	2 006	190 300	1970	313	305	17 424.71
1950	656	1 928	12 028.87	1971	399	618	15 312.09
1951	417	601	12 614.71	1972	408	1 608	21 804
1952	279.4	1 059	23 339.56	1973	624	1 746	14 378.77
1953	741	812	10 897.38	1974	640	1 988	35 974.6
1954	1 613	3 937	209 300	1975	682	1 208	1 000 000
1955	525	407	13 061.56	1976	420	2 589	26 163.63
1956	1 438	2 576	326 801.7	1977	910	1 872	60 604.77
1957	808.27	870	45 708.41	1978	285	2 130	26 155.93
1958	428	1 132	14 692	1979	676	2 191	54 798.1
1959	481	845	25 746	1980	915	4 106	90 339.39
1960	1 016	682	58 179.59	1981	862	4 560	335 319.3
1961	887	1 867	26 172.85	1982	836	4 499	120 239.5
1962	981	1 501	53 865.8	1983	1 216	5 294	221 760.3
1963	1 407	2 757	629 755.2	1984	1 069	nan	1 530
1964	1 493	1 561	31 458.73	1985	1 419.73	1 294	470 282
1965	559	683	23 751.14	1986	915.53	321	703 600
1966	251	1 079	68 286.03	1987	868.6	2 105	246 253.3
1967	170.89	575	14 286.03	1988	1 194.93	3 522	803 387.8
1968	224.34	372	8 232.32	1989	1 132.8	nan	233 000
1969	463.18	1 252	23 293.55	1990	1 180.4	7 611	1 591 968

数据来源：李柏年，洪灾损失的回归模型，昆明理工大学学报，2006 (2)。

解：将 1949～1988 年的数据作为训练样本，1989 年、1990 年数据作为检验。程序如下。首先将表 7-6 数据作为矩阵 ***a***，再提取 ***a*** 的第一列受灾面积进行建模分析。

```
clear,clc
a=[928.2,2006,190300;656,1928,12028.87;417,601,12614.71;279.4,1059,23339.56;741,812,
10897.38;1613,3937,209300;525,407,13061.56;1438,2576,326801.7;808.27,870,45708.41;428,
1132,14692;481,845,25746;1016,682,58179.59;887,1867,26172.85;981,1501,53865.8;1407,2757,
629755.2;1493,1561,31458.73;559,683,23751.14;251,1079,68286.03;170.89,575,14286.03;224.34,
372,8232.32;463.18,1252,23293.55;313,305,17424.71;399,618,15312.09;408,1608,21804;624,
1746,14378.77;640,1988,35974.6;682,1208,1000000;420,2589,26163.63;910,1872,60604.77;285,
2130,26155.93;676,2191,54798.1;915,4106,90339.39;862,4560,335319.3;836,4499,120239.5;
1216,5294,221760.3;1069,nan,1530;1419.73,1294,470282;915.53,321,703600;868.6,2105,
246253.3;1194.93,3522,803387.8;1132.8,nan,233000;1180.4,7611,1591968];
[m,n]=size(a);
m1=8;                                  % 将序列分段,选择每段数据 m1 个
```

```
p=zeros(m1,m-m1);
T=zeros(m1,m-m1);
for k=1:m1                                        % 递推方法构造输入与输出矩阵
    p(k,:)=a(k:(m-m1)+k-1);                       % 输入矩阵
    T(k,:)=a(k+1:(m-m1)+k);                       % 输出矩阵
end
[p1,minp,maxp]=premnmx(p);                        % 归一化
[T1,minT,maxT]=premnmx(T);
net=newff(minmax(p1),[17,8],{'logsig','purelin'},'traincgp','learnwh');
                                                  % 建立网络
net.trainParam.epochs=2500;                       % 网络参数设定
net.trainParam.goal=0.001;
net.trainParam.show=10;
net.trainParam.lr=0.08;
net.trainParam.mc=0.6;
net=train(net,p1,T1);                             % 训练网络
r1=sim(net,p1);                                   % 原仿真
yu=postmnmx(r1,minT,maxT);                        % 仿真数据还原
y1=[a(1),yu(1,1:31),yu(:,32)'];                   % 预测结果
e1=(y1-a(1:40));                                  % 离差
F1=[mae(e1),mse(e1),sse(e1)]                      % 平均绝对误差、均方误差、总方差
for k=1:m1
    pt1(k,:)=a(k+1:32+k);
end
[py1,minpt1,maxpt1]=premnmx(pt1);                 % 归一化
ry1=sim(net,py1);                                 % 网络仿真 1989 年
yc1=postmnmx(ry1,minpt1,maxpt1);                  % 反归一化即仿真数据还原
yu1=yc1(8,32);                                    % 1989 年预测值
rerror1=(yu1-a(m-1,1))/a(m-1,1)                   % 计算相对误差
for j=1:m1
    if j<m1
        pt2(j,:)=a(j+2:32+j+1);
    else
        pt2(j,:)=[a(j+2:32+j),yu1];
    end
end
[py2,minpt2,maxpt2]=premnmx(pt2);                 % 归一化
ry2=sim(net,py2);                                 % 网络仿真 1990 年
yc2=postmnmx(ry2,minpt2,maxpt2);                  % 反归一化即仿真数据还原
yu2=yc2(8,32);                                    % 1990 年预测值
rerror2=(yu2-a(m,1))/a(m,1)                       % 计算相对误差
plot(1949:1990,a(:,1),'-*',1949:1988,y1,'-d',1989:1990,[yu1,yu2],'O')
```

程序运行结果：

```
F1 = 1.0e+04 *
0.0016    0.0410    1.6392
rerror1 =
          0.0287
rerror2 =
          0.0089
```

结果表明，所建网络模型对训练样本的预测平均绝对误差、均方误差与总方差分别为 16、410 与 16 392。用 1989 年、1990 年数据进行模型预测验证，结果与误差分析见表 7-7。

表 7-7 预测误差分析表

年份	实际数据	预测结果	相对误差
1989	1 132.8	1 165.3	0.028 7
1990	1 180.4	1 190.8	0.008 9

由表 7-7 可知，模型检验结果较好，因此可用该网络模型进行预测。注意若用全部数据预测 1991 年、1992 年两年的受灾面积，还要将原程序稍加改动，请读者自己完成。受灾面积实际数据与预测数据图形，如图 7-18 所示。

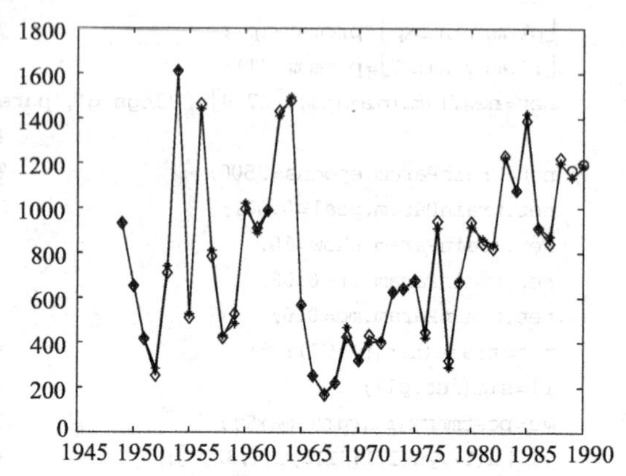

图 7-18 受灾面积实际数据（*）与预测数据图形（o）

例 7.2.4 中国工商银行（601398）股票 2012 年 6 月 4 日到 2016 年 7 月 20 日的日收盘价、日对数收益率数据保存在文件“gsyh601398.xls”中，考虑日对数收益率，把数据分成两组，第一组样本由 2012 年 6 月 4 日到 2015 年 12 月 31 日的 872 个数据组成，第二组样本由 2016 年 1 月 4 日到 2016 年 7 月 20 日的 134 个数据组成。用第一组样本构造带有 3 个输入值和含有两个节点的隐含层网络模型：

$$\hat{r}_t = a_0 + a_1 r_{t-1} + a_2 r_{t-2} + a_3 r_{t-3} + b_1 f_1(r_{t-1}) + b_2 f_2(r_{t-1})$$

其中 $f_i(r_{t-1})(i=1,2)$ 是 Logistic 函数，且

$$f_i(r_{t-1}) = (1+\exp[-(a_{i0} + a_{i1} r_{t-1} + a_{i2} r_{t-2} + a_{i3} r_{t-3})])^{-1} (i = 1,2)$$

这是一个 3-2-1 的跳跃层前馈网络。编程求解模型参数。

解：程序如下。

```
clear,clc
X1=xlsread('gsyh601398.xls','C136:C1007');   % 读取第一组样本
X=flipud(X1);                                  % 按时间顺序整理输入数据
[m1,n1]=find(isnan(X)==1);                     % 查找 NaN 数据
X(m1,:)=[];                                    % 删除 NaN 数据
Y1=xlsread('gsyh601398.xls','C2:C135');       % 读取第二组样本
Y=flipud(Y1);
[m2,n2]=find(isnan(Y)==1);                     % 查找 NaN 数据
Y(m2,:)=[];                                    % 删除 NaN 数据
N1=length(X);
for i=0:N1-4                                   % 构造输入矩阵
    P(1,i+1)=X(N1-i-2);
    P(2,i+1)=X(N1-i-1);
    P(3,i+1)=X(N1-i-0);
    T(i+1)=X(N1-i-3);
end
threshoid=[-1 1;-1 1;-1 1];
net=cascadeforwardnet(10);                     % 建立网络
net.trainParam.ePochs=1000;
net.trainParam.goal=0.0001;
net.trainParam.lr=0.01;
net=train(net,P,T);                            % 训练网络
Out1=sim(net,P);                               % 网络仿真
```

```
N2=length(Y);
for j=0:N2-4                                   % 构造测试输入矩阵
    P_test(1,j+1)=X(N2-j-2);
    P_test(2,j+1)=X(N2-j-1);
    P_test(3,j+1)=X(N2-j-0);
    T_test(j+1)=X(N1-j-3);
end
Out=sim(net,P_test);                           % 测试数据网络仿真
a0=net.b{2}(1);
a=[a0,net.iw{2,1}]                             % 第一隐含层参数[a0,a1,a2,a3]
b=net.lw{2,1}([1,2])                           % 第一隐含层参数[b1,b2]
a10=net.b{1}(1);
aa1=[a10,net.iw{1,1}(1,:)]                     % 第二隐含层第一节点参数[a10,a11,a12,a13]
a20=net.b{1}(2);
aa2=[a20,net.iw{1,1}(2,:)]                     % 第二隐含层第二节节点参数[a20,a21,a22,a23]
mse_and_resid_dev_sample=[mse(T-Out1),sqrt(var(T-Out1))]
mse_resid_dev_outta_sample=[mse(T_test-Out),sqrt(var(T_test-Out))]
```

程序运行结果：

```
a =
  0.4136    0.0934    0.1091   - 0.0023
b =
  -0.5545    0.1903
aa1 =
  2.9640   -2.3640    1.4979    1.2716
aa2 =
  2.5083   -1.2876    2.3640    0.7625
mse_and_resid_dev_sample =
  0.0003    0.0163
mse_resid_dev_outta_sample =
  0.0007    0.0258。
```

结果表明，经训练后，模型为

$$\hat{r}_t = 0.431\,6 + 0.093\,4r_{t-1} + 0.109\,1r_{t-2} - 0.002\,3r_{t-3} - 0.554\,5f_1(r_{t-1}) + 0.190\,3f_2(r_{t-1})$$

其中

$$f_1(r_{t-1}) = (1+\exp[-(2.96-2.36r_{t-1}+1.50r_{t-2}+1.27r_{t-3})])^{-1}$$

$$f_2(r_{t-1}) = (1+\exp[-(2.51-1.29r_{t-1}+2.36r_{t-2}+0.76r_{t-3})])^{-1}$$

模型的均方误差为 0.000 3，残差的标准差为 0.016 3，测试样本的预测均方误差为 0.000 7，残差的标准差为 0.025 8。

习　题　7

1. 应用蒙特卡罗方法计算定积分 $\int_0^1 e^{x^2}\,dx$。

2. 设 U_1, U_2，…独立同分布且都在 $(0, 2\pi)$ 上均匀分布，

$$X_t = b\cos(at+U_t), t\in \mathbf{Z}$$

计算 $E(X_t)$、$D(X_t)$，任意给定 a、b 的值，模拟生成序列 $\{X_t\}$ 的 300 个样本，求出样本均值与标准差，并与真实值 $E(X_t)$、$D(X_t)$ 作比较。

3. 设 ARMA(2，1) 模型为 $x_t=0.2x_{t-1}-0.5x_{t-2}+\varepsilon_t-0.5\varepsilon_{t-1}$，$t\in\mathbf{Z}$，模拟 $\{x_t\}$ 的 500 个观测值，求

出样本的自协方差函数，由模拟样本估计谱密度。将估计谱密度与真实谱密度函数作比较。

4. 在网易网站财经频道（http://quotes.money.163.com/0601398.html#3a01）收集工商银行股票的历史交易数据，应用 BP 神经网络对工商银行股票对数收益率数据建立预测模型。

实验 6　数值模拟

实验目的

1. 熟练掌握利用 MATLAB 软件生成各种分布的随机数的方法。
2. 掌握蒙特卡罗方法的应用。
3. 掌握基于 MATLAB 的 BP 神经网络的创建与模拟计算。

实验数据与内容

汇率是将一个国家的货币折算成另一个国家货币时使用的折算比率，也可以说是货币的相对价格。它在本质上反映的是不同国家货币之间的价值对比关系。以本币来表示单位外币的价格叫做直接标价（the direct quotation），简称为直接汇率；用外币来表示单位本币的价格叫间接标价法（the indirect quotation），简称为间接汇率。汇率作为一个重要的经济变量，其变动对国民收入的增减、工农业的发展、国内利率、就业等各方面都有着重要的影响。尤其是在全球经济一体化趋势逐渐加强和世界各国经济之间的依赖程度不断加深的今天，汇率无疑成为了维系国际间经济往来的纽带和桥梁，具有越来越重要的地位。汇率的决定及其变化也将对国际贸易、国际投资、国际收支等产生重大影响。从国家外汇管理局网站（http://www.safe.gov.cn）获取人民币对美元、欧元、日元、港元、英镑、澳元与加元汇率的日中间价数据，时间为 2014 年 1 月 2 日至 2016 年 7 月 15 日（见表 7-8），建立神经网络模型预测 2016 年 7 月 18 日至 22 日的汇率。

表 7-8　人民币汇率日中间价　　(100 外币/人民币)

日期	美元	欧元	日元	港元	英镑	澳元	加元
2014-01-02	609.9	839.37	5.7827	78.658	1011.18	542.12	573.21
2014-01-03	610.39	834.13	5.8115	78.72	1004.27	542.46	572.22
…	…	…	…	…	…	…	…
2016-07-14	668.46	741.87	6.4217	86.182	876.83	507.75	515.43
2016-07-15	668.05	742.26	6.3475	86.156	892.58	508.86	517.73

数据来源：http://www.safe.gov.cn/wps/portal/sy/tjsj_hlzjj_inquire。

参考文献

[1] Richard A Johnson，Dean W Wihern. 应用多元统计分析 [M]. 北京：中国统计出版社，2002.

[2] 何晓群 . 多元统计分析 [M]. 北京：中国人民大学出版社，2004.

[3] 张尧庭，方开泰 . 多元统计分析引论 [M]. 北京：科学出版社，2003.

[4] 范金城，梅长林 . 数据分析 [M]. 北京：科学出版社，2007.

[5] 高惠璇 . 应用多元统计分析 [M]. 北京：北京大学出版社，2005.

[6] Lattin，J M，等 . 多元数据分析 [M]. 北京：机械工业出版社，2003.

[7] 吴礼斌，等，经济数学实验与建模 [M]. 2 版 . 北京：国防工业出版社，2012.

[8] 茆诗松 . 贝叶斯统计 [M]. 北京：中国统计出版社，1999.

[9] 张立军，任英华 . 多元统计分析实验 [M]. 北京：中国统计出版社，2009.

[10] 向东进 . 实用多元统计分析 [M]. 武汉：中国地质大学出版社，2005.

[11] 王岩，隋思涟，王爱青 . 数理统计与 MATLAB 工程数据分析 [M]. 北京：清华大学出版社，2006.

[12] 邓留保 . MATLAB 与金融模型分析 [M]. 合肥：合肥工业大学出版社，2007.

[13] 梅长林，范金城 . 数据分析方法 [M]. 北京：高等教育出版社，2006.

[14] 范九伦 . 模糊聚类新算法与聚类有效性问题研究 [D]. 西安：西安电子科技大学博士论文，1998.

[15] 李柏年 . 模糊数学及其应用 [M]. 合肥：合肥工业大学出版社，2007.

[16] D W Kim，K Y Lee，D Lee ，et al. A Kernel-based Subtractive Clustering Method [J]. Pattern Recognition Letters，2005，26：879-891.

[17] W N Wang，Y J Zhang. On Fuzzy Cluster Validity Indices [J]. Fuzzy Sets and Systems，2007，158：2095-2117.

[18] S L Chiu. Extracting Fuzzy Rules for Pattern Classification by Cluster Estimation [C]. In The 6th International Fuzzy Systems Association World Congress，1995：1-4.

[19] H Sarimveis，A Alexandridis，G Bafas. A Fast Training Algorithm for RBF Networks Based on Subtractive Clustering [J]. Neurocomputing，2003，51：501-505.

[20] 李柏年 . 经济数据处理与优化模型分析实验教程 [M]. 天津：天津大学出版社，2009.

[21] 李琼，周建中 . 改进主成分分析法在洪灾损失评估中的应用 [J]. 水电能源科学，2010，28(3)，39-42.

[22] 王秀峰，卢桂章 . 系统建模与辨识 [M]. 北京：电子工业出版社，2004.

[23] 何晓群，刘文卿 . 应用回归分析 [M]. 北京：中国人民大学出版社，2001.

[24] 飞思科技产品研发中心 . 神经网络理论与 MATLAB 7 实现 [M]. 北京：电子工业出版社，2005.

[25] 《现代应用数学手册》编委会 . 概率统计与随机过程卷 [M]. 北京：清华大学出版社，2002.

[26] 高祥宝，董寒青 . 数据分析与 SPSS 应用 [M]. 北京：清华大学出版社，2007.

[27] 赵海滨，等 . MATLAB 应用大全 [M]. 北京：清华大学出版社，2012.

[28] 谢中华 . MATLAB 统计分析与应用——40 个案例分析 [M]. 北京：北京航空航天大学出版社，2015.

[29] 郑志勇 . 金融数量分析——基于 MATLAB 编程 [M]. 3 版 . 北京：北京航空航天大学出版社，2015.

[30] 林建忠 . 金融信息分析 [M]. 上海：上海交通大学出版社，2015.